FÜR ELTERN

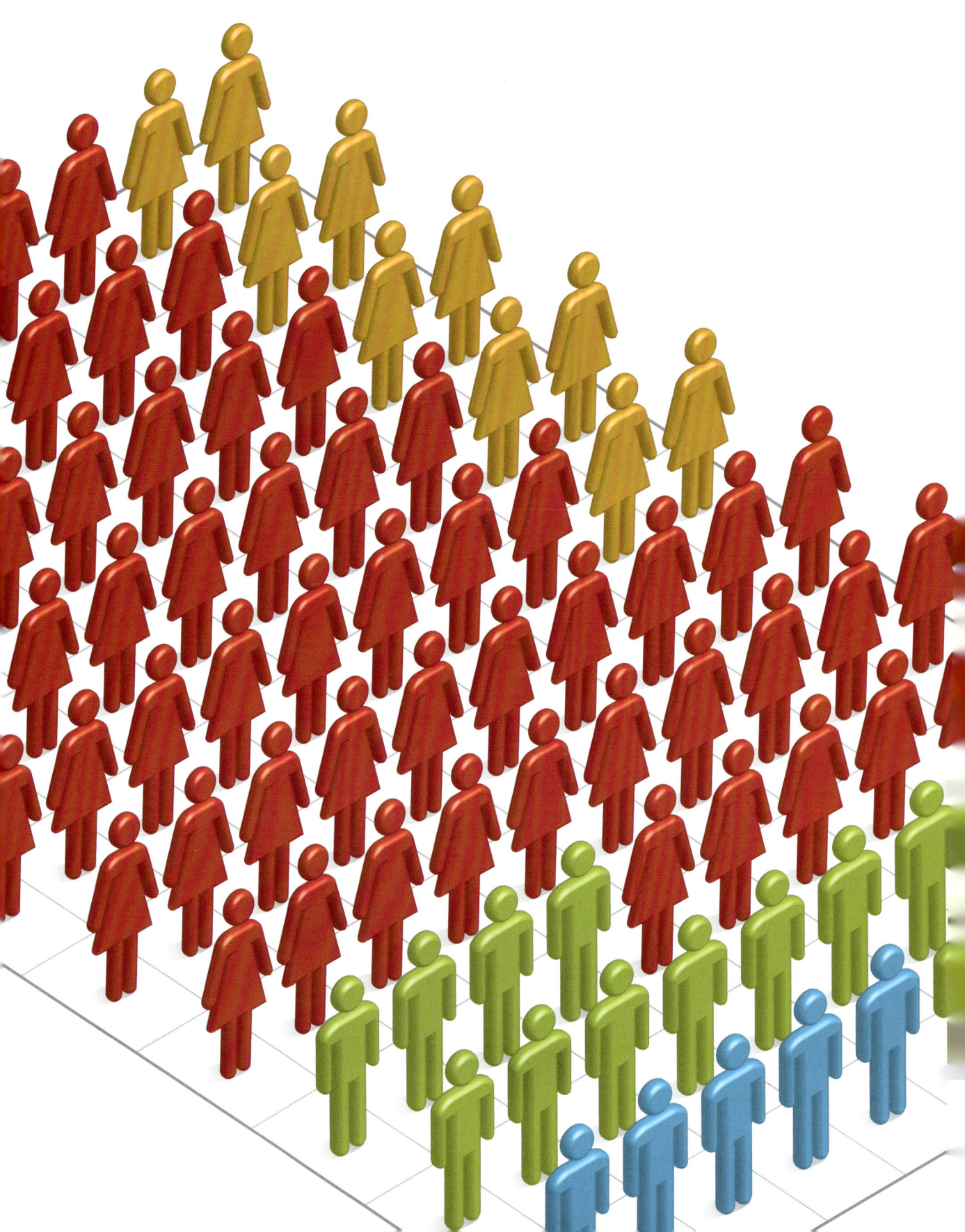

mathe
FÜR ELTERN

**Was Sie wissen müssen,
um Ihr Kind zu unterstützen**

CAROL VORDERMAN (HRSG.)

Programmleitung Jonathan Metcalf
Projektleitung Liz Wheeler
Cheflektorat Sarah Larter
Projektbetreuung Nathan Joyce
Redaktion Nicola Deschamps, Martha Evatt, Lizzie Munsey,
Martyn Page, Laura Palosuo, Peter Preston, Miezan van Zyl
Registererstellung Jane Parker
Bildredaktion Michelle Baxter, Mark Lloyd
Gestaltung und Satz Nicola Erdpresser, Riccie Janus,
Maxine Pedliham, Silke Spingies, Rebecca Tennant
Designassistenz Thomas Howey, Fiona Macdonald
Art Director Phil Ormerod
Herstellung Luca Frassinetti, Erica Pepe
Umschlaggestaltung Duncan Turner

Für die deutsche Ausgabe:
Programmleitung Monika Schlitzer
Projektbetreuung Andrea Göppner
Herstellungsleitung Dorothee Whittaker
Herstellung Kim Weghorn

Titel der englischen Originalausgabe:
Help your Kids with Maths

© Dorling Kindersley Limited, London, 2010
Ein Unternehmen der Penguin Random House Group
Alle Rechte vorbehalten

© der deutschsprachigen Ausgabe by
Dorling Kindersley Verlag GmbH, München, 2013
Alle deutschsprachigen Rechte vorbehalten

Jegliche – auch auszugsweise – Verwertung,
Wiedergabe, Vervielfältigung oder Speicherung,
ob elektronisch, mechanisch, durch Fotokopie oder
Aufzeichnung, bedarf der vorherigen schriftlichen
Genehmigung durch den Verlag.

Übersetzung, Lektorat und inhaltliche Adaption Katja Roth
Schlussredaktion Carsten Heinisch

ISBN 978-3-8310-2327-1
5902-0TD339-21305-15

Druck und Bindung C&C Offset Printing, China

www.dk-verlag.de

Hinweis
Die Informationen und Ratschläge in diesem Buch sind von den Autoren und vom
Verlag sorgfältig erwogen und geprüft, dennoch kann eine Garantie nicht über-
nommen werden. Eine Haftung der Autoren bzw. des Verlags und seiner Beauftragten
für Personen-, Sach- und Vermögensschäden ist ausgeschlossen.

HERAUSGEBERIN

CAROL VORDERMAN schloss ein Studium der Ingenieurwissenschaften in Cambridge ab, bevor sie erfolgreiche TV-Moderatorin wurde. Sie hat mehrere Bücher über Mathematik, Naturwissenschaften und Gedächtnistraining geschrieben, darunter *Spannende Welt der Mathematik* (Dorling Kindersley 2008). Seit langem setzt sie sich dafür ein, das Interesse an Mathematik zu fördern und Kinder dafür zu begeistern. Vorderman betreibt auch eine Website, die unterhaltsames Mathe-Training für Grundschulkinder anbietet: *www.themathsfactor.com*

AUTOREN

BARRY LEWIS ist Mathematiker, Autor und Lektor. Sein besonderes Interesse gilt Büchern, die das Thema Mathematik auf leicht verständliche, anschauliche und fesselnde Weise präsentieren. Er war u. a. Koordinator des „Jahres der Mathematik" in Großbritannien sowie Präsident der Mathematical Association.

ANDREW JEFFREY war über 20 Jahre lang als Lehrer und Schulberater im Bereich Mathematik tätig. Inzwischen schult, berät und unterstützt er Lehrer, hält europaweit Vorträge und ist als Buchautor aktiv.

MARCUS WEEKS ist Autor zahlreicher Bücher zu naturwissenschaftlichen Themen und hat an mehreren Enzyklopädien mitgewirkt, u. a. an *Wissenschaft & Technik – Die illustrierte Weltgeschichte* (Dorling Kindersley 2010).

Inhalt

VORWORT von Albrecht Beutelspacher 8
EINLEITUNG von Carol Vorderman 10

1 ZAHLEN

Ziffern und Zahlen	14
Addition	16
Subtraktion	17
Multiplikation	18
Division	22
Primzahlen	26
Maße und Einheiten	28
Positive und negative Zahlen	30
Potenzen und Wurzeln	32
Normdarstellung	36
Dezimalzahlen	38
Brüche	40
Verhältnis und Proportion	48
Prozente	52
Brüche, Dezimalzahlen und Prozente umwandeln	56
Kopfrechnen	58
Auf- und Abrunden	62
Der Taschenrechner	64
Privatfinanzen	66
Geschäftsfinanzen	68

2 GEOMETRIE

Was ist Geometrie?	72
Zeichenwerkzeuge	74
Winkel	76
Geraden und Strecken	78
Symmetrien	80
Koordinaten	82
Vektoren	86
Verschiebungen	90
Drehungen	92
Spiegelungen	94
Zentrische Streckung	96
Maßstäblich zeichnen	98
Kompasspeilung	100
Konstruktionen mit Zirkel und Lineal	102
Geometrische Orte	106
Dreiecke	108
Kongruente Dreiecke	110
Dreieckskonstruktionen	112
Flächeninhalt des Dreiecks	114
Ähnliche Dreiecke	117
Satz des Pythagoras	120
Vierecke	122
Polygone (Vielecke)	126
Kreise	130
Kreisumfang und -durchmesser	132
Flächeninhalt des Kreises	134
Kreiswinkel	136
Sehnen und Sehnenvierecke	138
Tangenten	140
Kreisbogen	142
Sektoren	143
Körper	144
Volumen	146
Oberflächeninhalt	148

3 TRIGONOMETRIE

Was ist Trigonometrie?	152
Trigonometrische Formeln	153
Fehlende Seitenlängen berechnen	154
Fehlende Winkelgrößen	156

4 ALGEBRA

Was ist Algebra?	160
Zahlenfolgen	162
Rechnen mit Ausdrücken	164
Ausklammern und Ausmultiplizieren	166
Quadratische Ausdrücke	168
Formeln	169
Gleichungen lösen	172
Lineare Funktionen	174
Gleichungssysteme	178
Quadratische Funktionen	182
Quadratische Gleichungen	184
a-b-c-Formel (Mitternachtsformel)	188
Ungleichungen	190

5 STATISTIK

Was ist Statistik?	194
Daten sammeln und auswerten	196
Säulendiagramme	198
Kreisdiagramme	202
Liniendiagramme	204
Mittelwerte	206
Gleitende Mittelwerte	210
Streuungsmaße	212
Histogramme	216
Streudiagramme	218

6 WAHRSCHEINLICHKEIT

Was ist Wahrscheinlichkeit?	222
Erwartungswert	224
Kombinierte Wahrscheinlichkeiten	226
Abhängige Ereignisse	228
Baumdiagramme	230

Nachschlagen	232
Glossar	244
Register	250
Dank	256

Vorwort

Carol Vorderman hat bereits ein wunderbares und erfolgreiches Mathematikbuch geschrieben: In *Spannende Welt der Mathematik* präsentiert sie die schönsten Seiten des Fachs. Das vorliegende Buch war jedoch weitaus schwieriger zu verfassen, denn die Aufgabe bestand darin, den Schulstoff ohne Ausnahme zu präsentieren, und zwar so, dass es uns Lesern Spaß macht, dass wir den Stoff verstehen und dass wir auch diese Mathematik lieben. Man kann nichts weglassen, weil man es nicht mag oder weil man es nicht versteht oder weil es langweilig ist. Carol Vorderman hat dieses Wunder vollbracht. Sie geht direkt an den Stoff ran, vergleichbar mit einem Notarzt. Ein Notarzt fackelt nicht lange, er geht zielstrebig dorthin, wo es weh tut und wo wir Hilfe brauchen. Und genau deswegen fühlen wir uns ernst genommen.

Die Methode, die Carol Vorderman nutzt, ist genial. Die besondere grafische Gestaltung springt sofort in Auge, wenn wir das Buch aufschlagen. Alles Wesentliche, was der Schulstoff der Klassen 5 bis 9 umfasst, wird klar und deutlich gezeigt, alles weniger Wichtige wird erst einmal weggelassen. Man schaut hin und hat's verstanden. Schlagen Sie einmal die erste Doppelseite auf: Sie werden auf einen Blick die verschiedenen Zahlenarten und das Dezimalsystem erfassen. Außerdem werden noch die individuellen Eigenschaften der Zahlen 1 bis 10 erklärt und die Schreibweise der Zahlen in verschieden Kulturen. Und das alles sehen Sie mithilfe der Grafiken viel schneller, als Sie diesen Text lesen können.

Carol Vorderman wendet sich mit diesem Buch an alle Eltern, die ihr Schulwissen schnell und schmerzlos auffrischen möchten, um ihre Kinder bei den Hausaufgaben und beim Lernen zu begleiten. Das Buch eignet sich aber natürlich ebenso zum Wiederholen und Nachschlagen für Schüler, denn durch die visuelle Gestaltung wird der Stoff besonders verständlich vermittelt.

Der Aufbau ist an Klarheit nicht zu überbieten. Das Buch ist in sechs große Bereiche gegliedert: Zahlen, Geometrie, Trigonometrie, Algebra, Statistik und Wahrscheinlichkeitsrechnung. Auf jeder Doppelseite wird ein eigenes Thema behandelt – von Addition, Subtraktion und Brüchen über Dreiecke, Vierecke und Kreise bis zu Winkeln, Gleichungssystemen und Baumdiagrammen.

Was mir imponiert, ist die Konsequenz und der Mut zur Klarheit. Dieser entspringt daraus, dass Carol Vorderman alles so gut verstanden hat, dass sie nicht nur weiß, was wichtig ist, sondern auch, was weniger wichtig ist.

Das Buch ist kein Übungsbuch, sondern ein Ratgeber, der uns an die Hand nimmt und uns zeigt, wo es langgeht. Das Buch nützt uns nicht nur, sondern tut uns gut. Wir lernen nicht nur vieles, sondern wir bekommen auch gute Laune. Das Buch ist ein Beweis dafür, dass Mathe, und zwar gerade auch die Mathematik der Schule, richtig Spaß machen kann!

PROF. DR. ALBRECHT BEUTELSPACHER
Direktor des Mathematikums Gießen

Einleitung

Herzlich willkommen in der wunderbaren Welt der Mathematik. Die Erfahrung der letzten Jahrzehnte zeigt, wie wichtig es für den schulischen Werdegang und die kindliche Entwicklung ist, wenn Eltern bei den Hausaufgaben unterstützend zur Seite stehen.

Mathe spielt jedoch immer eine gewisse Sonderrolle, keiner mag so recht etwas damit zu tun haben. Mathe-Hausaufgaben sorgen häufig für Stress innerhalb der Familie. Viele Eltern kennen arithmetische oder algebraische Methoden nicht ausreichend gut, um ihren Kindern helfen zu können, die Erklärungen im Schulbuch sind vielleicht zu umfangreich oder zu kompliziert, um einen schnellen Einstieg zu finden.

Dieses Buch soll Eltern ohne jeden theoretischen Ballast und ganz pragmatisch durch mathematische Grundlagen führen und vermittelt ein breites Wissen. Lösungswege werden einfach und direkt vorgestellt.

Als Mutter weiß ich, wie wichtig es ist zu erkennen, wann die Kinder in der Schule gut klarkommen und wann nicht. Eine fundierte mathematische Wissensgrundlage ist dabei sehr hilfreich.

Seit fast 30 Jahren habe ich das Privileg, nahezu täglich ganz persönliche Sichtweisen über Mathematik zu hören. Viele Eltern haben in ihrer Schulzeit keine gute mathematische Ausbildung erhalten. Wenn es Ihnen genauso geht, können Sie mit diesem Buch hoffentlich alle Vorurteile gegenüber der Mathematik ablegen und sie als spannendes Gebiet für sich und Ihr Kind erleben.

Carol Vorderman

CAROL VORDERMAN

π ≈ 3,14159265358979323846264338327950288419716939937510582097494459230781640628620899862803485342117067982148086513282306647093844609550582231725359408128481174502841027019385211055596446229489549303819644288109756593344612847564823378678316527120190914564856923460348610543266482133936072602491412737245870066063155881748815209209628292540917153643678925903600113305305488204665213841469519451160943305727036575959195309218611738193261179310511854807446237996274956735188575272489122793818301194912

Zahlen

 Ziffern und Zahlen

ZIFFERN UND ZAHLEN BILDEN DAS FUNDAMENT DER MATHEMATIK.

Ziffern und Zahlen dienten ursprünglich dazu, Mengen und Anzahlen zu erfassen. Über die Jahrhunderte hinweg wurde der Zahlbegriff allerdings zur Erschließung neuer Möglichkeiten immer weiter entwickelt.

Was sind Zahlen?

Zahlen repräsentieren Anzahlen und sind im Prinzip aus den Ziffern von 0 bis 9 zusammengesetzt. Über diese sog. „ganzen Zahlen" hinaus gibt es Brüche (S. 40–47), Dezimalzahlen (S. 38–39), und negative Zahlen (dies sind Zahlen, die kleiner als Null sind).

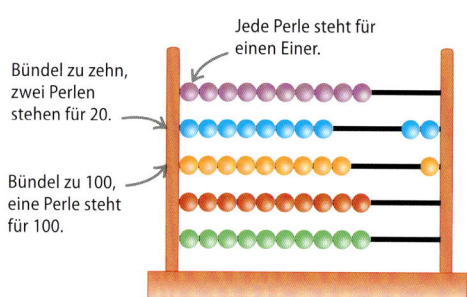

Bündel zu zehn, zwei Perlen stehen für 20.

Bündel zu 100, eine Perle steht für 100.

Jede Perle steht für einen Einer.

◁ **Abakus**
Der Abakus ist ein historisches Zähl- und Rechengerät. Die Perlen stehen für Zahlen. Hier ist die Zahl 120 zu sehen.

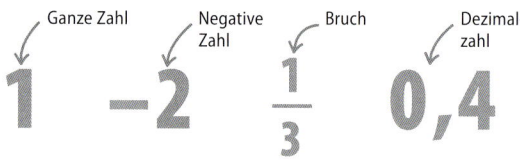

△ **Unterschiedliche Arten von Zahlen**
Die 1 ist eine positive ganze Zahl und -2 ist eine negative Zahl. Der Bruch $\frac{1}{3}$ steht für einen Anteil eines Ganzen, das in drei gleich große Teile zerlegt wurde. Eine Dezimalzahl ist eine weitere Möglichkeit, einen Anteil darzustellen.

GENAU HINGESCHAUT
Null

Erst durch die Einführung der Ziffer 0 wurden Stellenwertsysteme und damit unsere heutige Zahlenschreibweise möglich. Vor Verwendung der Ziffer 0 wurde in Rechnungen einfach eine ein Lücke freigelassen. Damit waren Fehler und Missverständnisse programmiert. Es war z. B. schwigrig, zwischen den Zahlen 400, 40 und 4 zu unterscheiden, da sie alle lediglich durch die Ziffer 4 dargestellt wurden. Ursprünglich verwendete man für die Null einen einfachen Punkt.

Die Null ist wichtig bei der Zeitdarstellung.

◁ **Gut lesbar**
Die Null übernimmt hier die Rolle des Platzhalters für die „Zehner"; so sind die einzelnen Minuten besser zu unterscheiden.

▽ **Die Zahl Eins**
Eins ist keine Primzahl. Die Zahl Eins ist das „neutrale Element" der Multiplikation; multipliziert man nämlich eine Zahl mit 1, ist das Ergebnis die Zahl selbst.

▽ **Gerade Primzahl**
Die Zahl 2 ist die einzige gerade Primzahl, dies ist eine Zahl, die nur durch sich selbst und 1 teilbar ist (S. 26–27).

△ **Vollkommene Zahl**
Dies ist die kleinste vollkommene Zahl; sie ist die Summe aller ihrer positiven Teiler (außer ihr selbst): 1 + 2 + 3 = 6.

△ **Nicht die Summe von Quadratzahlen**
7 ist die kleinste natürliche Zahl, die nicht als Summe dreier Quadratzahlen (ganzer Zahlen) darstellbar ist.

ZIFFERN UND ZAHLEN

ANWENDUNG

Darstellungen und Symbole

Viele Kulturen haben eigene Symbole für Zahlen entwickelt. Einige davon sind unten zu sehen. Manche existieren parallel zu unserem hindu-arabischen Ziffernsystem. Ein wesentlicher Vorteil unseres modernen Dezimalsystems gegenüber den älteren Zahlsystemen ist die einfache Darstellung arithmetischer Operationen, wie der Multiplikation und der Division.

Moderne hindu-arabische Zahlen	1	2	3	4	5	6	7	8	9	10
Maya-Ziffern	•	••	•••	••••	—	•̄	••̄	•••̄	••••̄	=
Chinesische Zahlzeichen	一	二	三	四	五	六	七	八	九	十
Römische Zahlen	I	II	III	IV	V	VI	VII	VIII	IX	X
Ägyptische Zahlen										∩
Babylonische Zahlen										

▽ **Dreieckszahl**
Eine Dreieckszahl ist eine positive ganze Zahl, die der Summe aufeinanderfolgender ganzer Zahlen entspricht. Drei ist die kleinste Dreieckszahl: 1 + 2 = 3.

▽ **Zusammengesetzte Zahl**
Die Zahl Vier ist die kleinste zusammengesetzte Zahl; ihre Primfaktorzerlegung besteht aus zwei Zweien.

▽ **Primzahl**
Dies ist die einzige Primzahl, die auf die Ziffer 5 endet. Ein fünfseitiges Polygon ist die einzige Figur, bei der die Anzahl der Seiten der Anzahl der Diagonalen entspricht.

△ **Fibonacci-Zahl**
Die Zahl 8 ist eine Kubikzahl ($2^3 = 8$) und außer der 1 die einzige positive kubische Fibonacci-Zahl (S.163).

△ **Größte Ziffer**
Die 9 ist die größte Ziffer im Zehnersystem und bildet damit die größte einstellige Zahl.

△ **Basis Zehn**
Die Zahl 10 ist die Basis des Dezimalsystems, das vermutlich auf das Zählen und Rechnen mit zehn Fingern zurückgeht.

Addition

ZAHLEN WERDEN ZUSAMMENGEZÄHLT, UM IHRE SUMME ZU BERECHNEN.

SIEHE AUCH
Subtraktion 17 ⟩
Positive und negative Zahlen 30–31 ⟩

Zählendes Rechnen

Ganz einfach erhält man die Summe zweier Zahlen, indem man, beispielsweise entlang eines Zahlenstrahls, hoch- oder runterzählt. Hier wird die Zahl 3 zur Zahl 1 addiert.

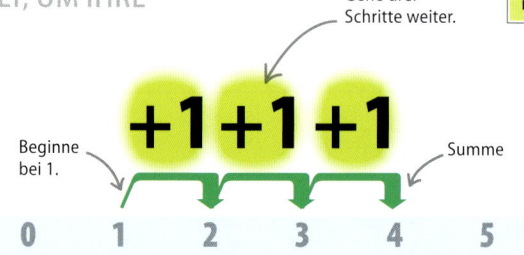

◁ **Verwendung eines Zahlenstrahls**
Um 3 zu 1 zu addieren, beginne bei 1 und gehe drei Zahlen weiter: zur 2, zur 3 und zum Ergebnis 4.

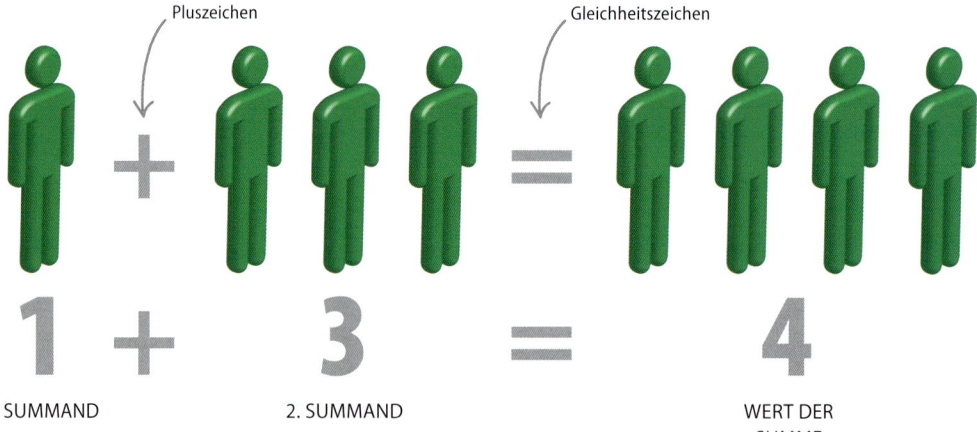

▷ **Bedeutung**
Das Ergebnis der Addition von 3 und 1 ist 4. Das bedeutet: Die Summe aus 3 und 1 ist 4.

Schriftliche Addition

Zwei- oder mehrstellige Zahlen werden bei der schriftlichen Addition stellengerecht untereinander geschrieben. Zuerst werden die Einer, dann die Zehner und dann die Hunderter usw. addiert. Die Summe jeder Spalte wird darunter notiert. Ist die Spaltensumme zweistellig, wird die erste Ziffer auf die nächsthöhere Stelle übertragen.

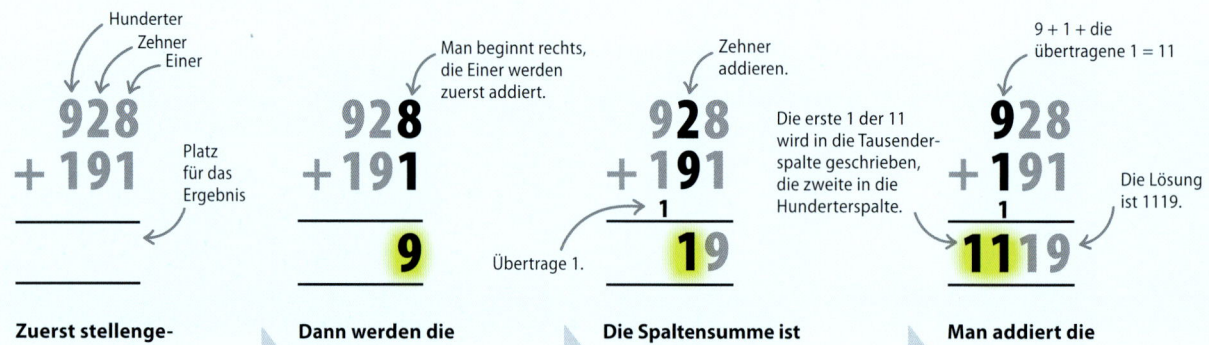

▷ **Zuerst stellengerecht** untereinanderschreiben, d. h. Einer unter Einer, Zehner unter Zehner usw.

▷ **Dann werden die Einer** 1 und 8 addiert und das Ergebnis 9 wird in der Einerspalte notiert.

▷ **Die Spaltensumme ist zweistellig:** Die letzte Ziffer wird im Ergebnis notiert, die erste Ziffer wird übertragen.

▷ **Man addiert die Hunderter** und die übertragene Stelle.

ADDITION UND SUBTRAKTION

 Subtraktion

EINE ZAHL WIRD VON EINER ANDEREN ABGEZOGEN, UM DIE DIFFERENZ ZU BERECHNEN.

SIEHE AUCH	
‹ 16	Addition
Positive und negative Zahlen	30–31 ›

Abziehen

Ein Zahlenstrahl kann auch zur Veranschaulichung der Subtraktion verwendet werden. Beginnend beim Minuenden, geht man die entsprechende Anzahl der Schritte zurück. Hier wird die 3 von der 4 abgezogen.

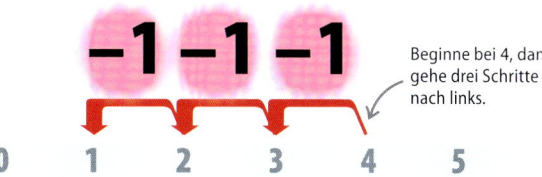

Beginne bei 4, dann gehe drei Schritte nach links.

◁ **Verwendung eines Zahlenstrahls**
Um 3 von 4 abzuziehen, beginne bei 4 und gehe drei Schritte nach links: zur 3, zur 2 und zum Ergebnis 1.

Minuszeichen · Gleichheitszeichen

 −  =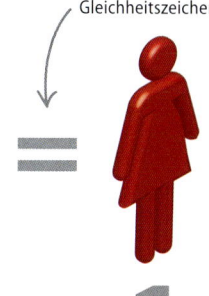

4 — MINUEND 　　　3 — SUBTRAHEND　　　1 — WERT DER DIFFERENZ

▷ **Bedeutung**
Das Ergebnis der Subtraktion der 3 von der 4 ist 1. Das bedeutet: Die Differenz zwischen 4 und 3 ist 1.

Schriftliche Subtraktion

Zwei- oder mehrstellige Zahlen werden bei der schriftlichen Subtraktion stellengerecht untereinander geschrieben. Der Minuend (die Zahl, von der abgezogen wird) steht oben, der Subtrahend (die Zahl, die abgezogen wird) unten. Zuerst werden die Einer, dann die Zehner, dann die Hunderter usw. subtrahiert.
Eine mögliche Methode ist das „Abziehverfahren":

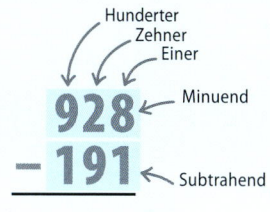

Hunderter / Zehner / Einer ← Minuend
← Subtrahend

▶ **Zuerst stellengerecht** untereinanderschreiben, d. h. Einer unter Einer, Zehner unter Zehner usw.

Subtrahiere die Einer.

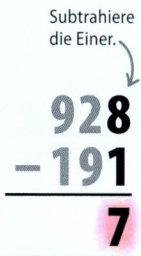

▶ **Dann subtrahiert man den Einer** 1 von 8 und notiert die Differenz 7 darunter in der Einerspalte.

Es bleiben noch 8 Hunderter.
Man „wechselt" oder „entbündelt" einen Hunderter aus der Hunderterspalte in 10 Zehner, sodass hier 12 Zehner stehen.

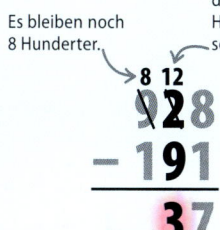

▶ **Zehnerspalte:** 9 Zehner kann man nicht von 2 Zehnern subtrahieren, daher „wechselt" man einen Hunderter in Zehner und zieht 9 Zehner von 12 Zehnern ab. Ergebnis: 3 Zehner.

Subtrahiere 1 Hunderter von nur noch 8 Hundertern.

8 12
9̷2̷8
− 1 9 1
─────
7 3 7

Die Lösung ist 737.

▶ **In der Hunderterspalte** wird 1 Hunderter nun von 8 Hundertern abgezogen; das Ergebnis (7 Hunderter) wird in der Lösung notiert.

Multiplikation

MULTIPLIKATION NATÜRLICHER ZAHLEN ENTSTEHT DURCH MEHRFACHES ADDIEREN DESSELBEN SUMMANDEN. DAS ERGEBNIS HEISST PRODUKT.

SIEHE AUCH	
‹ 16–17	Addition und Subtraktion
Division	22–25 ›
Dezimalzahlen	38–39 ›
Nachschlagen	232–243 ›

Was ist Multiplikation?

Die erste Zahl gibt an, wie oft die zweite Zahl zu sich selbst addiert werden soll. Hier wird die Anzahl der Figuren-Reihen mehrfach zusammengezählt. Das Produkt gibt an, wie viele Figuren insgesamt in dieser Gruppe stehen.

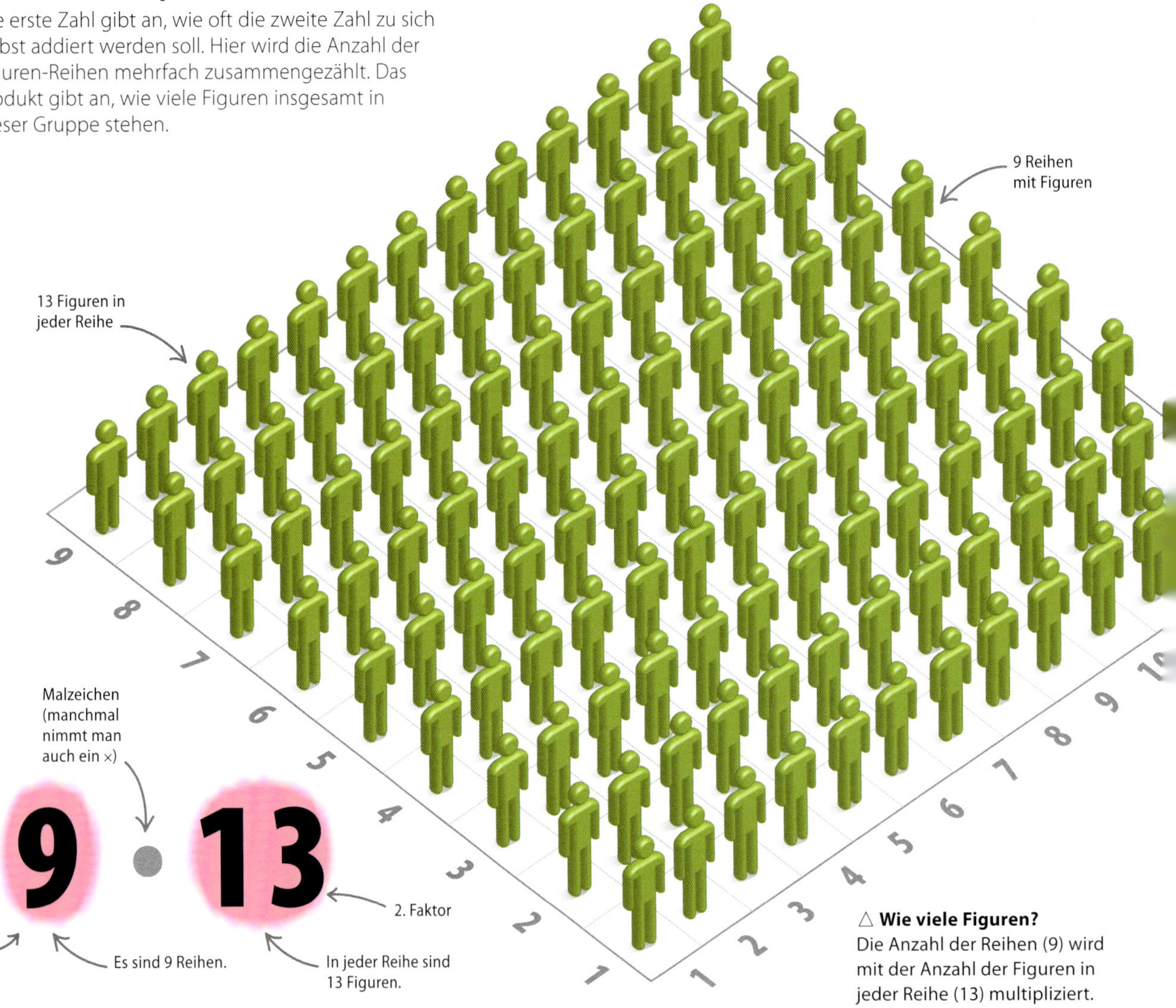

9 Reihen mit Figuren

13 Figuren in jeder Reihe

Malzeichen (manchmal nimmt man auch ein ×)

9 • 13

1. Faktor

Es sind 9 Reihen.

2. Faktor

In jeder Reihe sind 13 Figuren.

Das bedeutet, dass die Zahl 13 9-mal zu sich selbst addiert wird.

△ **Wie viele Figuren?**
Die Anzahl der Reihen (9) wird mit der Anzahl der Figuren in jeder Reihe (13) multipliziert. Die Gesamtzahl beträgt 117.

9 • 13 = 13 + 13 + 13 + 13 + 13 + 13 + 13 + 13 + 13 = **117**

Das Produkt aus 9 und 13 ist 117.

MULTIPLIKATION 19

Man darf die Zahlen vertauschen

Egal, in welcher Reihenfolge man die Zahlen notiert, die Lösung der Multiplikation ist dieselbe. Hier sind beide Möglichkeiten derselben Multiplikation zu sehen.

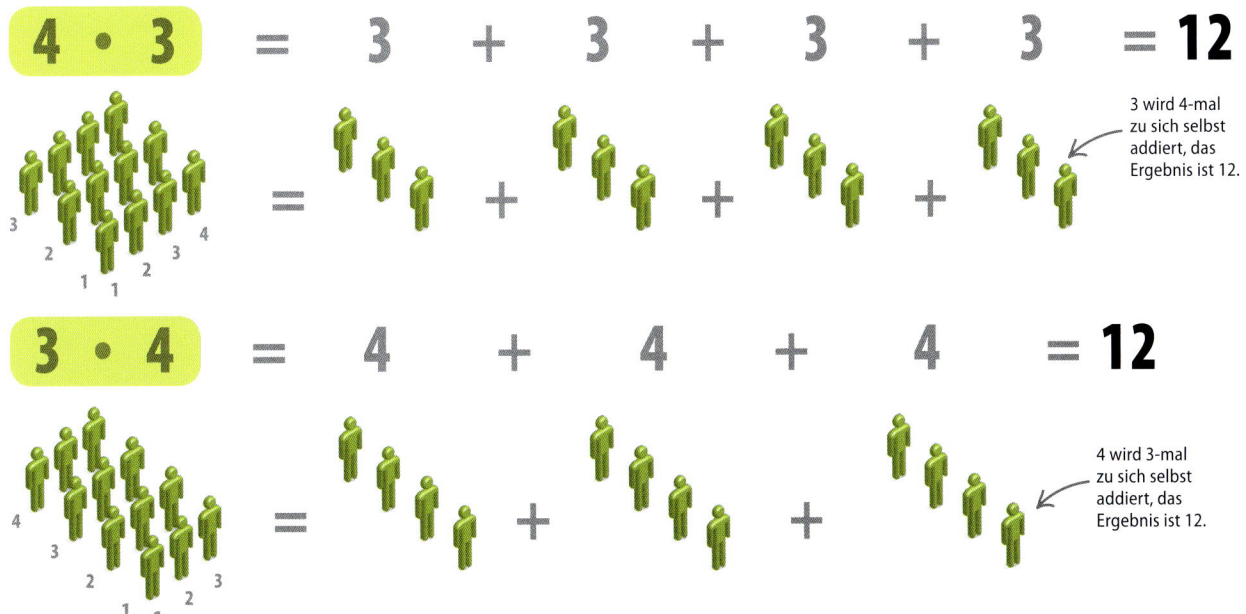

4 · 3 = 3 + 3 + 3 + 3 = **12**

3 wird 4-mal zu sich selbst addiert, das Ergebnis ist 12.

3 · 4 = 4 + 4 + 4 = **12**

4 wird 3-mal zu sich selbst addiert, das Ergebnis ist 12.

Malnehmen mit 10, 100, 1000

Bei der Multiplikation ganzer Zahlen mit 10, 100, 1000 usw. hängt man eine Null, zwei Nullen, drei Nullen usw. an die ursprüngliche Zahl an.

Hänge eine Null an
34 · 10 = **340**

Hänge zwei Nullen an
72 · 100 = **7200**

Hänge drei Nullen an
18 · 1000 = **18 000**

Rechentricks anwenden

Es gibt ein paar einfach zu merkende Tricks, die man bei der Multiplikation zweier Zahlen anwenden kann. In der Tabelle sind einige davon aufgeführt, die die Multiplikation mit 2, 5, 6, 9, 12 und 20 betreffen.

RECHENTRICKS		
Multipliziere mit	**So geht's**	**Beispiel**
2	Addiere die Zahl zu sich selbst.	2 · 11 = 11 + 11 = **22**
5	Das Ergebnis endet auf 5 oder 0.	5, 10, 15, 20
6	Multipliziert man 6 mit einer beliebigen geraden Zahl, so endet das Ergebnis auf dieselbe Stelle wie die gerade Zahl.	6 · 12 = **72** 6 · 8 = **48**
9	Multipliziere die Zahl zuerst mit 10 und ziehe die Zahl selbst vom Ergebnis ab.	9 · 7 = 10 · 7 − 7 = **63**
12	Multipliziere die ursprüngliche Zahl zuerst mit 10, dann mit 2 und addiere die beiden Zwischenergebnisse.	12 · 10 = 120 12 · 2 = 24 12 · 12 = 120 + 24 = **144**
20	Multipliziere die ursprüngliche Zahl mit 10 und das Ergebnis anschließend mit 2.	14 · 20 = **280**, denn: 14 · 10 = 140 140 · 2 = **280**

VIELFACHE

Wird eine Zahl mit einer beliebigen ganzen Zahl multipliziert, so nennt man das Ergebnis (Produkt) ein Vielfaches. Beispielsweise sind die ersten sechs Vielfachen von 2 die Zahlen 2, 4, 6, 8, 10 und 12, denn 2 · 1 = 2; 2 · 2 = 4; 2 · 3 = 6; 2 · 4 = 8; 2 · 5 = 10; und 2 · 6 = 12.

VIELFACHE VON 3

1 · 3 = 3
2 · 3 = 6
3 · 3 = 9
4 · 3 = 12
5 · 3 = 15

Die ersten fünf Vielfachen von 3

VIELFACHE VON 8

1 · 8 = 8
2 · 8 = 16
3 · 8 = 24
4 · 8 = 32
5 · 8 = 40

Die ersten fünf Vielfachen von 8

VIELFACHE VON 12

1 · 12 = 12
2 · 12 = 24
3 · 12 = 36
4 · 12 = 48
5 · 12 = 60

Die ersten fünf Vielfachen von 12

Gemeinsame Vielfache

Zwei Zahlen können gemeinsame Vielfache haben. Mit dem nebenstehenden Raster kann man gemeinsame Vielfache von Zahlen finden. Die kleinste Zahl, die gemeinsames Vielfaches zweier Zahlen ist, heißt kleinstes gemeinsames Vielfaches (kurz: kgV).

Kleinstes gemeinsames Vielfaches (kgV)
Das kleinste gemeinsame Vielfache von 3 und 8 ist 24.

 Vielfache von 3

 Vielfache von 8

 Vielfache von 3 und 8

▷ **Gemeinsame Vielfache finden**
Vielfache von 3 und Vielfache von 8 sind markiert. Einige sind Vielfache von 3 und von 8.

MULTIPLIKATION

Schriftliche Multiplikation mit einer einstelligen Zahl

Multipliziert man eine mehrstellige Zahl mit einer einstelligen Zahl, so schreibt man die einstellige Zahl rechts neben die mehrstellige Zahl und rechnet von rechts nach links.

Notiere 2, übertrage 4.

„2 hin, 4 im Sinn."

Multipliziere zuerst die Einer 7 und 6. Das Produkt ist 42, notiere die 2, übertrage die 4.

Notiere 7, übertrage 6.

„7 hin, 6 im Sinn."

Multipliziere 7 und 9, das Produkt ist 63. Addiere die übertragene 4 zur 63, man erhält 67.

Die Lösung lautet 1372.

Der Übertrag (1) des letzten Schrittes erscheint im Ergebnis.

Multipliziere 7 und 1. Addiere das Produkt 7 zu der zuvor übertragenen 6, man erhält 13.

Schriftliche Multiplikation mehrstelliger Zahlen

Die Zahl, die weniger Stellen hat, steht rechts. Nacheinander wird jede Ziffer des ersten Faktors mit jeder Ziffer des zweiten Faktors multipliziert. Man beginnt bei der höchsten Stelle des 2. Faktors. Die Zwischenergebnisse werden stellengerecht untereinander geschrieben.

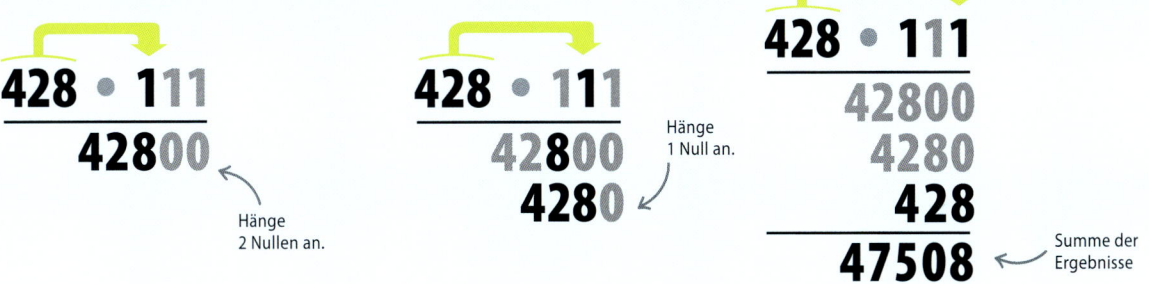

Hänge 2 Nullen an.

Multipliziere zuerst 428 mit der höchsten Stelle des zweiten Faktors und hänge für die übrigen Stellen Nullen an.

Hänge 1 Null an.

Multipliziere jede Ziffer des ersten Faktors mit der Zehnerstelle des zweiten Fakors und hänge für die Einerstelle eine Null an.

Summe der Ergebnisse

Multipliziere 428 mit der Einerstelle des zweiten Faktors. **Addiere** die Ergebnisse.

GENAU HINGESCHAUT

„Tabellenmultiplikation"

Die schriftliche Multiplikation kann in einfache Multiplikationsaufgaben zerlegt werden: Jeder Faktor wird in Hunderter, Zehner und Einer „zerlegt" und jede einzelne Zahl des 1. Faktors wird mit jeder des 2. Faktors multipliziert.

▷ **Der letzte Schritt**
Addiere alle neun Multiplikationsergebnisse.

	428 ZERLEGT IN HUNDERTER, ZEHNER, UND EINER			
		400	20	8
111 ZERLEGT	100	400 · 100 = 40 000	20 · 100 = 2 000	8 · 100 = 800
	10	400 · 10 = 4 000	20 · 10 = 200	8 · 10 = 80
	1	400 · 1 = 400	20 · 1 = 20	8 · 1 = 8

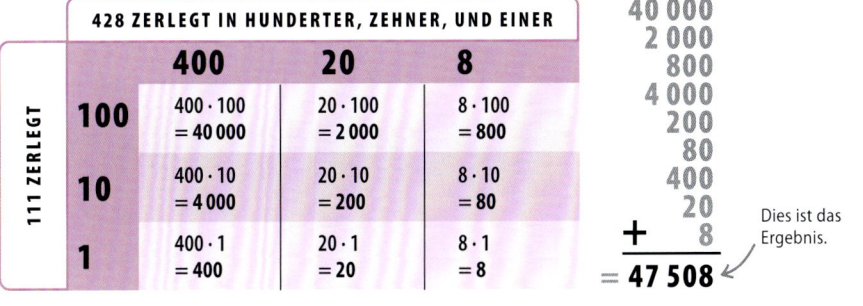

Dies ist das Ergebnis.

Division

BEIM DIVIDIEREN FINDET MAN HERAUS, WIE OFT EINE ZAHL IN EINER ANDEREN ENTHALTEN IST.

SIEHE AUCH	
‹ 16–17	Addition und Subtraktion
‹ 18–21	Multiplikation
Verhältnis und Proportion	48–51 ›

Entweder man verteilt eine Anzahl gleichmäßig (10 Münzen auf 5 Personen verteilt, ergibt 2 für jeden). Oder man verteilt eine bestimmte Anzahl auf gleichgroße Stapel (10 Münzen in Zweierstapeln ergibt 5 Stapel).

Was heißt dividieren?

Beim Dividieren zweier Zahlen findet man heraus, wie oft die zweite Zahl (der Divisor) in der ersten Zahl (dem Dividenden) enthalten ist. Beim Dividieren von 10 durch 2 überlegt man z. B., wie oft die 2 in der 10 enthalten ist. Das Ergebnis einer Division heißt Quotient.

◁ **Divisionszeichen**
Es gibt vier mehr oder weniger gebräuchliche Symbole für die Division. Beispielsweise „6 geteilt durch 3" kann geschrieben werden als
6 : 3, 6 ÷ 3, 6/3 oder $\frac{6}{3}$.

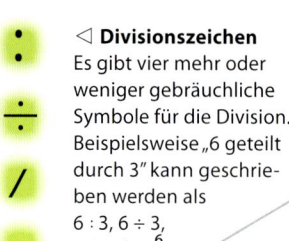

▽ **Division als teilen**
Etwas gleichmäßig zu verteilen ist eine Art der Division: Verteilt man z. B. vier Drops auf zwei Personen, so erhält jeder zwei.

 :  =

4 DROPS : **2** PERSONEN = **2** DROPS PRO PERSON

DIVIDEND
Die Zahl, die durch eine andere geteilt werden soll

DIVISOR
Die Zahl, durch die der Dividend geteilt werden soll

GENAU HINGESCHAUT
Division als Umkehrung der Multiplikation

Die Division ist die Umkehrung oder „inverse Operation" zur Multiplikation. Kennt man die Lösung einer Divisionsaufgabe, kann man daraus eine Multiplikationsaufgabe bilden und umgekehrt.

◁ **Hin und zurück**
Teilt man 10 (den Dividenden) durch 2 (den Divisor), ist das Ergebnis (der Quotient) 5. Multipliziert man den Quotienten (5) mit dem Divisor (2) der ursprünglichen Aufgabe, erhält man als Ergebnis den Original-Dividenden (10).

DIVISION

Eine andere Sicht auf die Division

Division wird auch als eine Art Bündelung einer bestimmten Anzahl von Dingen in gleichgroße Gruppen betrachtet. Man findet heraus, wie viele Gruppen von der Stärke der zweiten Zahl (Divisor) in der ersten Zahl (Dividend) enthalten sind.

Das Beispiel zeigt 30 Fußbälle, die in Gruppen zu je 3 zusammengefasst werden sollen:

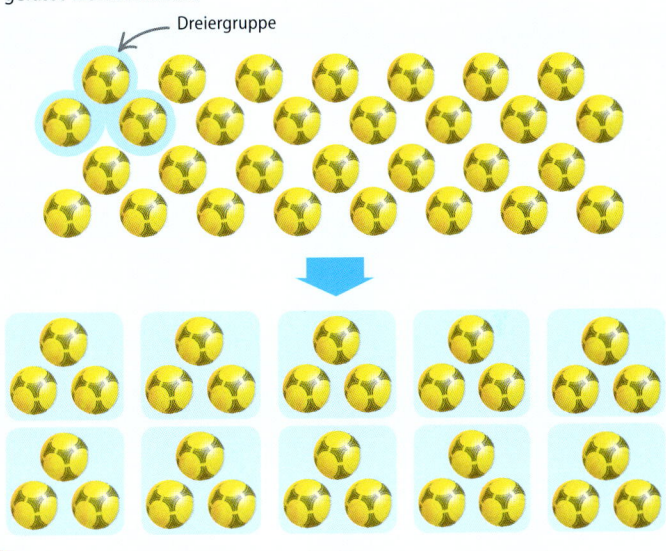

Dreiergruppe

Es gibt genau 10 Gruppen zu je 3 Fußbällen, es bleibt kein Rest, denn 30 : 3 = **10**.

▽ Teilen mit Rest
Im Beispiel sollen 10 Drops auf 3 Mädchen aufgeteilt werden. Die Zahl 10 lässt sich allerdings nicht genau durch 3 teilen. Es bleibt ein Rest von 1.

10 DROPS
DIVISION
3 MÄDCHEN
3 DROPS FÜR JEDEN
1 RESTLICHER DROPS

QUOTIENT
Das Ergebnis Division

REST
Der Rest, der übrigbleibt, wenn eine Zahl nicht exakt durch die andere geteilt werden kann

TEILBARKEITSREGELN		
Eine Zahl ist teilbar durch	**wenn ...**	**Beispiele**
2	ihre letzte Ziffer gerade ist.	12; 134; 5000
3	ihre Quersumme (Summe ihrer Ziffern) durch 3 teilbar ist.	18 1 + 8 = 9
4	die Zahl, die durch die letzten beiden Stellen gebildet wird, durch 4 teilbar ist.	732 32 : 4 = 8
5	sie auf 5 oder 0 endet.	25; 90; 835
6	die letzte Ziffer gerade ist und die Quersumme durch 3 teilbar ist.	3426 3 + 4 + 2 + 6 = 15
7	– Keine einfache Teilbarkeitsregel –	
8	die Zahl, die durch die letzten drei Ziffern gebildet wird, durch 8 teilbar ist.	7536 536 : 8 = 67
9	ihre Quersumme durch 9 teilbar ist.	6831 6 + 8 + 3 + 1 = 18
10	sie auf 0 endet.	30; 150; 4270

Schriftliche Division mit einstelligem Divisor

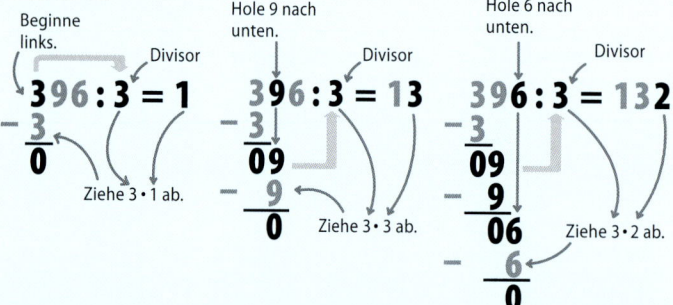

Teile die erste 3 durch 3. Notiere die 1 im Ergebnis. Ziehe in der linken Spalte 3 · 1 = 3 ab.

Hole die Zehnerstelle 9 nach unten und teile 9 durch 3. Notiere die 3 im Ergebnis. Ziehe in der linken Spalte 3 · 3 = 9 ab.

Hole die 6 nach unten. Teile 6 durch 3. Notiere die 2 im Ergebnis. Ziehe in der linken Spalte 3 · 2 = 6 ab.

GENAU HINGESCHAUT
Rest als Dezimalbruch

Ist der Dividend nicht durch den Divisor teilbar, so bleibt bei der Division ein Rest. Man kann allerdings auch diesen Rest teilen. Es ergibt sich ein Dezimalbruch.

90 : 4 = 22 Rest 2

Hänge ein Dezimalkomma und eine Null an.

Dezimalkomma und Null anhängen. Man hängt an den Dividenden ein Dezimalkomma und eine Null an. Dem Ergebnis fügt man nur ein Dezimalkomma hinzu.

90,0 : 4 = 22,
−8
 10
 −8
  2

2 : 4 geht nicht; hänge ein Dezimalkomma an. Teile 20 : 4.

Man holt die Null nach unten und hängt sie an den Divisionsrest (2) an.

Hole die Null nach unten

90,0 : 4 = 22,5
−8
 10
 −8
  20 ← Hänge die Null an.

20 : 4 = 5

Man teilt 20 (statt 2) durch 4 und erhält genau 5. Die 5 wird im Ergebnis hinter dem Dezimalkomma notiert.

Wenn im Zwischenschritt ein Rest entsteht

Wenn die Division nicht aufgeht und ein Rest bleibt, kann man diesen in den nächsten Schritt übernehmen.

2765 : 5 =

Beginne mit der 5. 2 : 5 geht nicht, daher rechnet man mit den ersten beiden Stellen also 27 : 5.

Notiere die 5.

2765 : 5 = 5
−25
  2 ← Rest in den nächsten Schritt übernehmen.

Teile 27 durch 5. Die Lösung ist 5 Rest 2. Notiere die 5 im Ergebnis.

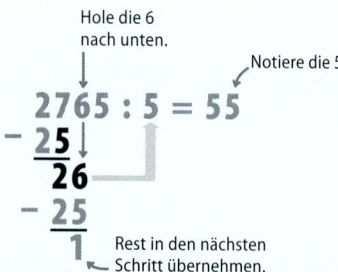

Teile 26 durch 5. Die Lösung ist 5 Rest 1. Notiere die 5 im Ergebnis.

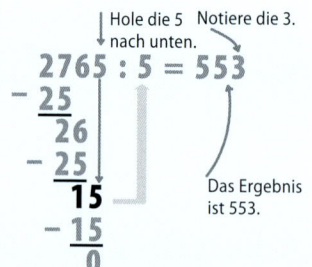

Teile 15 durch 5. Notiere die 3 im Ergebnis.

GENAU HINGESCHAUT
So geht's leichter

Manchmal ist es einfacher, den Divisor in Faktoren zu zerlegen und mehrere leichtere Divisionen auszuführen.

816 : 6 ← Der Divisor 6 kann in 2 und 3 zerlegt werden: 6 = 2 · 3.

Ergebnis 136

816 : 2 = 408 ➡ 408 : 3 = **136**

Teile durch den ersten Faktor des Divisors. / Teile durch den zweiten Faktor.

Diese Methode kann man auch für kompliziertere Aufgaben verwenden:

405 : 15 ← Zerlege 15 in 5 und 3; 5 · 3 = 15.

Ergebnis 27

405 : 5 = 81 ➡ 81 : 3 = **27**

Teile durch den ersten Faktor. / Teile das Zwischenergebnis durch den zweiten Faktor.

DIVISION

Wenn der Divisor mehrere Stellen hat

Schriftliche Division ist eigentlich erst dann sinnvoll, wenn der Dividend mindestens drei und der Divisor mindestens zwei Stellen hat. Rechts steht eine typische schriftliche Divisionsaufgabe.

DIVISOR: Durch diese Zahl wird geteilt.

DIVIDEND: Diese Zahl soll geteilt werden.

Die Zwischenschritte werden hier notiert.

ERGEBNIS (QUOTIENT)

Teile die ersten beiden Stellen durch den Divisor.

$754 : 52 = 1$

Das Ergebnis ist 1.

Teile die ersten beiden Stellen des Dividenden durch den Divisor. Die 52 passt in die 75 genau einmal. Notiere die 1 im Ergebnis.

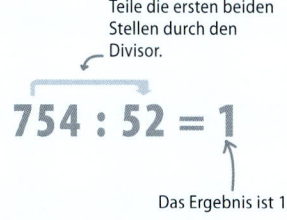

Ziehe $52 \cdot 1 = 52$ ab.

Dieser Rest bleibt nach der ersten Division übrig.

Ziehe $52 \cdot 1 = 52$ von der durch die ersten beiden Stellen des Dividenden gebildeten Zahl ab. Das Ergebnis, der Rest, ist 23.

Hole 4 nach unten.

4 ist das Ergebnis der zweiten Division.

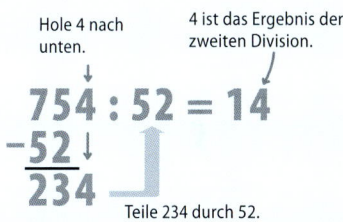

Teile 234 durch 52.

Hole die letzte Stelle (4) des Dividenden nach unten. Hänge sie an den Rest (23) an. Teile 234 durch 52. Die 52 passt 4-mal in die 234. Notiere die 4 im Ergebnis.

```
 754 : 52 = 14
-52↓
 234
 208     ← 52 · 4 = 208
  26        Ziehe 208 ab.
            Rest der zweiten
            Division
```

Ziehe $52 \cdot 4 = 208$ von 234 ab. Das Ergebnis ist 26. Es bleibt also ein Rest von 26.

Hänge gedanklich ein Dezimalkomma und eine Null an.

```
 754,0 : 52 = 14,
-52
 234
-208
 260
```

26 : 52 geht nicht.

Hänge hier ein Dezimalkomma an.

Hänge die Null an.

Da man keine ganzen Zahlen mehr nach unten holen kann, hänge gedanklich ein Dezimalkomma und eine Null an den Dividenden. Hänge außerdem ein Dezimalkomma an das Ergebnis. Hole die Null nach unten.

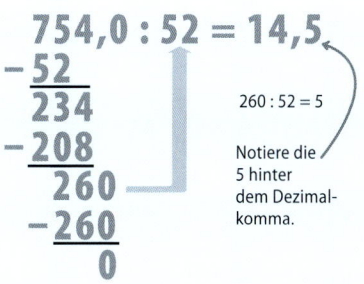

$260 : 52 = 5$

Notiere die 5 hinter dem Dezimalkomma.

Teile 260 durch 52, die Lösung (5) wird im Ergebnis hinter dem Dezimalkomma notiert. $5 \cdot 52 = 260$; 14,5 ist die Lösung.

Primzahlen

EINE PRIMZAHL IST EINE NATÜRLICHE ZAHL, DIE GRÖSSER ALS 1 IST UND NUR DURCH 1 UND SICH SELBST TEILBAR IST.

SIEHE AUCH	
‹ 18–21	Multiplikation
‹ 22–25	Division

Eine kurze Einführung in Primzahlen

Vor gut 2000 Jahren bemerkte der griechische Mathematiker Euklid, dass es Zahlen gibt, die nur durch sich selbst und durch 1 teilbar sind. Solche Zahlen heißen Primzahlen. Eine natürliche Zahl, die keine Primzahl ist, ist eine zusammengesetzte Zahl: Sie kann als Produkt aus Primzahlen geschrieben werden. Das nennt man Primfaktorzerlegung.

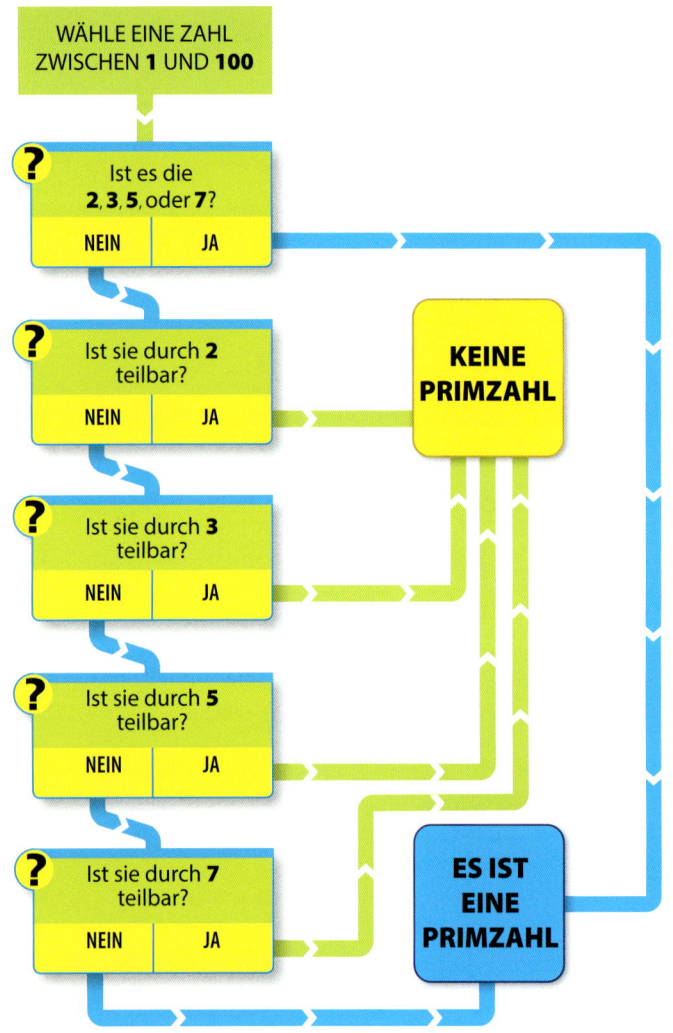

△ **Primzahl oder nicht?**
Ist eine natürliche Zahl zwischen 1 und 100 nicht durch eine der Primzahlen 2, 3, 5 und 7 teilbar, so ist sie eine Primzahl.

1 ist weder eine Primzahl noch eine zusammengesetzte Zahl.

2 ist die einzige gerade Primzahl. Jede andere gerade Zahl ist ebenfalls durch 2 teilbar und damit keine Primzahl.

▷ **Primzahlen bis 100**
Diese Tafel zeigt alle Primzahlen unter den ersten 100 natürlichen Zahlen.

Primfaktoren

Jede natürliche Zahl ist entweder eine Primzahl oder sie lässt sich als Produkt aus Primzahlen (Primfaktoren) schreiben. Man nennt diese Darstellung **Primfaktorzerlegung**.

Um die Primfaktoren von 30 zu finden, sucht man die größte Primzahl, durch die 30 teilbar ist; dies ist die 5. Übrig bleibt der Faktor 6 (5 · 6 = 30); dieser wird wiederum in Primfaktoren zerlegt.

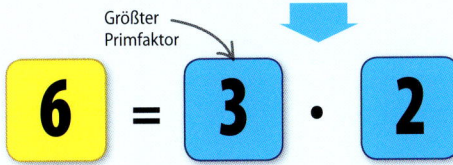

Nun wird der zweite Faktor (6) zerlegt, indem man hier wieder die größte Primzahl sucht, durch die er teilbar ist. Man erhält die Primzahlen 2 und 3, die beide die Zahl 6 teilen.

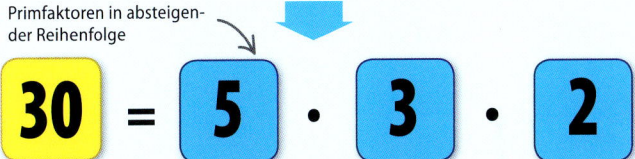

Man sieht, dass 30 als Produkt der Primzahlen 5, 3 und 2 geschrieben werden kann: Die **Primfaktoren** oder **Primteiler** von 30 sind 5, 3 und 2.

ANWENDUNG

Verschlüsselung

Online-Banking und Online-Shops gehören mittlerweile zum Alltag. Um die übermittelten Daten zu schützen, werden sie mithilfe eines Produkts aus zwei riesigen Primzahlen verschlüsselt. Es ist nahezu unmöglich, bei einem Angriff die Primfaktorzerlegung zu finden, denn die Rechnung dauert zu lange.

▷ **Datenschutz**
Um gleichbleibende Sicherheit zu gewähren, sind Mathematiker immer auf der Jagd nach neuen, größeren Primzahlen.

LEGENDE

Primzahl
Blau bedeutet Primzahl. Die Zahl ist nur durch 1 und sich selbst teilbar.

Zusammengesetzte Zahl
Gelb signalisiert eine zusammengesetzte Zahl. Die Zahl ist nicht nur durch 1 und sich selbst teilbar.

Die kleinen Zahlen zeigen, ob die Zahl durch 2, 3, 5 oder 7 oder Produkte aus diesen Zahlen teilbar ist.

Maße und Einheiten

ZEIT-, MASSEN- UND LÄNGENEINHEITEN SIND BASIS VIELER BERECHNUNGEN.

SIEHE AUCH	
Volumen	146–147 ⟩
Formeln	169–171 ⟩
Nachschlagen	232–243 ⟩

Basiseinheiten

Eine Messung ist der Vergleich einer realen Größe mit einem festgelegten Maß, der Einheit. Drei grundlegende Einheiten sind die der Zeit, der Masse (auch: Gewicht) und der Länge.

GENAU HINGESCHAUT
Abstände

Der Abstand ist die Länge der kürzesten Verbindungsstrecke zwischen zwei Punkten A und B. Umgangssprachlich meint man auch die Länge der Reiseroute zwischen zwei Punkten (Orten) A und B.

Flugzeuge fliegen über festgelegte Strecken

Abstand zwischen den Städten A und B

△ **Zeit**
Zeit wird in Millisekunden, Sekunden, Minuten, Stunden, Tagen, Wochen und Jahren gemessen. In unterschiedlichen Kulturen kann das Kalenderjahr zu unterschiedlichen Zeiten beginnen.

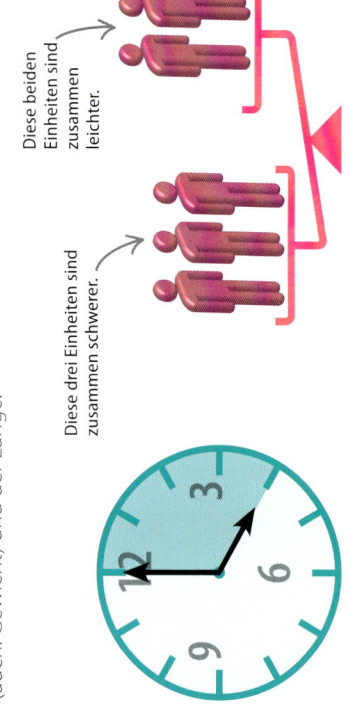

Diese drei Einheiten sind zusammen schwerer.

Diese beiden Einheiten sind zusammen leichter.

△ **Gewicht und Masse**
Die Masse gibt an, wie viel Materie in einem Gegenstand enthalten ist. Sie wird in Kilogramm (kg) oder Gramm gemessen. Das Gewicht dagegen sagt, wie schwer ein Gegenstand auf der Erdoberfläche ist. Im Alltag setzt man Masse und Gewicht gleich.

Länge des Gebäudes

Breite des Gebäudes

Höhe des Gebäudes

△ **Länge**
Die Länge eines Gegenstandes wird in Metern (m) gemessen. Für kleine Gegenstände nimmt man Bruchteile davon (z. B. Millimeter, Dezimeter, Zentimeter), für lange Strecken auch Vielfache (z. B. Kilometer).

Zusammengesetzte Einheiten

Andere Einheiten als die Basiseinheiten heißen zusammengesetzten Einheiten. Man braucht sie z. B. für Flächen- und Rauminhalte, Geschwindigkeiten oder die Dichte.

▽ **Flächeninhalt**
Für den Flächeninhalt verwendet man das Quadrat der Längeneinheit. Misst man beispielsweise die Seitenlängen des Quadrats in Meter (m), so gibt man seine Fläche in Quadratmeter (m^2) an.

Flächeninhalt = Länge · Breite

Der Flächeninhalt wird aus der Länge und der Breite berechnet.

▽ **Volumen**
Volumen werden in Kubikmillimeter, Kubikzentimeter, Kubikdezimeter, Kubikmeter angegeben. Das Volumen eines Quaders entspricht dem Produkt seiner Seitenlängen. Sind alle Seitenlängen des Würfels in Meter (m) angegeben, so gibt man sein Volumen in Kubikmeter (m^3) an. 1 m^3 sind 1000 Liter.

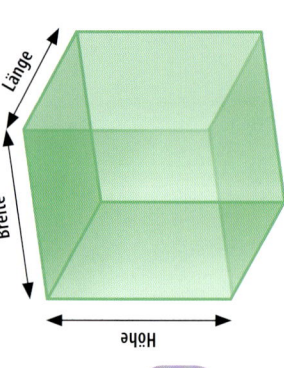

Volumen = Länge · Breite · Höhe

Das Volumen wird aus Länge, Breite und Höhe berechnet.

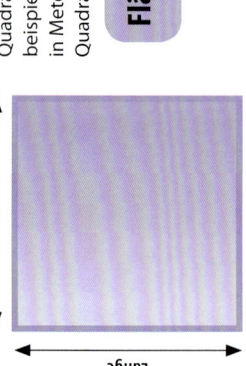

Geschwindigkeit

Die Geschwindigkeit gibt an, welche Wegstrecke in einer bestimmten Zeit zurückgelegt wird. Kurz: „Geschwindigkeit gleich Weg durch Zeit". Wird der Weg in Kilometern (km) und die Zeit in Stunden (h) angegeben, so ist die Einheit für die Geschwindigkeit km/h.

$$\text{Geschwindigkeit} = \frac{\text{zurückgelegter Weg}}{\text{Zeit}}$$

▷ Formeldreieck Geschwindigkeit

Die Verknüpfung zwischen Geschwindigkeit (v), Weg (s) und Zeit (t) kann man sich in einem Dreieck merken. Sind zwei Größen bekannt, so kann man die dritte daraus einfach berechnen.

$$v = \frac{s}{t}$$

Geschwindigkeit = zurückgelegter Weg : Zeit

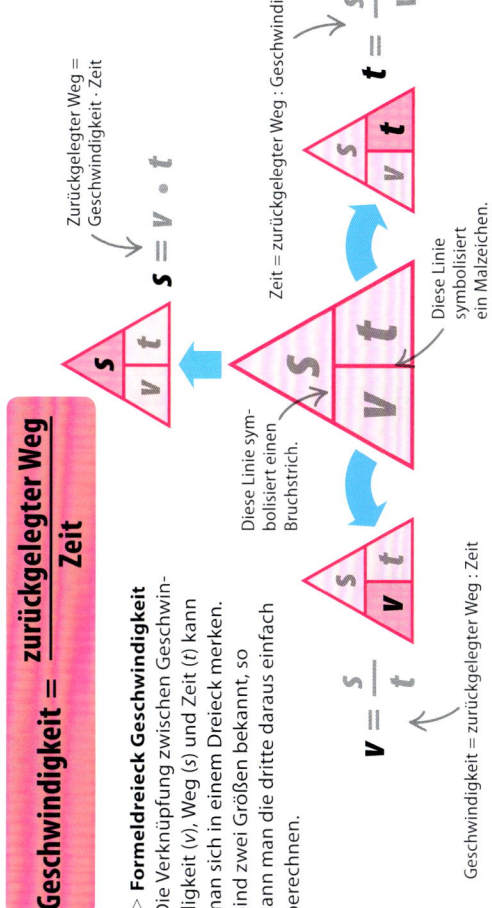

Zurückgelegter Weg = Geschwindigkeit · Zeit
$s = v \cdot t$

Zeit = zurückgelegter Weg : Geschwindigkeit
$t = \frac{s}{v}$

Diese Linie symbolisiert einen Bruchstrich.
Diese Linie symbolisiert ein Malzeichen.

▷ Geschwindigkeit berechnen

Ein Auto fährt 20 km in 20 Minuten. Damit kann man die Geschwindigkeit in km/h berechnen.

Teile 20 durch 60; man erhält die Stundenzahl.

$$20 \text{ Minuten} = \frac{20}{60} = \frac{1}{3} \text{ Stunde}$$

Zunächst muss man die Minuten in Stunden umrechnen.
Man erhält $\frac{1}{3}$ Stunde.

Zurückgelegter Weg ist 20 km

$$v = \frac{s}{t} = 60 \text{ km/h}$$

Zeit entspricht $\frac{1}{3}$ Stunde

Dann werden die Werte für den zurückgelegten Weg und die benötigte Zeit in die Formel eingesetzt. Man dividiert den Weg (20 km) durch die Zeit ($\frac{1}{3}$ Stunde). Es ergibt sich die Geschwindigkeit 60 km/h.

Dichte

Die Dichte (ρ) gibt das Verhältnis von Masse (m) zu Volumen (V) eines Körpers an. Die Einheiten Masse (m) und Volumen (V) sind beteiligt. Mit den Masseneinheiten Gramm und Kubikzentimeter ist die Einheit für die Dichte g/cm³ (Gramm pro Kubikzentimeter).

$$\text{Dichte} = \frac{\text{Masse}}{\text{Volumen}}$$

▷ Formeldreieck Dichte

Den Zusammenhang zwischen Dichte (ρ), Masse (m) und Volumen (V) kann man sich in einem Dreieck merken. Sind zwei Größen bekannt, so kann man die dritte daraus einfach berechnen.

$$\rho = \frac{m}{V}$$

Dies ist ein Rho, das Zeichen für die Dichte.

Dichte = Masse : Volumen

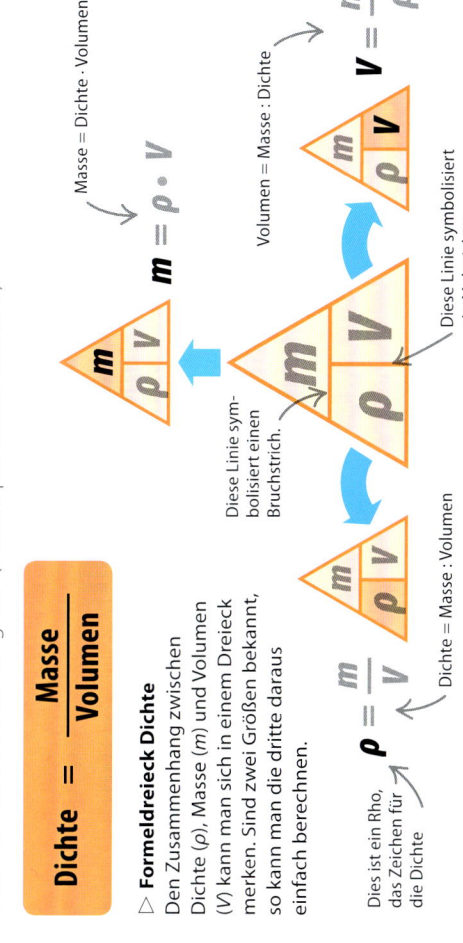

Masse = Dichte · Volumen
$m = \rho \cdot V$

Volumen = Masse : Dichte
$V = \frac{m}{\rho}$

Diese Linie symbolisiert einen Bruchstrich.
Diese Linie symbolisiert ein Malzeichen.

▷ Volumen berechnen

Blei hat eine Dichte von etwa 0,0113 kg/cm³. Mit diesem Wert kann das Volumen eines Bleigewichts von 0,5 kg Masse berechnet werden.

Die Dichte von Blei ist immer gleich, unabhängig von seiner Masse.

Masse: 0,5 kg

$$V = \frac{m}{\rho} \approx 44{,}25 \text{ cm}^3$$

Dichte: ungefähr 0,0113 kg/cm³

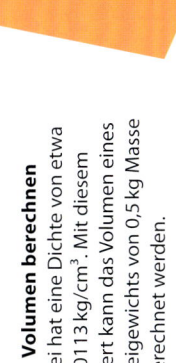

◁ In die Formel einsetzen

Die Werte für Masse und Dichte werden in die Volumenformel eingesetzt. Die Masse (0,5 kg) wird durch die Dichte ($\approx$ 0,0113 kg/cm³) dividiert; es ergibt sich das Volumen (hier $\approx$ 44,25 cm³).

Positive und negative Zahlen

EINE POSITIVE ZAHL IST GRÖSSER ALS NULL, EINE NEGATIVE ZAHL IST KLEINER ALS NULL.

Eine positive Zahl wird durch ein Plus (+) oder kein Vorzeichen gekennzeichnet. Eine negative Zahl wird durch das negative Vorzeichen, das Minus (–), gekennzeichnet.

SIEHE AUCH	
‹ 14–15	Ziffern und Zahlen
‹ 16–17	Addition und Subtraktion

Wozu braucht man positive und negative Zahlen?

Positive Zahlen werden verwendet, um von der Null an immer weiter nach oben zu zählen. Negative Zahlen werden verwendet, um von der Null an herunterzuzählen. Wenn beispielsweise auf einem Konto ein Guthaben ist, ist das Konto „im Plus", bei Schulden ist es „im Minus".

Negative Zahl

Unendliche Zahlengerade

Positive und negative Zahlen addieren und subtrahieren

Mithilfe einer Zahlengeraden kann man Addition und Subtraktion gut veranschaulichen. Man beginnt beim ersten Summanden (oder beim Minuenden) und bewegt sich um die durch den zweiten Summanden (oder den Subtrahenden) angezeigte Anzahl weiter: Für die Addition nach rechts; für die Subtraktion nach links.

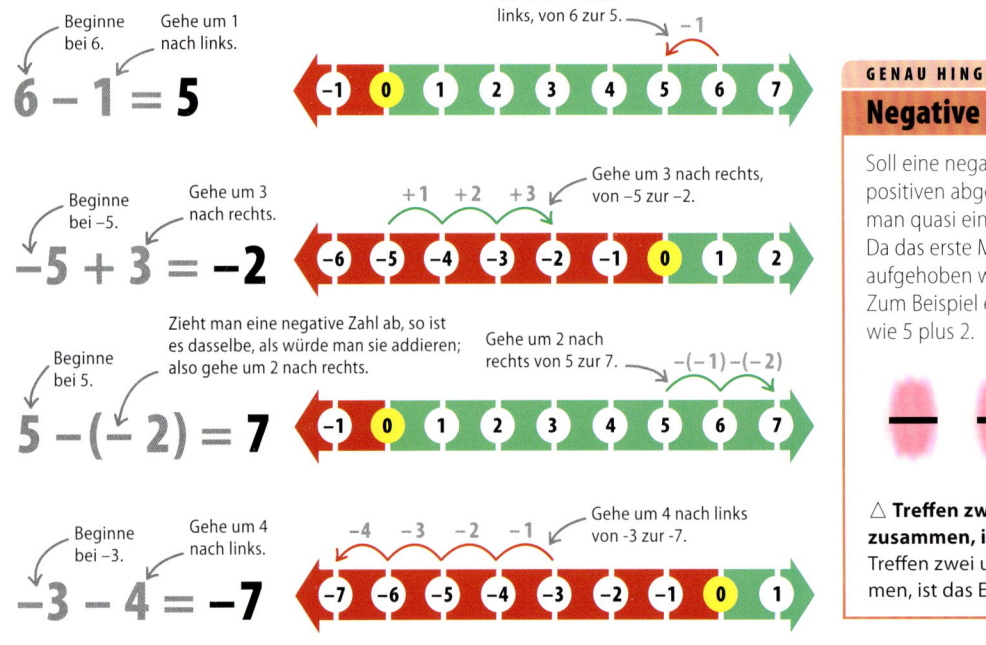

Beginne bei 6. Gehe um 1 nach links.
$6 - 1 = 5$
Gehe um 1 nach links, von 6 zur 5.

Beginne bei –5. Gehe um 3 nach rechts.
$-5 + 3 = -2$
Gehe um 3 nach rechts, von –5 zur –2.

Beginne bei 5. Zieht man eine negative Zahl ab, so ist es dasselbe, als würde man sie addieren; also gehe um 2 nach rechts.
$5 - (-2) = 7$
Gehe um 2 nach rechts von 5 zur 7.

Beginne bei –3. Gehe um 4 nach links.
$-3 - 4 = -7$
Gehe um 4 nach links von -3 zur -7.

GENAU HINGESCHAUT
Negative Zahlen abziehen

Soll eine negative Zahl von einer positiven abgezogen werden, so erhält man quasi eine „doppelt negative Zahl". Da das erste Minus durch das zweite aufgehoben wird, ist die Zahl positiv. Zum Beispiel ergibt 5 minus –2 dasselbe wie 5 plus 2.

△ **Treffen zwei gleiche Zeichen zusammen, ist das Ergebnis positiv.** Treffen zwei ungleiche Zeichen zusammen, ist das Ergebnis negativ.

POSITIVE UND NEGATIVE ZAHLEN   31

▽ **Zahlengerade**
Eine Zahlengerade ist eine gute Möglichkeit, sich die positiven und negativen Zahlen vorzustellen. Die positiven Zahlen werden rechts von der Null angeordnet, die negativen links davon. Unterschiedliche Farben helfen bei der besseren Unterscheidung zwischen positiv und negativ.

ANWENDUNG
Thermometer

Negative Zahlen kommen beispielsweise bei der Temperaturmessung vor. Im Winter kann die Temperatur deutlich unter Null Grad fallen. Die niedrigste Temperatur, die je gemessen wurde, wurde in der Antarktis mit −89,2 °C festgestellt.

0 bedeutet Nichts oder Null. Sie steht zwischen den positiven und den negativen Zahlen.

Positive Zahl

Unendliche Zahlengerade

−1   0   1   2   3   4   5

Multiplikation und Division

Um zwei beliebige Zahlen miteinander zu multiplizieren oder die eine durch die andere zu dividieren, multipliziert (dividiert) man zunächst die beiden Beträge, egal, ob sie positiv oder negativ sind. Das Vorzeichen des Ergebnisses kann mit dem Schema rechts bestimmt werden.

$2 \cdot 4 = 8$ — Das Ergebnis (8) ist positiv, denn $+ \cdot + = +$

$-1 \cdot 6 = -6$ — Das Ergebnis (−6) ist negativ, denn $- \cdot + = -$

$-4 : 2 = -2$ — Das Ergebnis (−2) ist negativ, denn $- : + = -$

$-2 \cdot 4 = -8$ — Das Ergebnis (−8) ist negativ, denn $- \cdot + = -$

$-2 \cdot -4 = 8$ — Das Ergebnis (8) ist positiv, denn $- \cdot - = +$

$-10 : -2 = 5$ — Das Ergebnis (5) ist positiv, denn $- : - = +$

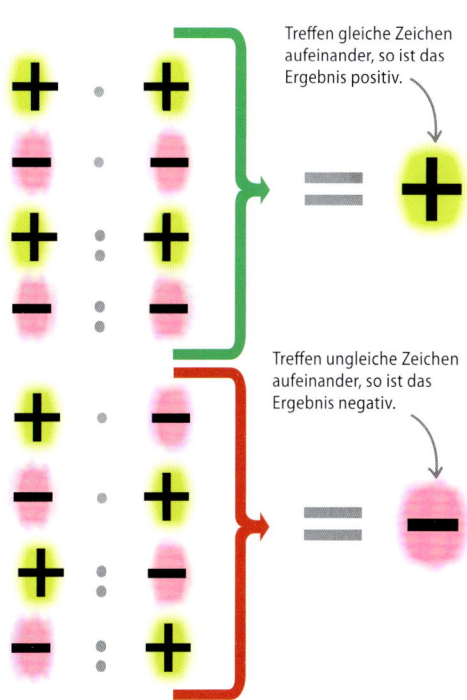

△ **Positives oder negatives Ergebnis**
Gleiche Vorzeichen: Positives Ergebnis; ungleiche Vorzeichen: negatives Ergebnis.

32 ZAHLEN

Potenzen und Wurzeln

EIN PRODUKT AUS MEHREREN GLEICHEN FAKTOREN HEISST POTENZ. DIE WURZEL AUS EINER ZAHL IST DIEJENIGE ZAHL, DIE MIT SICH SELBST MULTIPLIZIERT DIE URSPRÜNGLICHE ZAHL ERGIBT.

SIEHE AUCH	
‹ 18–21	Multiplikation
‹ 22–25	Division
Normdarstellung	36–37 ›
Der Taschenrechner	64–65 ›

Potenzen: Eine Einführung

Die Hochzahl (der Exponent) gibt an, wie oft die Zahl (die Basis) mit sich selbst multipliziert wird. Er steht klein rechts oben neben der Zahl selbst. Wird eine Zahl einmal mit sich selbst multipliziert, so sagt man, sie wird „quadriert". Allgemein sagt man zur wiederholten Multiplikation einer Zahl mit sich selbst auch „potenzieren".

$$5^4$$

Der Exponent gibt an, wie oft die Zahl mit sich selbst multipliziert werden soll. 5 steht in der 4-ten Potenz (5^4 bedeutet $5 \cdot 5 \cdot 5 \cdot 5$).

Diese Zahl – die Basis – soll mit sich selbst multipliziert werden.

$$5 \cdot 5 = 5^2$$
$$= 25$$

Dies ist der Exponent. 5 steht in der 2-ten Potenz. Man sagt auch „5 quadrat".

△ **Das Quadrat einer Zahl**
Multipliziert man eine Zahl mit sich selbst, so erhält man eine Quadratzahl. Die kleine Zwei oben rechts ² gibt an, dass hier 2 Fünfen stehen.

▷ **Quadratzahl**
5 Reihen zu je 5 Würfeln ergeben 5^2 Würfel. $5 \cdot 5 = 25$.

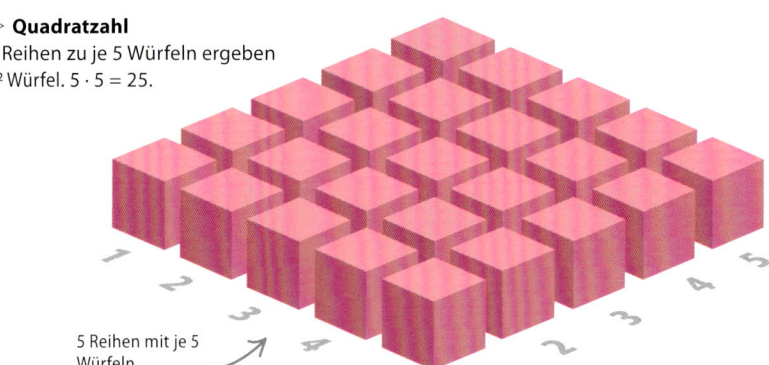

5 Reihen mit je 5 Würfeln

$$5 \cdot 5 \cdot 5 = 5^3$$
$$= 125$$

Dies ist der Exponent. 5 steht in der 3-ten Potenz. Man sagt auch „5 hoch 3".

△ **Kubikzahl**
Multipliziert man eine Zahl zweimal mit sich selbst, so erhält man eine Kubikzahl. Die kleine Drei oben rechts ³ gibt an, dass hier 3 Fünfen stehen.

▷ **Kubikzahl**
Hier sieht man, wie viele Würfel zusammen 5^3 sind. 5 horizontale Reihen, 5 vertikale Reihen mit je 5 Würfeln: $5 \cdot 5 \cdot 5 = 125$.

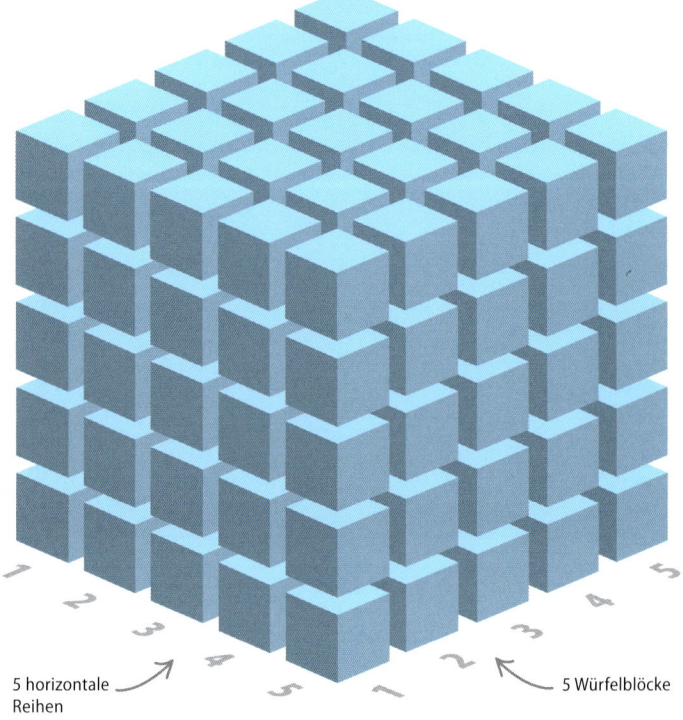

5 vertikale Reihen

5 horizontale Reihen

5 Würfelblöcke

Quadrat- und Kubikwurzeln

Die Quadratwurzel einer nicht negativen Zahl ist diejenige nicht negative Zahl, deren Quadratzahl der Zahl unter dem Wurzelsymbol entspricht. Beispielsweise ist 2 die Quadratwurzel aus 4, denn 2 · 2 = 4. Die Kubikwurzel einer nicht negativen Zahl ist diejenige Zahl, deren Kubikzahl der Zahl unter dem Wurzelsymbol entspricht. Beispielsweise ist 3 die Kubikwurzel aus 27, denn 3 · 3 · 3 = 27.

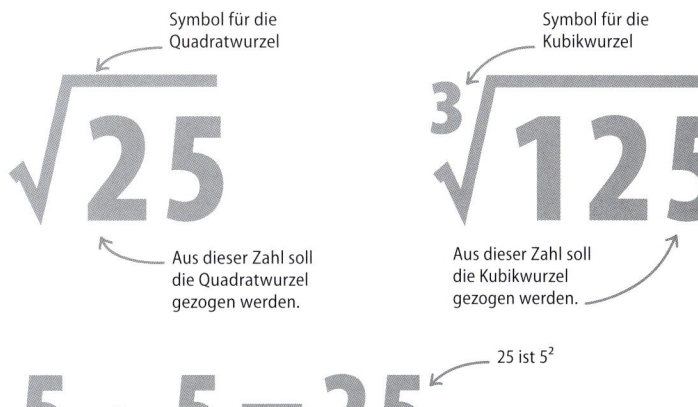

Symbol für die Quadratwurzel
Aus dieser Zahl soll die Quadratwurzel gezogen werden.

Symbol für die Kubikwurzel
Aus dieser Zahl soll die Kubikwurzel gezogen werden.

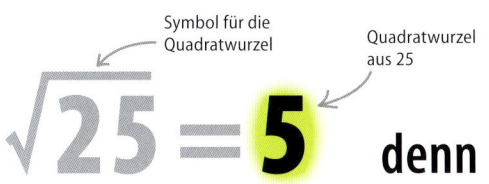

Symbol für die Quadratwurzel
Quadratwurzel aus 25

$5 \cdot 5 = 25$ — 25 ist 5^2

△ **Die Quadratwurzel einer Zahl**
Die Quadratwurzel einer Zahl ist diejenige Zahl, die quadriert (mit sich selbst multipliziert) die Zahl unter dem Wurzelsymbol ergibt.

Symbol für die Kubikwurzel
Kubikwurzel aus 125

125 ist 5^3
$5 \cdot 5 \cdot 5 = 125$

△ **Die Kubikwurzel einer Zahl**
Die Kubikwurzel einer Zahl ist diejenige Zahl, die zweimal mit sich selbst multipliziert die Zahl unter dem Wurzelsymbol ergibt.

OFT GEBRAUCHTE QUADRATWURZELN		
Wurzel aus	Lösung	Warum?
1	1	weil 1 · 1 = 1
4	2	weil 2 · 2 = 4
9	3	weil 3 · 3 = 9
16	4	weil 4 · 4 = 16
25	5	weil 5 · 5 = 25
36	6	weil 6 · 6 = 36
49	7	weil 7 · 7 = 49
64	8	weil 8 · 8 = 64
81	9	weil 9 · 9 = 81
100	10	weil 10 · 10 = 100
121	11	weil 11 · 11 = 121
144	12	weil 12 · 12 = 144
169	13	weil 13 · 13 = 169

GENAU HINGESCHAUT

Potenzen und Wurzeln mit dem Taschenrechner

Die meisten Taschenrechner haben separate Tasten für das Quadrieren und das Potenzieren mit der Hochzahl 3 sowie für die Quadrat- und die Kubikwurzel. Eine weitere Taste ermöglicht das Potenzieren mit beliebigen Exponenten.

△ **Exponent**
Mit dieser Taste kann man jede Zahl mit jeder potenzieren.

3^5 = [3] [x^y] [5]
= 243

◁ **Exponenten benutzen**
Zuerst wird die Zahl, die potenziert werden soll, eingegeben, dann tippt man die Exponenten-Taste und zuletzt die erforderliche Hochzahl.

△ **Quadratwurzel**
Mithilfe dieser Taste berechnet man die Quadratwurzeln nicht negativer Zahlen.

$\sqrt{25}$ = [$\sqrt{\ }$] [25]
= 5

◁ **Wurzeltaste**
Bei den meisten Taschenrechnern muss man zuerst die Wurzeltaste drücken und anschließend die Zahl eingeben.

Potenzen mit gleicher Basis multiplizieren

Potenzen mit gleicher Basis werden multipliziert, indem man die Exponenten addiert.

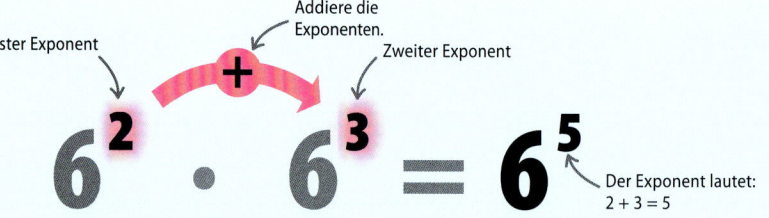

▷ **Ausgeschrieben**
Schreibt man jede der Potenzen aus, so erkennt man leicht, warum es genügt, die Exponenten zu addieren.

$$(6 \cdot 6) \cdot (6 \cdot 6 \cdot 6) = 6 \cdot 6 \cdot 6 \cdot 6 \cdot 6$$

6^2 ist $6 \cdot 6$ 6^3 ist $6 \cdot 6 \cdot 6$ $6 \cdot 6 \cdot 6 \cdot 6 \cdot 6$ ist 6^5

Potenzen mit gleicher Basis dividieren

Potenzen mit gleicher Basis werden dividiert, indem man den Exponenten des Divisors vom Exponenten den Dividenden abzieht.

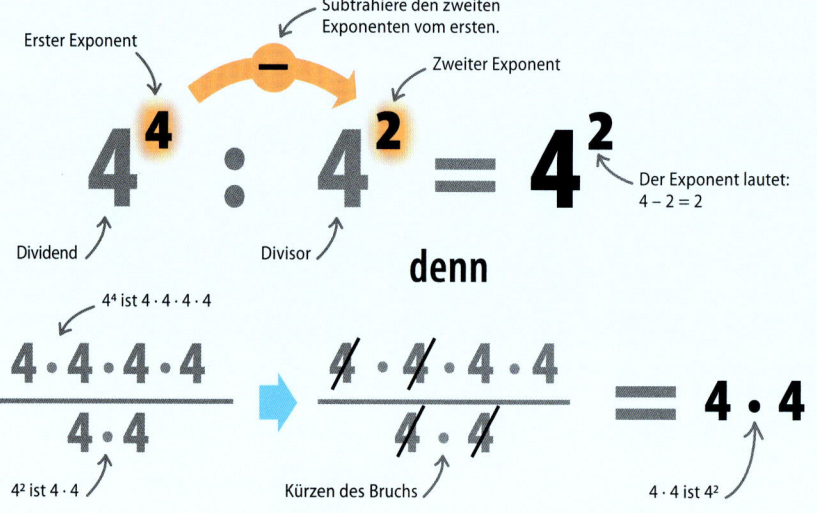

▷ **Ausgeschrieben**
Schreibt man die Division von Potenzen als Bruch, so erkennt man sofort, weshalb es genügt, den Exponenten des Divisors abzuziehen.

GENAU HINGESCHAUT

Null im Exponenten

Teilt man zwei Potenzen mit gleicher Basis und gleichem Exponenten, so ergibt sich nach den obigen Regeln der Exponent Null. Die Basis (im Beispiel 8) bleibt erhalten. Daher muss jede Zahl „hoch Null" 1 ergeben.

Erster Exponent   Zweiter Exponent   Der Exponent lautet: $3 - 3 = 0$

$$8^3 : 8^3 = 8^0 = 1$$

Jede Zahl „hoch Null" ergibt 1.

denn

▷ **Ausgeschrieben**
Schreibt man die Division zweier gleicher Potenzen als Bruch, wird deutlich, warum jede Zahl „hoch Null" 1 ergibt.

$$\frac{8 \cdot 8 \cdot 8}{8 \cdot 8 \cdot 8} = \frac{512}{512} = 1$$

8^3 ist $8 \cdot 8 \cdot 8$

Ergebnis der Division einer Zahl durch sich selbst ist 1.

POTENZEN UND WURZELN

Quadratwurzel mithilfe eines Näherungsverfahrens bestimmen

Man kann die Quadratwurzel einer Zahl näherungsweise berechnen, indem man von einer ersten Näherung ausgeht und sich der Lösung Schritt für Schritt nähert.

$$\sqrt{32} = ?$$

$\sqrt{25} = 5$ und $\sqrt{36} = 6$, also muss die Lösung irgendwo dazwischen liegen; beginnen wir mit 5,5:

$5,5 \cdot 5,5 = 30,25$ — zu klein
$5,75 \cdot 5,75 = 33,0625$ — zu groß
$5,65 \cdot 5,65 = 31,9225$ — zu klein
$5,66 \cdot 5,66 = \mathbf{32{,}0356}$

Die Quadratwurzel von 32 ist ungefähr 5,66.
Ergibt beim Runden auf ganze Zahlen 32.

$$\sqrt{1000} = ?$$

$\sqrt{1600} = 40$ und $\sqrt{900} = 30$, also muss die Lösung **zwischen 30 und 40 liegen.** Da 1000 näher an der 900 liegt, beginnen wir mit einer Zahl, die näher an 30 ist, z. B. mit 32:

$32 \cdot 32 = 1024$ — zu groß
$31 \cdot 31 = 961$ — zu klein
$31,5 \cdot 31,5 = 992,25$ — zu klein
$31,6 \cdot 31,6 = 998,56$ — zu klein
$31,65 \cdot 31,65 \approx 1001,72$ — zu groß
$31,62 \cdot 31,62 = \mathbf{999{,}8244}$

Die Quadratwurzel von 1000 ist ungefähr 31,62.
Ergibt beim Runden auf ganze Zahlen 1000.

Kubikwurzel mithilfe eines Näherungsverfahrens bestimmen

Man kann die Kubikwurzel einer Zahl ebenfalls näherungsweise berechnen, indem man von einer ersten Näherung ausgeht und sich der Lösung Schritt für Schritt nähert.

$$\sqrt[3]{32} = ?$$

$3 \cdot 3 \cdot 3 = 27$ und $4 \cdot 4 \cdot 4 = 64$, die Lösung liegt also zwischen 3 und 4. Wir beginnen mit 3,5:

$3,5 \cdot 3,5 \cdot 3,5 = 42,875$ — zu groß
$3,3 \cdot 3,3 \cdot 3,3 = 35,937$ — zu groß
$3,1 \cdot 3,1 \cdot 3,1 = 29,791$ — zu klein
$3,2 \cdot 3,2 \cdot 3,2 = 32,768$ — zu groß
$3,18 \cdot 3,18 \cdot 3,18 = \mathbf{32{,}157432}$

Die Kubikwurzel aus 32 ist ungefähr 3,18.
Ergibt beim Runden auf die erste Nachkommastelle 32,2.

$$\sqrt[3]{800} = ?$$

$9 \cdot 9 \cdot 9 = 729$ und $10 \cdot 10 \cdot 10 = 1000$, die Lösung liegt also zwischen 9 und 10. Da 800 näher an 729 als an 1000 ist, beginnen wir mit einer Zahl, die näher an 9 ist, z. B. mit 9,1:

$9,1 \cdot 9,1 \cdot 9,1 = 753,571$ — zu klein
$9,3 \cdot 9,3 \cdot 9,3 = 804,357$ — zu groß
$9,27 \cdot 9,27 \cdot 9,27 = 796,5979$ — zu klein
$9,28 \cdot 9,28 \cdot 9,28 \approx 799,1787$ — sehr nah
$9,284 \cdot 9,284 \cdot 9,284 \approx \mathbf{800{,}2126}$

Die Kubikwurzel aus 32 ist ungefähr 9,284.
Ergibt beim Runden auf ganze Zahlen 800.

Normdarstellung

DIE NORMDARSTELLUNG IST EINE PRAKTISCHE SCHREIBWEISE FÜR BESONDERS GROSSE UND BESONDERS KLEINE ZAHLEN.

SIEHE AUCH	
‹ 18–21	Multiplikation
‹ 22–25	Division
‹ 32–35	Potenzen und Wurzeln

Exponentialdarstellung

Die Normdarstellung heißt auch Exponentialdarstellung. Man kann jede Zahl als Produkt aus einer Zahl zwischen 1 und 10 und einer Zehnerpotenz schreiben. Der Exponent gibt dabei immer die Anzahl der Nullen an. Die Zahl 7 gefolgt von 24 Nullen wird ganz einfach als $7 \cdot 10^{24}$ notiert. Man hat bei dieser Schreibweise sofort einen Überblick über die Größenordnung der Zahl.

Dies ist der Exponent.

$$4 \cdot 10^3$$

◁ **Normdarstellung verwenden**
Die Normdarstellung der Zahl 4000 zeigt, wie viele Nullen an die Zahl 4 angehängt werden müssen. In diesem Fall sind es drei.

Normdarstellung aufschreiben

Um eine Zahl in der Normdarstellung aufzuschreiben, muss man zunächst herausfinden, um wieviele Stellen das Dezimalkomma nach links wandern muss, um eine Zahl zwischen 1 und 10 zu bilden. Enthält die Ausgangszahl kein Dezimalkomma, so fügt man am Ende eines an.

▷ **Betrachte eine Zahl**
Die Normdarstellung wird meist für besonders große oder besonders kleine Zahlen verwendet.

Sehr große Zahl

1 230 000

Sehr kleine Zahl

0,0006

▷ **Dezimalkomma anfügen**
Falls kein Dezimalkomma vorhanden ist, füge es am Ende der Zahl hinzu.

Dezimalkomma anfügen

1 230 000,

Dezimalkomma ist bereits vorhanden
0,0006

▷ **Verschieben des Dezimalkommas**
Nun wird das Dezimalkomma so weit nach links oder rechts verschoben, bis durch seine Anordnung eine Zahl zwischen 1 und 10 entsteht.

6 5 4 3 2 1
1 230 000,

Das Dezimalkomma rückt 6 Stellen nach links.

1 2 3 4

0,0006

Das Dezimalkomma rückt 4 Stellen nach rechts.

▷ **Normdarstellung notieren**
Die Zahl zwischen 1 und 10 wird mit „10 hoch Anzahl der Stellen, um die das Dezimalkomma nach links oder rechts gerückt werden musste" multipliziert. Wurde das Komma nach rechts gerückt, ist der Exponent negativ, ansonsten positiv.

Der Exponent ist 6, denn das Dezimalkomma wurde um 6 Stellen nach links gerückt.

$$1{,}23 \cdot 10^6$$

Die vordere Zahl muss zwischen 1 und 10 liegen.

Der Exponent ist negativ, denn das Dezimalkomma musste nach rechts gerückt werden.

$$6 \cdot 10^{-4}$$

Die 4 steht im Exponenten, da das Dezimalkomma um 4 Stellen verschoben werden musste.

Normdarstellung in Aktion

Manchmal kann man Zahlen kaum miteinander vergleichen, weil sie unüberschaubar viele Stellen haben. Die Normdarstellung vereinfacht dies sehr.

Die Erdmasse beträgt 5 974 200 000 000 000 000 000 000 kg.

5 974 200 000 000 000 000 000 000,0 kg

Das Dezimalkomma rückt **24 Stellen** nach links.

Die Masse des Planeten Mars beträgt 641 910 000 000 000 000 000 000,0 kg.

641 910 000 000 000 000 000 000,0 kg

Das Dezimalkomma rückt **23 Stellen** nach links.

In der Normdarstellung sind die beiden Zahlen wesentlich leichter zu vergleichen. Die Erdmasse in Normdarstellung ist

$$5{,}9742 \cdot 10^{24} \text{ kg}$$

Die Marsmasse in Normdarstellung ist

$$6{,}4191 \cdot 10^{23} \text{ kg}$$

▷ **Planetenmassen vergleichen**
Ganz offensichtlich ist die Erdmasse viel größer als die Marsmasse, denn 10^{24} ist das 10-Fache von 10^{23}.

BEISPIELE FÜR DIE NORMDARSTELLUNG

Beispiel	Dezimaldarstellung	Normdarstellung
Gewicht des Mondes	73 600 000 000 000 000 000 000 kg	$7{,}36 \cdot 10^{22}$ kg
Menschen auf der Erde	6 800 000 000	$6{,}8 \cdot 10^{9}$
Lichtgeschwindigkeit	300 000 000 m/s	$3 \cdot 10^{8}$ m/s
Entfernung Mond – Erde	384 000 km	$3{,}84 \cdot 10^{5}$ km
Masse des Empire State Buildings	365 000 t	$3{,}65 \cdot 10^{5}$ t
Umfang des Äquators	40 075 km	$4 \cdot 10^{4}$ km
Höhe des Mount Everest	8 850 m	$8{,}850 \cdot 10^{3}$ m
Geschossgeschwindigkeit	710 m/s	$7{,}1 \cdot 10^{2}$ m/s
Schneckengeschwindigkeit	0,001 m/s	$1 \cdot 10^{-3}$ m/s
Durchmesser eines roten Blutkörperchens	0,00067 cm	$6{,}7 \cdot 10^{-4}$ cm
Länge eines Virus	0,000 000 009 cm	$9 \cdot 10^{-9}$ cm
Gewicht eines Staubteilchens	0,000 000 000 753 kg	$7{,}53 \cdot 10^{-10}$ kg

GENAU HINGESCHAUT
Normdarstellung und Taschenrechner

Die Potenztaste auf dem Taschenrechner erlaubt das Potenzieren jeder Zahl mit jedem Exponenten. Große Lösungen werden vom Taschenrechner in Normdarstellung angegeben.

△ **Potenztaste**
Mithilfe dieser Taste kann man jede Zahl mit jeder beliebigen potenzieren.

$4 \cdot 10^{2}$ wird folgendermaßen eingegeben:

Zahlen mit sehr vielen Stellen werden meist in Normdarstellung angezeigt:

1 234 567 • 89 101 112 =
1,100012925 • 10^{14}

Die Lösung ist ungefähr 110 001 292 500 000.

 Dezimalzahlen

ZAHLEN, IN DENEN EIN KOMMA VORKOMMT, HEISSEN DEZIMALZAHLEN.

SIEHE AUCH	
‹ 18–21	Multiplikation
‹ 22–25	Division
Der Taschenrechner	64–65 ›

Dezimalzahlen

Die Zahlen links vom Komma sind ganze Zahlen, die Zahlen rechts vom Komma nicht: Die erste Stelle nach dem Komma steht für Zehntel, die zweite für Hundertstel usw. Diese Nachkommastellen heißen Dezimalstellen oder kurz Dezimale.

Der ganze Anteil beträgt 1234.

Der gebrochene Anteil ist 56. Man sagt „fünf sechs", nicht „sechsundfünfzig".

Das Dezimalkomma stellt die Grenze zwischen dem ganzzahligen Teil und dem gebrochenen Teil einer Zahl dar.

△ **Ganzzahliger und gebrochener Teil einer Zahl**
Die ganzen Zahlen repräsentieren vom Dezimalkomma aus nach links gehend Einer, Zehner, Hunderter und Tausender. Die gebrochenen Teile repräsentieren – vom Dezimalkomma aus nach rechts gehend – Zehntel und Hundertstel.

Multiplikation

Um Dezimalzahlen zu multiplizieren, verschiebt man zuerst das Dezimalkomma um so viele Stellen nach rechts, dass eine ganze Zahl entsteht. Dann führt man ganz normal die schriftliche Multiplikation aus und fügt das Dezimalkomma wieder ein. Hier wird 1,9 (Dezimalzahl) mit 7 (ganze Zahl) multipliziert.

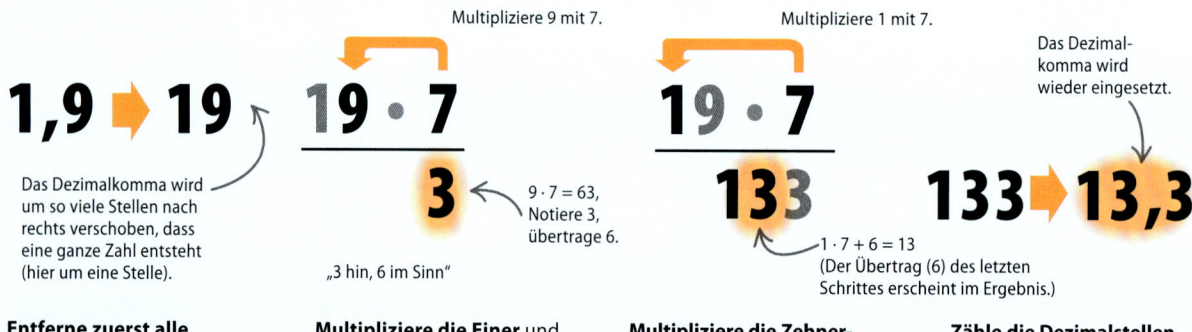

Entferne zuerst alle Dezimalkommas aus den Zahlen, sodass beide Zahlen als ganze Zahlen aufgefasst werden können.

Multipliziere die Einer und übertrage die Zehnerstellen, falls nötig.

$9 \cdot 7 = 63$, Notiere 3, übertrage 6.
„3 hin, 6 im Sinn"

Multipliziere die Zehnerstelle (1) mit 7. Das Produkt ist 7. Addiere die übertragene 6 zur 7, man erhält 13.

$1 \cdot 7 + 6 = 13$
(Der Übertrag (6) des letzten Schrittes erscheint im Ergebnis.)

Zähle die Dezimalstellen in den **beiden** Originalzahlen – hier ist es eine. Die Lösung hat dann ebenfalls entsprechend viele (hier eine) Dezimalstellen.

DIVISION

Lösungen von Divisionsaufgaben sind oft Dezimalzahlen. Will man Dezimalzahlen teilen, ist es oft sinnvoller, sie in ganze Zahlen umzuwandeln, bevor man die Division ausführt.

Schriftliche Division von Dezimalzahlen

Bei manchen Zahlen geht die Division nicht auf. In solchen Fällen hängt man gedanklich ein Dezimalkomma, gefolgt von Nullen, an den Dividenden. Hier wird 6 durch 8 geteilt:

Beides sind ganze Zahlen
Da 8 nicht durch 6 teilbar ist, notiere im Ergebnis eine Null und hänge ein Dezimalkomma an.

Denke hier ein Dezimalkomma gefolgt von Nullen.

$6 : 8 = 0,$
-0
$\overline{6}$

$0 \cdot 8 = 0$ abziehen
Rest
Füge in die Lösung ein Dezimalkomma an.

Hänge die gedachte Null von oben an den Rest. Teile dann 60 (statt 6) durch 8, notiere 7 im Ergebnis nach dem Komma. Es bleibt ein Divisionsrest von 4.

$60 : 8 = 7$ Rest 4

$6 : 8 = 0{,}7$
-0
$\overline{60}$
-56
$\overline{4}$

Hänge die gedachte Null von oben an den Rest (6) an.
$7 \cdot 8 = 56$ abziehen
Rest

Hänge erneut eine gedachte Null von oben an den Rest. Teile nun 40 (statt 4) durch 8, notiere 5 im Ergebnis. Da kein Rest bleibt, endet die Division hier. $6 : 8 = 0{,}75$.

$40 : 8 = 5$

$6 : 8 = 0{,}75$
-0
$\overline{60}$
-56
$\overline{40}$
-40
$\overline{0}$

Hänge eine weitere gedachte Null von oben an den neuen Rest (4) an.

GENAU HINGESCHAUT

Nicht endende Dezimalzahlen

Manchmal erhält man als Ergebnis einer Division eine nicht endende Dezimalzahl. Man sagt auch „periodische Dezimalzahl". Beispielsweise die Division 1 : 3 hat eine solche periodische Dezimalzahl als Ergebnis; bereits nach dem zweiten Schritt erhält man immer wieder dasselbe Divisionsergebnis und denselben Rest.

1 ist nicht durch 3 teilbar; notiere die 0 im Ergebnis. Und füge ein Dezimalkomma an.

$1 : 3 = 0$ Rest 1

$1 : 3 = 0,$
-0
$\overline{1}$

Dezimalkomma an das bisherige Ergebnis anhängen

Hänge die gedachte Null von oben an den Rest. 10 geteilt durch 3 ergibt 3; es bleibt ein Rest von 1. Notiere die 3 im Ergebnis.

$10 : 3 = 3$ Rest 1

$1 : 3 = 0{,}3$
-0
$\overline{10}$
-9
$\overline{1}$

Gedachte Null von oben anhängen.

Hänge erneut eine gedachte Null von oben an den Rest. 10 geteilt durch 3 ergibt wieder 3. Man erhält dasselbe Ergebnis und denselben Divisionsrest wie im letzten Schritt. Solche sich wiederholenden Dezimalstellen werden durch einen Strich oberhalb gekennzeichnet.

$1 : 3 = 0{,}33$
-0
$\overline{10}$
-9
$\overline{10}$
-9
$\overline{1}$

$10 : 3 = 3$ Rest 1

Gedachte Null von oben anhängen.

Symbol für sich wiederholende Dezimalstelle

$0{,}\overline{3} = 0{,}333\ldots$

Andere Schreibweise

 Brüche

EIN BRUCH REPRÄSENTIERT EINEN TEIL VON EINEM GANZEN.

Brüche repräsentieren Anteile vom Ganzen. Zum Wort „Bruch" gehört auch die Darstellung Zähler – Bruchstrich – Nenner.

SIEHE AUCH	
‹ 22–25	Division
‹ 38–39	Dezimalzahlen
Verhältnis und Proportion	48–51 ›
Prozente	52–55 ›
Brüche, Dezimalzahlen und Prozente umwandeln	56–57 ›

Bruchschreibweise

Die obere Zahl, der „Zähler" zeigt an, um wie viele Teile es geht; die untere Zahl, der „Nenner" zeigt an, wie viele Stücke es insgesamt sind, d. h. in wie viele Stücke das Ganze, um das es hier geht, zerlegt wurde.

Zähler
Anzahl der betrachteten Stücke

Bruchstrich
Manchmal auch schräg geschrieben /

Nenner
Gesamtzahl der Stücke, aus denen das Ganze besteht

$\frac{1}{2}$

Viertel
Ein Viertel oder $\frac{1}{4}$ entspricht 1 Teil aus 4 gleichen Teilen eines Ganzen.

Achtel
$\frac{1}{8}$ (ein Achtel) ist 1 Teil aus 8 gleichen Teilen eines Ganzen.

Sechzehntel
$\frac{1}{16}$ (ein Sechzehntel) ist 1 Teil aus 16 gleichen Teilen eines Ganzen.

Zweiunddreißigstel
$\frac{1}{32}$ (ein Zweiunddrei-ßigstel) ist 1 Teil aus 32 gleichen Teilen eines Ganzen.

Vierundsech-zigstel
$\frac{1}{64}$ (ein Vierund-sechzigstel) ist 1 Teil aus 64 gleichen Teilen eines Ganzen.

▷ **Gleich große Teile eines Ganzen**
Das Kreisdiagramm zeigt, wie Teile aus einem Ganzen herausgenommen werden können, um unterschiedliche Brüche zu symbolisieren.

BRÜCHE

Verschiedene Brüche

Ist der Zähler kleiner als der Nenner, so spricht man von einem „echten Bruch". Ein „unechter Bruch" liegt vor, wenn der Betrag des Zählers größer oder gleich dem des Nenners ist. Einen solchen Bruch kann man auch als „gemischte Zahl" schreiben, indem man den ganzzahligen Anteil als Zahl davor schreibt und direkt danach den verbleibenden Anteil als echten Bruch.

Betrag des Zählers ist kleiner als der des Nenners.

$\frac{1}{4}$

◁ **Echter Bruch**
Es geht insgesamt um weniger Stücke als das Ganze.

Betrag des Zählers ist größer als der des Nenners.

$\frac{35}{4}$

◁ **Unechter Bruch**
Der große Zähler weist darauf hin, dass die Teile von mehr als einem Ganzen stammen.

Ganze Zahl — Bruch

$10\frac{1}{3}$

◁ **Gemischte Zahl**
Eine ganze Zahl, gefolgt von einem echten Bruch.

Darstellung von Brüchen

Es gibt vielfältige Darstellungsmöglichkeiten für Brüche, beispielsweise in gleiche Anteile unterteilte geometrische Figuren.

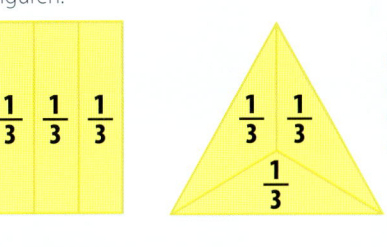

◁ **Gleiche Unterteilung**
Man kann Brüche unterschiedlich darstellen.

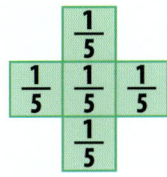
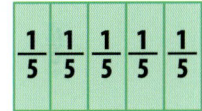
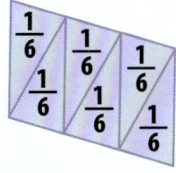
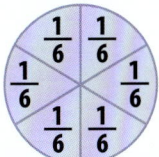

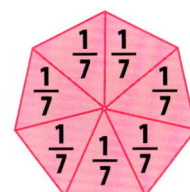

$\frac{1}{2}$

Halbes
$\frac{1}{2}$ (ein Halbes) ist 1 Teil von 2 gleichen Teilen eines Ganzen.

Unechte Brüche in gemischte Zahlen umwandeln

Um einen unechten Bruch in eine gemischte Zahl umzuwandeln, muss man zunächst den Zähler durch den Nenner teilen.

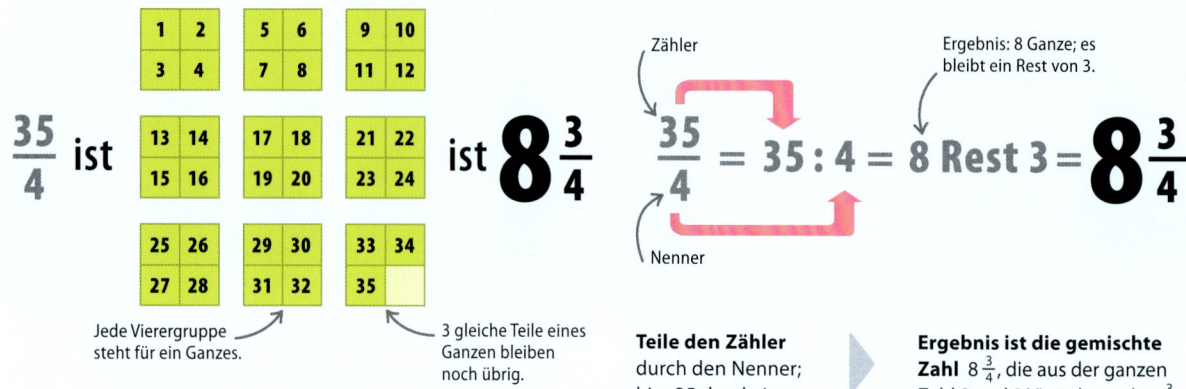

Zeichne Vierergruppen – Jede Gruppe steht für ein Ganzes. Der Bruch besteht aus 8 Ganzen und $\frac{3}{4}$ (drei Vierteln) von einem Ganzen.

Teile den Zähler durch den Nenner; hier 35 durch 4.

Ergebnis ist die gemischte Zahl $8\frac{3}{4}$, die aus der ganzen Zahl 8 und 3 Vierteln – oder $\frac{3}{4}$ – besteht.

Gemischte Zahlen in unechte Brüche umwandeln

Eine gemischte Zahl kann in einen unechten Bruch umgewandelt werden, indem man den ganzzahligen Anteil mit dem Nenner des echten Bruches multipliziert und das Ergebnis zum Zähler des echten Bruches addiert.

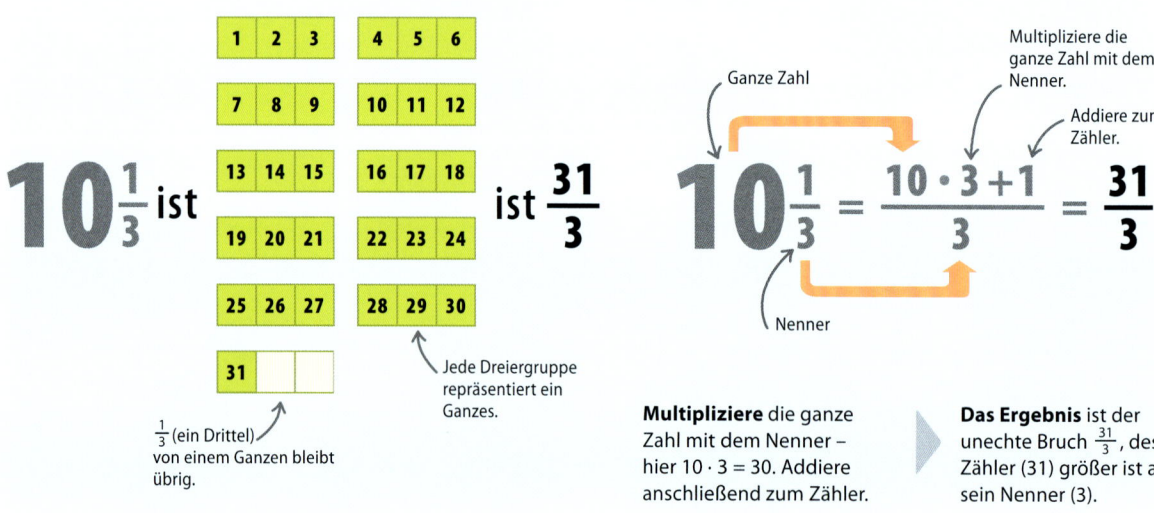

Zeichne Dreiergruppen Der Bruch besteht aus 10 Ganzen und $\frac{1}{3}$ (einem Drittel) von einem Ganzen.

Multipliziere die ganze Zahl mit dem Nenner – hier 10 · 3 = 30. Addiere anschließend zum Zähler.

Das Ergebnis ist der unechte Bruch $\frac{31}{3}$, dessen Zähler (31) größer ist als sein Nenner (3).

Äquivalente Brüche

Derselbe Bruch kann unterschiedlich notiert werden. Äquivalente Brüche haben denselben Wert, obwohl sie unterschiedlich aussehen.

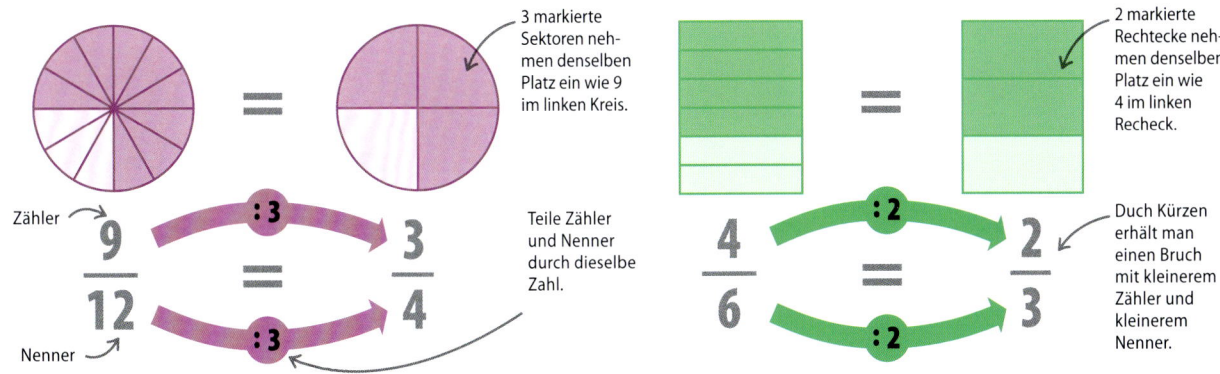

△ **Kürzen**
Man kürzt einen Bruch, um ihn zu vereinfachen. Dazu teilt man Zähler und Nenner durch dieselbe Zahl.

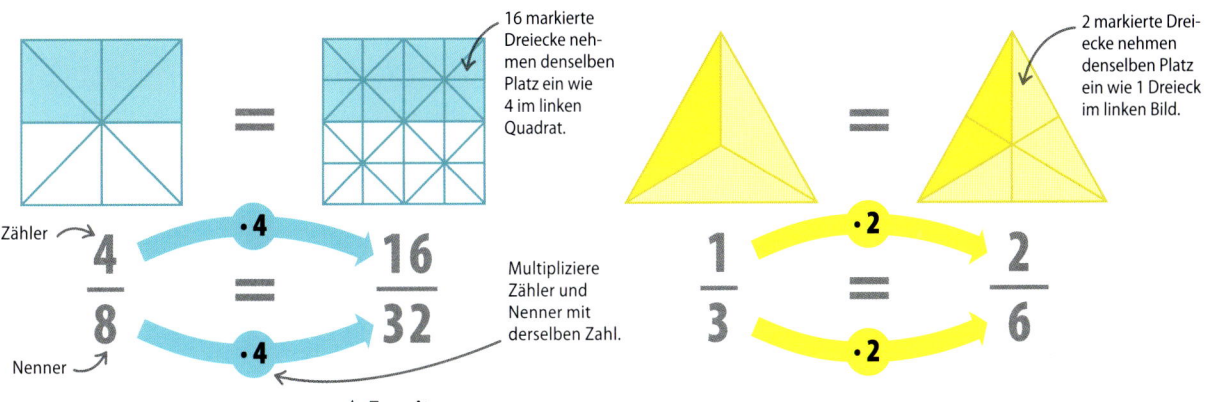

△ **Erweitern**
Man erweitert einen Bruch, indem man Zähler und Nenner mit derselben Zahl multipliziert. Das Ergebnis ist ein Bruch mit größerem Zähler und größerem Nenner.

Tabelle äquivalenter Brüche

$\frac{1}{1}$ =	$\frac{2}{2}$	$\frac{3}{3}$	$\frac{4}{4}$	$\frac{5}{5}$	$\frac{6}{6}$	$\frac{7}{7}$	$\frac{8}{8}$	$\frac{9}{9}$	$\frac{10}{10}$
$\frac{1}{2}$ =	$\frac{2}{4}$	$\frac{3}{6}$	$\frac{4}{8}$	$\frac{5}{10}$	$\frac{6}{12}$	$\frac{7}{14}$	$\frac{8}{16}$	$\frac{9}{18}$	$\frac{10}{20}$
$\frac{1}{3}$ =	$\frac{2}{6}$	$\frac{3}{9}$	$\frac{4}{12}$	$\frac{5}{15}$	$\frac{6}{18}$	$\frac{7}{21}$	$\frac{8}{24}$	$\frac{9}{27}$	$\frac{10}{30}$
$\frac{1}{4}$ =	$\frac{2}{8}$	$\frac{3}{12}$	$\frac{4}{16}$	$\frac{5}{20}$	$\frac{6}{24}$	$\frac{7}{28}$	$\frac{8}{32}$	$\frac{9}{36}$	$\frac{10}{40}$
$\frac{1}{5}$ =	$\frac{2}{10}$	$\frac{3}{15}$	$\frac{4}{20}$	$\frac{5}{25}$	$\frac{6}{30}$	$\frac{7}{35}$	$\frac{8}{40}$	$\frac{9}{45}$	$\frac{10}{50}$
$\frac{1}{6}$ =	$\frac{2}{12}$	$\frac{3}{18}$	$\frac{4}{24}$	$\frac{5}{30}$	$\frac{6}{36}$	$\frac{7}{42}$	$\frac{8}{48}$	$\frac{9}{54}$	$\frac{10}{60}$
$\frac{1}{7}$ =	$\frac{2}{14}$	$\frac{3}{21}$	$\frac{4}{28}$	$\frac{5}{35}$	$\frac{6}{42}$	$\frac{7}{49}$	$\frac{8}{56}$	$\frac{9}{63}$	$\frac{10}{70}$
$\frac{1}{8}$ =	$\frac{2}{16}$	$\frac{3}{24}$	$\frac{4}{32}$	$\frac{5}{40}$	$\frac{6}{48}$	$\frac{7}{56}$	$\frac{8}{64}$	$\frac{9}{72}$	$\frac{10}{80}$

Brüche auf den Hauptnenner bringen

Um zwei oder mehr Brüche vergleichen zu können, müssen sie **gleichnamig** sein, sprich: denselben Nenner haben. Am besten bringt man sie direkt auf den **Hauptnenner**, dies ist das kleinste gemeinsame Vielfache (kgV) ihrer Nenner. Wenn die Brüche einmal auf den Hauptnenner gebracht sind, muss man nur noch ihre Zähler vergleichen.

▷ **Brüche vergleichen**
Will man Brüche vergleichen, so muss man sie zunächst gleichnamig machen: Man muss sie auf denselben Nenner bringen.

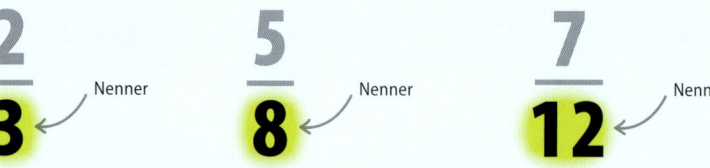

▷ **Notiere die Vielfachen**
Notiere die Vielfachen aller betreffenden Nenner.

Vielfache von 3: **3**, 6, 9, 12, 15, 18, 21, 24, 27, 30…

Vielfache von 8: **8**, 16, 24, 32, 40, 48, 56, 64, 72…

Vielfache von 12: **12**, 24, 36, 48, 60, 72, 84, 96…

▷ **Nimm den kleinsten gemeinsamen Nenner**
Liste alle gemeinsamen Vielfachen auf. Dies sind die gemeinsamen Nenner. Der kleinste gemeinsame Nenner ist der Hauptnenner der betreffenden Brüche.

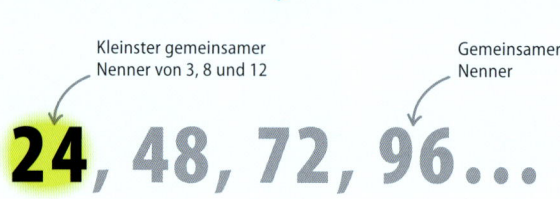

Kleinster gemeinsamer Nenner von 3, 8 und 12 — Gemeinsamer Nenner

24, 48, 72, 96…

▷ **Jeden einzelnen Bruch auf den Hauptnenner bringen**
Wie oft ist der betreffende Nenner im Hauptnenner enthalten? Erweitere den Bruch mit dieser Zahl.
Sind alle Brüche auf den Hauptnenner gebracht, kann man sie miteinander vergleichen.

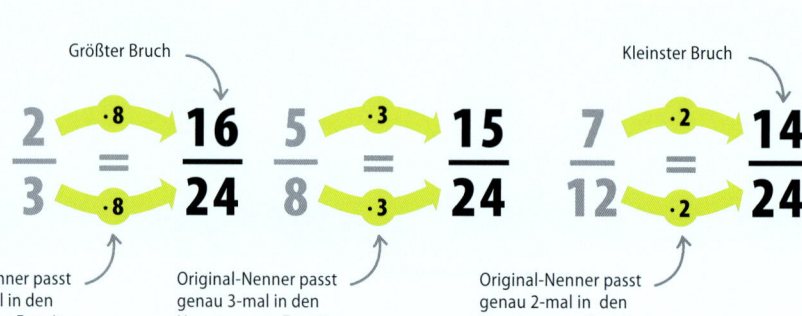

Original-Nenner passt genau 8-mal in den Hauptnenner. Erweitere den Bruch mit 8.

Original-Nenner passt genau 3-mal in den Hauptnenner. Erweitere den Bruch mit 3.

Original-Nenner passt genau 2-mal in den Hauptnenner. Erweitere den Bruch mit 2.

BRÜCHE ADDIEREN UND SUBTRAHIEREN

Genau wie ganze Zahlen kann man Brüche addieren und subtrahieren. Sind die Brüche nicht gleichnamig, so muss man sie zuerst gleichnamig machen.

Gleichnamige Brüche addieren und subtrahieren

Um gleichnamige Brüche zu addieren oder zu subtrahieren, addiert oder subtrahiert man die Zähler und behält den Nenner bei.

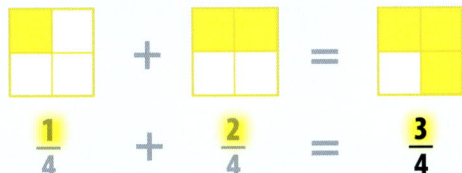

$$\frac{1}{4} + \frac{2}{4} = \frac{3}{4}$$

$$\frac{7}{8} - \frac{4}{8} = \frac{3}{8}$$

Gleichnamige Brüche werden addiert, indem man die Zähler addiert und den Nenner beibehält.

Gleichnamige Brüche werden subtrahiert, indem man den Zähler des Subtrahenden vom Zähler des Minuenden abzieht und den Nenner beibehält.

Ungleichnamige Brüche addieren

Um ungleichnamige Brüche zu addieren, muss man sie zunächst gleichnamig machen. Man muss also einen gemeinsamen Nenner finden (siehe gegenüberliegende Seite).

Multipliziere die ganze Zahl mit dem Nenner und addiere das Ergebnis zum Zähler.

6 ist Hauptnenner beider Brüche.

$\frac{5}{6}$ kann zu $\frac{26}{6}$ addiert werden, da beide gleichnamig sind.

Der Rest wird als Bruch mit Hauptnenner 6 dargestellt.

$$4\frac{1}{3} + \frac{5}{6} \quad \frac{4\cdot 3+1}{3} \quad \frac{13}{3} + \frac{5}{6} \quad \frac{26}{6} + \frac{5}{6} \quad \frac{31}{6} \Rightarrow 31:6 = 5 \text{ Rest } 1 = 5\frac{1}{6}$$

Der Nenner bleibt gleich.

Der Bruch wird durch Multiplikation mit 2 auf den Hauptnenner erweitert.

▶ **Wandle zuerst** gemischte Zahlen in unechte Brüche um.

▶ **Ungleichnamige Brüche** können nicht zueinander addiert werden. Bestimme den Hauptnenner.

▶ **Mache die Brüche** durch Erweitern gleichnamig und addiere sie.

▶ **Teile den Zähler (31)** durch den **Nenner (6),** um den unechten Bruch in eine gemischte Zahl umzuwandeln.

Ungleichnamige Brüche subtrahieren

Um ungleichnamige Brüche zu subtrahieren, muss man sie ebenfalls zunächst gleichnamig machen.

Multipliziere die ganze Zahl mit dem Nenner und addiere das Ergebnis zum Zähler.

4 ist Hauptnenner beider Brüche.

$\frac{3}{4}$ kann von $\frac{26}{4}$ abgezogen werden, da beide gleichnamig sind.

Der Rest wird als Bruch mit Hauptnenner 4 dargestellt.

$$6\frac{1}{2} - \frac{3}{4} \quad \frac{6\cdot 2+1}{2} \quad \frac{13}{2} - \frac{3}{4} \quad \frac{26}{4} - \frac{3}{4} \quad \frac{23}{4} \Rightarrow 23:4 = 5 \text{ Rest } 3 = 5\frac{3}{4}$$

Der Nenner bleibt gleich.

Der Bruch wird durch Multiplikation mit 2 auf den Hauptnenner erweitert.

▶ **Wandle zuerst** gemischte Zahlen in unechte Brüche um.

▶ **Ungleichnamige Brüche** können nicht subtrahiert werden. Bestimme den Hauptnenner.

▶ **Mache die Brüche** durch Erweitern gleichnamig und ziehe den Minuenden vom Subtrahenden ab.

▶ **Teile den Zähler (23)** durch den **Nenner (4),** um den unechten Bruch in eine gemischte Zahl umzuwandeln.

BRÜCHE MULTIPLIZIEREN

Um Brüche miteinander zu multiplizieren, müssen sie in reiner Bruchschreibweise vorliegen. Gemischte Zahlen müssen daher zuerst in unechte Brüche umgewandelt werden.

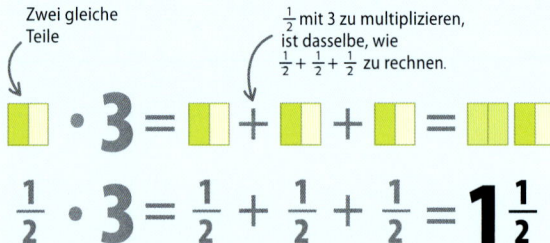

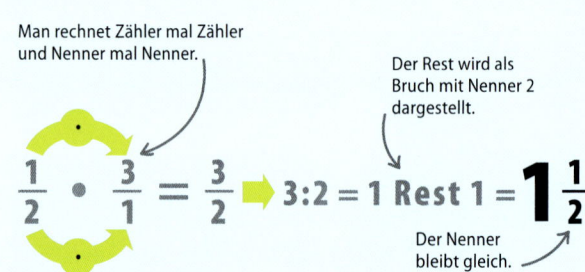

Die Multiplikation eines Bruches mit einer ganzen Zahl entspricht der mehrfachen Addition des Bruches zu sich selbst. Umgekehrt kann man sich vorstellen, man nimmt einen Bruchteil der ganzen Zahl, hier die Hälfte ($\frac{1}{2}$) von 3.

Wandle die ganze Zahl in einen Bruch mit dem Nenner 1 um. Multipliziere dann beide Zähler und beide Nenner miteinander.

Teile den Zähler (3) durch den Nenner (2), um den unechten Bruch in eine gemischte Zahl umzuwandeln.

Echte Brüche multiplizieren

Echte Brüche kann man ganz einfach miteinander multiplizieren, indem man beide Zähler und beide Nenner multipliziert. Man kann sich die Multiplikation als Symbol für „von" vorstellen: „Wieviel ist $\frac{1}{2}$ von $\frac{3}{4}$?" oder „Wieviel ist $\frac{3}{4}$ von $\frac{1}{2}$?"

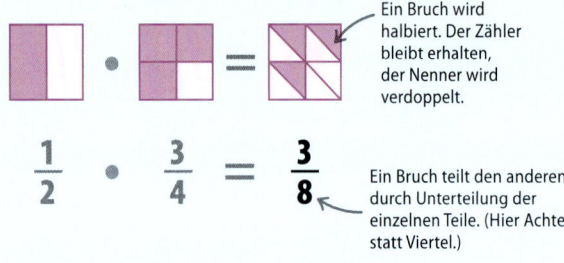

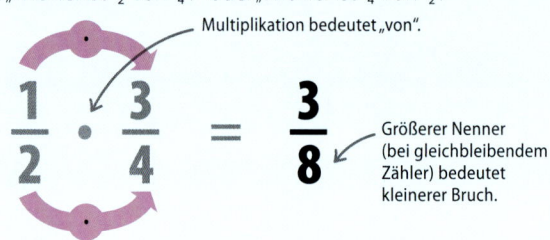

Visuell ist das Ergebnis der Multiplikation zweier echter Brüche eine verkleinerte Fläche.

Multipliziere die Zähler und die Nenner. Das Ergebnis beantwortet beide Fragen: „Wieviel ist $\frac{1}{2}$ von $\frac{3}{4}$?" und „Wieviel ist $\frac{3}{4}$ von $\frac{1}{2}$?"

Gemischte Zahlen multiplizieren

Um einen echten Bruch mit einer gemischten Zahl zu multiplizieren, muss man die gemischte Zahl zunächst in einen unechten Bruch umwandeln.

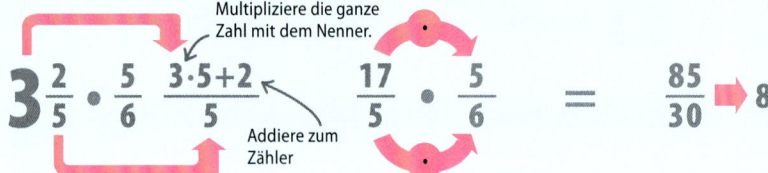

Wandle die gemischte Zahl $3\frac{2}{5}$ zunächst in einen unechten Bruch um.

Multipliziere die Zähler und die Nenner beider Brüche miteinander.

Teile den Zähler (85) des neuen Bruches durch dessen Nenner (3), um das Ergebnis wieder als gemischte Zahl darzustellen.

BRÜCHE DIVIDIEREN

Um einen Bruch durch eine gemischte Zahl oder eine ganze Zahl zu dividieren, muss man ihn zunächst in einen unechten Bruch verwandeln.

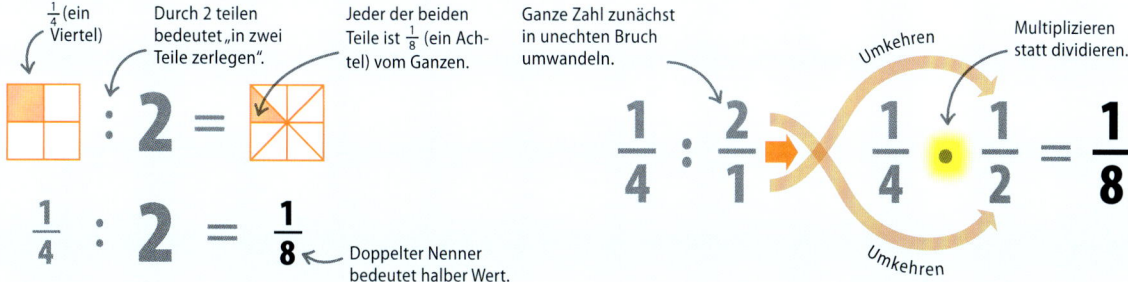

Bildliche Darstellung der Division eines Bruches durch eine ganze Zahl: Hier wird $\frac{1}{4}$ durch 2 geteilt, sprich: halbiert. Man erhält doppelt so viele (aber nur halb so große) Teile.

Um einen Bruch durch eine ganze Zahl zu teilen, schreibt man die ganze Zahl zunächst als Bruch mit dem Nenner 1. Dann vertauscht man Zähler und Nenner des neuen Bruches und multipliziert die beiden Brüche miteinander.

Einen echten Bruch durch einen anderen echten Bruch teilen

Den „Kehrwert" eines Bruches erhält man durch Vertauschen von Zähler und Nenner. Ein Bruch wird durch einen zweiten Bruch dividiert, indem man ihn mit dessen „Kehrwert" multipliziert.

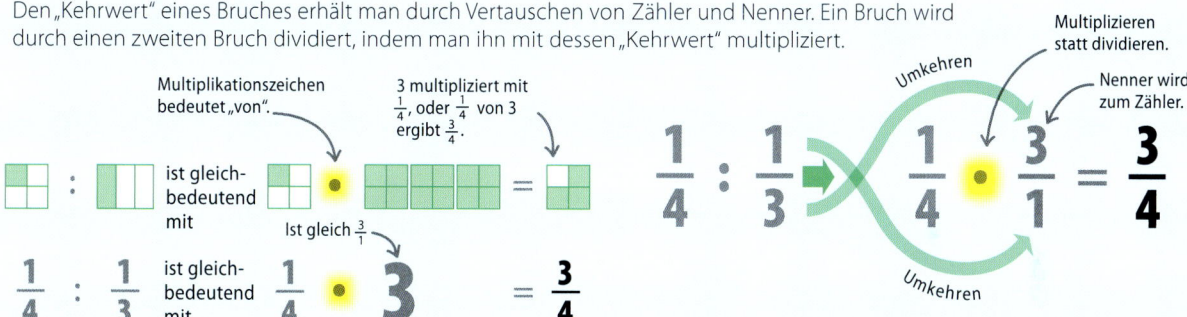

Ein Bruch wird durch einen zweiten dividiert, indem man ihn mit dessen Kehrwert multipliziert.

Gemischte Zahlen dividieren

Um eine gemischte Zahl durch eine andere zu dividieren, müssen beide zunächst in unechte Brüche verwandelt werden. Anschließend wird der erste Bruch durch den zweiten dividiert, indem man ihn mit dessen Kehrwert multipliziert.

Zunächst werden die gemischten Zahlen in unechte Brüche umgewandelt. Dann wird der erste Bruch durch den zweiten dividiert, indem man ihn mit dessen Kehrwert multipliziert.

Teile den ersten Bruch durch den zweiten durch Multiplikation mit dessen Kehrwert.

48 ZAHLEN

Verhältnis und Proportion

DAS VERHÄLTNIS VERGLEICHT DIE GRÖSSE ZWEIER MENGEN.
PROPORTIONALITÄT BESCHREIBT DAS GLEICHBLEIBENDE VERHÄLTNIS
ZWEIER VERÄNDERLICHER GRÖSSEN ZUEINANDER.

SIEHE AUCH	
‹ 18–21	Multiplikation
‹ 22–25	Division
‹ 40–47	Brüche

Verhältnisse angeben
Ein Verhältnis wird durch zwei Zahlen und ein Divisionszeichen angegeben. Beispielsweise enthält ein Fruchtsalat, für den das Verhältnis Äpfel zu Birnen mit 2 : 1 angegeben ist, doppelt so viele Äpfel wie Birnen. Pro Birne sind 2 Äpfel vorhanden.

◁ **Fans**
Diese Gruppe repräsentiert die Fans zweier Fußballvereine, der „Grünen" und der „Blauen".

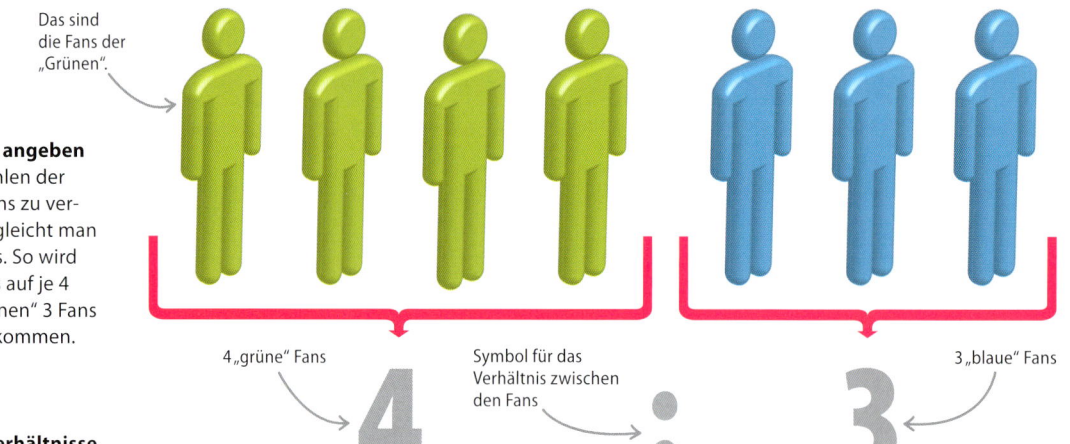

Das sind die Fans der „Grünen".

▷ **Verhältnis angeben**
Um die Anzahlen der jeweiligen Fans zu vergleichen, vergleicht man das Verhältnis. So wird deutlich, dass auf je 4 Fans der „Grünen" 3 Fans der „Blauen" kommen.

4 „grüne" Fans

Symbol für das Verhältnis zwischen den Fans

3 „blaue" Fans

▽ **Weitere Verhältnisse**
Ebenso verfährt man mit jeder zu vergleichenden Datenmenge. Hier weitere Fan-Beispiele.

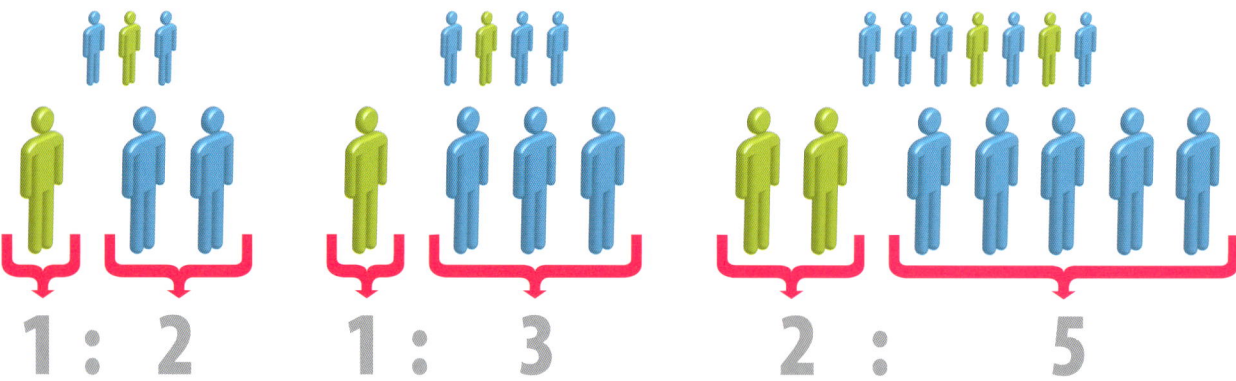

△ **1 : 2**
Zu jedem Fan der „Grünen" gibt es zwei Fans der „Blauen". Das Verhältnis ist 1 : 2 (sprich:„1 zu 2"). Man sagt auch, dass es doppelt so viele Fans der „Blauen" wie Fans der „Grünen" gibt.

△ **1 : 3**
Zu jedem Fan der „Grünen" gibt es drei Fans der „Blauen". Das Verhältnis ist 1 : 3 (sprich: „1 zu 3"). Man sagt auch, dass es dreimal so viele Fans der „Blauen" wie Fans der „Grünen" gibt.

△ **2 : 5**
Zu je zwei Fans der „Grünen" gibt es fünf Fans der „Blauen". Das Verhältnis ist 2 : 5 (sprich:„2 zu 5"). Es gibt mehr als doppelt so viele Fans der „Blauen" wie Fans der „Grünen" (nämlich zweieinhalb mal so viele).

VERHÄLTNIS UND PROPORTION

Verhältnisse bestimmen

Um beispielsweise das Verhältnis zwischen 1 Stunde und 20 Minuten zu bestimmen, muss man beide Zeitangaben in dieselbe Einheit umrechnen. Dann teilt man beide Werte durch dieselbe größtmögliche Zahl.

Ein Verhältnis gibt die Information ebenso an wie ein entsprechender Bruch.

20 Minuten sind $\frac{1}{3}$ Stunde.

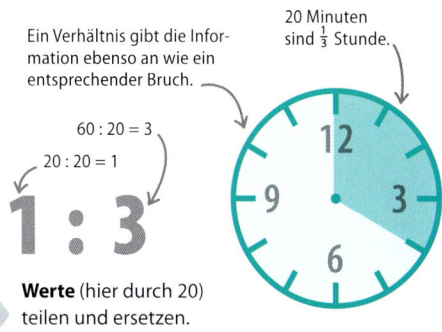

Minuten sind die kleinere Einheit.

1 Stunde entspricht 60 Minuten.

Symbol für ein Verhältnis zwischen zwei Zahlen

$60 : 20 = 3$
$20 : 20 = 1$

20 min, **60** min   **20 : 60**   **1 : 3**

Umrechnen: Eine der beiden Einheiten muss in die andere umgerechnet werden. In diesem Fall verwendet man Minuten.

Schreibe als Verhältnis mit Doppelpunkt in der Mitte.

Werte (hier durch 20) teilen und ersetzen.

Maßstab

Bei Maßstabsangaben von Landkarten repräsentiert der kleinere Wert immer den Modellwert (die Entfernung auf der Landkarte) und der größere Wert immer die Entsprechung in der Natur (die tatsächliche Entfernung). Anders jedoch bei Vergrößerungen!

▷ **Verkleinern**
1 : 50 000 sei der Maßstab einer Landkarte. Was bedeuten 1,5 cm auf dieser Karte in der Natur?

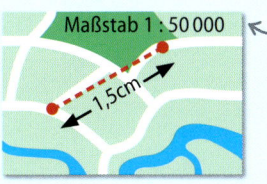

Der Maßstab gibt das Verhältnis einer Länge auf der Karte zu ihrer Entsprechung in der Natur an.

▷ **Vergrößern**
Der Plan eines Mikrochip hat den Maßstab 40 : 1. Der Plan ist 18 cm lang. Wie groß ist der Chip?

Entfernung auf der Karte · Maßstab der Karte = Länge der Entfernung in der Natur

1,5 cm · 50 000 = 75 000 cm
= 750 m

Die Antwort wird in einer praktischeren Einheit angegeben.

Länge des Plans : Geteilt durch den Maßstab = Tatsächliche Länge des Microchip

18 cm : 40 = 0,45 cm

Größenverhältnisse vergleichen

Wandelt man die Verhältnisse in gleichnamige Brüche um, so kann man sie einfach miteinander vergleichen.

$1 : 2 = \frac{1}{2}$ ← Bruch repräsentiert das Verhältnis 1 : 2.

und

$4 : 5 = \frac{4}{5}$ ← Bruch repräsentiert das Verhältnis 4 : 5.

Gemeinsamen Nenner bestimmen: $2 \cdot 5 = 10$

$\frac{1}{2} \overset{\cdot 5}{\underset{\cdot 5}{=}} \frac{5}{10}$

Gemeinsamen Nenner bestimmen: $2 \cdot 5 = 10$

$\frac{4}{5} \overset{\cdot 2}{\underset{\cdot 2}{=}} \frac{8}{10}$

Vergleiche die Zähler.

$\frac{5}{10}$ ist kleiner als $\frac{8}{10}$

also

1 : 2 ist kleiner als **4 : 5**

Notiere zuerst jedes Verhältnis als Bruch, die kleinere Zahl ist der Zähler, die größere der Nenner.

Mache die Brüche gleichnamig: Multipliziere (erweitere) den ersten Bruch mit 5 und den zweiten mit 2, so erhalten sie denselben Nenner.

Wenn die Brüche gleichnamig sind, reicht es, die Zähler zu vergleichen.

PROPORTIONALITÄT

Zwei Größen heißen proportional zueinander, wenn die Veränderung der einen Größe eine entsprechende Veränderung der anderen Größe bewirkt. Es gibt direkte und indirekte (umgekehrte) Proportionalität.

Direkte Proportionalität

Zwei Größen sind direkt proportional zueinander, wenn die Verdoppelung (Verdreifachung usw.) der einen Größe die Verdoppelung (Verdreifachung usw.) der anderen Größe bedeutet.

▷ **Direkte Proportionalität**
Tabelle und Graph zeigen die direkte Proportionalität zwischen der Anzahl der Gärtner und der gepflanzten Bäume.

Gärtner	Bäume
1	2
2	4
3	6

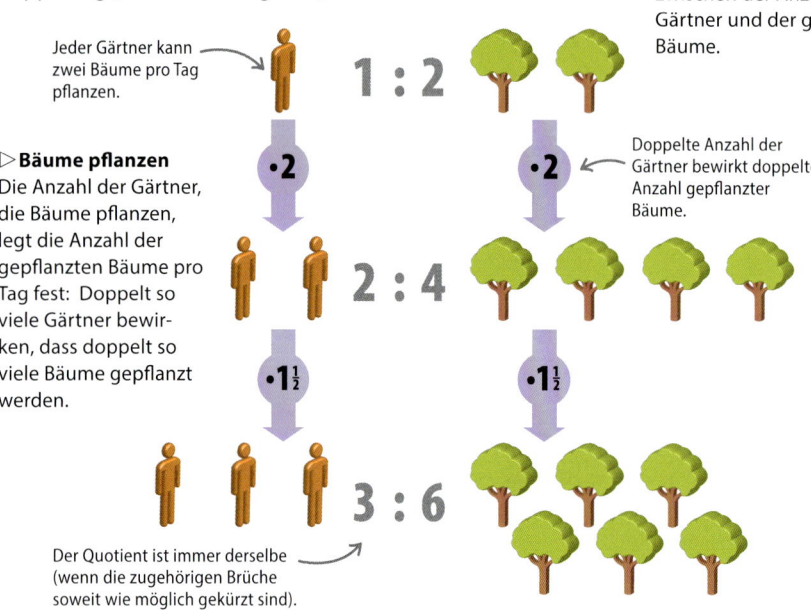

Jeder Gärtner kann zwei Bäume pro Tag pflanzen.

▷ **Bäume pflanzen**
Die Anzahl der Gärtner, die Bäume pflanzen, legt die Anzahl der gepflanzten Bäume pro Tag fest: Doppelt so viele Gärtner bewirken, dass doppelt so viele Bäume gepflanzt werden.

Doppelte Anzahl der Gärtner bewirkt doppelte Anzahl gepflanzter Bäume.

Der Quotient ist immer derselbe (wenn die zugehörigen Brüche soweit wie möglich gekürzt sind). In diesem Fall 1 : 2.

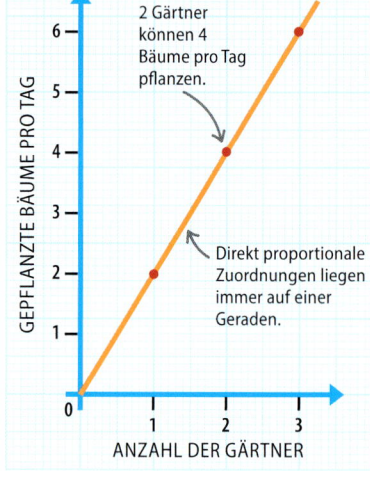

2 Gärtner können 4 Bäume pro Tag pflanzen.

Direkt proportionale Zuordnungen liegen immer auf einer Geraden.

GEPFLANZTE BÄUME PRO TAG
ANZAHL DER GÄRTNER

Indirekte Proportionalität

Zwei Mengen sind indirekt proportional zueinander, wenn ihr Produkt (das Ergebnis der Multiplikation) immer dasselbe ist. Wenn die eine Größe sich verdoppelt, halbiert sich die andere usw.

▷ **Indirekte Proportionalität**
Tabelle und Graph zeigen die indirekte (umgekehrte) Proportionalität zwischen der Anzahl der Lieferwagen und der benötigten Zeit.

Lieferwagen	Tage
1	8
2	4
4	2

1 Lieferwagen benötigt 8 Tage, um die Pakete auszuliefern.

▷ **Pakete ausliefern**
Die Anzahl der Lieferwagen bestimmt, wie viele Tage es dauert, bis alle Pakete ausgeliefert sind. Doppelt so viele Lieferwagen bedeuten halb so viele Tage.

Wenn sich die Anzahl der Lieferwagen verdoppelt, halbiert sich die Gesamt-Lieferzeit (die Zeit, bis alle Pakete ausgeliefert sind).

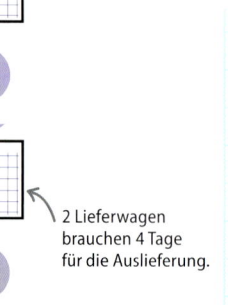

2 Lieferwagen brauchen 4 Tage für die Auslieferung.

Das Produkt aus der Anzahl der Lieferwagen und der Anzahl der Tage ist immer dasselbe: 8.

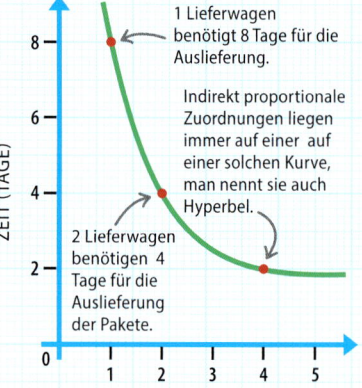

1 Lieferwagen benötigt 8 Tage für die Auslieferung.

Indirekt proportionale Zuordnungen liegen immer auf einer auf einer solchen Kurve, man nennt sie auch Hyperbel.

2 Lieferwagen benötigen 4 Tage für die Auslieferung der Pakete.

ZEIT (TAGE)
ANZAHL DER LIEFERWAGEN

Mengen entsprechend vorgegebener Anteile aufteilen

Eine Menge kann in zwei, drei oder mehr Anteile, entsprechend eines bestimmten Verhältnisses, unterteilt werden. Im Beispiel werden 20 Personen einmal in zwei Anteile 2 : 3 und einmal in drei Anteile 6 : 3 : 1 unterteilt.

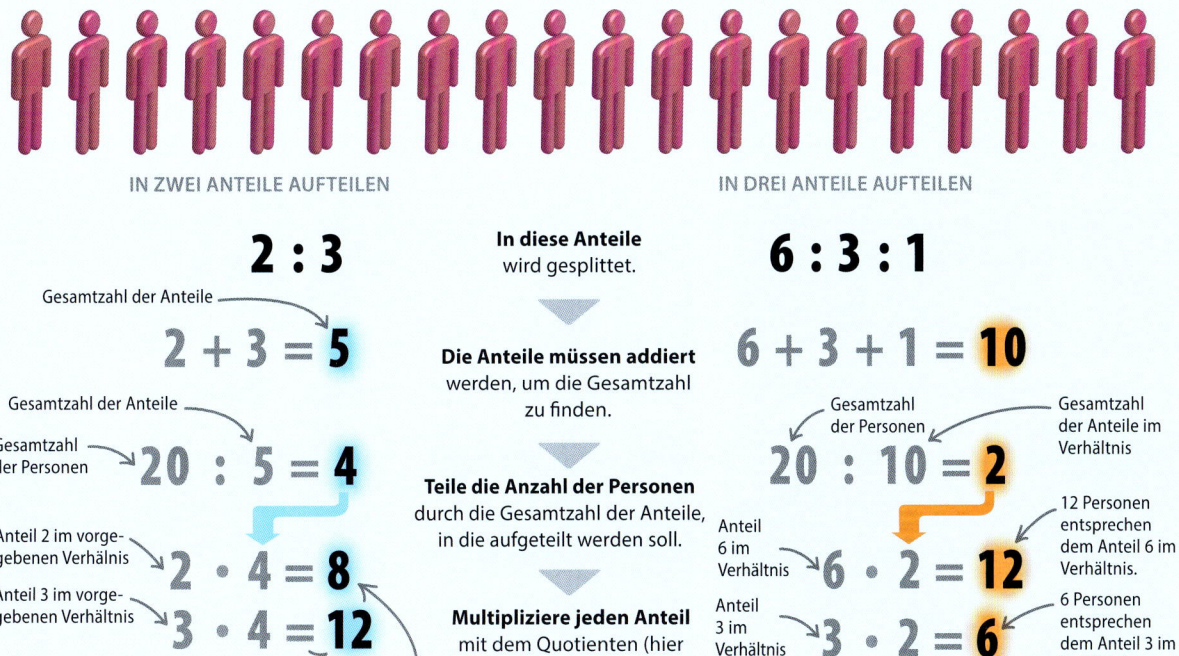

Dreisatz

Sind zwei Größen direkt proportional zueinander, so kann man mithilfe des Dreisatzes unbekannte Mengen berechnen. Sind beispielsweise in 3 Tüten 18 Äpfel enthalten, lässt sich berechnen, wieviel Äpfel in 5 Tüten enthalten sind.

Es sind insgesamt 18 Äpfel in 3 Tüten. Jede Tüte enthält dieselbe Menge Äpfel.

Um die Anzahl der Äpfel in einer Tüte zu berechnen, muss man die Gesamtzahl der Äpfel durch die Anzahl der Tüten teilen.

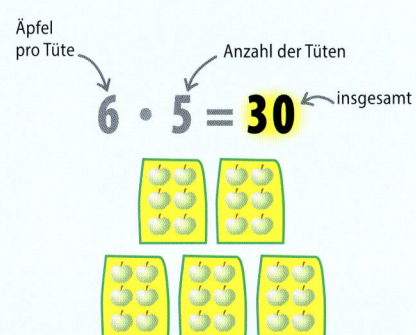

Die Gesamtzahl der Äpfel in 5 Tüte bestimmt man durch Multiplikation der Anzahl der Äpfel in einer Tüte mit 5.

 Prozente

PROZENT BEDEUTET „VON HUNDERT" ODER „HUNDERTSTEL". EINE PROZENTANGABE IST DASSELBE WIE EIN BRUCH MIT NENNER 100.

SIEHE AUCH	
‹ 38–39	Dezimalzahlen
‹ 40–47	Brüche
Verhältnis und Proportion	48–51 ›
Auf- oder Abrunden	62–63 ›

Jede Zahl kann als Bruch mit dem Nenner 100 geschrieben werden. Prozentangaben erleichtern das Vergleichen von Zahlen, denn man vergleicht nur Brüche mit dem Nenner 100.

Teile von 100

Die 100 Einheiten im großen Bild rechts repräsentieren beispielsweise alle Personen an einer Schule. Diese 100 Einheiten können in unterschiedliche Gruppen eingeteilt werden, entsprechend ihrem Anteil an der Gesamtmenge.

100 %

▷ **Ganz einfach**
„Alle", „jeder" ist gemeint. Hier sind alle (100 %) blau.

50 %

▷ **Die Hälfte**
Diese Gruppe besteht aus jeweils 50 blauen und 50 lila Figuren. Es sind jeweils 50 von 100 oder 50 %, das entspricht der Hälfte.

1 %

▷ **In dieser Gruppe** ist nur 1 blaue Figur, das entspricht 1 %.

LEHRERINNEN
10 % bzw. 10 von 100

SCHÜLER
19 % oder 19 von 100

LEHRER
5 % oder 5 von 100

△ **Zusammen 100**
Mithilfe von Prozentangaben kann man Anteile von einem Ganzen sehr effektiv darstellen. Beispielsweise machen die (männlichen) Lehrer (blau) 5 % (5 von 100) aller Personen an der Schule aus.

PROZENTE 53

SCHÜLERINNEN
66 % oder
66 von 100

▽ **Beispiele für Prozentangaben**
Da man mithilfe von Prozentangaben Informationen besonders einfach und verständlich darstellen kann, werden sie in den Medien häufig verwendet.

Prozentsatz	Fakten
97%	aller Tiere gehören zu den Wirbellosen.
92,5%	einer olympischen Goldmedaille bestehen aus Silber.
70%	der Erdoberfläche sind von Wasser bedeckt.
66%	des menschlichen Körpers bestehen aus Wasser.
61%	der weltweiten Ölvorkommen liegen im Nahen Osten.
50%	der Weltbevölkerung leben in Städten.
21%	der Luft bestehen aus Sauerstoff.
6%	der Erdoberfläche bestehen aus Regenwald.

MIT PROZENTEN ARBEITEN

Mit Prozentangaben kann man Anteile von einem Ganzen als Anteile von 100 darstellen. Einerseits kann man so prozentuale Anteile eines Ganzen bestimmen, andererseits kann man berechnen, wie viel Prozent ein Wert von einem anderen ausmacht.

Prozentwert berechnen

Im Beispiel werden 25 % einer Gruppe von 24 Personen bestimmt.

$$\text{Anteil} : 100 \cdot \text{Gesamtzahl der Personen} = \text{Anzahl der Personen}$$

Das bedeutet Division

$$\frac{25}{100} \cdot 24 = 6$$

25 % von 24 Personen sind 6 Personen.

Es sind insgesamt 24 Personen.

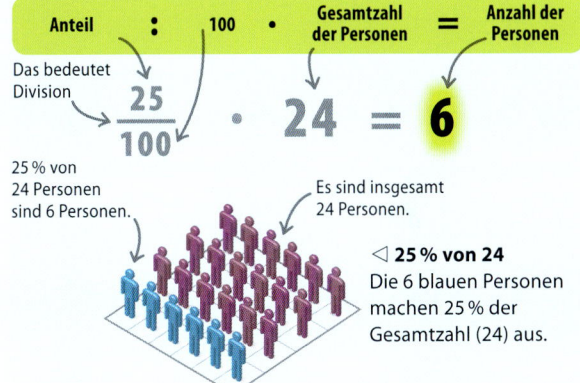

◁ **25 % von 24**
Die 6 blauen Personen machen 25 % der Gesamtzahl (24) aus.

Prozentzahl berechnen

Im nächsten Beispiel wird die Prozentzahl berechnet: Wie viel Prozent von 112 Personen sind 48 Personen?

$$\text{Anzahl der Personen} : \text{Gesamtzahl der Personen} \cdot 100 = \text{Prozentzahl}$$

$$\frac{48}{112} \cdot 100 \approx 42{,}86$$

Gerundet auf 2 Dezimale

Es sind insgesamt 112 Personen.

48 Personen entsprechen 42,86 % von 112 Personen.

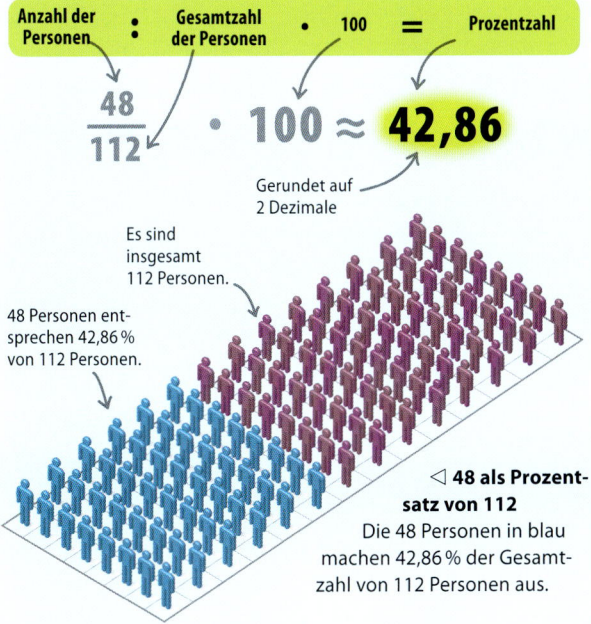

◁ **48 als Prozentsatz von 112**
Die 48 Personen in blau machen 42,86 % der Gesamtzahl von 112 Personen aus.

ZAHLEN

PROZENTE UND MENGEN

Mithilfe von Prozentangaben kann man Werte als Anteile eines Ganzen ausdrücken. Sind zwei der drei Werte „Prozentsatz", „Grundwert" und „Prozentwert" bekannt, so kann man den dritten leicht berechnen.

Prozentsatz p % berechnen

In einer Klasse spielen 9 von 12 Kindern ein Musikinstrument. Um diesen Wert als Prozentsatz $p\,\%$ anzugeben, muss man ihn durch die Gesamtzahl (12) der betrachteten Kinder teilen und das Ergebnis mit 100 multiplizieren.

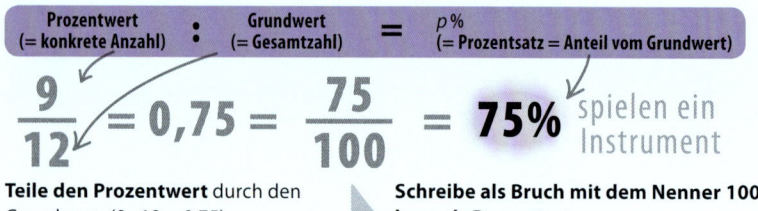

Teile den Prozentwert durch den Grundwert (9 : 12 = 0,75).

Schreibe als Bruch mit dem Nenner 100 bzw. als Prozentsatz:
0,75 = 75 : 100 = 75 %

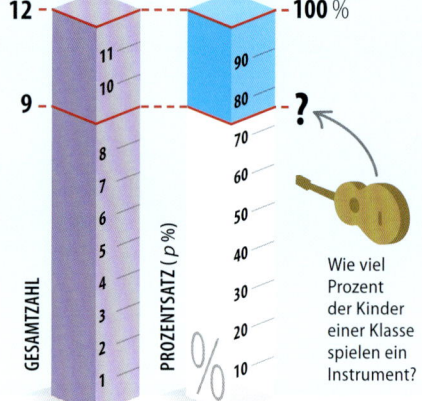

Wie viel Prozent der Kinder einer Klasse spielen ein Instrument?

Den Grundwert bestimmen

In einer Klasse machen 7 Kinder 35 % der Klasse aus. Um die Gesamtzahl der Kinder (sprich: den Grundwert) zu bestimmen, muss man den Prozentwert (die konkrete Anzahl 7) durch den bekannten Prozentsatz (35 %) dividieren.

Teile den bekannten Prozentwert durch den bekannten Prozentsatz ($35\% = \frac{35}{100}$).

Brüche werden dividiert, indem man mit dem Kehrwert multipliziert. Man erhält $0{,}2 \cdot 100 = 20$.

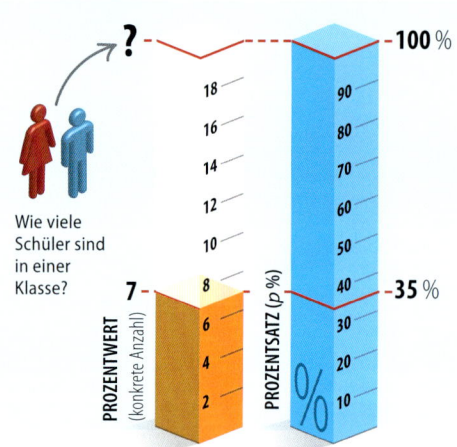

Wie viele Schüler sind in einer Klasse?

ANWENDUNG

Prozente

Prozente sind allgegenwärtig – in Geschäften, in Zeitungen, im Fernsehen – einfach überall. Viele Alltagsdinge werden in Prozenten angegeben und verglichen: um wie viel ein Artikel im Schlussverkauf reduziert ist; wie hoch der aktuelle Zinssatz bei einem Bankdarlehen ist; oder wie viel Prozent der Energie bei einer Glühlampe in Licht- und wie viel in Wärmeenergie umgewandelt werden. Auch die empfohlene Tageszufuhr von Mineralstoffen oder Vitaminen wird oft prozentual angegeben.

PROZENTE 55

PROZENTUALE ZU- ODER ABNAHMEN

Nimmt ein Grundwert um einen festen Prozentsatz zu oder ab, kann der neue Wert ganz einfach berechnet werden. Kennt man andererseits die Änderung um einen bestimmten Wert, lässt sich daraus die prozentuale Zu- oder Abnahme berechnen.

Neuen Wert berechnen

Um herauszufinden, wie sich ein Wachstum oder eine Abnahme um 55 % auf den Grundwert 40 auswirkt, muss man zunächst 55 % von 40 berechnen und das Ergebnis zu 40 addieren bzw. von 40 subtrahieren, um den neuen Wert zu erhalten.

Bekannter Prozentsatz p % · Grundwert = Tatsächliche Zunahme

$$\frac{55}{100} \cdot 40 = 22$$

Teile p durch 100. Das entspricht p %. (55 : 100 = 0,55).

Multipliziere das Ergebnis mit dem Grundwert. (0,55 · 40 = 22).

DANN Grundwert $\pm$ Tatsächliche Zunahme = Neuer Wert

$$40 \begin{array}{c} + \\ \text{oder} \\ - \end{array} 22 = \begin{array}{c} 62 \\ \text{oder} \\ 18 \end{array}$$

Addiere oder subtrahiere 22 zum bzw. vom Grundwert, um den neuen Wert zu berechnen.

Wie viel sind 55 % von 40?

Prozentuale Zunahme berechnen

Die Donutpreise sind gestiegen – von 99 ct im letzten Jahr auf 1,29 €. Um den prozentualen Zuwachs zu berechnen, muss die tatsächliche Zunahme (30 ct) durch den Grundwert (99 ct) geteilt werden.

Tatsächliche Zunahme : Grundwert = Prozentuale Zunahme

$$\frac{30}{99} \approx 0{,}303 = \frac{30{,}3}{100} = 30{,}3\,\% \text{ Zunahme}$$

Dividiere die tatsächliche Zunahme durch den Grundwert (30 : 99 ≈ 0,303).

Schreibe als Bruch mit dem Nenner 100 bzw. als Prozentsatz: 0,303 = 30,3 : 100 = 30,3 %

Bestimme die prozentuale Zunahme des Donutpreises.

Prozentuale Abnahme berechnen

Im vergangenen Jahr waren 245 Zuschauer beim Schultheaterstück. In diesem Jahr kamen nur 209 Besucher, das sind 36 weniger. Um die prozentuale Abnahme zu berechnen, muss die tatsächliche Abnahme durch die Gesamtzahl der Besucher im Vorjahr (Grundwert) dividiert werden.

Tatsächliche Abnahme : Grundwert = Prozentuale Abnahme

$$\frac{36}{245} \approx 0{,}147 = \frac{14{,}7}{100} = 14{,}7\,\% \text{ Abnahme}$$

Dividiere die Abnahme durch den Grundwert (36 : 245 ≈ 0,147).

Schreibe als Bruch mit dem Nenner 100 bzw. als Prozentsatz: 0,147 = 14,7 : 100 = 14,7 %

Bestimme die prozentuale Abnahme der Zuschauerzahlen.

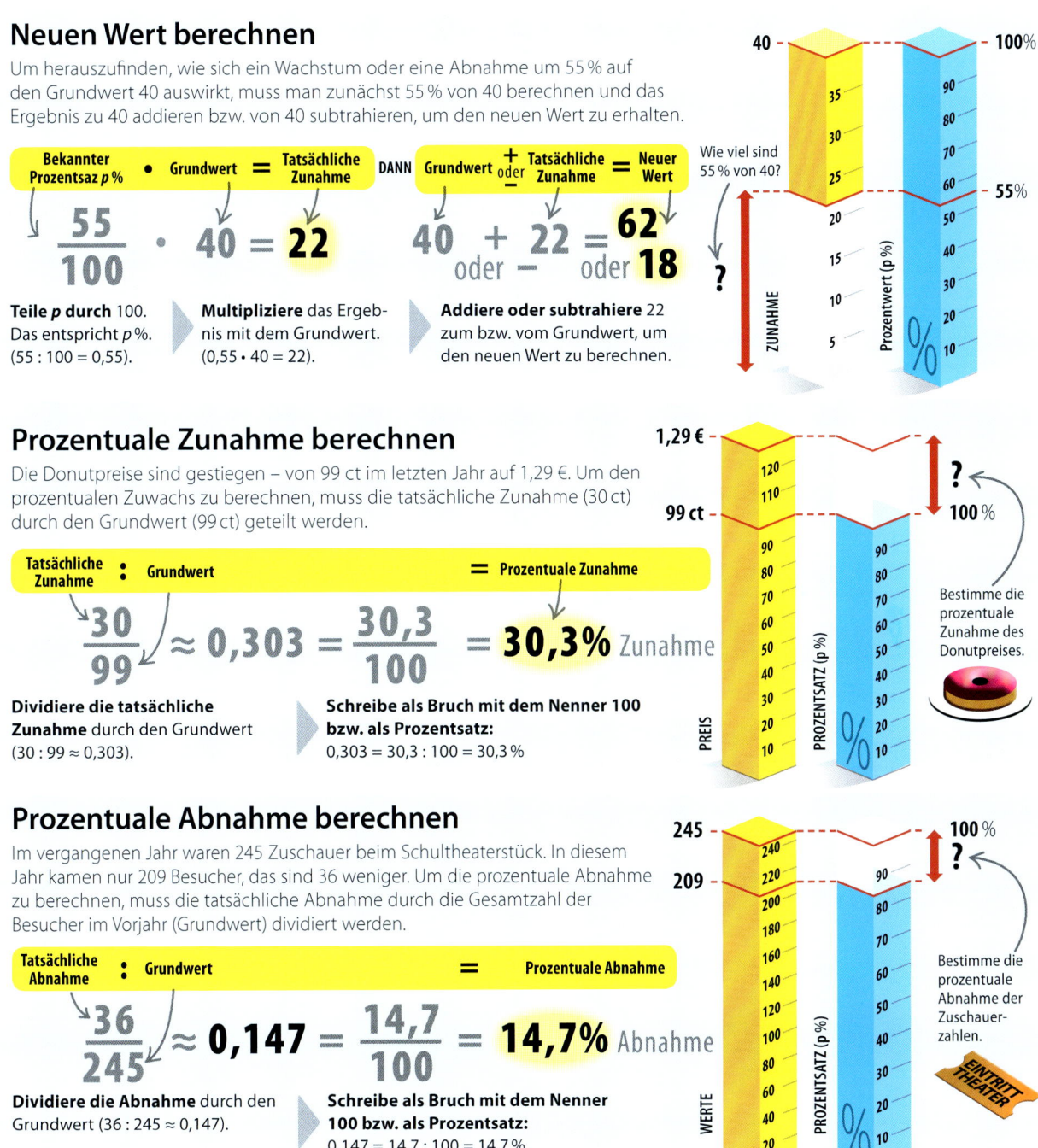

Brüche, Dezimalzahlen und Prozente umwandeln

SIEHE AUCH	
‹ 38–39	Dezimalzahlen
‹ 40–47	Brüche
‹ 52–55	Prozente

BRÜCHE, DEZIMALZAHLEN UND PROZENTE SIND UNTERSCHIEDLICHE SCHREIBWEISEN FÜR JEWEILS DIESELBE ZAHL.

Das Gleiche und doch anders

Manchmal ist die eine Schreibweise für eine Zahl aussagekräftiger als eine andere. Wenn beispielsweise die Beantwortung von 20 % aller Fragen einer Prüfung ausreicht, um die Prüfung zu bestehen, kann man ebenfalls sagen, es reicht, $\frac{1}{5}$ der Fragen zu beantworten.

75 %
PROZENT

Ein Prozentsatz stellt eine Zahl als Anteil von 100 dar.
Dies ist dasselbe wie ein Bruch mit dem Nenner 100:
$75\% = \frac{75}{100}$

Dezimalzahl in Prozentsatz umwandeln

Um von der Dezimal- in die Prozentschreibweise umzuwandeln, schreibt man die Dezimalzahl als Bruch mit dem Nenner 100 und diesen dann als Prozentsatz mit angehängtem Prozentzeichen.

$0{,}75 \rightarrow 75\ \%$

$0{,}75 \quad = \quad \dfrac{75}{100} \quad = \quad 75\ \%$

Dezimalschreibweise | Als Bruch mit dem Nenner 100 | Prozentschreibweise

Man kann auch einfach das Dezimalkomma um zwei Stellen nach rechts rücken und das Prozentzeichen anhängen.

▷ **Alles anders und doch gleich**
Hier sind drei Möglichkeiten, dieselbe Zahl zu notieren: Als Dezimalzahl (0,75), als Bruch ($\frac{3}{4}$) und als Prozentsatz (75 %). Alle sehen ganz verschieden aus, repräsentieren aber denselben Anteil eines Ganzen.

Prozentsatz in Dezimalzahl umwandeln

Um einen Prozentsatz in eine Dezimalzahl umzuwandeln, muss man lediglich wissen, dass „Prozent" und „Hundertstel" dasselbe sind.

$75\% \rightarrow 0{,}75$

$75\% \quad = \quad \dfrac{75}{100} \quad = \quad 0{,}75$

Prozentschreibweise | Als Bruch mit Nenner 100 | Dezimalschreibweise

Man kann auch einfach das Dezimalkomma um zwei Stellen nach links rücken und das Prozentzeichen entfernen.

Prozentsatz in einen Bruch umwandeln

Um einen Prozentsatz in einen Bruch umzuwandeln, notiert man ihn als Bruch mit dem Zähler 100 und kürzt ihn soweit wie möglich.

$75\% \rightarrow \dfrac{3}{4}$

Dividiere durch die größte Zahl, die in 75 und 100 passt.

$75\% \quad = \quad \dfrac{75}{100} \quad \xrightarrow{:25} \quad \dfrac{3}{4}$

Prozentschreibweise | Als Bruch mit dem Nenner 100 | Gekürzt

BRÜCHE, DEZIMALZAHLEN UND PROZENTE UMWANDELN

Diese Zahlen sollte man wissen

Viele Dezimalzahlen, Brüche und Prozentangaben braucht man täglich – einige sind hier aufgelistet.

Dezimal-zahl	Bruch	%	Dezimal-zahl	Bruch	%
0,1	$\frac{1}{10}$	10 %	0,625	$\frac{5}{8}$	62,5 %
0,125	$\frac{1}{8}$	12,5 %	0,666	$\frac{2}{3}$	≈ 66,7 %
0,25	$\frac{1}{4}$	25 %	0,7	$\frac{7}{10}$	70 %
0,333	$\frac{1}{3}$	33,3 %	0,75	$\frac{3}{4}$	75 %
0,4	$\frac{2}{5}$	40 %	0,8	$\frac{4}{5}$	80 %
0,5	$\frac{1}{2}$	50 %	1	$\frac{1}{1}$	100 %

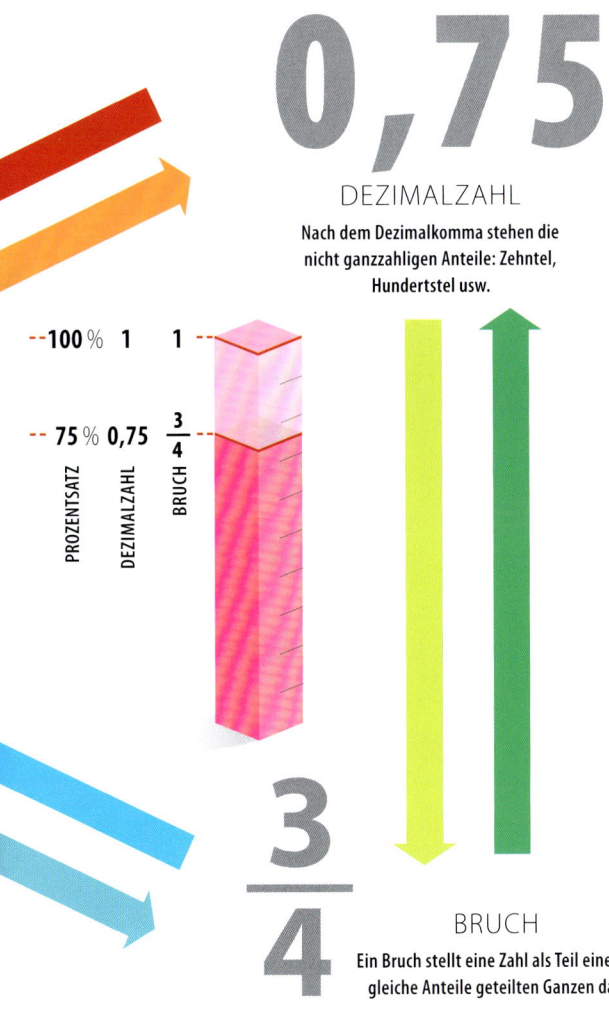

0,75 DEZIMALZAHL
Nach dem Dezimalkomma stehen die nicht ganzzahligen Anteile: Zehntel, Hundertstel usw.

100 % — 1 — 1
75 % — 0,75 — $\frac{3}{4}$
PROZENTSATZ — DEZIMALZAHL — BRUCH

$\frac{3}{4}$ BRUCH
Ein Bruch stellt eine Zahl als Teil eines in gleiche Anteile geteilten Ganzen dar.

Dezimalzahl in einen Bruch umwandeln

Zunächst wird die Dezimalzahl als Bruch mit Nenner 10, 100 oder 1000 usw. notiert, je nachdem, wieviele Dezimalstellen die Zahl hat. Dieser Bruch wird anschließend gekürzt.

0,75 ➡ $\frac{3}{4}$ Dividiere durch die größte Zahl, die in 75 und 100 passt.

0,75 ➡ $\frac{75}{100}$ ➡ (: 25) ➡ $\frac{3}{4}$

Dezimalzahl mit zwei Dezimalstellen — Zähle die Dezimalstellen; ist es eine, so ist der Nenner 10, sind es zwei, ist der Nenner 100 usw. — **Gekürzt**

Bruch in Prozentsatz wandeln

Um einen Bruch in einen Prozentsatz umzuwandeln, muss man zunächst den Zähler durch den Nenner dividieren. Anschließend rückt man das Komma im Ergebnis um zwei Stellen nach rechts und hängt das Prozentzeichen an.

$\frac{3}{4}$ ➡ **75 %**

$\frac{3}{4}$ ➡ 3 : 4 = 0,75 ➡ 75 %

Bruch-schreibweise — **Teile den Zähler durch den Nenner.** — **Rücke das Komma um zwei Stellen nach rechts und hänge das Prozentzeichen an.**

Bruch in Dezimalzahl umwandeln

Dividiere den Zähler durch den Nenner. Das Ergebnis ist die entsprechende Dezimalzahl.

$\frac{3}{4}$ ➡ **0,75**

$\frac{3}{4}$ = 3 : 4 = **0,75**
(Zähler) (Nenner)

Bruch-schreibweise — **Teile den Zähler durch den Nenner.** — **Dezimal-schreibweise**

Kopfrechnen

VIELE AUFGABEN AUS DEM ALLTAG KÖNNEN SO VEREINFACHT WERDEN, DASS MAN SIE SCHNELL IM KOPF BERECHNEN KANN.

SIEHE AUCH	
‹ 18–21	Multiplikation
‹ 22–25	Division
Der Taschenrechner	64–65 ›

MULTIPLIKATION

Mit einigen Zahlen ist die Multiplikation sehr einfach. Beispielsweise hängt man bei der Multiplikation mit 10 eine Null an oder man verschiebt das Dezimalkomma um eine Stelle nach rechts. Fast genauso einfach ist die Multiplikation mit 20: Man multipliziert zuerst mit 10 und verdoppelt anschließend das Ergebnis.

▷ **Multiplikation mit 10**
Ein Sportstudio hat vergangenes Jahr 2 neue Mitarbeiter eingestellt. Dieses Jahr müssen es 10-mal so viele sein. Wie viele neue Mitarbeiter muss das Sportstudio dieses Jahr einstellen?

Anzahl der im vergangenen Jahr neu eingestellten Mitarbeiter

2 neue Mitarbeiter im vergangenen Jahr

2 · 10

20 neue Mitarbeiter

Die angehängte 0 führt zum Ergebnis 20, dies ist die Anzahl der neu einzustellenden Mitarbeiter.

◁ **Die Antwort** erhält man, wenn man 2 mit 10 multipliziert. Man hängt einfach eine 0 an die 2. Das Ergebnis ist 20.

▷ **Multiplikation mit 20**
T-Shirts werden zum Preis von 4,90 € das Stück verkauft. Wie teuer sind 20 T-Shirts?

Preis in € für ein T-Shirt

T-Shirt im Ausverkauf

4,90 · 10

Multipliziere zuerst mit 10; verschiebe das Dezimalkomma um eine Stelle nach rechts.

Preis für 10 T-Shirts in €

49,0 · 2

20 T-Shirts werden gekauft.

49 · 2

98,0

Preis in € für 20 T-Shirts

◁ **Die Antwort** erhält man, indem man den Preis zuerst mit 10 multipliziert: Man rückt das Dezimalkomma um eine Stelle nach rechts. Anschließend wird das Ergebnis noch verdoppelt.

▷ **Multiplikation mit 25**
Ein Sportler läuft pro Tag 16 km. Wie weit läuft er, wenn er diese Strecke über 25 Tage täglich läuft?

16 km pro Tag

Sportler läuft täglich

16 · 100

1600

1600 km in 100 Tagen

Sportler läuft 25 Tage lang täglich

1600 : 4

: 4

400

400 km in 25 Tagen

◁ **Die Antwort** erhält man, indem man zuerst die 16 km pro Tag mit 100 multipliziert; das ergibt 1600 km für 100 Tage. Division durch 4 ergibt die Lösung für 25 Tage.

KOPFRECHNEN 59

▽ **Multiplikation von Dezimalzahlen**
Dezimalzahlen scheinen in der Handhabung immer etwas schwieriger zu sein, aber man kann das Dezimalkomma beim Rechnen bis zum letzten Schritt ignorieren. Hier wird die Größe eines Teppichbodens für einen Raum berechnet.

GENAU HINGESCHAUT
Probe machen!
Da 2,9 fast 3 ist, kann man mit der Multiplikation 3 · 4 ungefähr abschätzen, ob das Ergebnis der Rechnung 2,9 · 4 korrekt ist.

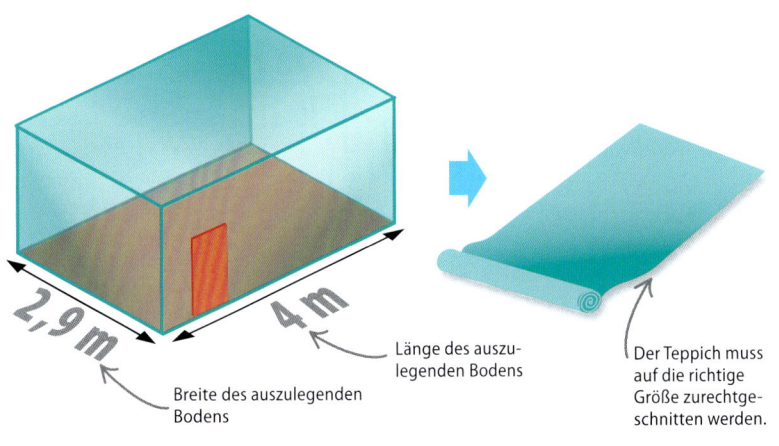

Breite des auszulegenden Bodens — Länge des auszulegenden Bodens — Der Teppich muss auf die richtige Größe zurechtgeschnitten werden.

Symbol für ungefähr gleich
$2,9 \approx 3$ und
$3 \cdot 4 = 12$
Relativ nah an 11,6
also $2,9 \cdot 4 \approx 12$

Verschiebe zuerst das Dezimalkomma bei der Zahl 2,9, um die Multiplikationsaufgabe zu vereinfachen: 29 · 4 statt 2,9 · 4.

▷ **Rechne 30 · 4** statt 29 · 4 und notiere 1 · 4 darunter.

▷ **Ziehe 4** (Produkt 1 · 4) von 120 (Produkt 30 · 4) ab. Die Lösung ist 116 (Produkt aus 29 und 4).

▷ **Dezimalkomma wieder an der ursprünglichen Stelle einfügen** (hier: eine Stelle nach links rücken, da es vorher um eine Stelle nach rechts gerückt wurde).

Tricks
Einige Multiplikationsreihen enthalten einfache Muster; beispielsweise die Neuner- und die Elferreihe.

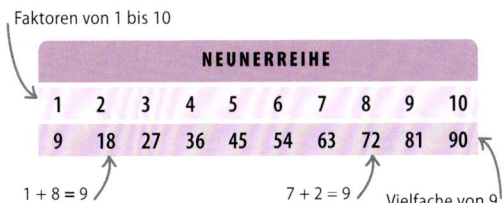

△ **Summe beider Ziffern ist immer 9**
Addiert man die beiden Ziffern zusammen, so ergibt sich immer die Summe 9. Dies gilt bis zum Zehnfachen von 9.

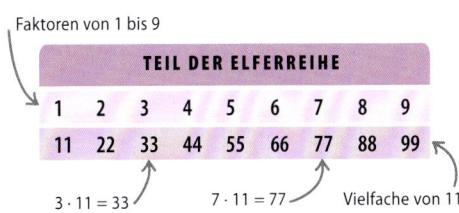

△ **Faktor wird zweimal geschrieben**
Um die ersten 9 Zahlen der Elferreihe zu erhalten, muss man lediglich jeweils den Faktor 1, 2, … , 9 zweimal notieren: 1 · 11 = 11; 2 · 11 = 22; 3 · 11 = 33 usw.

DIVISION

Die Division durch 10 ist besonders einfach: Man rückt das Dezimalkomma um eine Stelle nach links oder hängt eine Null ab. Die Division durch 5 funktioniert ähnlich: Man dividiert zuerst durch 10 und verdoppelt das Ergebnis anschließend.

▷ **Division durch 10**
Ein Mini-Bus mit 10 Sitzplätzen für 10 Kinder kostet 160 Euro. Wie viel muss jedes einzelne der 10 Kinder für die Fahrt bezahlen?

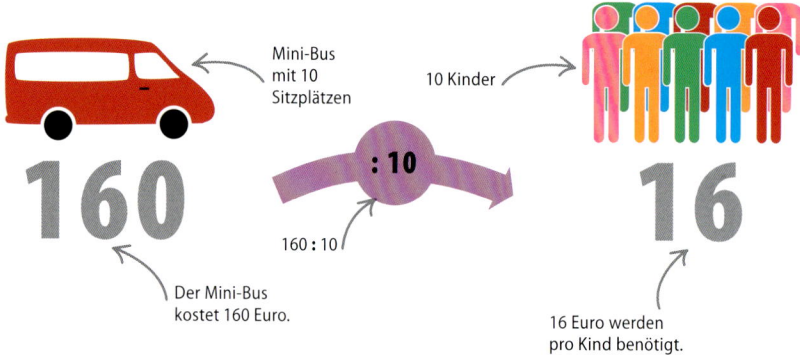

◁ **Wie viele für jeden?**
Teile 160 durch 10, um herauszufinden, wie viel jedes Kind bezahlen muss. Ergebnis: Es werden 16 Euro je Kind benötigt.

▷ **Division durch 5**
Ein Zoobesuch für eine Gruppe von 5 Kindern kostet 75 Euro. Wie viel muss jedes einzelne der 5 Kinder bezahlen?

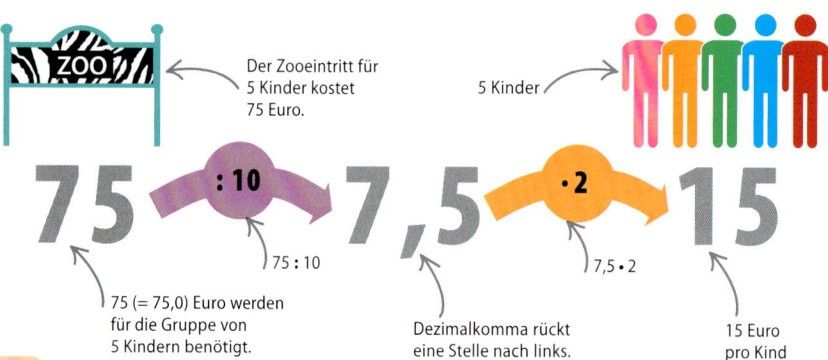

◁ **Wie viele für jeden?**
Dividiere den Gesamtpreis von 75 Euro durch 10. Das Dezimalkomma wird einfach um eine Stelle nach links gerückt; man erhält 7,5. Verdopple dieses Ergebnis, um die Lösung 15 zu erhalten.

GENAU HINGESCHAUT
Top-Tipps

Es gibt einige Tricks für die Division größerer oder komplizierterer Zahlen. In den drei Beispielen unten werden Tricks gezeigt, mit deren Hilfe man entscheiden kann, ob größere Zahlen durch 3, 4 und 9 teilbar sind.

▷ **Teilbar durch 3**
Ist die Summe aller Ziffern, aus denen eine Zahl gebildet wird, ihre sog. **Quersumme**, durch 3 teilbar, so ist es die Zahl selbst auch.

Ursprüngliche Zahl: 1665233198172
Quersumme ergibt 54.
1+6+6+5+2+3+3+1+9+8+1+7+2 = 54
54 : 3 = 18, also ist die ursprüngliche Zahl auch durch 3 teilbar.

▷ **Teilbar durch 4**
Ist die aus den letzten beiden Ziffern gebildete Zahl durch 4 teilbar, so ist es die Zahl selbst auch.

Ursprüngliche Zahl: 123456123456123456
Die durch die letzten beiden Ziffern gebildete Zahl ist 56.
56 : 4 = 14
56 : 4 = 14, also ist die ursprüngliche Zahl auch durch 4 teilbar.

▷ **Teilbar durch 9**
Ist die Quersumme einer Zahl durch 9 teilbar, so ist es die Zahl selbst auch.

Ursprüngliche Zahl: 1643951142
Quersumme ergibt 36.
1+6+4+3+9+5+1+1+4+2 = 36
36 : 9 = 4, also ist die ursprüngliche Zahl auch durch 9 teilbar.

PROZENTE

Manchmal ist es sinnvoll, die Prozentrechnung in zwei oder mehr einfachere Schritte zu zerlegen. Im Beispiel wird der Umsatzsteuersatz zum Preis eines Fahrrades addiert, um den tatsächlichen Ladenpreis zu berechnen. Zuerst werden 20 % statt der tatsächlichen 19 % berechnet, dann zieht man 1 % wieder ab, denn mit den Prozentsätzen 20 % und 1 % lässt es sich wesentlich einfacher rechnen.

▷ **19 % addieren**
Ein neues Fahrrad soll netto (= ohne Umsatzsteuer) 480 € kosten. Außerdem muss der Ladenbesitzer 19 % Umsatzsteuer auf den Preis aufschlagen. Wie teuer ist das Fahrrad?

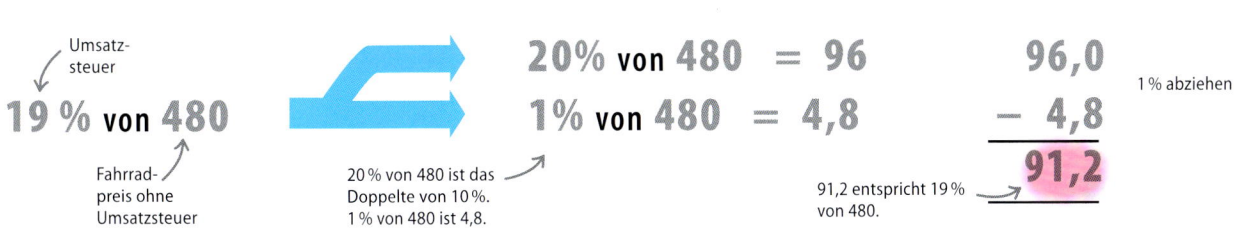

▶ **Notiere zuerst Prozentsatz** und Originalpreis (Nettopreis).

▶ **Berechne zunächst** 20 % und anschließend 1 % vom Preis ohne Umsatzsteuer.

▶ **Ziehe schließlich** 1 % ab. Das Ergebnis entspricht dem Prozentsatz von 19 %. Es ergibt sich als Ladenpreis:
480 € + 91,2 € = 571,20 €

Beliebig hin- und herwechseln

Zwischen einem Prozentsatz und einem Wert kann man bei der Berechnung hin- und herwechseln, das Ergebnis der Berechnung ändert sich nicht: 50 % von 10 entspricht 5 und dies ist exakt dasselbe wie 10 % von 50, nämlich 5.

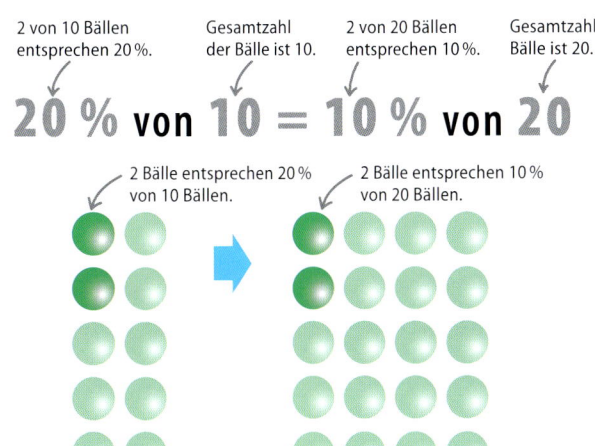

Geschickt rechnen

Bei der Prozentrechnung ist es möglich, den Prozentsatz durch eine Zahl zu dividieren und dafür den Grundwert mit derselben Zahl zu multiplizieren. Das Ergebnis ändert sich nicht. Beispielsweise entsprechen 40 % von 10 genau 4. Ebenso entsprechen 20 % von 20 genau 4.

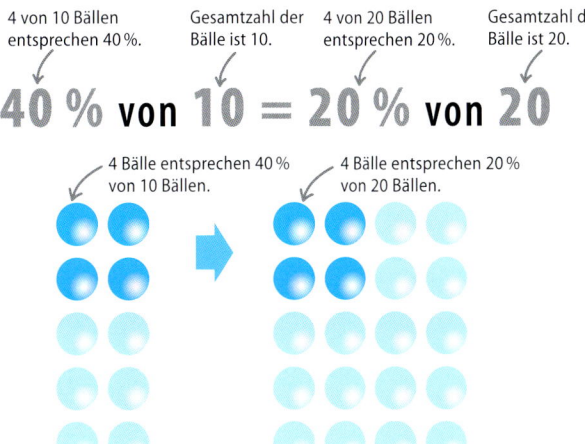

 Auf- und Abrunden

ZAHLEN WERDEN SINNVOLL AUF- ODER ABGERUNDET,
UM RECHNUNGEN ZU VEREINFACHEN.

SIEHE AUCH	
‹38–39	Dezimalzahlen
‹58–59	Kopfrechnen

Näherungsweise Berechnungen

In vielen praktischen Situationen ist eine exakte Lösung nicht erforderlich oder gar sinnvoll. Man kann mit gerundeten Werten oft ein ausreichend gutes Ergebnis erzielen. Beim Runden bestimmt man einen Näherungswert für eine Zahl. Hierbei sind zwei Ziffern von besonderer Bedeutung: die gewünschte Rundungsstelle und die nachfolgende Ziffer, die angibt, ob man auf- oder abrunden muss.

▽ **Runden auf ganze Zehner**
Ist die Einerstelle 0, 1, 2, 3 oder 4, so wird auf den niedrigeren Zehner abgerundet. Andernfalls wird auf den höheren Zehner aufgerundet.

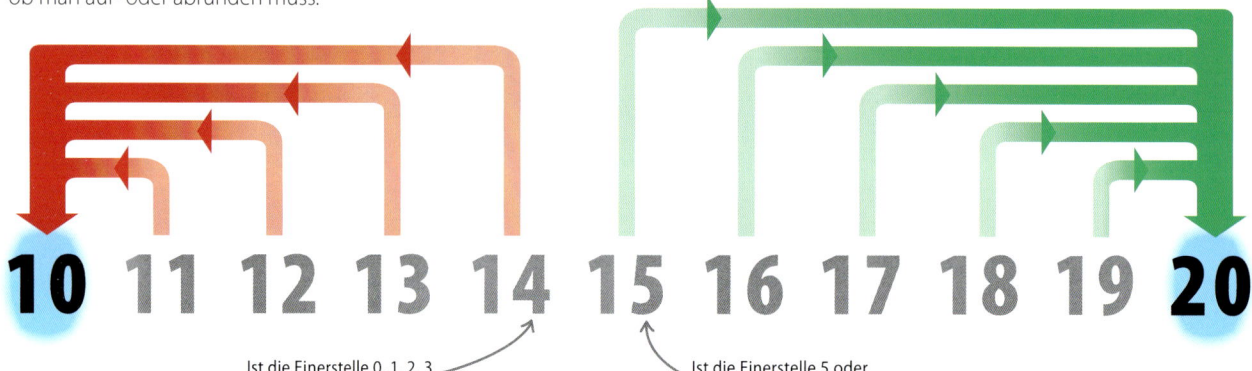

Ist die Einerstelle 0, 1, 2, 3 oder 4, so runde ab.

Ist die Einerstelle 5 oder größer, so runde auf.

▽ **Runden auf Hunderter**
Ist die Zehnerstelle 0, 1, 2, 3 oder 4, so wird auf den niedrigeren Hunderter abgerundet. Andernfalls wird auf den höheren Hunderter aufgerundet.

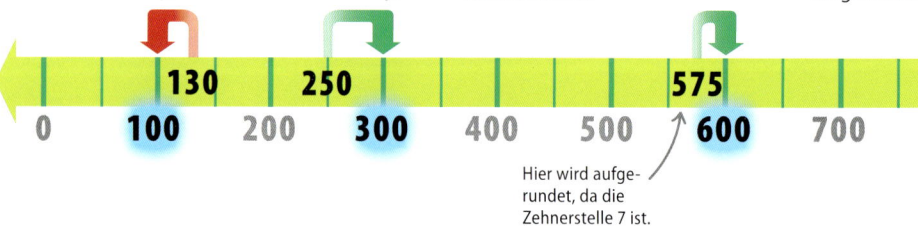

Hier wird abgerundet, da die Zehnerstelle 3 ist.

Hier wird aufgerundet, da die Zehnerstelle 5 ist.

Hier wird aufgerundet, da die Zehnerstelle 7 ist.

Hier wird abgerundet, da die Zehnerstelle 3 ist.

GENAU HINGESCHAUT
Überschlagen

Viele Messwerte und Maße werden als gerundete Werte angegeben. Man verwendet das „Ungefähr"-Zeichen, um kenntlich zu machen, dass es sich um gerundete Werte handelt. Das „Ungefähr"-Zeichen sieht aus wie ein gebogenes Gleichheitszeichen.

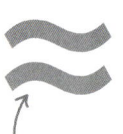

„Ungefähr"-Zeichen

$31 \approx 30$ und $187 \approx 200$

△ **Ungefähr gleich**
Das „Ungefähr"-Zeichen zeigt an, dass zwei Werte ungefähr gleich, aber nicht exakt gleich sind. 31 ist ungefähr 30 und 187 ist ungefähr 200.

AUF- UND ABRUNDEN

Dezimalstellen

Jede Zahl kann auf beliebige Dezimalstellen gerundet werden. Je nachdem, wie exakt das Ergebnis sein muss, wählt man die Rundungsstelle.

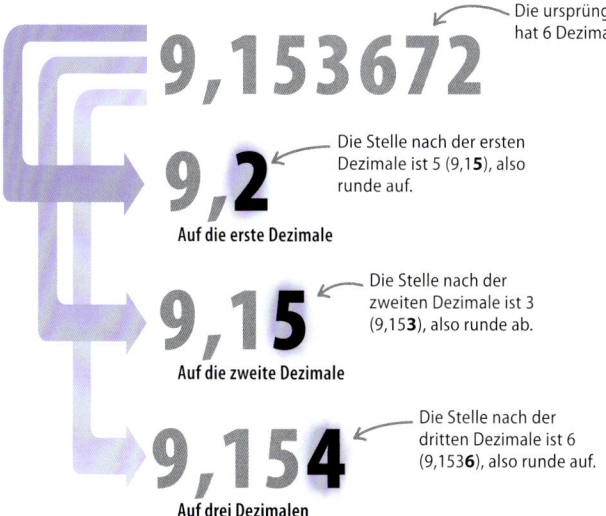

GENAU HINGESCHAUT
Wie viele Dezimalen?

Je mehr Dezimalen, desto genauer die gerundete Zahl. Die Tabelle zeigt die Genauigkeit der einzelnen Dezimalstellen. Wird eine in Kilometern angegebene Entfernung beispielsweise auf 3 Dezimalen gerundet, so ist die gerundete Zahl auf einen Tausendstel Kilometer genau, was einem Meter entspricht.

Dezimalen	Gerundet auf	Beispiel
1	$\frac{1}{10}$	1,1 km
2	$\frac{1}{100}$	1,14 km
3	$\frac{1}{1000}$	1,135 km

Signifikante Stellen

Signifikante Stellen einer Zahl sind die angegebenen Stellen ohne Nullen am Anfang. Ob Endungsnullen signifikant sind, muss von Fall zu Fall entschieden werden.

1 signifikante Stelle
200
Tatsächlicher Wert liegt zwischen 150 und 249.

2 signifikante Stellen
200
Tatsächlicher Wert liegt zwischen 195 und 204.

3 signifikante Stellen
200
Tatsächlicher Wert liegt zwischen 199,5 und 200,4.

◁ **Signifikante Nullen**
Die Lösung 200 kann das Ergebnis des Rundens auf eine, zwei oder drei signifikante Stellen sein. Unter jedem Beispiel ist angegeben, in welchem Bereich der wahre Wert liegt.

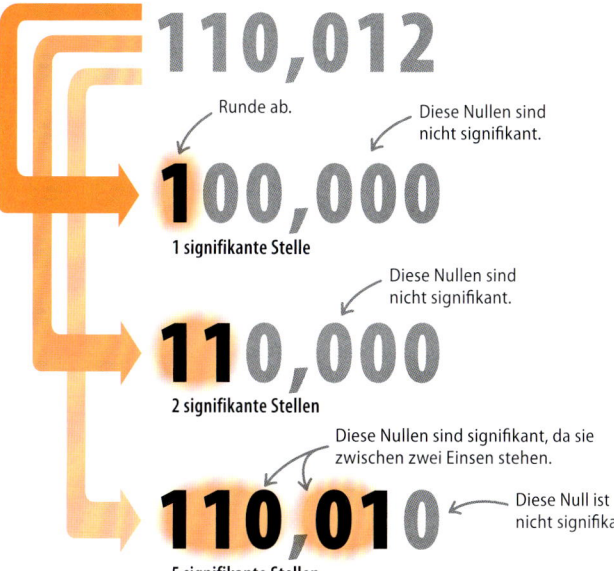

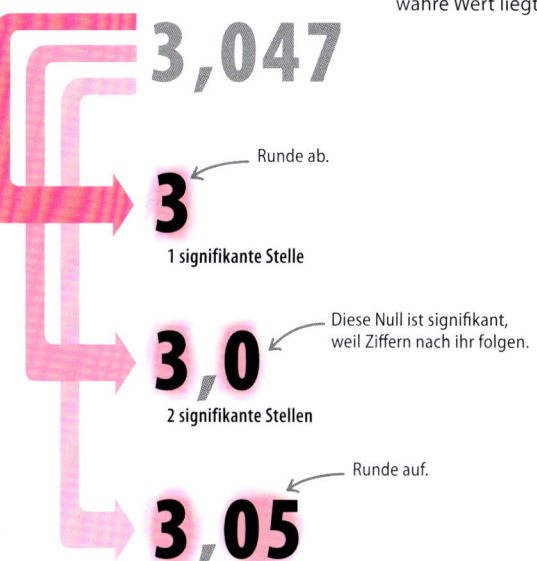

Der Taschenrechner

TASCHENRECHNER ERMÖGLICHEN IM ALLTAG SCHNELLE BERECHNUNGEN BEI MATHEMATISCHEN AUFGABEN.

SIEHE AUCH	
Zeichenwerkzeuge	74–75 ❯
Daten sammeln und auswerten	196–197 ❯

Taschenrechner erleichtern das alltägliche Rechnen erheblich. Auf einige Dinge sollte man jedoch beim Gebrauch unbedingt achten.

Funktionsweise des Taschenrechners

Die meisten modernen Taschenrechner sind in der Funktionsweise sehr ähnlich, doch sollte man unbedingt in der Gebrauchsanweisung nachlesen, wenn man sich einer Funktion nicht sicher ist.

Den Taschenrechner benutzen

Tippt man Rechnungen nicht in der richtigen Reihenfolge ein, gibt der Taschenrechner das falsche Ergebnis aus. Will man beispielsweise die folgende Aufgabe berechnen, muss die unten stehende Tastenfolge einschließlich der Klammern exakt eingegeben werden:

$$(7 + 2) \cdot 9 =$$

Exakte Tastenfolge:

 = 81

Nicht:

 = 25 ← Taschenrechner berechnen 2 · 9 = 18, danach 18 + 7 = 25.

Überschlagsrechnung als Probe

Taschenrechner geben nur die Lösung aus, die der getippten Tastenfolge entspricht. Daher ist es sinnvoll, immer eine Überschlagsrechnung als Probe durchzuführen, denn ein kleiner Tippfehler kann hier große Folgen haben.

Beispielsweise muss das Ergebnis von

ungefähr dem Ergebnis von folgender Aufgabe entsprechen:

Die Lösung wäre 400 000.

Gibt der Taschenrechner also die Lösung **40 788** aus, hat man die Aufgabe falsch eingetippt: Eine Null wurde ausgelassen, das führt zu:

WICHTIGE TASTEN

ON
Mit dieser Taste schaltet man den Taschenrechner ein. Die meisten Taschenrechner schalten sich selbst aus, wenn sie eine Weile nicht benutzt werden.

Ziffernfeld
Hier stehen die Ziffern von 0 bis 9. Aus diesen werden beim Eintippen die größeren Zahlen gebildet.

Tasten für Standard-Rechenzeichen
Alle Rechenzeichen für die Standardoperationen wie Addition, Subtraktion, Multiplikation und Division sowie das Gleichheitszeichen.

Dezimalpunkt
Diese Taste entspricht unserem geschriebenen Dezimalkomma. Auf der Tastatur des Taschenrechners ist es ein Punkt. Er trennt ganze Zahlen von Dezimalstellen.

Speicher löschen
Mit dieser Taste löscht man alles aus dem Speicher. Zu Beginn einer Rechnung kann man durch Drücken dieser Taste sicherstellen, dass keine alten Werte behalten werden.

Löschen
Löscht nur den zuletzt eingegebenen Wert. Manchmal ist die Taste auch mit CE beschriftet.

Recall-Taste
Die sogenannte Recall-Taste ist hilfreich, wenn vorherige Rechenergebnisse in der nachfolgenden Rechnung weiterverwendet werden.

DER TASCHENRECHNER 65

△ **Wissenschaftlicher Taschenrechner**
Ein wissenschaftlicher Taschenrechner hat im Vergleich zum Standardtaschenrechner, der kaum mehr als die Grundrechenarten zu bieten hat, einige zusätzliche Funktionen, die auch anspruchsvolle Berechnungen möglich machen.

FUNKTIONSTASTEN

Dritte Potenz
Mithilfe dieser Taste wird die eingegebene Zahl zweimal mit sich selbst multipliziert. Sprich: Die dritte Potenz der eingegebenen Zahl wird berechnet.

ANS
Diese Taste ruft den letzten vom Taschenrechner berechneten Wert auf. Damit kann man Zwischenergebnisse direkt weiterverarbeiten.

Quadratwurzel
Damit wird die Quadratwurzel einer positiven Zahl berechnet. Zuerst drückt man die Wurzel-Taste, anschließend tippt man die Zahl ein.

Quadrat
Berechnet das Quadrat einer Zahl. Zuerst tippt man die Zahl ein, dann die Quadrat-Taste.

Exponent
Potenziert eine Zahl mit einem beliebigen Exponenten. Zuerst gibt man die Zahl ein, dann die Exponent-Taste, dann den Exponenten.

Minus
Kehrt das Vorzeichen der angezeigten Zahl um. Meist braucht man diese Taste, wenn die erste Zahl in einer Rechnung negativ ist.

sin, cos, tan
Die wichtigsten Tasten zur Winkelberechnung; sie werden benutzt, um Sinus, Kosinus oder Tangens von Winkeln zu berechnen.

Klammern
Klammern werden verwendet, um die Reihenfolge einer Berechnung korrekt festzulegen. Siehe Beispiel auf Seite 64.

 Privatfinanzen

FÜR DIE VERWALTUNG DER PERSÖNLICHEN FINANZEN MUSS MAN WISSEN, WIE GELD ARBEITET.

Hier geht es um die privaten Finanzen: Einkommen, Steuern, Zinsen, Kredite und Hypotheken.

SIEHE AUCH	
‹ 30–31	Positive und negative Zahlen
Geschäftsfinanzen	68–69 ›
Formeln	169–171 ›

Steuern

Steuern sind Gebühren, die für Produkte oder das erwirtschaftete Einkommen bezahlt werden müsssen. Der Staat finanziert damit beispielsweise Schulen oder den Verteidigungshaushalt. Steuern müssen von Privatpersonen und von Unternehmen entrichtet werden. Privatpersonen werden sowohl über ihr Einkommen als auch über die Mehrwertsteuer für erworbene Dinge besteuert.

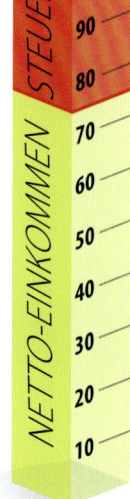

STAAT
Ein Teil der Staatsausgaben wird aus Steuern finanziert.

◁ **Einkommensteuer**
Wie viele Steuern man zahlt, ist von der Höhe des Einkommens abhängig. Das Netto-Einkommen ist der Geldbetrag, den man nach Abzug der Steuern und anderer Abgaben „mit nach Hause nimmt".

STEUERZAHLER
Jeder zahlt Steuern – über das Einkommen oder über die Ausgaben.

GEHALT
Das Gehalt ist das Einkommen, das jemand für seine Arbeit erhält.

FACHBEGRIFFE AUS DER FINANZWELT

Fachbegriffe aus Bank und Wirtschaft wirken meist komplizierter als sie sind. Kennt man die wichtigsten Vokabeln aus der Finanzwelt, so ist man in der Lage, die wesentlichen Zusammenhänge zu verstehen und die eigenen Finanzen bestens zu verwalten.

Bankkonto	Bezeichnung für alle Kontodaten, die eine Bank über einen Kunden führt. Hier ist alles festgehalten, was eine Person entnimmt oder einzahlt. Mit der Bankkarte erhält man ein Passwort, mit dessen Hilfe man Geld abheben kann.
Kredit/Darlehen	Ein Kredit ist Geld, das man von der Bank geliehen hat. Beispielsweise gibt es Kredite, die über einen vorher festgelegten Zeitraum laufen, oder Übeziehungskredite. Jede Form von Krediten kostet Geld, die sogenannten Zinsen.
Einkommen	Das Einkommen sind die Einnahmen einer Person oder einer Familie. Dies kann das Arbeitseinkommen sein oder auch Zuwendungen in Form von Arbeitslosengeld.
Zinsen	Hat man sich Geld von der Bank geliehen, so zahlt man dafür Zinsen. Umgekeht erhält man von der Bank für Spareinlagen Zinsen, diese fallen jedoch wesentlich niedriger aus.
Hypothek	Eine Hypothek dient als Sicherungsmittel für Kredite, beispielsweise zum Kauf eines Hauses: Die Bank gewährt über einen langen Zeitraum einen Kredit, dafür erhält sie bis zur Rückzahlung die Rechte an der Immobilie.
Ersparnisse	Ersparnisse können in verschiedensten Formen angesammelt werden, beispielsweise auf einem Sparkonto, in einer Kapitallebensversicherung, über Bundesschatzbriefe, Bausparverträge u.v.m.
Gewinnschwelle	Die Gewinnschwelle ist der Punkt, an dem Erlös und Kosten einer Firma gleich groß sind und weder Gewinn noch Verlust erwirtschaftet wird.
Verlust	Eine Firma erwirtschaftet Verlust, wenn sie mehr ausgibt, als sie einnimmt; wenn es die Firma mehr kostet, ihr Produkt herzustellen, als es ihr beim Verkauf einbringt.
Gewinn	Der Gewinn ist der Teil der Einnahmen einer Firma, der übrigbleibt, wenn man ihre Ausgaben abzieht.

ZINSEN

Die Bank zahlt Zinsen für das bei ihr investierte Geld (Kapital) und nimmt umgekehrt für das verliehene Geld Zinsen ein. Zinsen sind ein fest vorgegebener Prozentsatz am betreffenden Kapital. Es gibt einfache Zinsen und Zinseszinsen.

Einfache Verzinsung

Bei der einfachen Verzinsung werden die Zinsen lediglich auf das anfängliche Kapital bezahlt, die im Laufe der Verzinsungsperiode anfallenden Zinsen werden dem Kapital nicht zugeschlagen und somit auch nicht mitverzinst. Diese Form der Verzinsung wird selten angewandt. Bei längeren Laufzeiten ist sie unüblich. Werden beispielsweise 10 000 € zu einem festen Zinssatz von 3 % ($=\frac{3}{100}$) angelegt, ist der Zuwachs bei einfacher Verzinsung jedes Jahr gleich hoch. (Rechnungen ohne Einheiten)

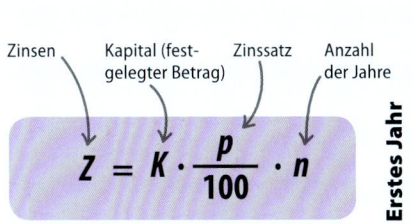

△ **Formel für einfache Verzinsung**
Um die Zinsen zu berechnen, ersetze die Platzhalter in der Formel durch konkrete Werte.

Erstes Jahr

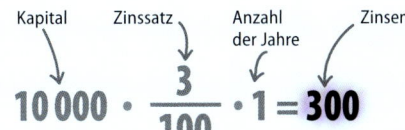

Setze die konkreten Zahlenwerte ein, um die Zinsen für ein Jahr zu berechnen.

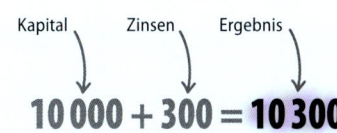

Nach einem Jahr befindet sich dieser Betrag (10 300 €) auf dem Konto.

Zweites Jahr

$$\frac{10\,000 \cdot 3 \cdot 1}{100} = 300$$

Setze wieder die konkreten Werte in die Formel ein, um die Zinsen zu berechnen.

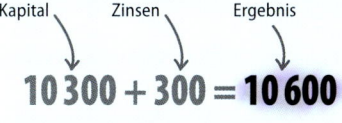

Nach zwei Jahren erhält man dieselben Zinsen wie nach einem Jahr, da sich der Zinssatz lediglich auf das ursprüngliche Kapital bezieht.

Zinseszinsen

Bei dieser Verzinsung werden die mit dem ursprünglichen Kapital bereits verdienten Zinsen mitverzinst. Wenn ein Kapital von 10 000 € zu einem Zinssatz von 3 % ($=\frac{3}{100}$) angelegt wird, vermehrt sich das Kapital sich wie folgt:

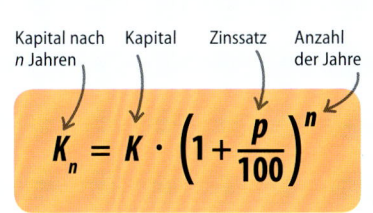

△ **Zinseszinsformel**
Um das Kapital für ein bestimmtes Jahr zu berechnen, ersetze die Platzhalter in der Formel durch die konkreten Werte.

Erstes Jahr

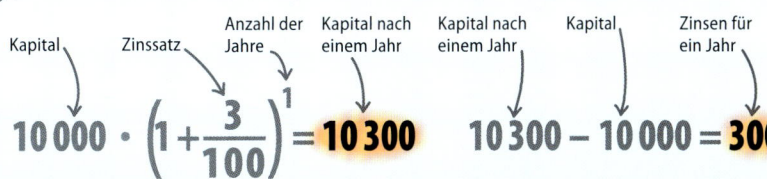

Setze die Werte in die Formel ein, um das Kapital nach einem Jahr zu berechnen.

Nach einem Jahr hat man dieselben Zinsen erwirtschaftet wie im obigen Beispiel.

Zweites Jahr

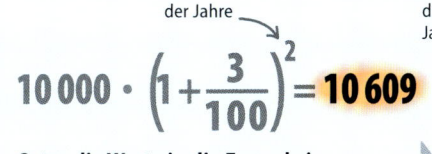

Setze die Werte in die Formel ein, um das Kapital nach zwei Jahren zu berechnen.

Nach zwei Jahren gibt es mehr Zinsen, denn die Zinsen aus dem ersten Jahr werden dem Kapital zugeschlagen und mitverzinst.

Geschäftsfinanzen

MIT UNTERNEHMEN MÖCHTE MAN GELD VERDIENEN. DIE MATHEMATIK SPIELT EINE GEWISSE ROLLE BEIM ERREICHEN DIESES ZIELS.

Das Ziel von Unternehmen ist es, mit einer Idee oder einem Produkt Geld zu verdienen und es dann auszugeben.

SIEHE AUCH

‹ 66–67	Privat-Finanzen
Kreisdiagramme	202–203 ›
Liniendiagramme	204–205 ›

Was macht ein Unternehmen aus?

In einer Firma wird im weitesten Sinne Rohmaterial zu einem Endprodukt verarbeitet, das dann verkauft wird. Um Gewinn zu erzielen, muss das Produkt teurer verkauft werden, als es in der Herstellung ist. Im Beispiel sind die grundlegenden Schritte anhand einer Konditorei erklärt.

▷ **Tortenproduktion**
Das Diagramm zeigt, wie in der Tortenproduktion die Zutaten zu einem Endprodukt – der Torte – verarbeitet werden.

◁ **Kleinunternehmen**
Ein Unternehmen kann aus einer einzigen Person oder einem Team aus Mitarbeitern bestehen.

ZUTATEN
Zutaten sind die Rohmaterialien, die für ein Produkt benötigt werden. Für die Tortenherstellung werden Materialien wie Mehl, Eier, Butter und Zucker benötigt.

△ **Kosten**
Kosten entstehen beispielsweise bei der Anschaffung der Rohmaterialien. Diese Kosten entstehen bei jeder neuen Fertigungsreihe.

Einnahmen und Gewinn

Es besteht ein großer Unterschied zwischen den Einnahmen und dem Gewinn eines Betriebes. Einnahmen sind die Gelder, die ein Unternehmen beim Verkauf seines Produktes einnimmt. Der Gewinn ist die Differenz zwischen Einnahmen und Ausgaben.

Gewinn ist das, was „übrigbleibt", wenn man die Kosten abzieht.

Einnahmen werden beim Verkauf des Produkts erzielt.

$$\text{Gewinn} = \text{Einnahmen} - \text{Ausgaben}$$

Bei der Produktion fallen beispielsweise Miet- und Lohnkosten an.

Einige Kosten sind Fixkosten: sie fallen immer an. Die Kosten starten also nicht bei Null.

▷ **Kostengraph**
Dieser Graph zeigt genau, dass ein Unternehmen beginnt, Profit zu erzielen, wenn die Einnahmen größer sind als die Ausgaben.

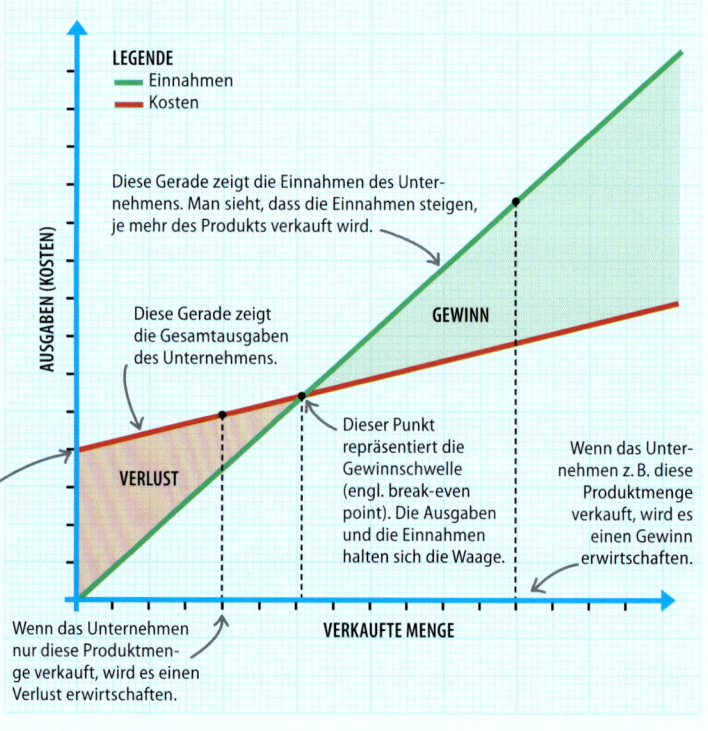

LEGENDE
— Einnahmen
— Kosten

Diese Gerade zeigt die Einnahmen des Unternehmens. Man sieht, dass die Einnahmen steigen, je mehr des Produkts verkauft wird.

AUSGABEN (KOSTEN)

Diese Gerade zeigt die Gesamtausgaben des Unternehmens.

GEWINN

VERLUST

Dieser Punkt repräsentiert die Gewinnschwelle (engl. break-even point). Die Ausgaben und die Einnahmen halten sich die Waage.

Wenn das Unternehmen z. B. diese Produktmenge verkauft, wird es einen Gewinn erwirtschaften.

Wenn das Unternehmen nur diese Produktmenge verkauft, wird es einen Verlust erwirtschaften.

VERKAUFTE MENGE

GESCHÄFTSFINANZEN **69**

2 PRODUKTION
Ein Produktionsprozess liegt vor, wenn ein Unternehmen aus Rohmaterialien etwas anderes herstellt, das zu einem höheren Preis verkauft werden kann.

3 PRODUKT
Das Produkt ist das, was das Unternehmen am Ende des Produktionsprozesses hergestellt hat, im Beispiel die fertige Torte.

△ **Ausgaben/Kosten**
Produktionskosten umfassen Miete, Gehälter und Maschinenkosten. Diese Kosten laufen oft über einen langen Zeitraum.

△ **Einnahmen**
Einnahmen werden beim Verkauf des fertigen Produktes erzielt. Sie dienen zuerst dazu, die Kosten zu decken. Sind diese gedeckt, entsteht Gewinn.

Wofür das Geld ausgegeben wird

Die Einnahmen eines Unternehmens sind nicht ausschließlich Gewinn. Dieses Tortendiagramm zeigt, wofür die Einnahmen eines Unternehmens beispielsweise ausgegeben werden und welcher Anteil dann als Gewinn bleibt.

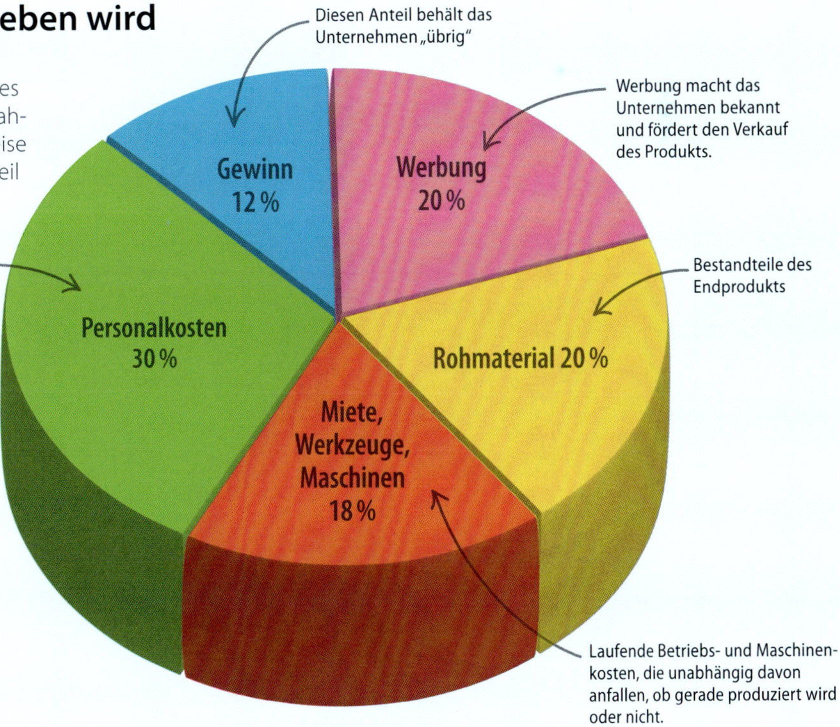

Diesen Anteil behält das Unternehmen „übrig"

Gewinn 12 %

Werbung macht das Unternehmen bekannt und fördert den Verkauf des Produkts.

Werbung 20 %

Personalkosten

Personalkosten 30 %

Bestandteile des Endprodukts

Rohmaterial 20 %

▷ **Kosten und Gewinn**
Das Tortendiagramm zeigt einige der Kosten, die auf ein Unternehmen zukommen können. Unterschiedliche Produkte verursachen unterschiedliche Kosten. Sind alle Kosten bezahlt, wird Gewinn erwirtschaftet.

Miete, Werkzeuge, Maschinen 18 %

Laufende Betriebs- und Maschinenkosten, die unabhängig davon anfallen, ob gerade produziert wird oder nicht.

Geometrie

Was ist Geometrie?

GEOMETRIE IST DER ZWEIG DER MATHEMATIK, DER SICH MIT LINIEN, WINKELN, FORMEN UND RAUM BESCHÄFTIGT.

Geometrie ist seit Tausenden von Jahren ein großer Bereich der Mathematik. Sie spielt eine wichtige Rolle bei der Landvermessung, in der Navigation sowie in Astronomie und Architektur.

Linien, Winkel, Formen und Raum

Geometrie beschäftigt sich einerseits mit Linien, Winkeln, Formen (in zwei und in drei Dimensionen), Flächen und Volumen; andererseits mit der Lage von Objekten im Raum sowie mit Verschiebungen, Drehungen, Spiegelungen und Koordinaten.

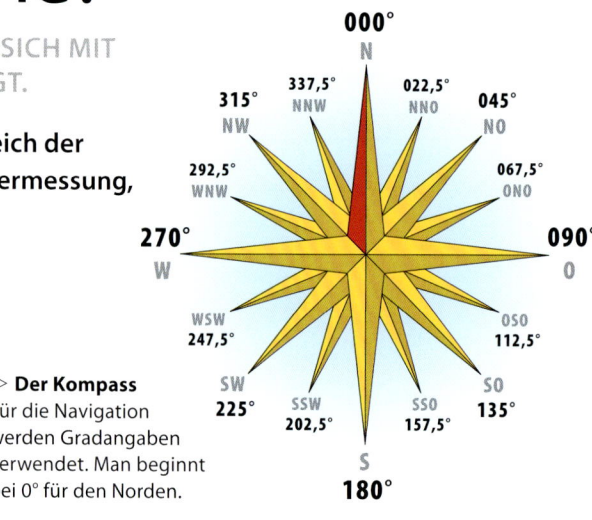

▷ **Der Kompass**
Für die Navigation werden Gradangaben verwendet. Man beginnt bei 0° für den Norden.

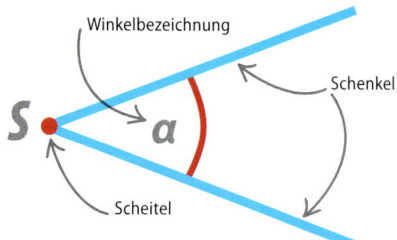

△ **Winkel**
Zwei Linien (Halbgeraden), die von einem gemeinsamen Punkt **S** (**Scheitel**) ausgehen, bilden einen Winkel. Die beiden Linien heißen **Schenkel** des Winkels. Winkelgrößen werden in Grad gemessen.

△ **Parallele Linien**
Parallele Linien haben überall denselben Abstand. Sie treffen sich nicht, auch dann nicht, wenn man sie unendlich verlängert.

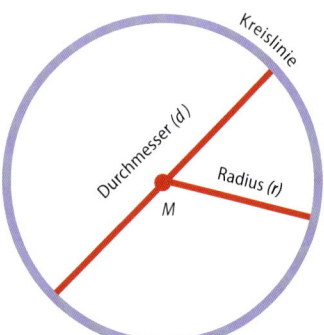

△ **Kreis**
Alle Punkte, die von einem **Mittelpunkt M** denselben Abstand r haben, liegen auf einem Kreis (der Kreislinie). r heißt **Radius** des Kreises. Der **Durchmesser** (*d*) eines Kreises verläuft von einem Punkt der Kreislinie durch den Mittelpunkt zu einem zweiten Punkt der Kreislinie. Die Länge der Kreislinie ist der **Umfang** des Kreises.

ANWENDUNG

Geometrie in der Natur

Geometrische Formen sind in der Natur weit verbreitet. Gut bekannte Beispiele sind die sechseckigen Bienenwaben eines Bienenstocks oder Schneeflocken. Aber es gibt unzählige weitere Beispiele in der Natur, man denke nur an die Form von Wassertropfen, Seifenblasen oder an die ungefähr kugelförmigen Planeten. Kristalle bilden vielflächige Formen; gewöhnliches Tafelsalz besteht aus würfelförmigen (sechsflächigen) Kristallen. Quarz bildet Kristalle in Form sechsseitiger Prismen mit pyramidenförmigen Enden aus.

◁ **Bienenwaben**
Bienenwaben sind sechseckig und passen mosaikartig lückenlos aneinander.

WAS IST GEOMETRIE? 73

GENAU HINGESCHAUT
Graphen und Geometrie

Graphen verbinden die Geometrie mit anderen Teilbreichen der Mathematik. Das Zeichnen von Linien und Formen führt zu algebraischen Ausdrücken, die mathematisch gedeutet und verändert werden können. Umgekehrt ist es möglich, algebraische Ausdrücke grafisch darzustellen und sie geometrisch zu interpretieren und zu verarbeiten. Grafische Darstellungen mathematischer Objekte ermöglichen den Einsatz von Vektoren und die Berechnung von Spiegelungen, Drehungen und Verschiebungen in der Ebene und im Raum.

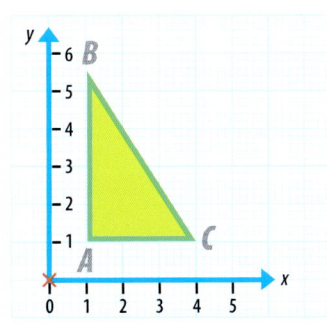

◁ **Graph**
Dieser Graph zeigt ein rechtwinkliges Dreieck ABC. Die Eckpunkte haben die Koordinaten A (1|1), B (1|5,5), and C (4|1).

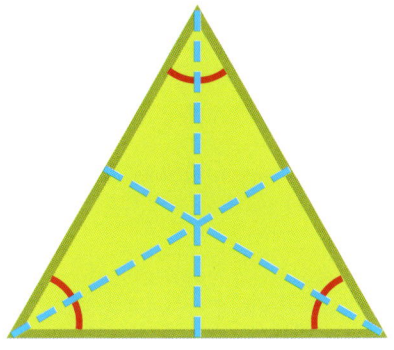

△ **Dreieck**
Ein Dreieck ist ein dreiseitiges Vieleck in der Ebene. Die Summe aller Winkelgrößen in einem Dreieck ergibt 180°. Man sagt: „Die Winkelsumme im Dreieck ist 180°".

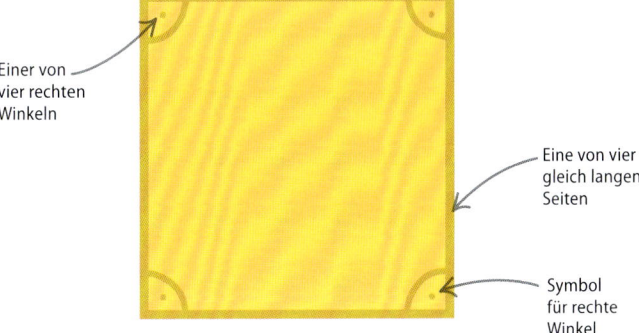

Einer von vier rechten Winkeln

Eine von vier gleich langen Seiten

Symbol für rechte Winkel

△ **Quadrat**
Ein Quadrat ist ein vierseitiges Vieleck in der Ebene, dessen vier Seiten alle gleich lang sind. Alle vier Winkel sind rechte Winkel (90°-Winkel).

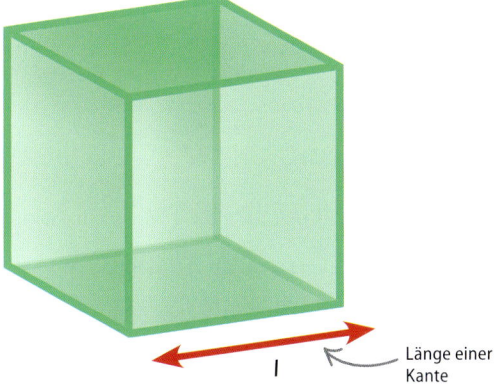

Länge einer Kante

△ **Würfel**
Ein Würfel ist ein dreidimensionales Vieleck, alle Seiten sind gleich lang. Ein Würfel hat 6 Flächen, 12 Kanten und 8 Ecken.

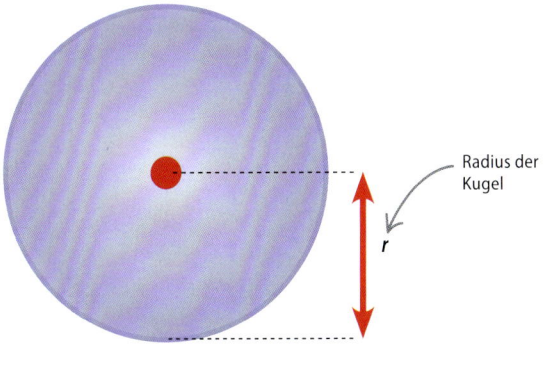

Radius der Kugel

△ **Kugel**
Alle Punkte einer Kugeloberfläche haben denselben Abstand r (Radius) vom Mittelpunkt M der Kugel.

Zeichenwerkzeuge

DIE RICHTIGEN ZEICHENWERKZEUGE SIND FÜR EXAKTES ZEICHNEN UND MESSEN UNABDINGBAR.

SIEHE AUCH	
Winkel	76–77 ⟩
Konstruktionen mit Zirkel und Lineal	102–105 ⟩
Kreise	130–131 ⟩

Konstruktionswerkzeuge

Die wichtigsten mathematischen Zeichenwerkzeuge sind Geodreieck, Zirkel und Lineal. Letzteres benötigt man zum Zeichnen gerader Linien, den Zirkel braucht man zum Zeichnen von Kreisen oder Kreisstücken (Kreisbogen). Ein Geodreieck dient zum Zeichnen und Messen von Winkeln.

Einen Zirkel benutzen

Ein Zirkel besteht aus zwei Schenkeln; am Ende des einen Schenkels befindet sich eine Metallspitze, am anderen Ende eine Bleistiftmine. Um einen Kreis zu zeichnen, sticht man mit der Metallspitze in den Kreismittelpunkt ein und zeichnet die Kreislinie mit der Bleistiftmine, indem man den Zirkel um den Einstichpunkt dreht.

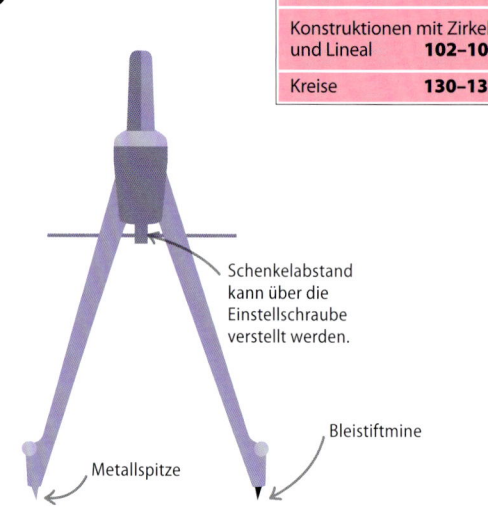

Schenkelabstand kann über die Einstellschraube verstellt werden.

Bleistiftmine

Metallspitze

▽ **Kreis mit einem bestimmten Radius zeichnen**
Man stellt den erforderlichen Abstand zwischen den Schenkeln mithilfe der Einstellschraube ein.

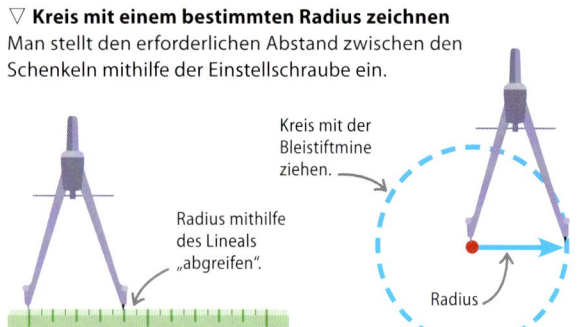

Kreis mit der Bleistiftmine ziehen.

Radius mithilfe des Lineals „abgreifen".

Radius

Man „greift" den Radius mit dem Lineal ab.

Zirkel über der Einstichstelle festhalten und den Kreis ziehen.

▽ **Zeichnen eines Kreises, wenn ein Punkt auf der Kreislinie und der Mittelpunkt gegeben sind:** Stich mit der Metallspitze in den Mittelpunkt ein und greife den Abstand zum anderen Punkt ab. Zeichne den Kreis.

Mittelpunkt

Punkt auf der Kreislinie

Zeichne einen Kreis

Radius

Abstand zwischen den beiden Punkten mit dem Zirkel abgreifen.

Mit der Zirkelspitze in den Kreismittelpunkt einstechen und Kreis zeichnen.

▽ **Bogen zeichnen**
Manchmal braucht man nur einen Kreisbogen: Kreisbogen werden oft für die Konstruktion anderer Formen benötigt.

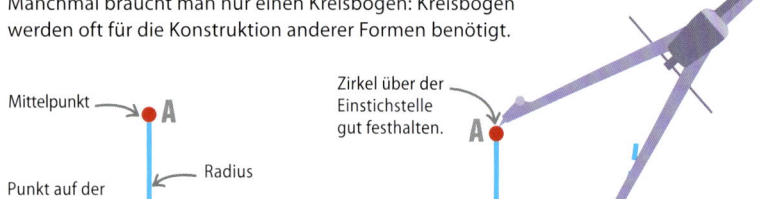

Mittelpunkt

A

Radius

Punkt auf der Kreislinie

B

Zirkel über der Einstichstelle gut festhalten.

A

Bogen mit der Bleistiftmine zeichnen.

B

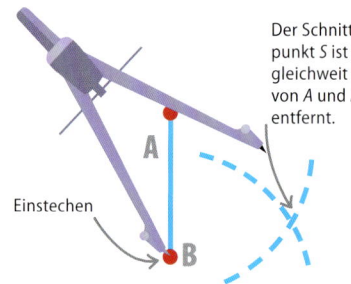

Der Schnittpunkt S ist gleichweit von A und B entfernt.

A

Einstechen

B

Man zeichnet eine Linie und markiert jedes Ende durch einen Punkt; einer soll der Keismittelpunkt sein, der andere ein Punkt auf der Kreislinie.

Man greift mit dem Zirkel die Länge der Strecke (den Radius des Bogens) ab und sticht in den Mittelpunkt (A) ein.

Zeichne den zweiten Bogen durch Einstechen in den Punkt B. Der Schnittpunkt beider Bogen ist gleichweit von A und B entfernt.

ZEICHENWERKZEUGE

Lineal verwenden

Für das Zeichnen gerader Linien und das Messen von Abständen benötigt man ein Lineal. Ein Lineal wird ebenfalls verwendet, um gegebene Abstände mit dem Zirkel abzugreifen.

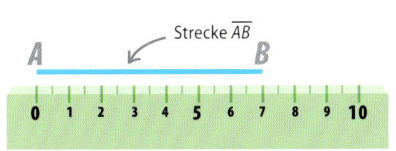

◁ **Längen messen**
Das Lineal dient dazu, Abstände zwischen zwei Punkten oder Längen von Strecken auszumessen.

▷ **Linien zeichnen**
Lineale werden ebenfalls verwendet, um gerade Linien oder Strecken zwischen zwei Punkten zu ziehen.

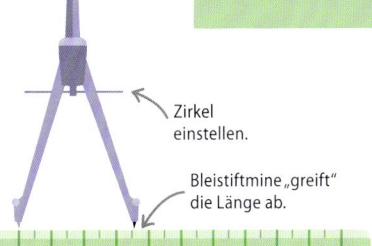

◁ **Zirkel einstellen**
Um den Zirkel auf den gegebenen Radius einzustellen, verwendet man ein Lineal.

Weitere Werkzeuge

Es gibt weitere nützliche Arbeitswerkzeuge für geometrische Zeichnungen und Berechnungen.

△ **Zeichendreieck**
Ein Zeichendreieck sieht aus wie ein rechtwinkliges Dreieck und wird für das Zeichnen paralleler Linien verwendet. Es gibt Zeichendreiecke mit den Innenwinkeln 90°, 60° und 30° sowie Zeichendreiecke mit einem 90°- und zwei 45°-Winkeln.

△ **Taschenrechner**
Mithilfe eines Taschenrechners können viele geometrische Berechnungen durchgeführt werden, beispielsweise kann man mithilfe der Sinus-Taste unbekannte Seitenlängen oder Winkelgrößen innerhalb von Dreiecken bestimmen.

Das Geodreieck richtig nutzen

Ein Geodreieck wird zum Messen und Zeichnen von Winkeln verwendet. Es besteht aus einer Linealkante (Grundkante) und einem Winkelmesser. Gezeichnet wird immer entlang der Grundkante. Um einen Winkel zu messen, legt man das Geodreieck so mit dem Nullpunkt auf den Scheitel, dass die Linealkante auf dem ersten Schenkel liegt.

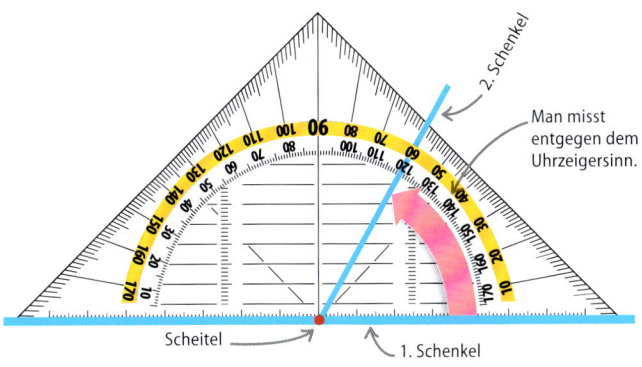

▽ **Winkel messen**
Um einen Winkel zu messen, verwendet man ein Geodreieck.

Die Schenkel können, falls erforderlich, verlängert werden.

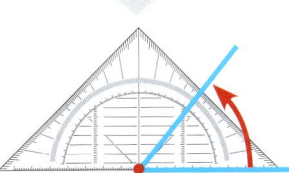

Das Geodreieck wird mit der Null auf den Scheitel gelegt, sodass die Linealkante auf dem ersten Schenkel liegt. Dann wird der Winkel einfach abgelesen.

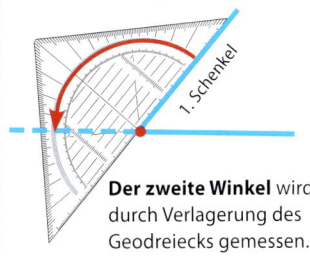

Der zweite Winkel wird durch Verlagerung des Geodreiecks gemessen.

▽ **Winkel zeichnen**
Ist die Größe eines Winkels bekannt, so kann man ihn ganz einfach mit dem Geodreieck zeichnen.

Zeichne eine Linie und setze einen Punkt in die Mitte.

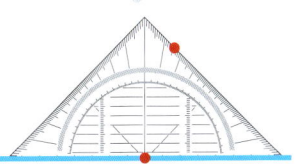

Das Geodreieck wird mit der Null auf den Punkt gelegt, sodass die Linealkante auf der Linie liegt. Dann wird der Winkel abgetragen.

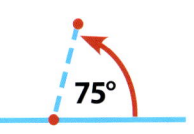

Man zeichnet eine Linie durch beide Punkte und markiert den Winkel.

Winkel

ZWEI GERADE LINIEN (STRAHLEN), DIE VON EINEM GEMEINSAMEN PUNKT S, DEM SCHEITEL, AUSGEHEN, BILDEN EINEN WINKEL.

Die beiden Strahlen heißen Schenkel des Winkels. Der zweite Schenkel geht durch Drehung um den Punkt S aus dem ersten entgegen dem Uhrzeigersinn hervor. Die Größe des dabei überstrichenen Winkels misst man in Grad (Symbol: °).

SIEHE AUCH	
‹ 74–75	Zeichenwerkzeuge
Geraden und Strecken	78–79 ›
Kompasspeilung	100–101 ›

Winkel messen

Ein **Vollwinkel** hat 360° (volle Kreisbewegung um S). Alle anderen Winkel sind kleiner.

△ **Teile des Winkels**
Ein Winkel wird mit griechischen Buchstaben bezeichnet (z. B. α, β, γ). Größe wird in Grad gemessen. Ein Symbol für den Winkel ist das Zeichen ∡.

△ **Drehung**
Ein Winkel entsteht durch Drehung entgegen dem Uhrzeigersinn um den Scheitel S.

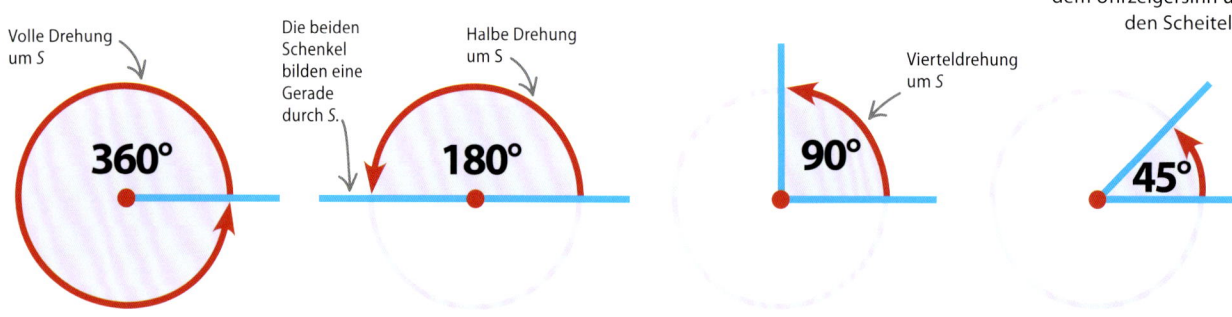

△ **Ganze Drehung: 360°**
Der zweite Schenkel dreht sich aus dem ersten heraus einmal vollständig um den Scheitel S und kommt wieder auf dem ersten zum liegen.

△ **Halbe Drehung: 180°**
Ein Winkel, der durch eine halbe Drehung entsteht, heißt gestreckter Winkel; seine beiden Schenkel bilden eine Gerade durch S.

△ **Vierteldrehung: 90°**
Beide Schenkel stehen senkrecht aufeinander. Dieser Winkel heißt auch rechter Winkel.

△ **Achteldrehung: 45°**
Der Winkel entsteht durch ein Achtel einer ganzen Drehung und ist halb so groß wie ein rechter Winkel.

Winkelarten

Es gibt neben dem **Nullwinkel** (0°), dem **gestreckten** Winkel (180°) und dem **Vollwinkel** (360°) vier weitere ganz unterschiedliche Winkelarten.

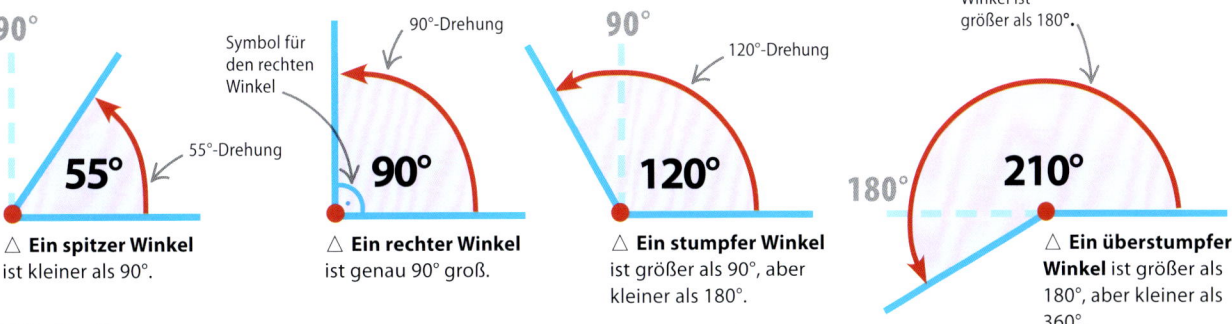

△ **Ein spitzer Winkel** ist kleiner als 90°.

△ **Ein rechter Winkel** ist genau 90° groß.

△ **Ein stumpfer Winkel** ist größer als 90°, aber kleiner als 180°.

△ **Ein überstumpfer Winkel** ist größer als 180°, aber kleiner als 360°.

Winkelbenennungen

Winkel können auf unterschiedliche Arten benannt werden, je nach Zusammenhang.

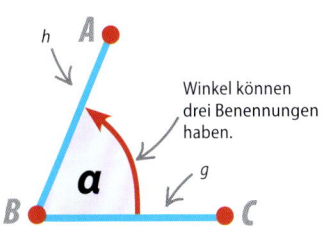

△ **Ein Winkel, drei Namen**
Dieser Winkel kann α oder ∡ CBA oder ∡ gh benannt werden, wobei g und h die Schenkel sind.

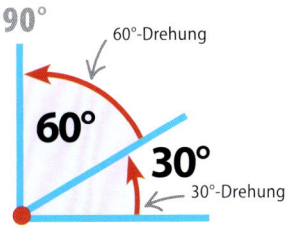

△ **Komplementärwinkel**
Je zwei Winkel, deren Winkelgröße sich zu 90° addiert, sind komplementär zueinander.

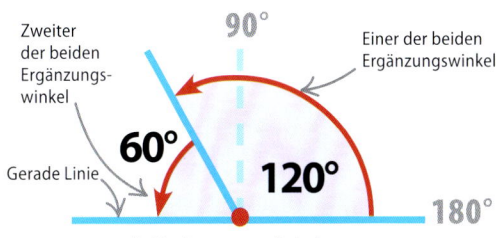

△ **Ergänzungswinkel**
Je zwei Winkel, deren Winkelgröße sich zu 180° addiert, sind Ergänzungswinkel zueinander.

Winkel an einer geraden Linie

Im Beispiel liegen vier aneinander grenzende Winkel so an einer geraden Linie, dass ihre Winkelsumme 180° ergibt.

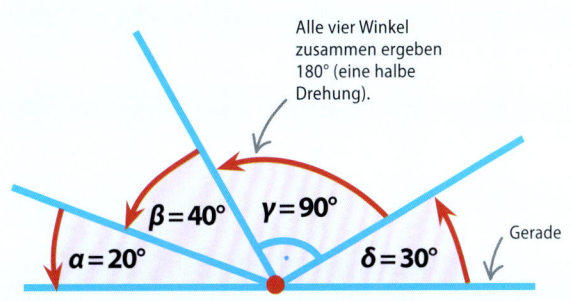

$\alpha + \beta + \gamma + \delta = 180°$
$20° + 40° + 90° + 30° = 180°$

Winkel an einem Punkt

Im Beispiel liegen fünf aneinander grenzende Winkel so um einen Scheitelpunkt herum, dass ihre Winkelsumme 360° ergibt.

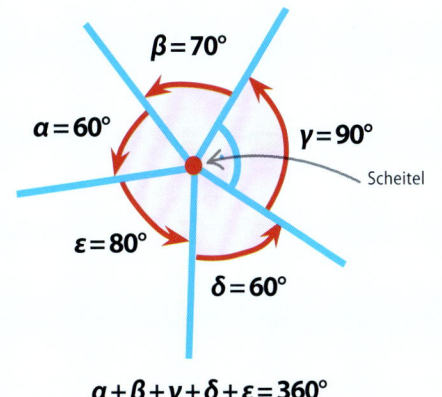

$\alpha + \beta + \gamma + \delta + \varepsilon = 360°$
$60° + 70° + 90° + 60° + 80° = 360°$

78 GEOMETRIE

Geraden und Strecken

EINE STRECKE IST DIE KÜRZESTE VERBINDUNG ZWISCHEN ZWEI PUNKTEN. VERLÄNGERT MAN EINE STRECKE UNENDLICH ÜBER IHRE BEIDEN ENDPUNKTE HINAUS, SO ENTSTEHT EINE GERADE.

SIEHE AUCH	
‹72–73	Zeichenwerkzeuge
‹76–77	Winkel
Konstruktionen mit Zirkel und Lineal	102–105›

Punkte, Geraden, Strecken, Ebenen

Die wichtigsten Objekte der Geometrie sind Punkte, Geraden und Ebenen. Ein Punkt hat keine Ausdehnung (keine Breite, keine Tiefe, keine Länge); er repräsentiert eine exakte Position. Geraden und Strecken sind eindimensional: Sie haben lediglich eine Länge, die sich in zwei Richtungen ausdehnt. Ebenen sind zweidimensional.

△ **Punkte**
Punkte stehen für exakte Positionen. Ein Punkt wird duch einen gezeichneten Punkt und einen Großbuchstaben dargestellt.

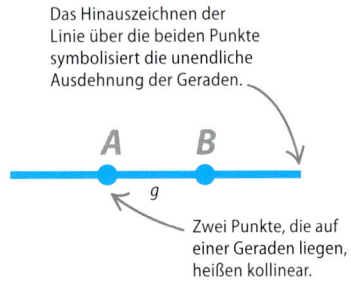

Das Hinauszeichnen der Linie über die beiden Punkte symbolisiert die unendliche Ausdehnung der Geraden.

Zwei Punkte, die auf einer Geraden liegen, heißen kollinear.

Endpunkte markieren Anfang und Ende einer Strecke.

△ **Geraden**
Beim Zeichnen werden Geraden durch gerade Linien dargestellt. Man bezeichnet eine Gerade durch zwei Punkte AB, die auf ihr liegen, oder durch Kleinbuchstaben g.

△ **Strecken**
Eine Strecke hat eine bestimmte Länge, die durch ihre Endpunkte C und D gegeben ist. Eine Strecke bezeichnet man durch ihre Endpunkte und einen Strich darüber: $\overline{CD}$.

△ **Ebenen**
Ebenen werden meist durch eine zweidimensionale Figur dargestellt.

Genau zwei Lagebeziehungen

Zwei Geraden in einer Ebene haben **entweder** einen Punkt gemeinsam – sie schneiden sich, **oder** sie haben keinen Punkt gemeinsam – sie sind parallel zueinander.

△ **Nicht parallele Geraden**
Nicht parallele Geraden haben nicht überall denselben Abstand, Sie schneiden sich irgendwo.

GENAU HINGESCHAUT
Parallelogramme

Ein Parallelogramm ist ein Viereck mit paarweise zueinander parallelen und gleichlangen Seiten.

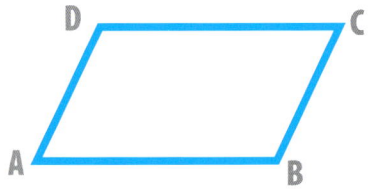

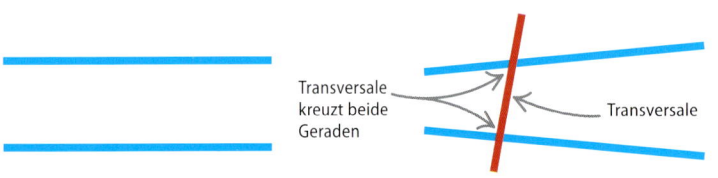

Transversale kreuzt beide Geraden

Transversale

△ **Parallele Geraden**
Parallele Geraden sind Geraden, die sich nicht treffen.

△ **Transversale**
Eine Gerade, die eine Figur oder andere Geraden schneidet, heißt Transversale.

△ **Parallele Seiten**
Die Seiten $\overline{AB}$ und $\overline{DC}$ sind parallel und gleich lang, ebenso die Seiten $\overline{BC}$ und $\overline{AD}$. Die Seiten $\overline{AB}$ und $\overline{AD}$ sind nicht parallel und nicht gleich lang.

Winkel und Parallelen

Werden parallele Geraden durch eine Transversale geschnitten, entstehen unterschiedliche Winkelpaare.

▽ **Stufenwinkel, Scheitelwinkel, Wechselwinkel**
Die Geraden AB und CD sind parallel zueinander. Sie werden von einer Geraden g geschnitten. Die entstehenden Winkel werden durch griechische Kleinbuchstaben benannt.

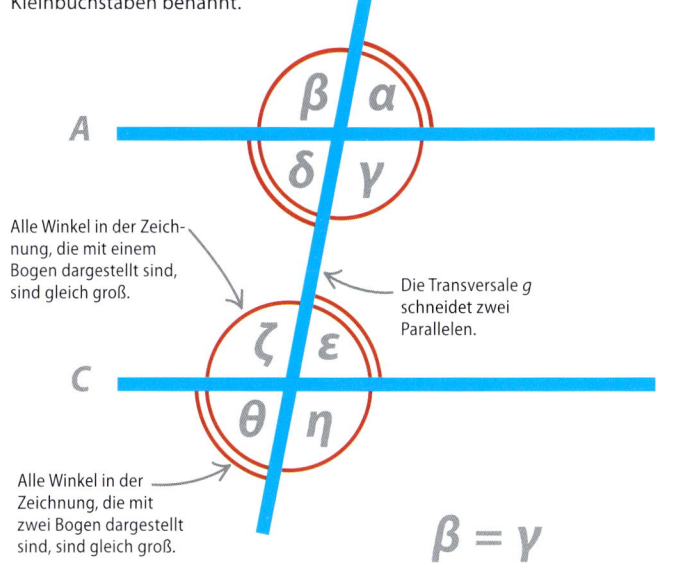

Alle Winkel in der Zeichnung, die mit einem Bogen dargestellt sind, sind gleich groß.

Die Transversale g schneidet zwei Parallelen.

Alle Winkel in der Zeichnung, die mit zwei Bogen dargestellt sind, sind gleich groß.

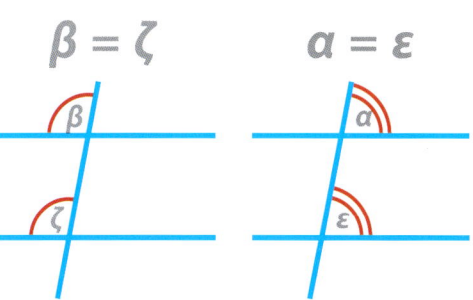

△ **Stufenwinkel**
Schneidet eine Gerade zwei andere Geraden, so entstehen Stufenwinkel. Stufenwinkel an Parallelen sind gleich groß.

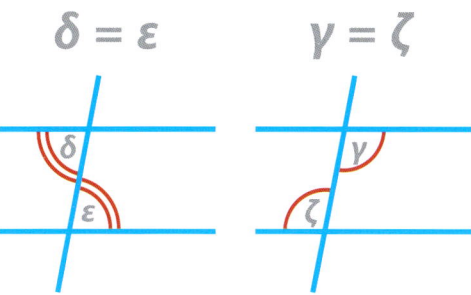

△ **Wechselwinkel**
Wechselwinkel liegen auf verschiedenen Seiten der geschnittenen Geraden. Wechselwinkel an Parallelen sind gleich groß.

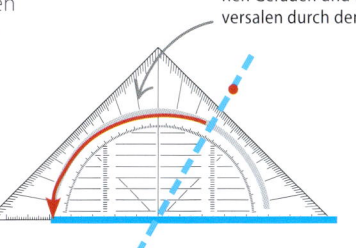

▷ **Scheitelwinkel**
Scheitelwinkel liegen auf verschiedenen Seiten der sich schneidenden Geraden. Scheitelwinkel sind gleich groß.

Parallele zeichnen

Um eine Parallele zu einer gegebenen Geraden zu zeichnen, benötigt man einen Bleistift, ein Geodreieck und ein Lineal.

Position der parallelen Geraden markieren.

Winkel zwischen der gegebenen Geraden und der Transversalen durch den Punkt

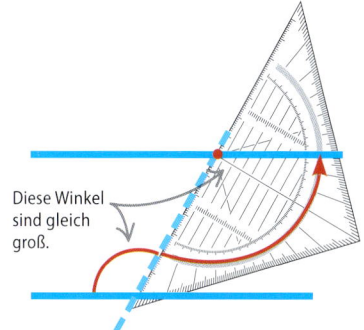

Diese Winkel sind gleich groß.

Zeichne eine Gerade mit dem Lineal und markiere einen Punkt im gewünschten Abstand – durch diesen Punkt soll die neue, parallele Gerade gehen.

▷ **Zeichne eine Linie** (Transversale) durch den Punkt, die die gegebene Gerade schneidet. Miss den Winkel zwischen dieser Transversalen und der gegebenen Geraden.

▷ **Trage den Wechselwinkel** von der Transversalen aus ab. Zeichne eine Gerade durch den Markierungspunkt. Diese ist parallel zur ursprünglichen Geraden.

Symmetrien

ES GIBT ZWEI ARTEN VON SYMMETRIEN – SPIEGELSYMMETRIE UND DREHSYMMETRIE.

SIEHE AUCH	
‹ 78–79 Geraden und Strecken	
Drehungen	92–93 ›
Spiegelungen	94–95 ›

▽ **Spiegelachsen**
Dies sind die Symmetrieachsen ebener zweidimensionaler Figuren. Kreise haben unendlich viele Symmetrieachsen.

Eine Figur, die durch Spiegelung an einer Achse auf sich selbst abgebildet wird, heißt achsensymmetrisch. Eine Figur kann mehrere Spiegelachsen haben.

Spiegelsymmetrie

Eine ebene Figur ist spiegel- oder achsensymmetrisch, wenn sie durch Spiegelung entlang einer Achse auf sich selbst abgebildet werden kann. Diese Achse nennt man Symmetrieachse oder Spiegelachse.

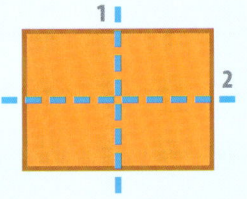

Symmetrieachsen eines Rechtecks

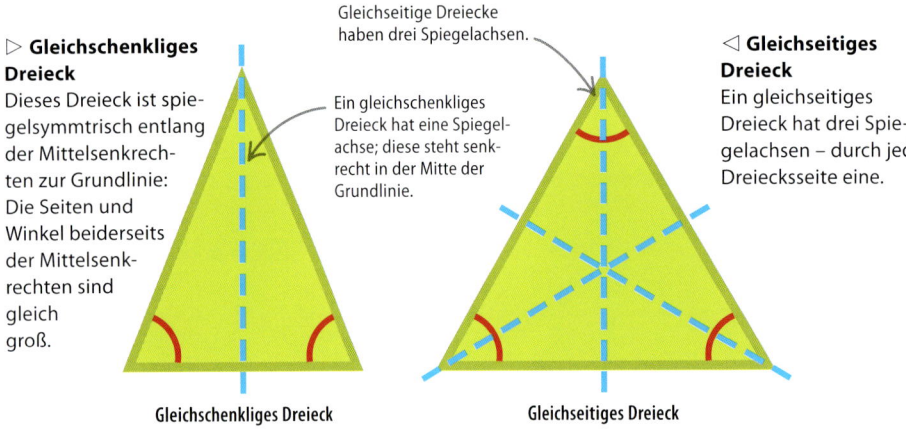

▷ **Gleichschenkliges Dreieck**
Dieses Dreieck ist spiegelsymmtrisch entlang der Mittelsenkrechten zur Grundlinie: Die Seiten und Winkel beiderseits der Mittelsenkrechten sind gleich groß.

Gleichseitige Dreiecke haben drei Spiegelachsen.

Ein gleichschenkliges Dreieck hat eine Spiegelachse; diese steht senkrecht in der Mitte der Grundlinie.

◁ **Gleichseitiges Dreieck**
Ein gleichseitiges Dreieck hat drei Spiegelachsen – durch jede Dreiecksseite eine.

Gleichschenkliges Dreieck

Gleichseitiges Dreieck

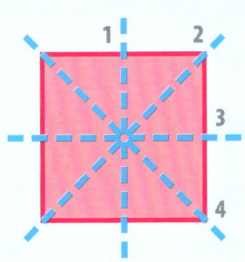

Symmetrieachsen eines Quadrats

Symmetrieebenen

Ein dreidimensionaler Körper ist spiegelsymmetrisch, wenn er durch Spiegelung an einer Ebene auf sich selbst abgebildet werden kann. Eine solche Ebene nennt man Symmetrieebene.

◁ **Rechteckige Pyramide**
Eine Pyramide mit rechteckiger Grundfläche hat zwei Symmetrieebenen.

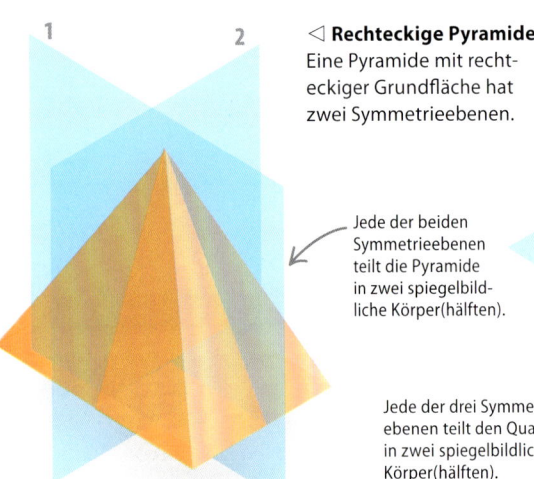

Jede der beiden Symmetrieebenen teilt die Pyramide in zwei spiegelbildliche Körper(hälften).

▽ **Quader**
Der Quader wird von sechs jeweils paarweise gegenüberliegenden deckungsgleichen Rechtecken begrenzt und besitzt damit drei Symmetrieebenen.

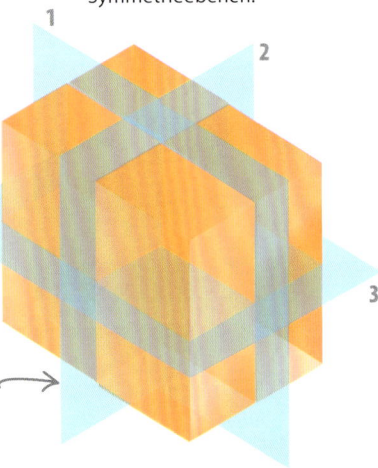

Jede der drei Symmetrieebenen teilt den Quader in zwei spiegelbildliche Körper(hälften).

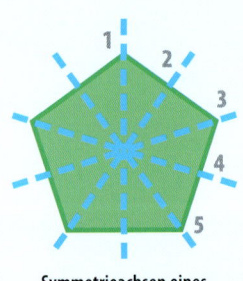

Symmetrieachsen eines regelmäßigen Fünfecks

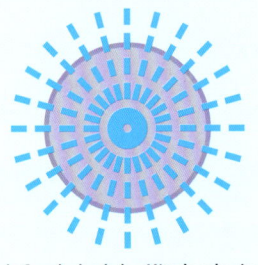

Jede Gerade durch den Mittelpunkt eines Kreises ist zugleich Symmetrieachse.

Drehsymmetrie

Eine ebene Figur ist drehsymmetrisch, wenn sie bei einer Drehung um einen Punkt (das Symmetriezentrum) auf sich selbst abgebildet werden kann. Der Winkel, um den die Figur gedreht wird, bis sie mit sich selbst wieder zur Deckung kommt, heißt Drehwinkel. Manche Figuren können auch mehrfach weitergedreht werden.

▷ **Gleichseitiges Dreieck**
Ein gleichseitiges Dreieck hat die Drehwinkel 120°, 240° und 360°.

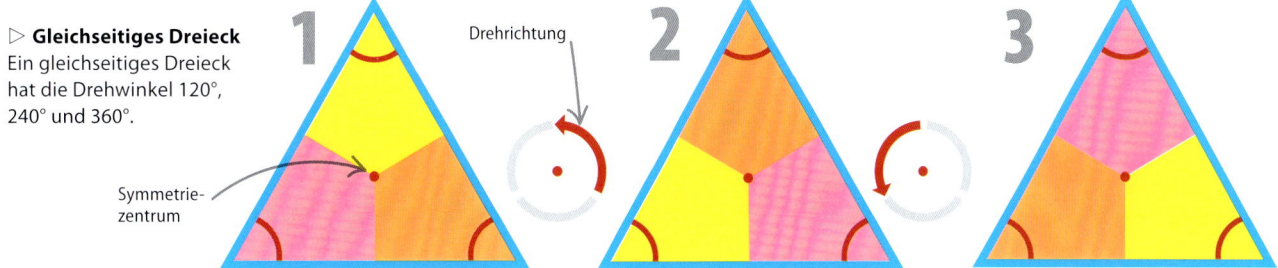

▽ **Quadrat**
Ein Quadrat hat vier Drehwinkel: 90°, 180°, 270° und 360°.

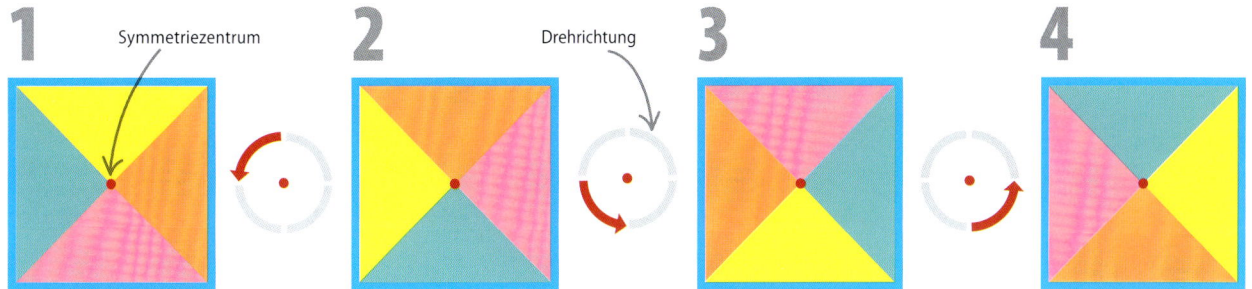

Symmetrieachsen

Ein Körper heißt achsensymmetrisch, wenn er durch Drehung um eine Achse (die Symmetrieachse) auf sich selbst abgebildet werden kann. Der Winkel, um den der Körper gedreht wird, bis er mit sich selbst zur Deckung kommt, heißt Drehwinkel.

▽ **Rechteckige Pyramide**
Eine rechteckige Pyramide hat eine Symmetrieachse und zwei Drehwinkel: 180° und 360°.

▽ **Zylinder**
Ein Zylinder hat unendlich viele Symmetrieachsen; bei der hier gezeigten Achse sind es unendlich viele Drehwinkel. Bei den anderen (hier nicht gezeigten) Symmetrieachsen sind es jeweils nur zwei Drehwinkel: 180° und 360°.

▽ **Quader**
Ein Quader kann um jede seiner drei Symmetrieachsen auf zwei Arten rotieren: um 180° und um 360°.
Vorsicht: Ein Würfel hat mehr als drei Symmetrieachsen.

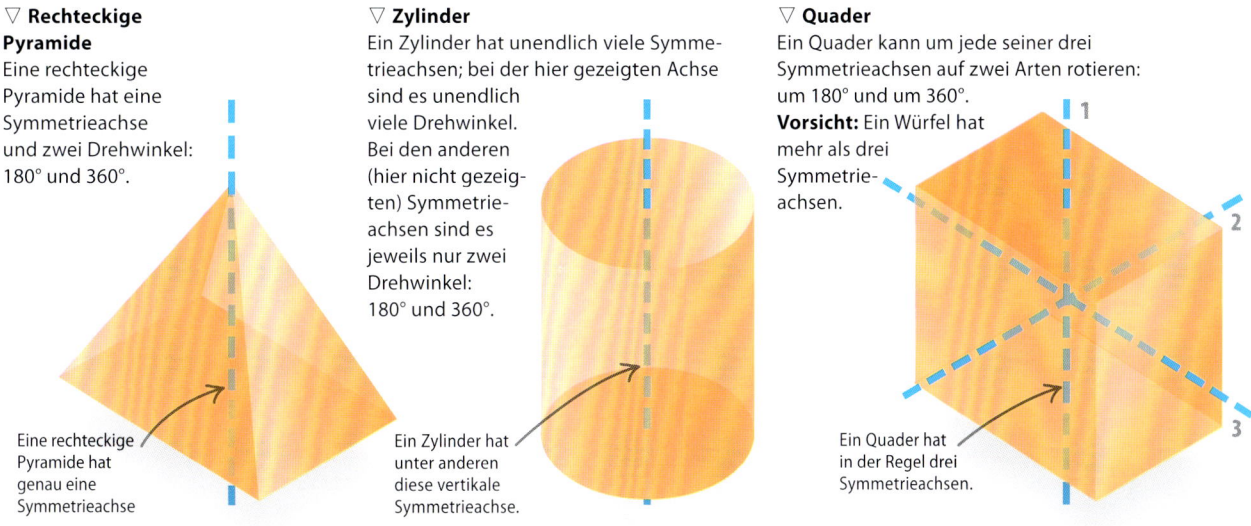

Eine rechteckige Pyramide hat genau eine Symmetrieachse

Ein Zylinder hat unter anderem diese vertikale Symmetrieachse.

Ein Quader hat in der Regel drei Symmetrieachsen.

Koordinaten

UM EINE POSITION AUF EINER KARTE, EINEM GRAPHEN ODER IM RAUM GENAU ANZUGEBEN, VERWENDET MAN KOORDINATEN.

SIEHE AUCH	
Vektoren	86–89 ⟩
Lineare Funktionen	174–177 ⟩

Was sind Koordinaten?

In der Ebene (also auch bei Landkarten) bestehen Koordinaten aus zwei Zahlen oder Buchstaben in Klammern, die meist durch einen senkrechten Strich oder ein Semikolon getrennt sind: (E|1) oder (E;1) sind übliche Schreibweisen. Die Reihenfolge, in der Koordinaten gelesen werden, ist sehr wichtig: (E|1) bedeutet fünf – E ist fünfter Buchstabe im Alphabet – Einheiten (oder Quadrate auf der Karte) nach rechts und eine Einheit (oder ein Quadrat auf der Karte) nach oben/unten.

▽ **Stadtplan**
Jedes Quadrat auf dem Stadtplan wird durch zwei Koordinaten identifiziert.
Trifft die horizontale Koordinate eines gesuchten Ortes auf die vertikale, so hat man das entsprechende Quadrat gefunden. Im Beispiel dienen Buchstaben und Zahlen als Koordinaten; es gibt auch Karten, die ausschließlich Zahlen verwenden.

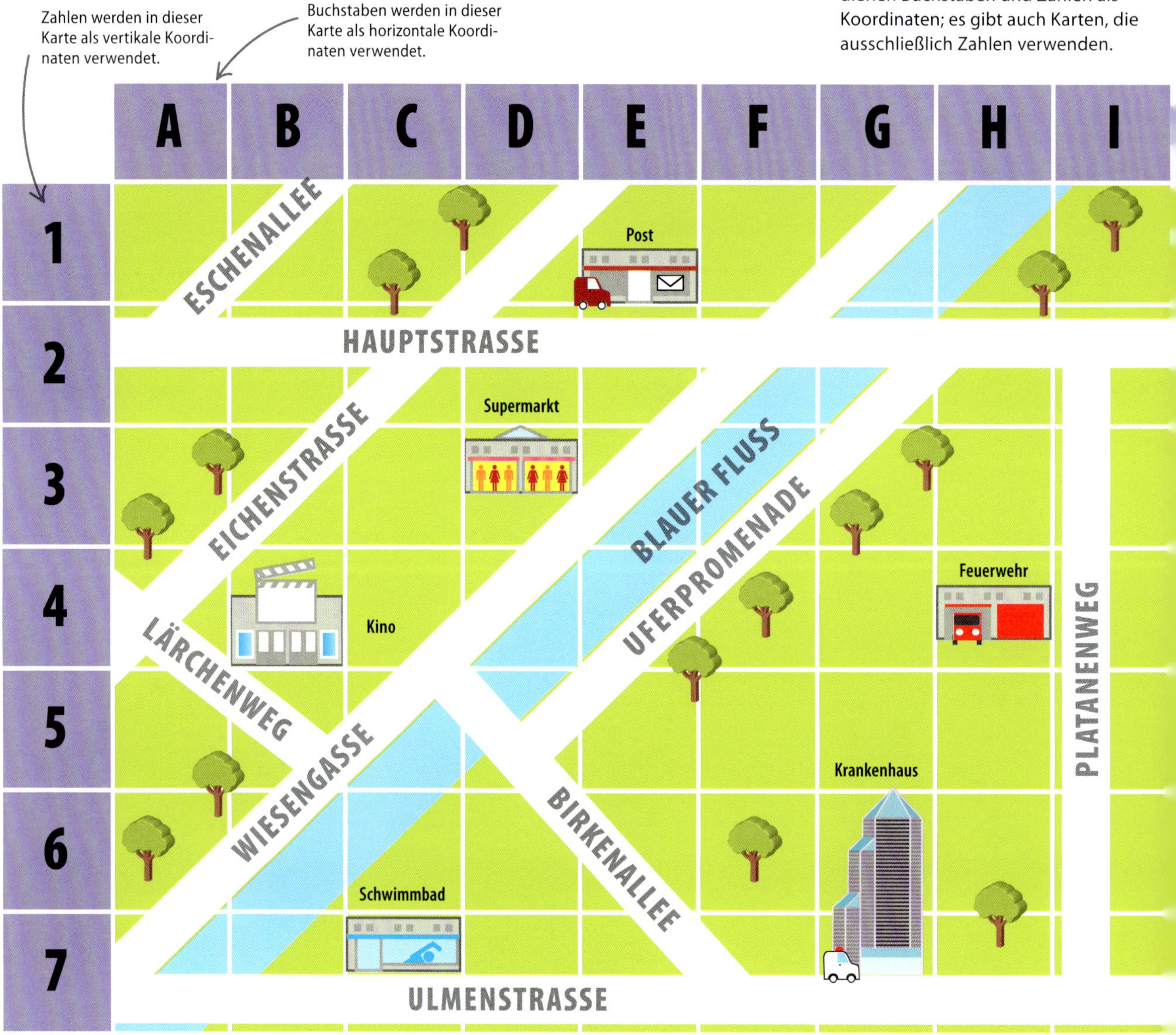

Zahlen werden in dieser Karte als vertikale Koordinaten verwendet.

Buchstaben werden in dieser Karte als horizontale Koordinaten verwendet.

KOORDINATEN

Eine Karte lesen

Die horizontale Koordinate wird immer zuerst genannt, die vertikale danach. In der Beispielkarte bilden immer ein Buchstabe und eine Zahl zusammen ein Koordinatenpaar.

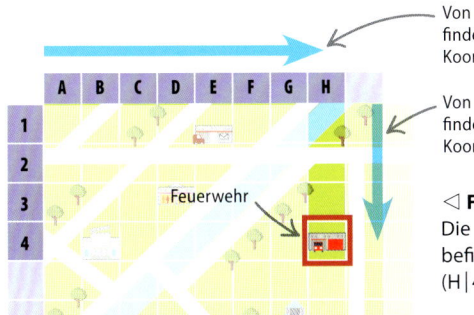

Von links nach rechts findet man die erste Koordinate.

Von oben nach unten findet man die zweite Koordinate.

◁ **Feuerwehr**
Die Feuerwache befindet sich in (H|4).

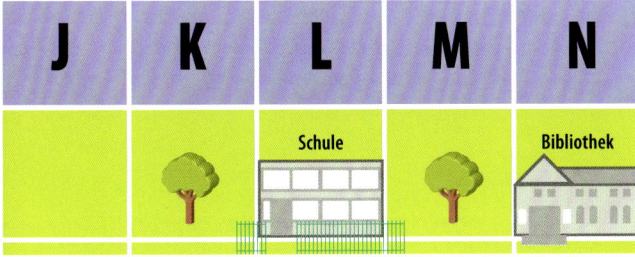

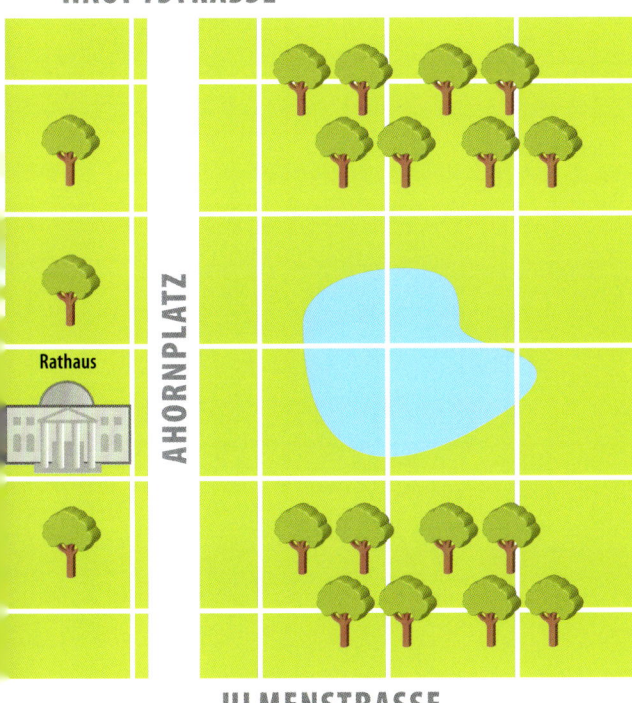

Koordinaten im Einsatz

Jede Sehenswürdigkeit auf dieser Karte kann mithilfe der gegebenen Koordinaten aufgespürt werden. Man liest zuerst die horizontale, dann die vertikale Koordinate ab.

◁ **Kino**
Das Kino findet man in (B|4). Suche zuerst B (das zweite Quadrat von links) und gehe von dort 4 Quadrate nach unten.

◁ **Post**
Die Post findet man in (E|1). Suche zuerst E (das fünfte Quadrat von links) und gehe von dort 1 Quadrat nach unten.

◁ **Rathaus**
Verwende die Koordinaten (J|5). Suche zuerst die horizontale Koordinate J und gehe von dort 5 Quadrate nach unten.

◁ **Schwimmbad**
Das Schwimmbad findet man in (C|7). Suche zuerst C, gehe von dort 7 Quadrate nach unten.

◁ **Bibliothek**
Die Bibliothek ist im Quadrat (N|1). Suche zuerst N und gehe von dort 1 Quadrat nach unten.

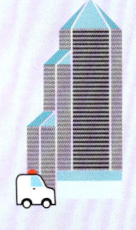

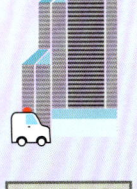

◁ **Krankenhaus**
Verwende die Koordinaten (G|7). Suche zunächst G (das siebte Quadrat) und gehe von dort 7 Quadrate nach unten.

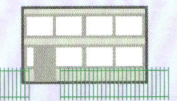

◁ **Feuerwehr**
Die Feuerwehr liegt im Quadrat (H|4). Suche zunächst H (das achte Quadrat) und gehe von dort vier Quadrate nach unten.

◁ **Schule**
Die Koordinaten der Schule sind (L|1). Suche zuerst L, gehe von dort 1 Quadrat nach unten.

◁ **Supermarkt**
Verwende die Koordinaten (D|3). Suche zuerst D und gehe von dort 3 Quadrate nach unten.

Koordinatensysteme

Ein Koordinatensystem wird verwendet, um die genaue Lage von Punkten zu benennen. Es besteht aus zwei zueinander senkrechten Zahlengeraden mit einem gemeinsamen Nullpunkt. Die horizontale Zahlengerade heißt x-Achse, die vertikale heißt y-Achse. Die Koordinaten eines Punktes werden mit (x|y) bezeichnet.

▷ **Vier Quadranten**
Die beiden Achsen eines Koordinatensystems stehen im Nullpunkt, dem „Ursprung" senkrecht aufeinander. Dort sind alle Koordinaten gleich null. Die Koordinatenachsen bilden vier „Quadranten". Im ersten Quadraten sind alle Koordinaten positiv. Im zweiten nur die y-Koordinaten, im dritten sind alle Koordinaten negativ, im vierten sind die x-Koordinaten positiv und die y-Koordinaten negativ.

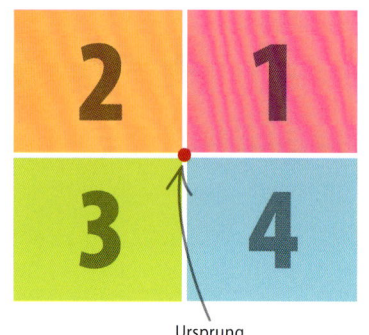

Koordinaten werden immer in Klammern gesetzt.
Die x-Koordinate gibt die Postition des Punktes in horizontaler Richtung an.
Die y-Koordinate gibt die Position des Punktes in vertikaler Richtung an.

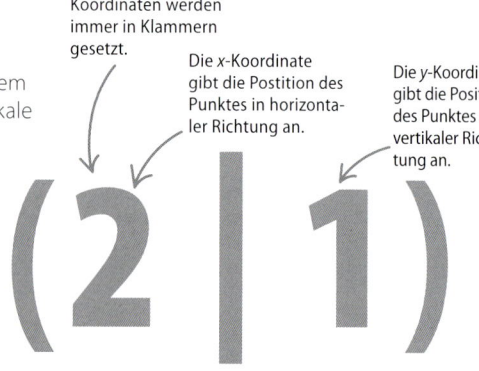

△ **Koordinaten eines Punktes**
Koordinaten geben die Position eines Punktes in Bezug auf beide Achsen an. Die erste Zahl gibt die Lage in x-Richtung an, die zweite Zahl die Lage in y-Richtung.

Koordinaten zeichnen

Um einen gegebenen Punkt in ein Koordinatensystem einzuzeichnen, muss man zunächst den Wert der x-Koordinate entlang der x-Achse abtragen und anschließend den Wert der y-Koordinate entlang der y-Achse abtragen. Der Punkt wird dort markiert, wo x- und y-Wert zusammentreffen.

$A(2|2) \quad B(-1|-3)$
$C(1|-2) \quad D(-2|1)$

Dies sind die Koordinaten von vier Punkten: immer zuerst der x-Wert, dann der y-Wert. Diese Punkte kann man in ein Koordinatensystem zeichnen.

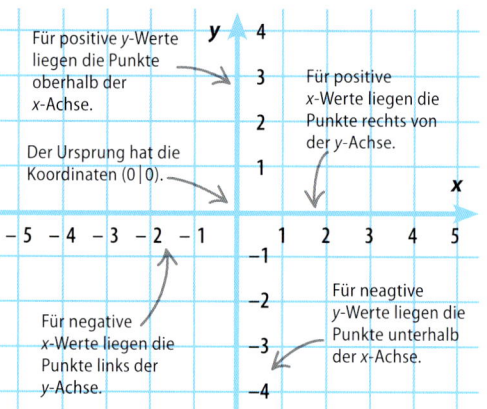

Kariertes Papier ist beim Zeichnen hilfreich. Zeichne eine horizontale Linie für die x-Achse und eine vertikale für die y-Achse. Der Ursprung trennt positive und negative Werte.

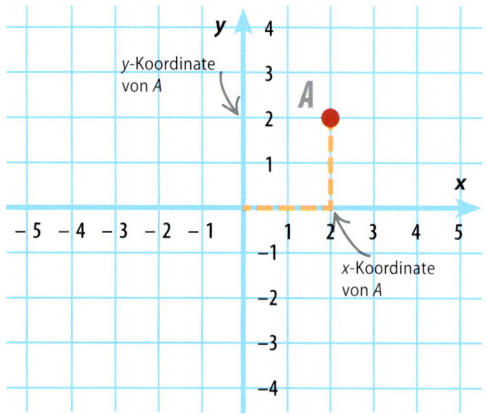

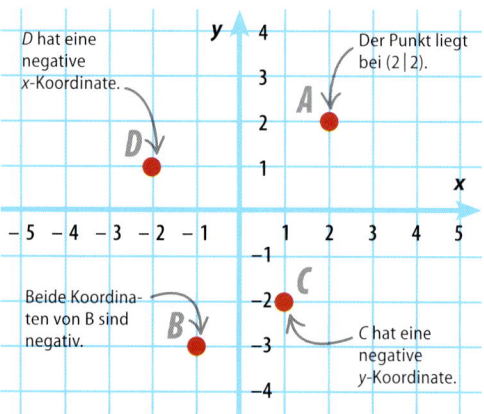

▷ **Um einen Punkt zu zeichnen,** trägt man zunächst seine x-Koordinate entlang der x-Achse ab, indem man vom Ursprung aus nach rechts oder links zählt. Anschließend trägt man die y-Koordinate entsprechend entlang der y-Achse ab.

▷ **Negative Koordinaten werden genauso gehandhabt.** Man muss allerdings nach links (für negative x-Koordinaten) oder nach unten (für negative y-Koordinaten) zählen.

KOORDINATEN 85

Geradengleichung

Geraden, die in einem Koordinatensystem liegen, kann man durch eine Gleichung beschreiben. Beispielsweise gilt für die Gerade, die durch die Gleichung $y = x + 1$ beschreiben wird, dass für jeden ihrer Punkte die y-Koordinate um 1 größer ist als seine x-Koordinate.

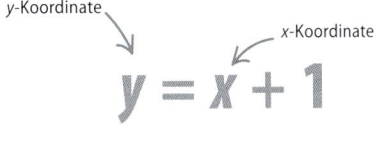

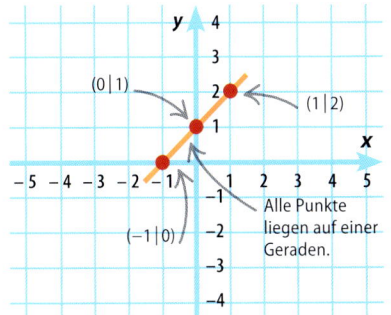

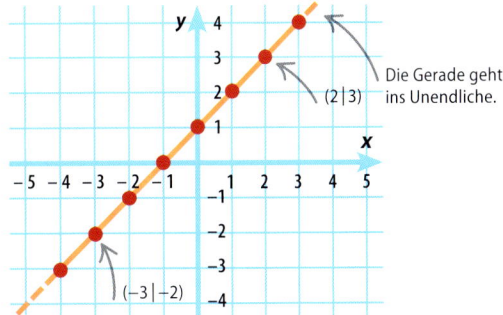

▶ **Man kann mithilfe der Geradengleichung** einige Punkte eintragen (zwei genügen bereits). Man erkennt sofort, wie die Gerade verläuft.

▶ **Auf diesem Graphen liegen nur Punkte,** für die gilt: Die y-Koordinate ist um 1 Einheit größer ist als die x-Koordinate ($y = x + 1$). Man kann mithilfe dieser gezeichneten Geraden weitere Punkte finden, die diese Gleichung erfüllen.

Weltkarte

Koordinaten werden auch verwendet, um Positionen auf der Erdoberfläche zu bestimmen. Dies funktioniert genau wie mit einem gewöhnlichen Koordinatensystem. Als Ursprung nimmt man hier der Punkt, an dem der Nullmeridian und der Äquator sich treffen. Der Nullmeridian wurde so festgelegt, dass er durch die Sternwarte Greenwich (bei London) läuft.

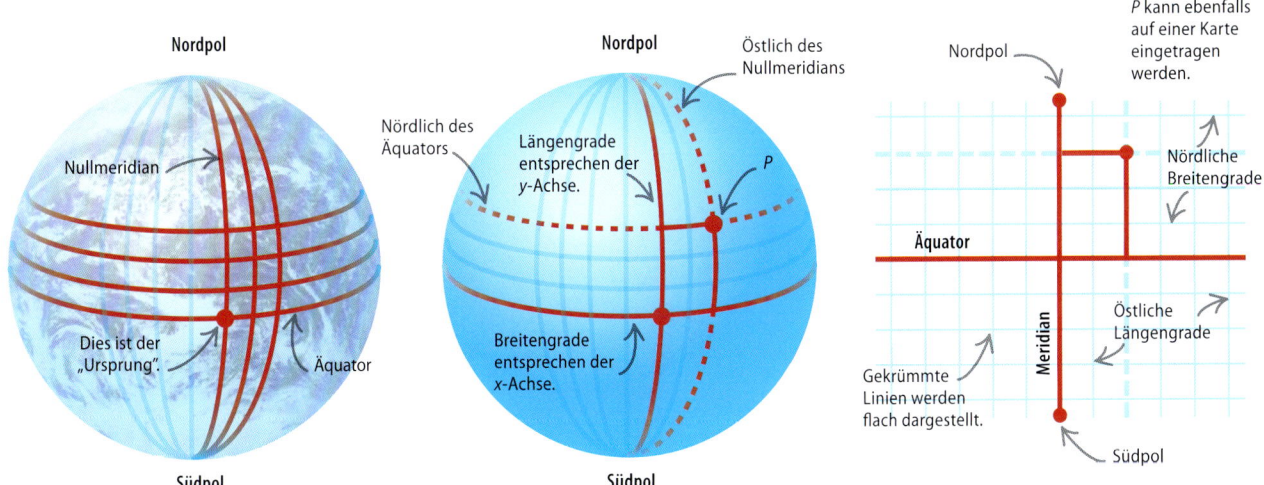

▶ **Längengrade verlaufen vom Nordpol zum Südpol.** Die Breitengrade verlaufen senkrecht dazu. Der Ursprung ist dort, wo der Nullmeridian und der Äquator sich treffen.

▶ **Die Koordinaten eines Punktes** P findet man, indem man abzählt, wie viel Grad östlich oder westlich des Nullmeridians und wie viel Grad nördlich oder südlich des Äquators er liegt.

▶ **So wird die Erdoberfläche** auf einer Karte abgebildet. Äquator und Meridian fungieren wie die Achsen eines Koordinatensystems. Die Längen- und Breitengrade bilden das Gitternetz.

GEOMETRIE

 # Vektoren

EIN VEKTOR HAT EINE GRÖSSE (EINEN BETRAG) UND EINE RICHTUNG.

Ein Vektor wird meist als gerade Linie mit Pfeil dargestellt. Die Länge der Linie zeigt die Größe des Vektors und der Pfeil zeigt die Richtung.

SIEHE AUCH	
‹ 82–85	Koordinaten
Verschiebungen	90–91 ›
Satz des Pythagoras	120–121 ›

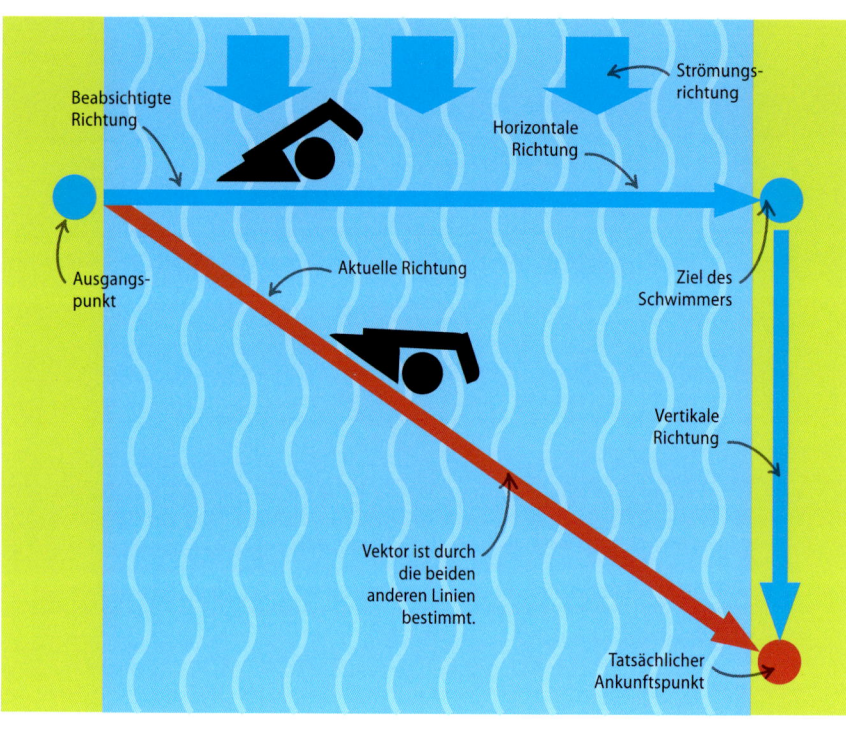

Was ist ein Vektor?
Ein Vektor ist ein Abstand in einer bestimmten Richtung. Häufig verläuft ein Vektor nicht genau horizontal oder vertikal, sondern diagonal. Dann bildet er die Hypotenuse eines rechtwinkligen Dreiecks (S. 120–121). Im Beispiel links ist der Weg des Schwimmers durch einen Vektor eingezeichnet. Die beiden anderen Seiten des Dreiecks entsprechen der Entfernung vom Ausgangspunkt zum anderen Ufer und der Entfernung zwischen dem eigentlichen Ziel des Schwimmers und dem tatsächlichen Ankunftspunkt

◁ **Vektor eines Schwimmers**
Ein Schwimmer möchte einen 30 m breiten Fluss durchschwimmen. Er wird durch die Strömung so abgetrieben, dass er 20 m unterhalb der angestrebten Uferstelle landet. Sein Weg ist ein Vektor mit den Komponenten 30 m nach rechts und 20 m nach unten.

Vektorschreibweisen
Gezeichnet wird ein Vektor als Pfeil mit Spitze. Es gibt weitere Möglichkeiten, Vektoren zu notieren, z. B.:

$\vec{a}$ = Ein Kleinbuchstabe mit Pfeil darüber.

$\vec{AB}$ = Man kann einen Vektor auch durch seinen Start- und seinen Endpunkt benennen. Der Pfeil darüber gibt an, dass es sich um einen Vektor handelt.

$\begin{pmatrix} 6 \\ 4 \end{pmatrix}$ = Ein Vektor wird häufig durch die sog. **Spaltenschreibweise** angegeben: Die obere Zahl gibt die Einheiten in horizontaler Richtung, die untere Zahl gibt die Einheiten in vertikaler Richtung an.

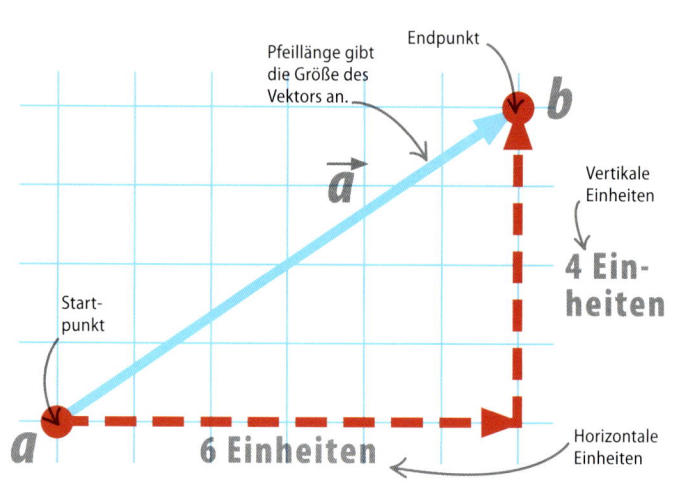

VEKTOREN 87

Die Vektorrichtung ist durch die Komponenten festgelegt

Positive horizontale Komponenten bedeuten „rechtsgerichtet", negative horizontale Komponenten bedeuten „linksgerichtet".
Positive vertikale Komponenten bedeuten „aufwärtsgerichtet", negative vertikale Komponenten bedeuten „abwärtsgerichtet".

▷ **Nach links und oben**
Der Vektor hat eine negative horizontale und eine positive vertikale Komponente.

Negative horizontale Komponente bedeutet „gehe nach links". $\begin{pmatrix} -3 \\ 3 \end{pmatrix}$ Positive vertikale Komponente bedeutet „gehe nach oben".

▷ **Nach links und unten**
Beide Vektorkomponenten sind negativ.

Negative horizontale Komponente bedeutet „gehe nach links". $\begin{pmatrix} -3 \\ -3 \end{pmatrix}$ Negative vertikale Komponente bedeutet „gehe nach unten".

▷ **Nach rechts und oben**
Hier sind beide Komponenten positiv.

Positive horizontale Komponente bedeutet „gehe nach rechts". $\begin{pmatrix} 3 \\ 3 \end{pmatrix}$ Positive vertikale Komponente bedeutet „gehe nach oben".

▷ **Nach rechts und unten**
Der Vektor hat eine positive horizontale und eine negative vertikale Komponente.

Positive horizontale Komponente bedeutet „gehe nach rechts". $\begin{pmatrix} 3 \\ -3 \end{pmatrix}$ Negative vertikale Komponente bedeutet „gehe nach unten".

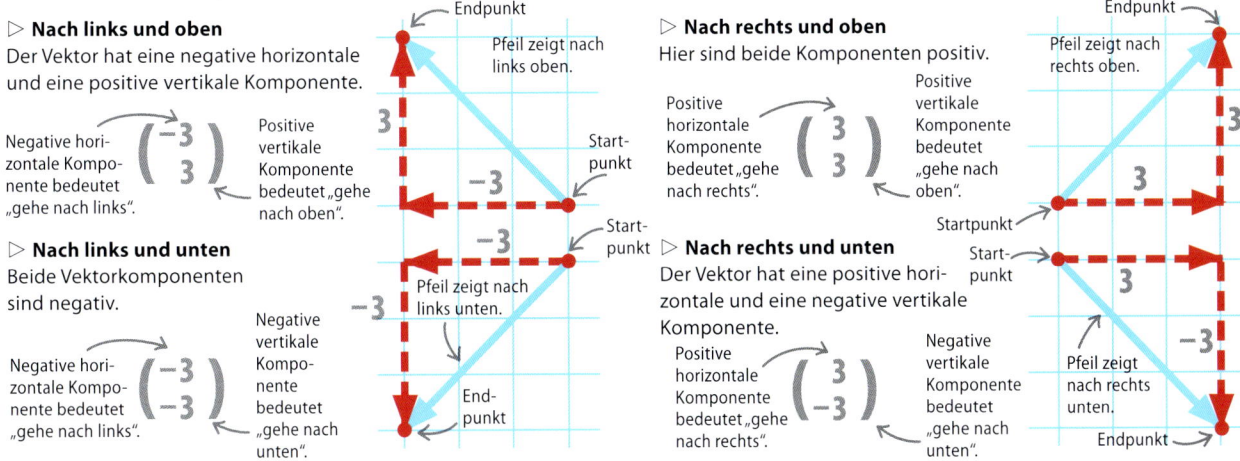

Gleiche Vektoren

Zwei Vektoren sind gleich, wenn Sie dieselbe Richtung und dieselbe Größe haben, sprich: wenn beide Komponenten gleich sind.

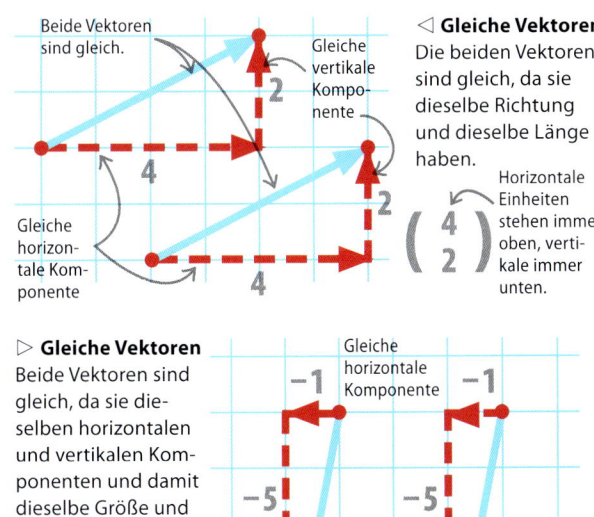

◁ **Gleiche Vektoren**
Die beiden Vektoren sind gleich, da sie dieselbe Richtung und dieselbe Länge haben.

Horizontale Einheiten stehen immer oben, vertikale immer unten. $\begin{pmatrix} 4 \\ 2 \end{pmatrix}$

▷ **Gleiche Vektoren**
Beide Vektoren sind gleich, da sie dieselben horizontalen und vertikalen Komponenten und damit dieselbe Größe und dieselbe Richtung haben.

$\begin{pmatrix} -1 \\ -5 \end{pmatrix}$ ← Spaltenschreibweise des Vektors

Größe eines Vektors

Ein diagonaler Vektor ist immer die längste Seite (Hypotenuse c) eines rechtwinkligen Dreiecks. Mithilfe des Satzes von Pythagoras kann man die Länge dieser Seite aus den anderen beiden Seitenlängen (a und b) bestimmen.

Der Vektor bildet die längste Seite eines rechtwinkligen Dreiecks.

Satz des Pythagoras

$$a^2 + b^2 = c^2$$

$$3^2 + (-6)^2 = c^2$$

$3^2 = 3 \cdot 3 = 9$ $(-6)^2 = (-6) \cdot (-6) = 36$

$$9 + 36 = c^2$$

Vektorlänge zum Quadrat

$$45 = c^2$$

Wurzel aus 45

c ist die Länge des Vektors. → $c = \sqrt{45}$

Ungefähre Vektorlänge

$c \approx 6{,}7$

Setze horizontale und vertikale Komponenten des Vektors in die Formel ein.

▽

Berechne jeweils das Quadrat der einzelnen Komponenten.

▽

Addiere beide Ergebnisse. Die Summe ergibt c^2 (Vektor zum Quadrat).

▽

Berechne die Wurzel aus dieser Summe (45) mithilfe des Taschenrechners.

▽

Als Lösung erhält man die gesuchte Vektorlänge.

Vektoraddition und Vektorsubtraktion

Zwei Vektoren werden addiert, indem man die horizontalen Komponenten und die vertikalen Komponenten jeweils zueinander addiert. Zeichnerisch setzt man den zweiten Vektor an das Ende des ersten Vektors.

▷ **Addition**
Man kann Vektoren zeichnerisch sowie rechnerisch addieren. Das Ergebnis ist dasselbe.

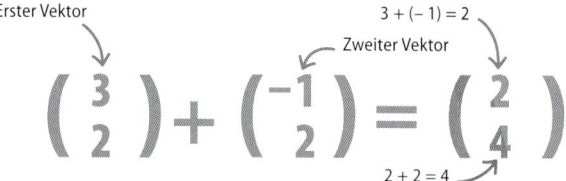

△ **Komponentenweise Addition**
Rechnerisch addiert man Vektoren, indem man zuerst die beiden oberen Zahlen (die horizontalen Komponenten) und dann die beiden unteren Zahlen (die vertikalen Komponenten) addiert.

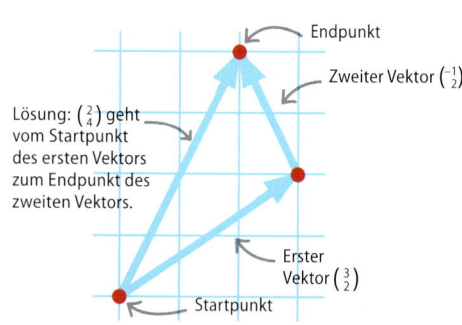

△ **Zeichnerische Addition**
Zeichne den ersten Vektor, dann zeichne den zweiten Vektor an den Endpunkt des ersten Vektors. Der Gesamtvektor geht vom Startpunkt des ersten Vektors zum Endpunkt des zweiten.

▷ **Subtraktion**
Man kann Vektoren zeichnerisch und rechnerisch subtrahieren. Das Ergebnis ist dasselbe.

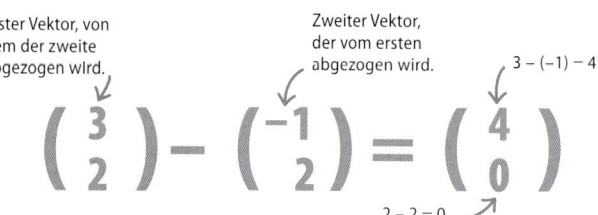

△ **Komponentenweise Subtraktion**
Rechnerisch subtrahiert man einen Vektor von einem anderen, indem man zuerst die horizontale Komponente des zweiten Vektors von der des ersten abzieht und anschließend die vertikale Komponente des zweiten Vektors von der des ersten abzieht.

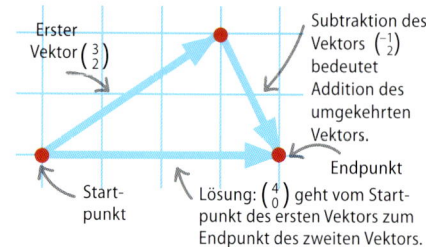

△ **Zeichnerische Subtraktion**
Zeichne den umgekehrten zweiten Vektor an den Endpunkt des ersten. Der Gesamtvektor geht vom Startpunkt des ersten Vektors zum Ende des zweiten.

Multiplikation eines Vektors mit einer Zahl

Ein Vektor kann mit einer Zahl multipliziert werden, indem man seine beiden Komponenten einzeln mit der Zahl multipliziert.

▽ **Vektor $\vec{a}$**
Vektor $\vec{a}$ hat −4 horizontale und +2 vertikale Einheiten. Er kann zeichnerisch oder in der Spaltenschreibweise dargestellt werden.

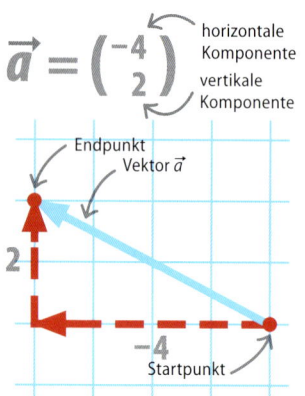

▽ **Vektor $\vec{a}$ mit 2 multiplizieren**
Um den Vektor $\vec{a}$ mit 2 zu multiplizieren, multipliziert man jede seiner Komponenten mit 2. Zeichnerisch wird der ursprüngliche Vektor einfach noch einmal angehängt.

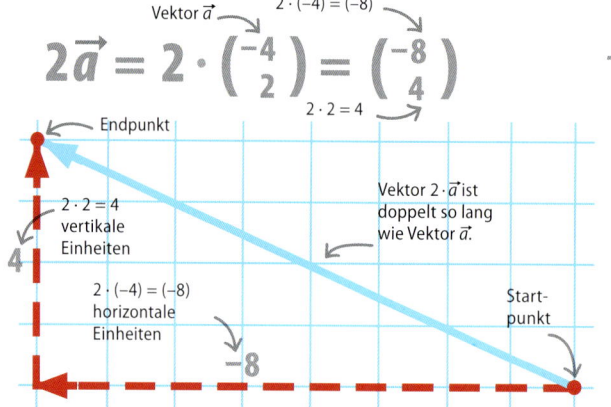

▽ **Vektor $\vec{a}$ mit $-\frac{1}{2}$ multiplizieren**
Um den Vektor $\vec{a}$ mit $-\frac{1}{2}$ zu multiplizieren, multipliziert man jede seiner Komponenten mit $-\frac{1}{2}$. Zeichnerisch wird der Vektor in halber Länge und umgekehrter Richtung zu a dargestellt.

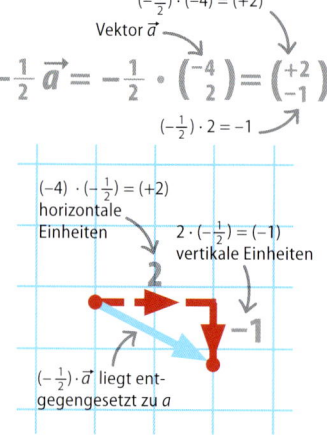

Vektoren in der Geometrie

Vektoren können für geometrische Beweise eingesetzt werden. Im Beispiel wird die Behauptung überprüft, dass die Verbindungsstrecke der Mittelpunkte zweier beliebiger Dreiecksseiten parallel zur dritten Dreiecksseite und halb so lang wie diese ist.

▷ **Zuerst wähle zwei Seiten** des Dreiecks ABC aus, im Beispiel seien dies $\overline{AB}$ und $\overline{AC}$. Alle drei Seiten des Dreiecks kann man sich als Vektoren vorstellen: $\vec{AB} = \vec{a}$; $\vec{AC} = \vec{b}$. $\vec{BA}$ entspricht damit dem Vektor $-\vec{a}$, da er entgegengesetzt zu $\vec{AB}$ ist, und $\vec{AC}$ entspricht dem Vektor $\vec{b}$. Damit ist der Vektor $\vec{BC}$ gleich $-\vec{a} + \vec{b}$.

▷ **Bestimme dann die Mittelpunkte** der beiden ausgewählten Seiten ($\overline{AB}$ und $\overline{AC}$). Der Mittelpunkt von $\overline{AB}$ sei P, der Mittelpunkt von $\overline{AC}$ sei Q. Damit entstehen drei neue Vektoren: $\vec{AP}$, $\vec{AQ}$ und $\vec{PQ}$. $\vec{AP}$ ist halb so lang wie Vektor $\vec{a}$ und $\vec{AQ}$ ist halb so lang wie Vektor $\vec{b}$.

$$\vec{AP} = \tfrac{1}{2} \vec{AB} = \tfrac{1}{2} \vec{a}$$

$$\vec{AQ} = \tfrac{1}{2} \vec{AC} = \tfrac{1}{2} \vec{b}$$

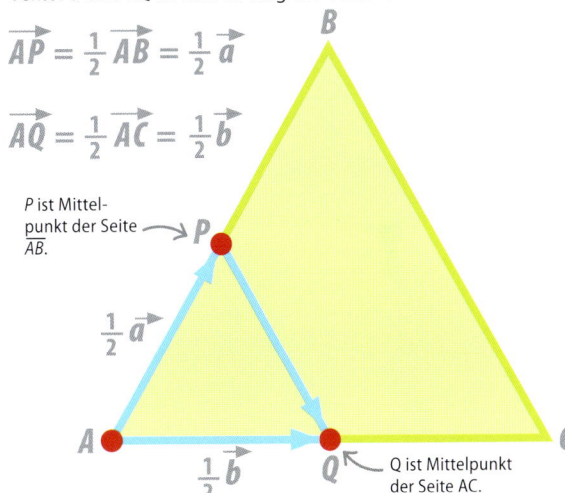

▷ **Mithilfe der Vektoren** $\tfrac{1}{2}\vec{a}$ und $\tfrac{1}{2}\vec{b}$ berechne die Länge von $\vec{PQ}$: Von P nach Q gelangt man über $\vec{PA}$ und $\vec{AQ}$. $\vec{PA}$ ist entgegengesetzt zu $\vec{AP}$ und damit gilt $\vec{PA} = -\tfrac{1}{2}\vec{a}$. $\vec{AQ} = \tfrac{1}{2}\vec{b}$. Damit gilt: $\vec{PQ} = -\tfrac{1}{2}\vec{a} + \tfrac{1}{2}\vec{b}$.

▷ **Nun der Beweis.** Die Vektoren $\vec{PQ}$ und $\vec{BC}$ haben dieselbe Richtung und sind damit parallel zueinander. Damit ist die Strecke $\overline{PQ}$ (die die Mittelpunkte der Strecken $\overline{AB}$ und $\overline{AC}$ verbindet) parallel zur Strecke $\overline{BC}$. Da Vektor $\vec{PQ}$ halb so lang ist wie Vektor $\vec{BC}$, ist auch die Strecke $\overline{PQ}$ halb so lang wie die Strecke $\overline{BC}$.

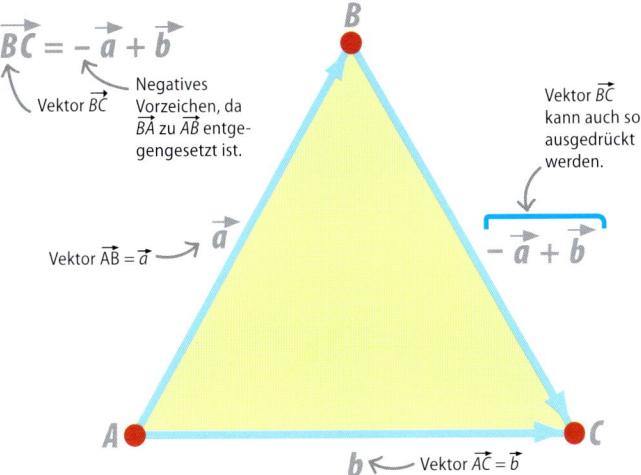

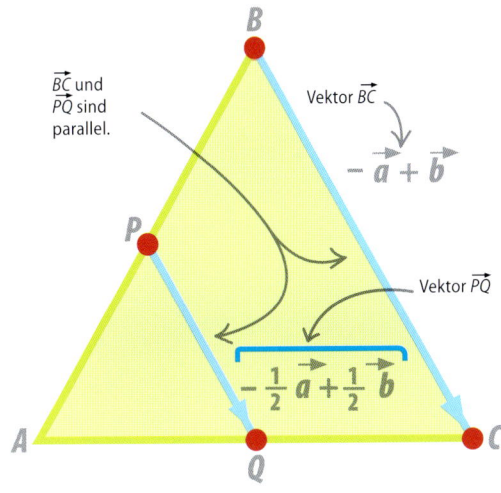

Verschiebungen

EINE VERSCHIEBUNG (TRANSLATION) ÄNDERT DIE POSITION EINER FIGUR.

Bei einer Verschiebung wird eine Figur um eine vorgegebene Länge in eine vorgegebene Richtung verschoben. Die verschobene Figur heißt Bild und hat exakt dieselbe Größe und Form wie die Ausgangsfigur. Verschiebungen werden durch Vektoren beschrieben. Man spricht auch von Parallelverschiebungen.

SIEHE AUCH	
‹ 82–85	Koordinaten
‹ 86–89	Vektoren
Drehungen	92–93 ›
Spiegelungen	94–95 ›
Zentrische Streckung	96–97 ›

Verschieben – so geht's:

Eine Verschiebung verändert lediglich die Position einer Figur, weder Form noch Größe werden dabei verändert. Im Beispiel wird das Dreieck ABC verschoben, sein Bild ist das Dreieck $A_1B_1C_1$. Diese Verschiebung heißt v_1. Das Dreieck $A_1B_1C_1$ wird erneut verschoben, sein Bild ist das Dreieck $A_2B_2C_2$. Diese zweite Verschiebung heißt v_2.

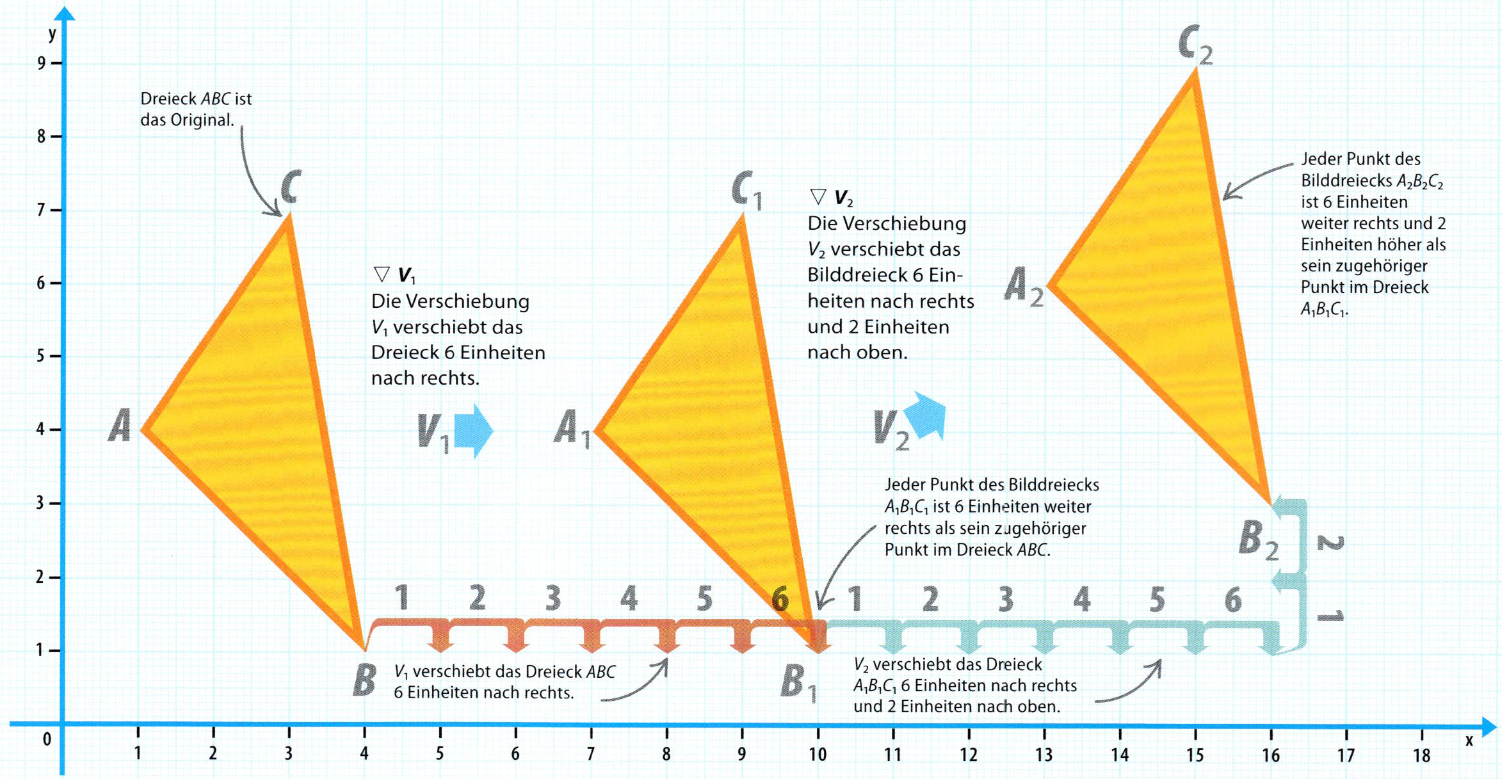

Dreieck ABC ist das Original.

▽ v_1
Die Verschiebung v_1 verschiebt das Dreieck 6 Einheiten nach rechts.

▽ v_2
Die Verschiebung v_2 verschiebt das Bilddreieck 6 Einheiten nach rechts und 2 Einheiten nach oben.

Jeder Punkt des Bilddreiecks $A_1B_1C_1$ ist 6 Einheiten weiter rechts als sein zugehöriger Punkt im Dreieck ABC.

Jeder Punkt des Bilddreiecks $A_2B_2C_2$ ist 6 Einheiten weiter rechts und 2 Einheiten höher als sein zugehöriger Punkt im Dreieck $A_1B_1C_1$.

v_1 verschiebt das Dreieck ABC 6 Einheiten nach rechts.

v_2 verschiebt das Dreieck $A_1B_1C_1$ 6 Einheiten nach rechts und 2 Einheiten nach oben.

So notiert man Verschiebungen

Verschiebungen werden als Vektoren notiert. Die obere Zahl gibt die Verschiebung in horizontale Richtung, die untere Zahl die Verschiebung in vertikale Richtung an. Die beiden Zahlen stehen in Klammern. Man kann Verschiebungen unterschiedlich benennen – beispielsweise V_1, V_2, V_3 –, um zu verdeutlichen, um die wievielte von mehreren Verschiebungen es sich handelt. Oft wird eine Verschiebung als Vektor $\vec{AB}$ notiert.

Die kleine Zahl gibt an, die wievielte Verschiebung dies ist.

$$V_1 = \begin{pmatrix} 6 \\ 0 \end{pmatrix}$$

Horizontale Verschiebung — Verschiebungsvektor — Vertikale Verschiebung

△ Verschiebung V_1
Um Dreieck ABC in Dreieck $A_1B_1C_1$ überzuführen, muss jeder Punkt 6 Einheiten nach rechts verschoben werden. In vertikale Richtung wird hier nicht verschoben. Den Verschiebungsvektor schreibt man wie oben zu sehen.

Die kleine Zahl gibt an, die wievielte Verschiebung dies ist.

$$V_2 = \begin{pmatrix} 6 \\ 2 \end{pmatrix}$$

Horizontale Verschiebung — Vertikale Verschiebung

△ Verschiebung V_2
Um Dreieck $A_1B_1C_1$ in Dreieck $A_2B_2C_2$ überzuführen, muss jeder Punkt 6 Einheiten in horizontale Richtung und 2 Einheiten in vertikale Richtung verschoben werden.

Verschiebungsrichtung

Ist die obere Zahl im Verschiebungsvektor positiv, wird nach rechts verschoben, ist sie negativ, wird nach links verschoben. Ist die untere Zahl positiv, wird nach oben verschoben, ist sie negativ, wird nach unten verschoben.

▽ Negative Verschiebung
Rechteck $ABCD$ wird nach unten und links verschoben. Die Werte im Verschiebungsvektor sind negativ.

Verschiebungsfaktor

$$V_1 = \begin{pmatrix} -3 \\ -1 \end{pmatrix}$$

Horizontale Richtung (nach links) — Vertikale Richtung (nach unten)

▽ Verschiebung V_1
Die Verschiebung V_1 überführt das Viereck $ABCD$ in das Viereck $A_1B_1C_1D_1$. Dies wird durch einen Vektor mit zwei negativen Komponenten beschrieben.

GENAU HINGESCHAUT
Parkettierungen

Eine Parkettierung ist eine lückenlose und überlappungsfreie Überdeckung der Ebene mit gleichförmigen Teilflächen. Bereits durch sechs unterschiedliche Verschiebungen kann man beispielsweise mit einem gleichmäßigen Sechseck eine solche lückenlose Überdeckung der Ebene erzielen. Für das Quadrat benötigt man insgesamt acht unterschiedliche Verschiebungen für eine Parkettierung der Ebene.

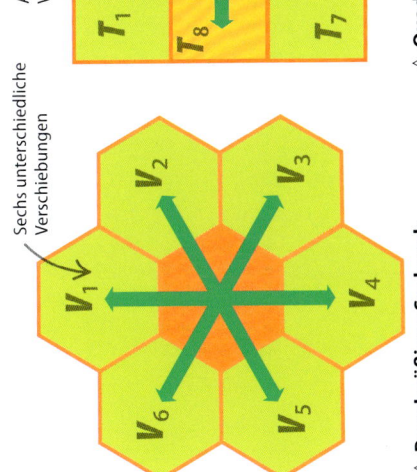

Sechs unterschiedliche Verschiebungen

△ Regelmäßiges Sechseck
Jedes der äußeren Sechsecke ist durch Verschiebung aus dem inneren hervorgegangen. Die Parkettierung der gesamten Ebene kann so fortgeführt werden.

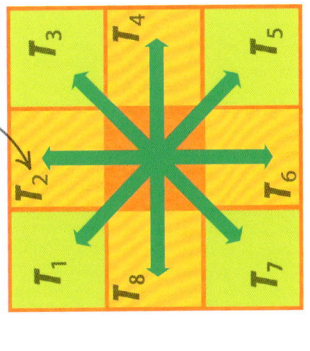

Acht unterschiedliche Verschiebungen

△ Quadrat
Jedes der äußeren Quadrate ist durch Verschiebung aus dem inneren hervorgegangen. Eine Parkettierung der Ebene kann so fortgesetzt werden.

Drehungen

EINE DREHUNG IST EINE ABBILDUNG, BEI DER EIN GEOMETRISCHES OBJEKT UM EINEN BESTIMMTEN PUNKT GEDREHT WIRD.

SIEHE AUCH	
‹ 76–77	Winkel
‹ 80–81	Symmetrien
‹ 82–85	Koordinaten
‹ 90–91	Verschiebungen
Spiegelungen	94–95 ›
Zentrische Streckung	96–97 ›
Konstruktionen mit Zirkel und Lineal	102–105 ›

Der Punkt, um den das Objekt gedreht wird, heißt Drehzentrum, der Drehwinkel gibt an, wie weit das Objekt entgegen dem Uhrzeigersinn gedreht wird.

Eigenschaften einer Drehung

Eine Drehung ist durch das Drehzentrum und den Drehwinkel eindeutig festgelegt. Gedreht wird immer entgegen dem Uhreigersinn – also links herum. Originalpunkt und zugehöriger Bildpunkt sind gleichweit vom Drehzentrum entfernt. Das Drehzentrum kann sowohl innerhalb der Figur als auch außerhalb der Figur liegen. Eine Drehung wird mithilfe von Geodreieck, Lineal und Zirkel konstruiert. Mithilfe dieser drei Werkzeuge kann man auch das Drehzentrum einer gegebenen Drehung bestimmen.

▷ **Drehung um einen Punkt**
Das Rechteck wird um einen Punkt außerhalb der Figur selbst gedreht. Bei einem Drehwinkel von 360° wird es wieder exakt auf seine Ausgangsposition abgebildet.

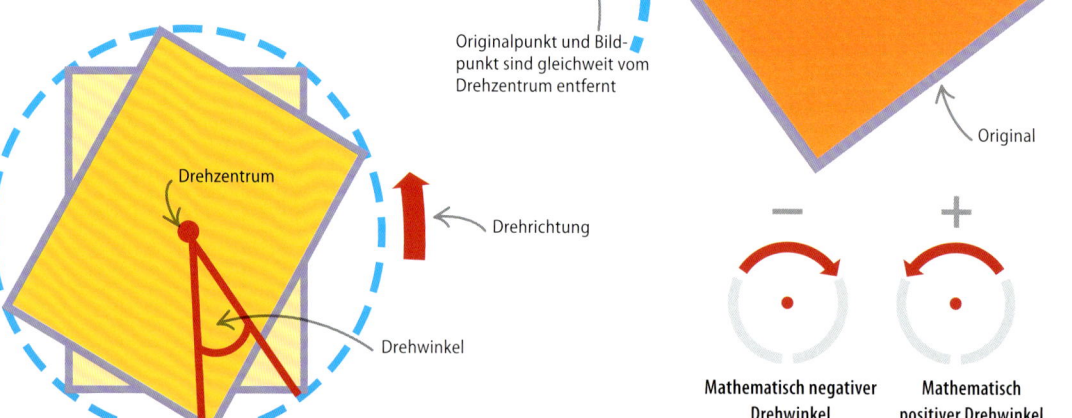

△ **Drehzentrum liegt im Inneren des Objekts**
Ein Objekt kann um ein Drehzentrum in seinem Inneren gedreht werden. Dieses Rechteck kommt nach einer Drehung um 180° wieder mit sich selbst zur Deckung.

△ **Drehwinkel**
Der Drehwinkel kann positiv oder negativ sein. Die Drehung entgegen dem Uhrzeigersinn heißt mathematisch positiv, die im Uhrzeigersinn mathematisch negativ. Normalerweise dreht man **entgegen dem Uhrzeigersinn**.

DREHUNGEN

Konstruktion einer Drehung

Für eine Drehung braucht man: das zu drehende Objekt, das Drehzentrum, und die Größe des Drehwinkels.

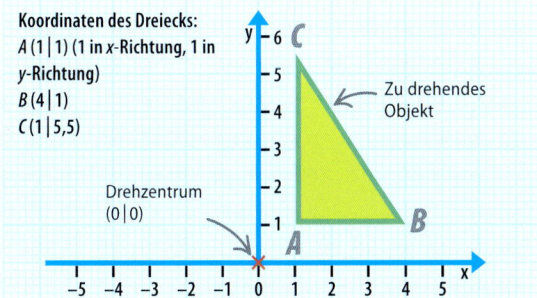

Drehzentrum und Dreieck ABC sind bekannt (Koordinaten siehe oben). Der Drehwinkel beträgt 90°, das heißt, dass entgegen dem Uhrzeigersinn gedreht wird. Das Bild des Dreiecks liegt daher links der y-Achse.

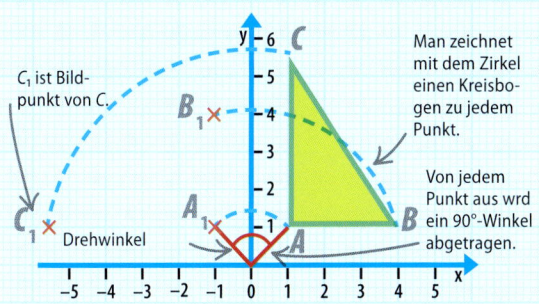

Stich mit dem Zirkel in das Drehzentrum und ziehe von jedem der Punkte A, B und C einen Kreisbogen um das Drehzentrum. Trage anschließend von jedem Punkt des Originals aus einen 90°-Winkel ab; Scheitel des Winkels ist das Drehzentrum. Der Bildpunkt liegt jeweils dort, wo sich Kreisbogen und Winkelschenkel treffen.

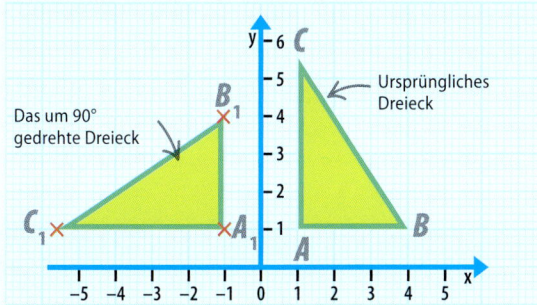

Markiere die Bildpunkte A_1, B_1 und C_1. Verbinde A_1 mit C_1 sowie mit B_1 und verbinde B_1 und C_1. Jeder Bildpunkt wurde um 90° entgegen dem Uhrzeigersinn um das Drehzentrum gedreht.

Drehzentrum und Drehwinkel bestimmen

Hier sind ein Objekt (Dreieck ABC) und sein Bild gegeben.

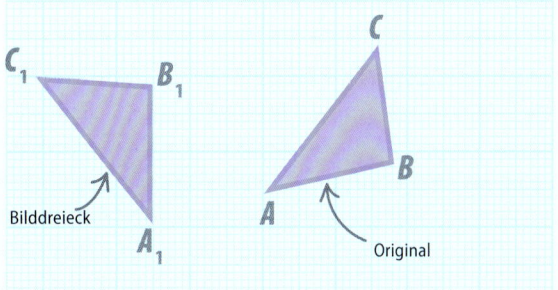

Das Dreieck $A_1B_1C_1$ ist das Bild des Dreiecks ABC, das durch eine Drehung entstanden ist. Drehzentrum und Drehwinkel können mithilfe der Mittelsenkrechten (S. 102–103) der Verbindundslinien zwischen dem jeweiligen Originalpunkt und dem zugehörigen Bildpunkt bestimmt werden.

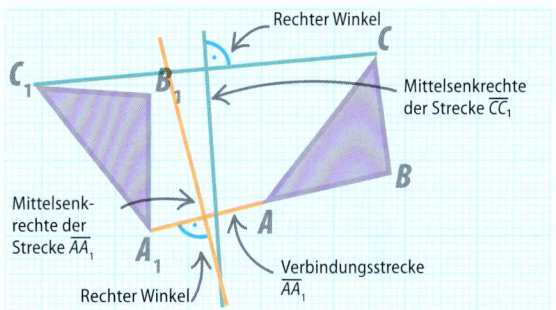

Mit Zirkel und Lineal werden die Mittelsenkrechten der Verbindungsstrecken zwischen A und A_1 sowie C und C_1 oder B und B_1 konstruiert. Diese Mittelsenkrechten schneiden sich in einem Punkt.

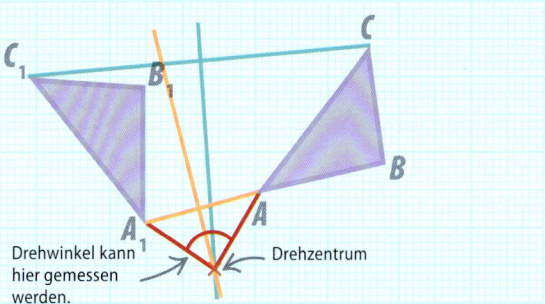

Das Drehzentrum ist genau dort, wo sich die Mittelsenkrechten der Verbindungslinien zwischen Bild- und Originalpunkten schneiden. Um den Drehwinkel zu bestimmen, verbindet man z. B. A und A_1 mit dem Drehzentrum und misst den Winkel.

Spiegelungen

BEI EINER ACHSENSPIEGELUNG WIRD EINE FIGUR ENTLANG EINER SPIEGELACHSE IN EINE DECKUNGSGLEICHE SPIEGELBILDLICHE FIGUR ÜBERFÜHRT.

SIEHE AUCH	
‹ 80–81	Symmetrien
‹ 82–85	Koordinaten
‹ 90–91	Verschiebungen
‹ 92–93	Drehungen
Zentrische Streckung 96–97 ›	

Eigenschaften von Spiegelungen

Ein Originalpunkt (beispielsweise A) und der entsprechende Bildpunkt (beispielsweise A_1) liegen immer auf der jeweils anderen Seite der Spiegelachse und sind gleichweit von ihr entfernt. Die Punkte der Spiegelachse werden auf sich selbst abgebildet.

Punkt und Bildpunkt sind gleichweit von der Spiegelachse entfernt.

Punkt D hat den Spiegelpunkt D_1.

▽ **Gespiegelter Berg**
Entlang der Berglinie sind die Punkte A, B, C, D, und E markiert. Das gespiegelte Bild enthält die Bildpunkte A_1, B_1, C_1, D_1, und E_1.

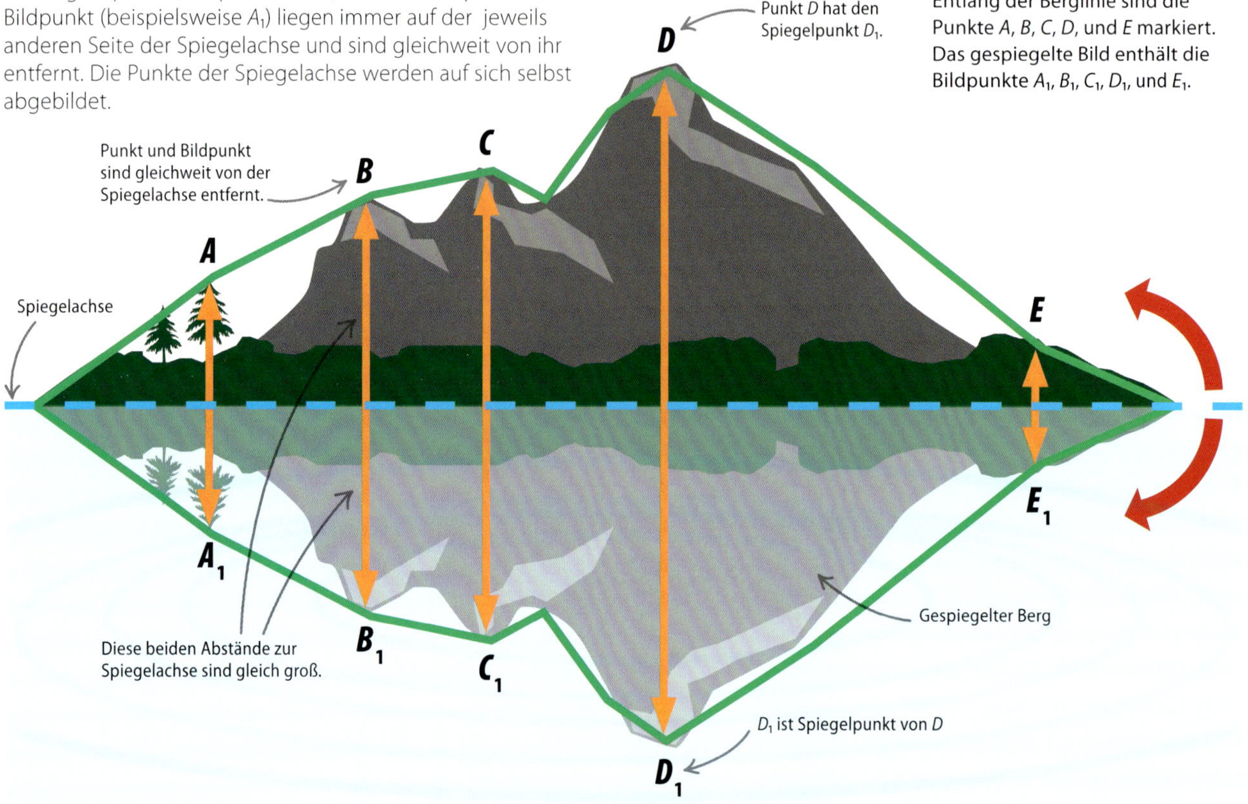

Spiegelachse

Diese beiden Abstände zur Spiegelachse sind gleich groß.

Gespiegelter Berg

D_1 ist Spiegelpunkt von D

GENAU HINGESCHAUT
Kaleidoskope

Ein Kaleidoskop bildet Muster mithilfe von zwei oder mehr Spiegeln und farbigen Glassteinchen. Die Muster entstehen aufgrund der Mehrfachspiegelungen.

Zwei Spiegel

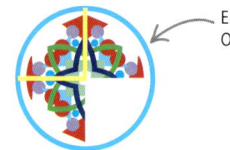

Eine Spiegelung der Originalsteinchen

Letzte Spiegelung, die das Muster vervollständigt.

▷ **Ein einfaches Keleidoskop** besteht aus zwei zueinander rechtwinkligen (90°) Spiegeln und bunten Glassteinchen.

▷ **Die Glassteinchen werden** in den Spiegeln reflektiert und es entsteht je ein Bild auf jeder Seite.

▷ **Jede der beiden Spiegelungen** wird erneut reflektiert, ein weiteres Bild entsteht.

Achsenspiegelung eines Dreiecks ABC konstruieren

Die Spiegelung einer Figur – beispielsweise des Dreiecks *ABC* – ist bereits durch die Angabe einer Spiegelachse eindeutig festgelegt. Jeder Bildpunkt hat dieselbe Entfernung zur Spiegelachse wie sein Originalpunkt. Hier wird die Spiegelung des Dreiecks *ABC* an der Achse $y = x$ (das bedeutet, dass für jeden Punkt der Spiegelachse die *x*-Koordinate gleich seiner *y*-Koordinate ist) konstruiert.

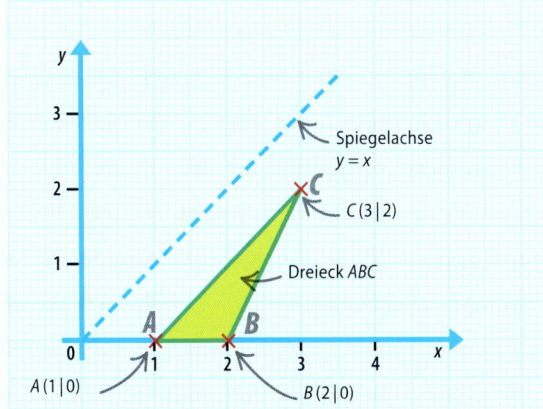

▶ **Zeichne zuerst die Spiegelachse**: Die Gerade $y = x$ geht durch die Punkte (0|0), (1|1), (2|2), (3|3) usw. Zeichne das Original-Dreick *ABC* mit den Koordinaten (1|0), (2|0) und (3|2). (In jedem Koordinatenpaar gibt die erste Zahl den *x*-Wert an, die zweite den *y*-Wert.)

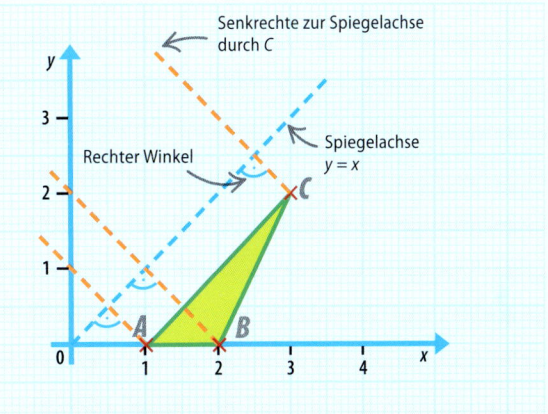

▶ **Zeichne dann** – beispielsweise mithilfe des Geodreiecks – von jedem Eckpunkt des Dreiecks *ABC* aus eine zur Spiegelachse senkrechte (90°) Gerade.

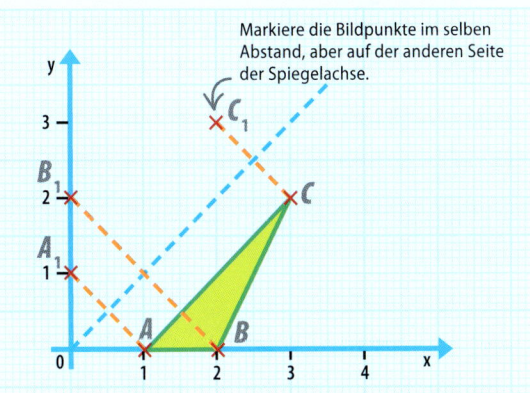

▶ **Miss den Abstand jedes der Punkte** *A*, *B* und *C* zur Spiegelachse. Markiere auf jeder der drei im vorigen Schritt gezeichneten Geraden die Bildpunkte im selben Abstand auf der anderen Seite der Spiegelachse. Benenne die Bildpunkte entsprechend ihren Originalpunkten, versehen mit einem kleinen Index, beispielsweise A_1.

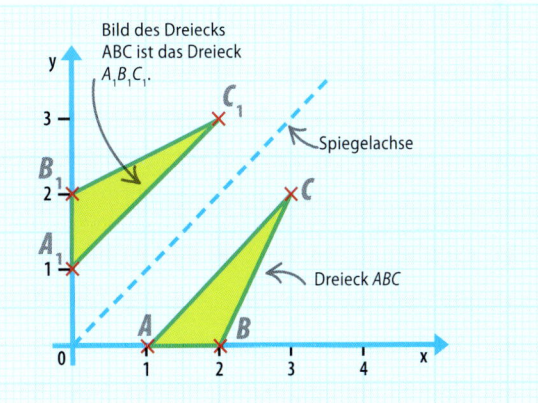

▶ **Verbinde schließlich** A_1, B_1 und C_1, um das Bilddreieck zu vervollständigen. Nun hat **jeder** Punkt des Originaldreicks einen Bildpunkt, der genauso weit von der Spiegelachse entfernt ist wie er selbst.

 Zentrische Streckung

EINE ZENTRISCHE STRECKUNG IST EINE ABBILDUNG, DIE EINE FIGUR IN EINE ÄHNLICHE FIGUR ÜBERFÜHRT.

Eine ähnliche Figur hat dieselbe Form wie die Ausgangsfigur, aber nicht unbedingt dieselbe Größe. Eine zentrische Streckung wird durch ein Streckungszentrum Z und einen Streckungsfaktor k festgelegt. Der Streckungsfaktor gibt an, wie stark vergrößert oder verkleinert wird.

SIEHE AUCH	
‹48–51	Verhältnis und Proportion
‹90–91	Verschiebungen
‹92–93	Drehungen
‹94–95	Spiegelungen

Eigenschaften der zentrischen Streckung

Bei einer zentrischen Streckung mit dem Streckungsfaktor k stehen die einander entsprechenden Seiten der Bildfigur und der Originalfigur im Verhältnis k zueinander: $\overline{A_1B_1} = k \cdot \overline{AB}$. Ist der Streckungsfaktor k beispielsweise gleich 5 ($k = 5$), ist jede Seite der Bildfigur 5-mal so lang wie die entsprechende Seite der Originalfigur.

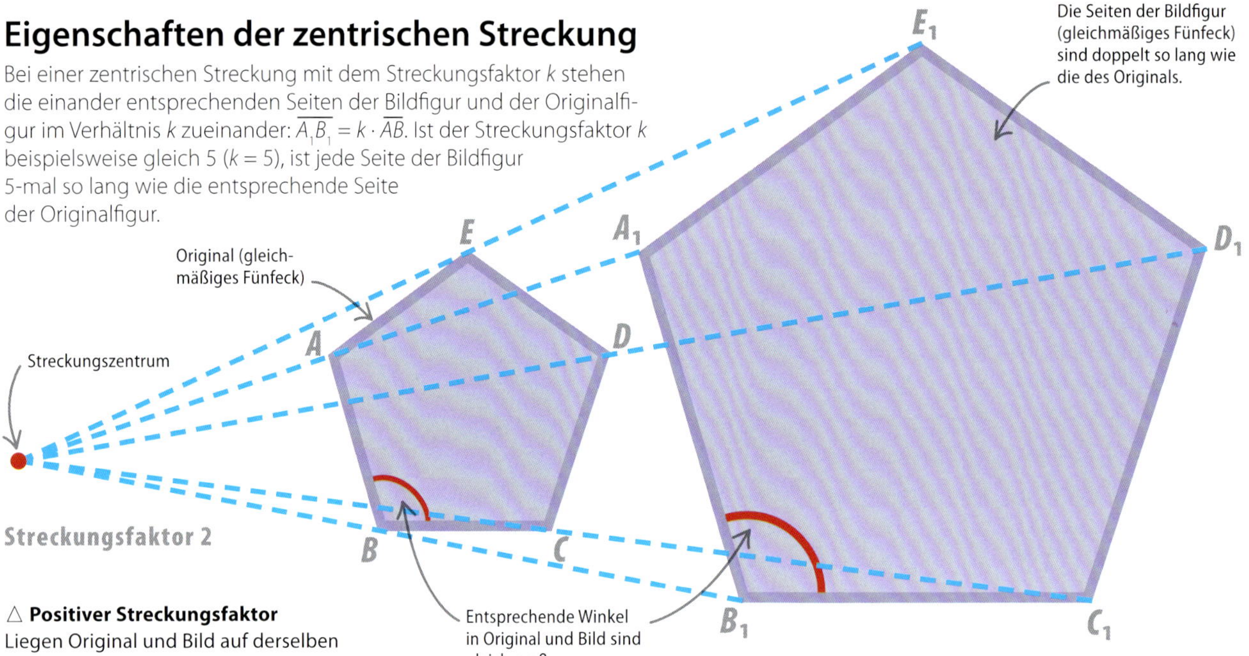

Die Seiten der Bildfigur (gleichmäßiges Fünfeck) sind doppelt so lang wie die des Originals.

Original (gleichmäßiges Fünfeck)

Streckungszentrum

Streckungsfaktor 2

△ **Positiver Streckungsfaktor**
Liegen Original und Bild auf derselben Seite des Streckungszentrums, ist der Streckungsfaktor positiv, hier +2.

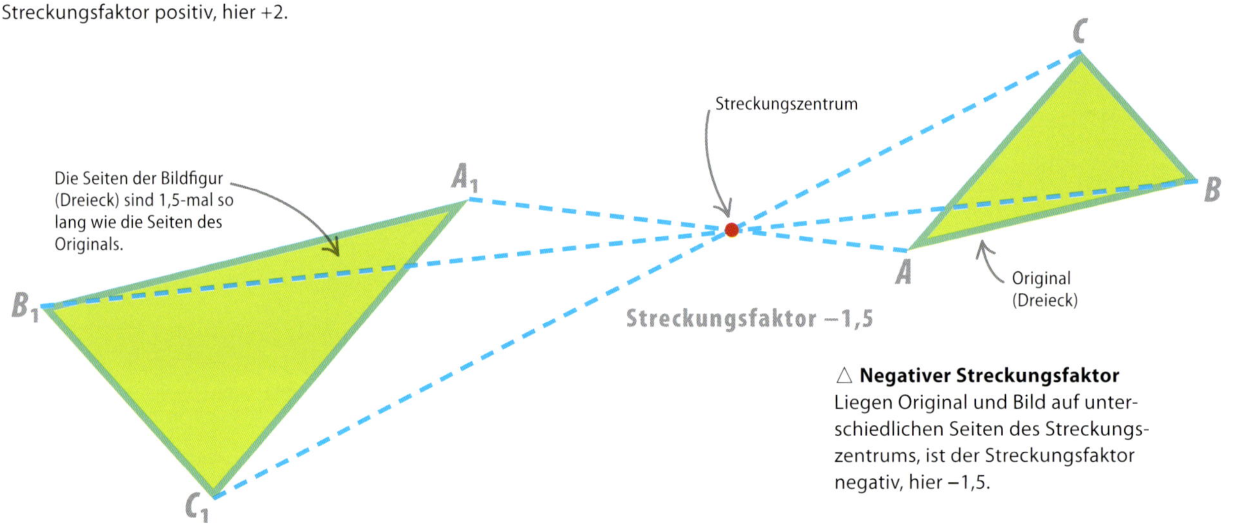

Entsprechende Winkel in Original und Bild sind gleich groß.

Die Seiten der Bildfigur (Dreieck) sind 1,5-mal so lang wie die Seiten des Originals.

Streckungszentrum

Original (Dreieck)

Streckungsfaktor −1,5

△ **Negativer Streckungsfaktor**
Liegen Original und Bild auf unterschiedlichen Seiten des Streckungszentrums, ist der Streckungsfaktor negativ, hier −1,5.

ZENTRISCHE STRECKUNG

Konstruktion einer zentrischen Streckung

Am besten zeichnet man auf kariertem Papier oder Millimeterpapier in ein Koordinatensystem. Im Beispiel wird das Viereck ABCD vergrößert. Streckungszentrum ist der Ursprung (0|0), Streckungsfaktor k ist gleich 2,5.

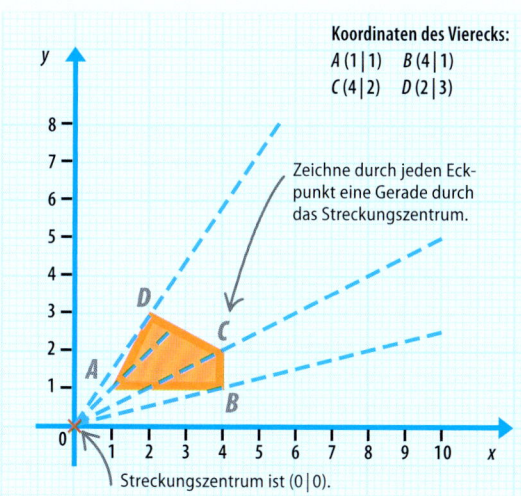

Koordinaten des Vierecks:
$A(1|1)$ $B(4|1)$
$C(4|2)$ $D(2|3)$

Zeichne durch jeden Eckpunkt eine Gerade durch das Streckungszentrum.

Streckungszentrum ist (0|0).

Zeichne das Viereck ABCD mithilfe der gegebenen Koordinaten. Ziehe durch jeden der Eckpunkte des Vierecks eine Gerade durch das Streckungszentrum.

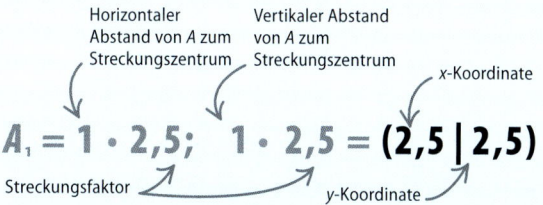

Horizontaler Abstand von A zum Streckungszentrum / Vertikaler Abstand von A zum Streckungszentrum / x-Koordinate

$A_1 = 1 \cdot 2{,}5; \quad 1 \cdot 2{,}5 = (2{,}5 \,|\, 2{,}5)$

Streckungsfaktor / y-Koordinate

Dasselbe Prinzip wird auf die anderen Punkte angewandt, um deren x- und y-Koordinaten zu bestimmen:

$B_1 = 4 \cdot 2{,}5; \quad 1 \cdot 2{,}5 = (10 \,|\, 2{,}5)$

$C_1 = 4 \cdot 2{,}5; \quad 2 \cdot 2{,}5 = (10 \,|\, 5)$

$D_1 = 2 \cdot 2{,}5; \quad 3 \cdot 2{,}5 = (5 \,|\, 7{,}5)$

Berechne anschließend die Koordinaten von A_1, B_1, C_1, und D_1 durch Multiplikation der horizontalen und vertikalen Koordinaten jedes einzelnen Punktes mit dem Streckungsfaktor $k = 2{,}5$.

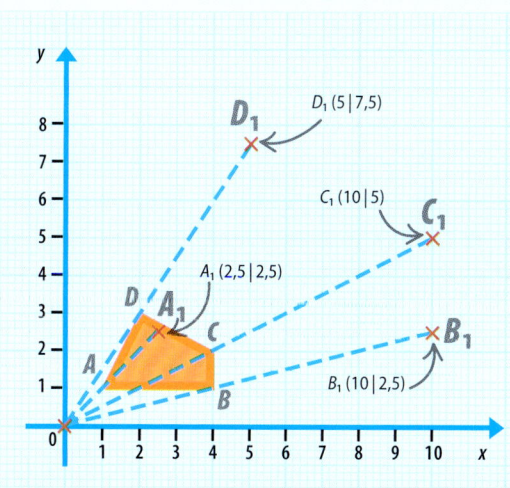

Zeichne die Bildpunkte: Beispielsweise B_1 (10|2,5) und C_1 (10|5). Markiere die Punkte und benenne sie mit A_1, B_1, C_1, und D_1.

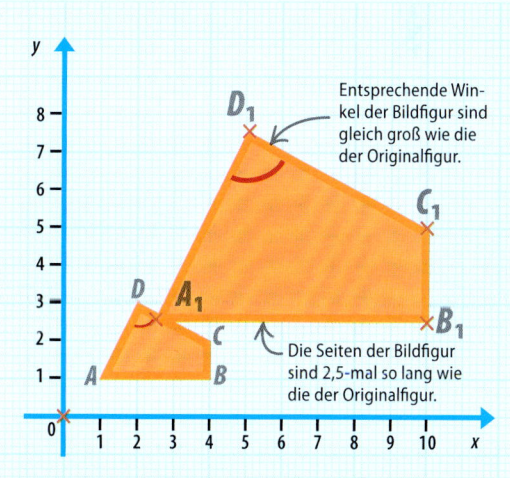

Entsprechende Winkel der Bildfigur sind gleich groß wie die der Originalfigur.

Die Seiten der Bildfigur sind 2,5-mal so lang wie die der Originalfigur.

Verbinde die Bildpunkte zu dem vergrößerten Viereck. Alle Seiten der Bildfigur sind 2,5-mal so groß wie die entsprechenden Seiten der Originalfigur, entsprechende Winkel sind jedoch in beiden Figuren gleich groß.

Maßstäblich zeichnen

EINE MASSSTÄBLICHE ZEICHNUNG ZEIGT EIN OBJEKT EXAKT VERKLEINERT ODER VERGRÖSSERT.

Typische maßstäbliche Verkleinerungen sind Landkarten, Mikrochips werden hingegen immer vergößert dargestellt.

SIEHE AUCH	
‹48–51	Verhältnis und Proportion
‹96–97	Zentrische Streckung
Kreise	130–131›

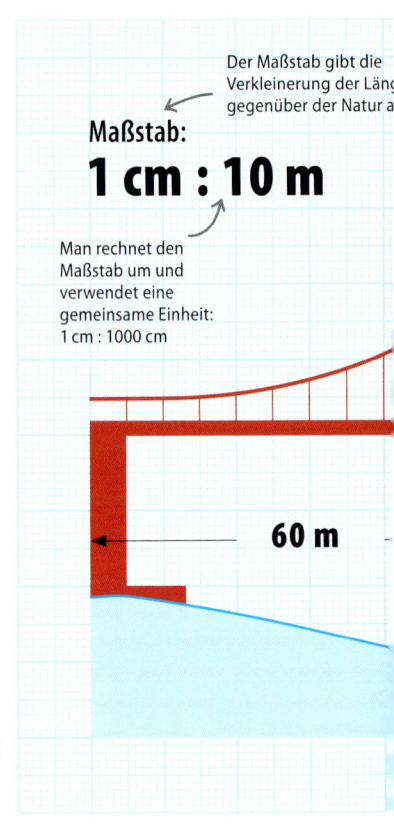

Der Maßstab gibt die Verkleinerung der Länge gegenüber der Natur an.

Maßstab:
1 cm : 10 m

Man rechnet den Maßstab um und verwendet eine gemeinsame Einheit:
1 cm : 1000 cm

Geeigneten Maßstab auswählen

Um einen exakten Plan eines großen Objeks, z. B. einer Brücke, zu zeichnen, müssen alle Maße im selben Verhältnis verkleinert werden. Zuerst muss daher ein geeigneter Maßstab gewählt werden – beispielsweise 1 cm auf der Zeichnung für 10 m in der Natur. Der Maßstab wird als Verhältnis angegeben.

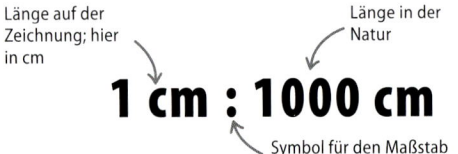

Länge auf der Zeichnung; hier in cm — **1 cm : 1000 cm** — Länge in der Natur

Symbol für den Maßstab

◁ **Maßstab als Verhältnis**
Der Maßstab 1 cm zu 10 m kann als Verhältnis angegeben werden, indem man beispielsweise die gemeinsame Einheit cm verwendet. 1 m entspricht 100 cm, also
10 · 100 cm = 1000 cm = 10 m.

Maßstäbliche Zeichnung anfertigen

Im Beispiel soll ein Basketballfeld zeichnerisch verkleinert werden. Der Platz ist 30 m lang und 15 m breit. Im Zentrum befindet sich ein Kreis mit dem Radius 1 m, an jedem Ende befindet sich ein Halbkreis mit dem Radius 5 m. Zunächst fertigt man eine grobe Skizze an, in der die tatsächlichen Maße notiert werden. Dann überlegt man sich einen geeigneten Maßstab und rechnet alle Längen entsprechend um. Schließlich wird die Zeichnung mit den berechneten Längen angefertigt.

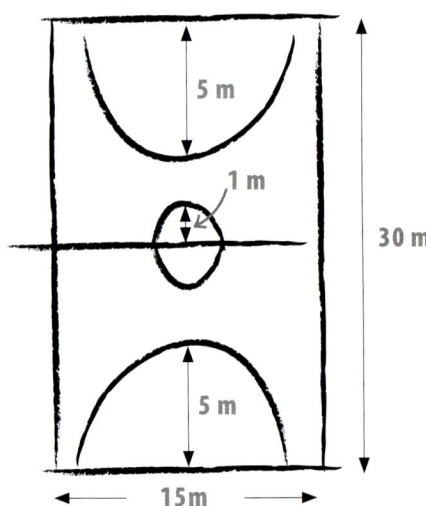

Fertige eine grobe Skizze an, um zunächst die tatsächlichen Maße zu notieren. Die längste Strecke ist besonders wichtig (hier: 30 m). Anhand dieser Skizze und des für die Zeichnung vorhandenen Platzes kann nun ein geeigneter Maßstab gewählt werden.

Für 30 m (die längste Strecke) stehen weniger als 10 cm zur Verfügung; der geeignete Maßstab wird so gewählt:

Länge auf der Zeichnung → **1 cm : 5 m** ← Länge in der Natur

Nun hat man den Maßstab 1 cm : 500 cm festgelegt. Alle markanten Maße werden entsprechend umgerechnet:

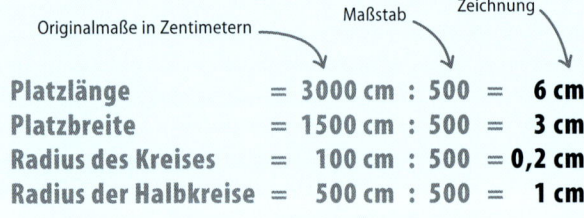

Originalmaße in Zentimetern — Maßstab — Länge in der Zeichnung

Platzlänge	=	3000 cm	: 500	=	**6 cm**
Platzbreite	=	1500 cm	: 500	=	**3 cm**
Radius des Kreises	=	100 cm	: 500	=	**0,2 cm**
Radius der Halbkreise	=	500 cm	: 500	=	**1 cm**

▷ **Wähle einen geeigneten Maßstab** und rechne ihn in die kleinste gemeinsame Einheit um. Berechne die Maße für die Zeichnung durch Division der Originallänge durch den Maßstab.

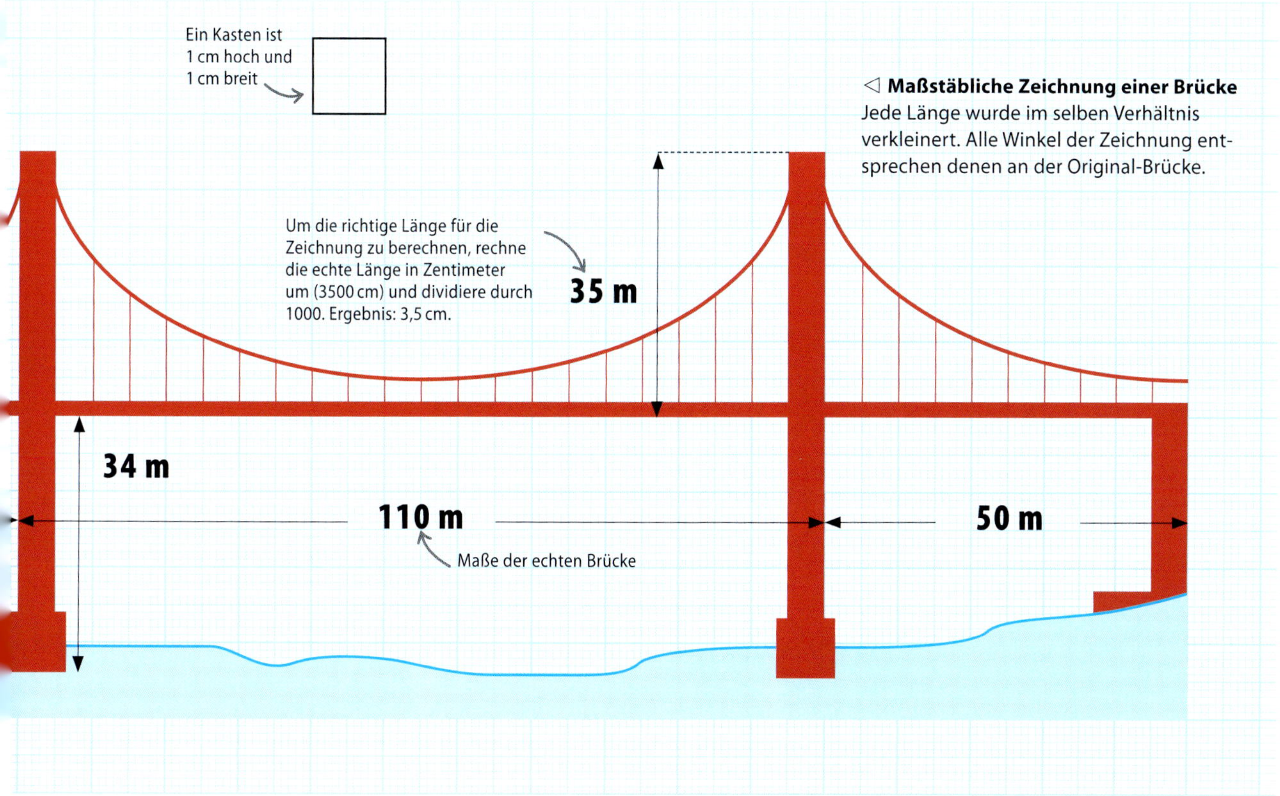

Ein Kasten ist
1 cm hoch und
1 cm breit
Um die richtige Länge für die Zeichnung zu berechnen, rechne die echte Länge in Zentimeter um (3500 cm) und dividiere durch 1000. Ergebnis: 3,5 cm.
35 m
34 m
110 m
50 m
Maße der echten Brücke

◁ **Maßstäbliche Zeichnung einer Brücke** Jede Länge wurde im selben Verhältnis verkleinert. Alle Winkel der Zeichnung entsprechen denen an der Original-Brücke.

1 cm
Radius
0,2 cm
6 cm
1 cm
3 cm

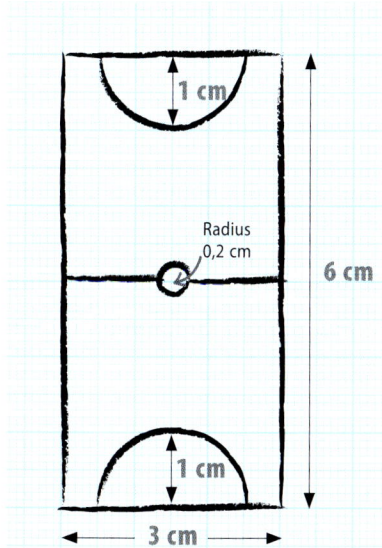

Fertige eine zweite Grobskizze an, um die berechneten Längen einzutragen.

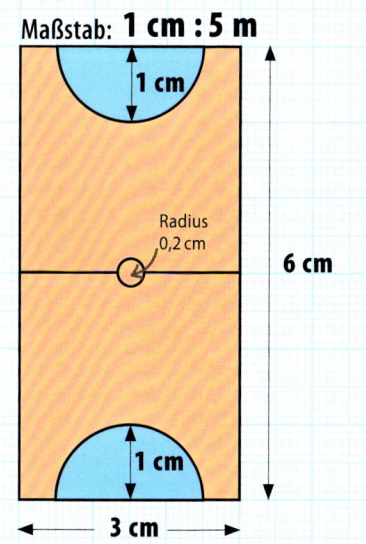

Maßstab: 1 cm : 5 m
1 cm
Radius
0,2 cm
6 cm
1 cm
3 cm

In die endgültige Zeichnung werden die korrekten Abmessungen eingezeichnet. Man verwendet Zirkel und Lineal für die Kreise und Strecken.

ANWENDUNG

Landkarten

Der Maßstab einer Karte hängt davon ab, welche Region dargestellt wird. Für ein ganzes Land, beispielsweise Frankreich, würde man vielleicht einen Maßstab von 1 cm : 150 km wählen. Für einen Stadtplan wäre 1 cm : 500 m sinnvoll.

0 km
100

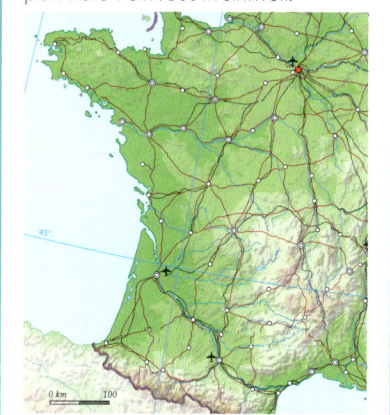

Kompasspeilung

SIEHE AUCH	
‹74–75	Zeichenwerkzeuge
‹76–77	Winkel
‹98–99	Maßstäblich zeichnen

MITHILFE EINES KOMPASSES KANN MAN EINE FEST VORGEGEBENE RICHTUNG BESTIMMEN.

Ein Kompass kann beispielsweise verwendet werden, um einen genauen Navigationskurs zu bestimmen.

Aufbau des Kompasses

Am Gehäuse des Kompasses ist im Uhrzeigersinn eine Winkelskala angebracht, die im Norden beginnt. Im Zentrum dieser Skala befindet sich ein drehbarer Magnetzeiger. Die Winkelgrößen sind in der Regel dreistellig und ganzzahlig (z. B. 270°) angegeben, es gibt auch Kompasse, die eine Dezimale angeben, beispielsweise 247,5°. Die Himmelsrichtungen sind in Abkürzungen wie „WSW", oder „West-Süd-West" benannt.

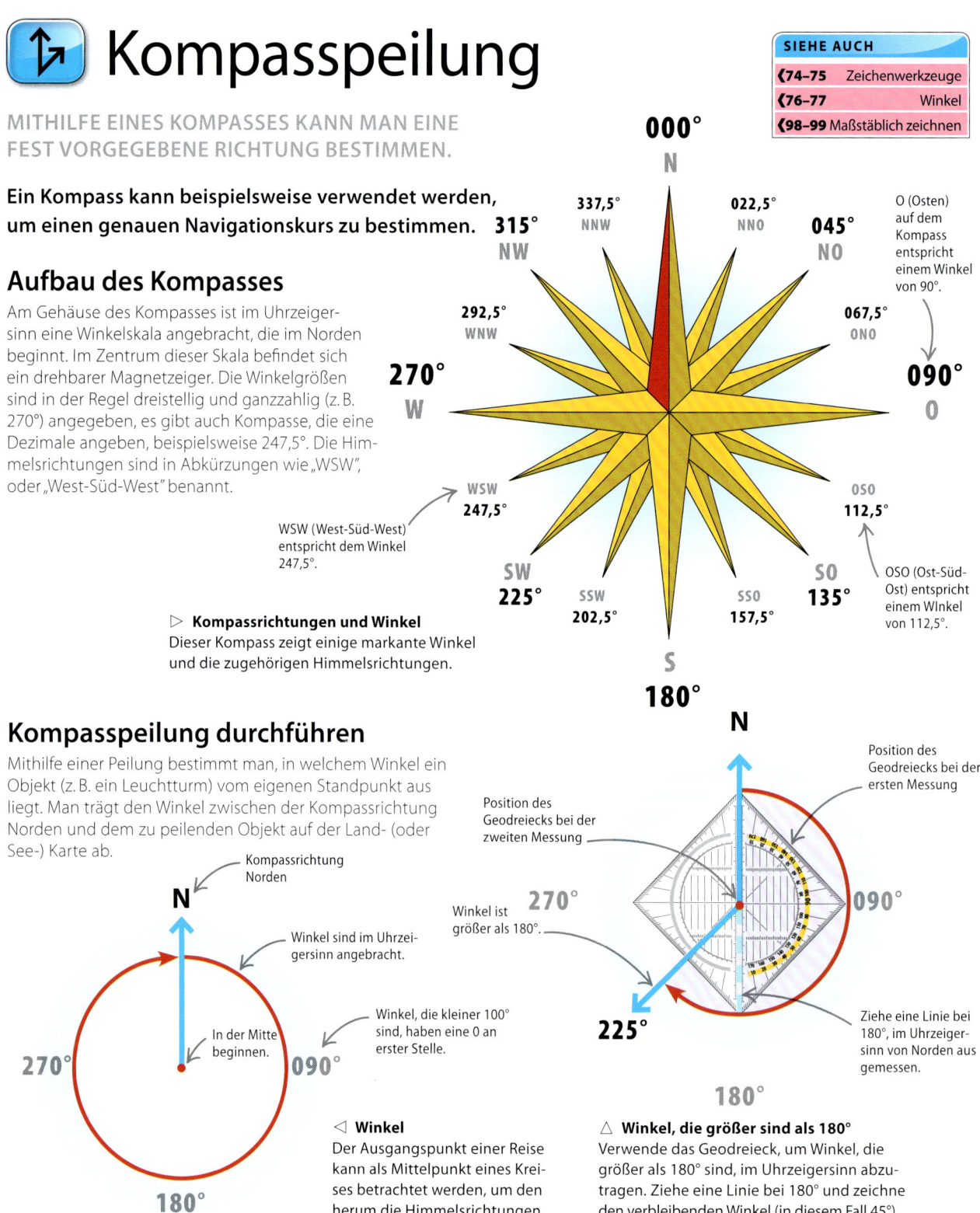

▷ **Kompassrichtungen und Winkel**
Dieser Kompass zeigt einige markante Winkel und die zugehörigen Himmelsrichtungen.

WSW (West-Süd-West) entspricht dem Winkel 247,5°.

O (Osten) auf dem Kompass entspricht einem Winkel von 90°.

OSO (Ost-Süd-Ost) entspricht einem Winkel von 112,5°.

Kompasspeilung durchführen

Mithilfe einer Peilung bestimmt man, in welchem Winkel ein Objekt (z. B. ein Leuchtturm) vom eigenen Standpunkt aus liegt. Man trägt den Winkel zwischen der Kompassrichtung Norden und dem zu peilenden Objekt auf der Land- (oder See-) Karte ab.

Kompassrichtung Norden
Winkel sind im Uhrzeigersinn angebracht.
In der Mitte beginnen.
Winkel, die kleiner 100° sind, haben eine 0 an erster Stelle.

◁ **Winkel**
Der Ausgangspunkt einer Reise kann als Mittelpunkt eines Kreises betrachtet werden, um den herum die Himmelsrichtungen und Winkel positioniert sind.

Position des Geodreiecks bei der ersten Messung
Position des Geodreiecks bei der zweiten Messung
Winkel ist größer als 180°.
Ziehe eine Linie bei 180°, im Uhrzeigersinn von Norden aus gemessen.

△ **Winkel, die größer sind als 180°**
Verwende das Geodreieck, um Winkel, die größer als 180° sind, im Uhrzeigersinn abzutragen. Ziehe eine Linie bei 180° und zeichne den verbleibenden Winkel (in diesem Fall 45°), so erhält man den Winkel 225°.

KOMPASSPEILUNG

Zurück zum Startpunkt navigieren

Im Beispiel fliegt ein Flugzeug 300 km in Richtung 290°, dann schlägt es für 200 km die Richtung 045° ein. Zeichne den letzten Streckenabschnitt, auf dem das Flugzeug zum Ausgangspunkt zurückkehrt. Verwende den Maßstab 1 cm für 100 km.

Maßstab
1 cm : 100 km

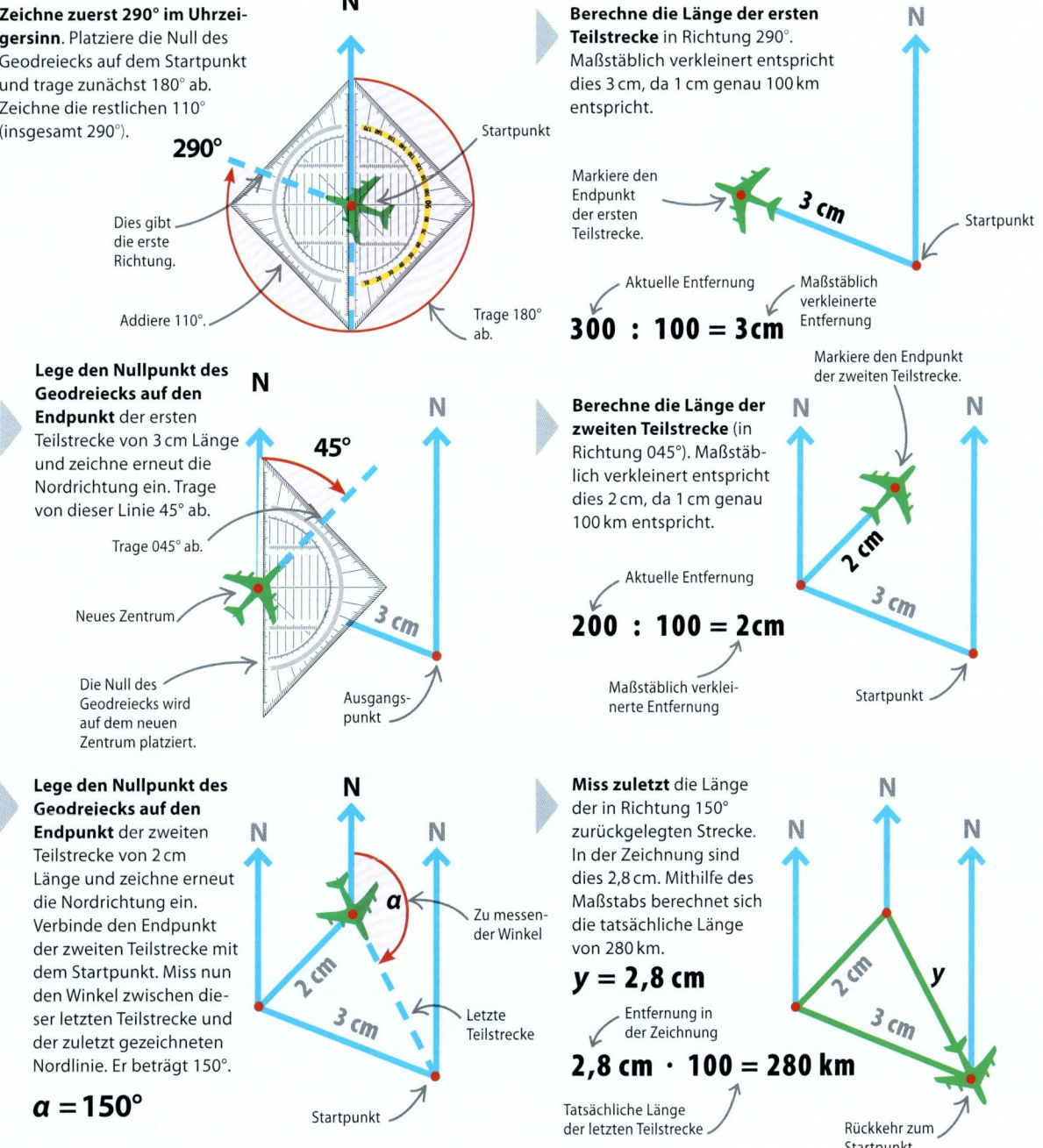

Konstruktionen mit Zirkel und Lineal

SIEHE AUCH	
‹74–75	Zeichenwerkzeuge
‹76–77	Winkel
Dreiecke	110–111 ›
Dreieckskonstruktionen	112–113 ›

Unter einer Konstruktion im mathematischen Sinne versteht man eine genaue Zeichnung nur mit Zirkel und Lineal, wobei das Lineal lediglich zum Zeichnen gerader Linien dient und nicht zum Messen von Abständen verwendet wird.

Konstruktion einer senkrechten Geraden

Zwei Geraden heißen senkrecht zueinander, wenn sie einen rechten (90°) Winkel miteinander bilden. Es gibt zwei Möglichkeiten, zu einer gegebenen Geraden die Senkrechte zu zeichnen: Entweder man konstruiert die Senkrechte durch einen Punkt auf der gegebenen Geraden, oder man konstruiert sie durch einen Punkt außerhalb der gegebenen Geraden.

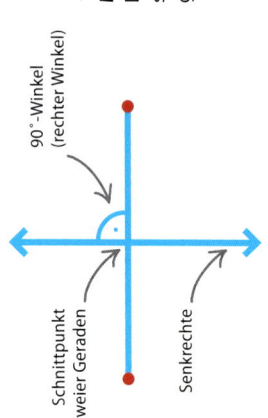

▽ **Konstruktion der Mittelsenkrechten**
Durch Konstruktion der Mittelsenkrechten halbiert man eine gegebene Strecke.

Senkrechte durch einen Punkt auf der Geraden konstruieren

Um eine Senkrechte zu einer Gerade zu konstruieren, kann man einen beliebigen Punkt der Geraden verwenden. Er wird bei der Konstruktion zum Schnittpunkt der Geraden mit der konstruierten Senkrechten. (Der Übersichtlichkeit halber sind in den Zeichnungen nicht die Kreise, sondern nur Kreisbogen abgebildet.)

Markiere den Punkt auf der Geraden, durch den die Senkrechte gehen soll. Nenne ihn beispielsweise A. Schlage mit dem Zirkel einen Kreis um A; dieser schneidet die Gerade in den Punkten C und D.

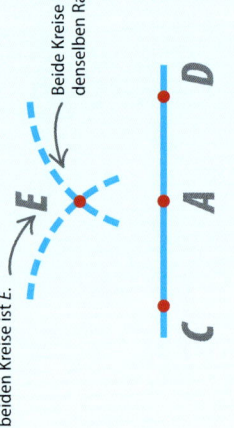

Schlage nun einen Kreis um C, dessen Radius größer sein muss als die halbe Strecke $\overline{CD}$; schlage anschließend einen Kreis mit demselben Radius um D. Die beiden Kreise schneiden sich in Punkt E.

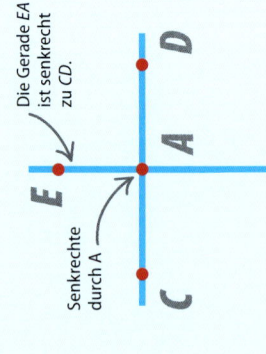

▲ **Zeichne die Gerade durch E und A.** Sie steht senkrecht auf der ursprünglichen Geraden.

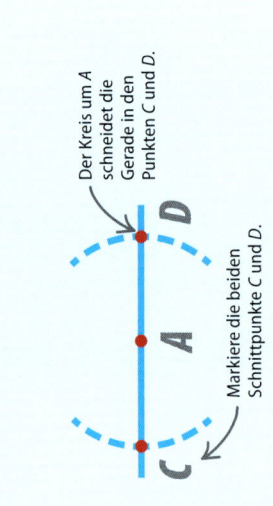

Senkrechte durch einen Punkt außerhalb der Geraden konstruieren

Um eine Senkrechte zu einer Gerade zu konstruieren, kann man einen beliebigen Punkt außerhalb der Geraden verwenden. Die konstruierte Senkrechte verläuft durch diesen Punkt. (Der Übersichtlichkeit halber sind in den Zeichnungen nicht die Kreise, sondern nur Kreisbogen abgebildet.)

Markiere einen Punkt A, z. B. oberhalb der Geraden.

Markiere den Punkt außerhalb der Geraden, durch den die Senkrechte gehen soll. Nenne ihn beispielsweise A.

Ziehe mit dem Zirkel einen Kreis um A; dieser schneidet die Gerade in den Punkten B und C.

Der Kreis schneidet die Gerade in zwei Punkten.

Schlage nun um B und um C jeweils einen Kreis, dessen Radius größer sein muss als die halbe Strecke $\overline{BC}$. Die beiden Kreise schneiden sich in D.

Die Kreise um B und C müssen denselben Radius haben.

Zeichne die Gerade durch A und D. Diese ist senkrecht zur Geraden BC.

Gerade AD ist senkrecht zur Geraden BC.

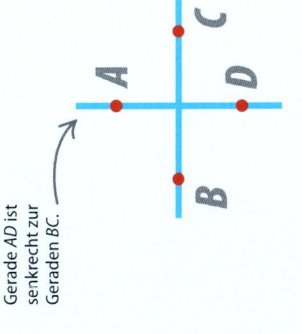
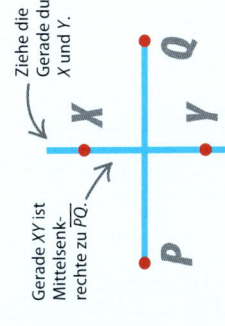

Mittelsenkrechte einer Strecke konstruieren

Eine Gerade, die senkrecht durch den Mittelpunkt einer Strecke geht, heißt Mittelsenkrechte. Die Mittelsenkrechte wird mithilfe zweier Kreise konstruiert, deren Radius größer ist als die Hälfte der Strecke. (Der Übersichtlichkeit halber sind in den Zeichnungen nicht die Kreise, sondern nur Kreisbogen abgebildet.)

Gegeben ist die Strecke mit den Endpunkten P und Q.

Strecke $\overline{PQ}$

Stich mit dem Zirkel in P ein und ziehe einen Kreis um P, dessen Radius größer ist als die halbe Strecke $\overline{PQ}$.

Kreis um P

Radius muss größer sein als die halbe Streckenlänge PQ.

Ziehe einen Kreis mit demselben Radius um Q. Es ergeben sich zwei Schnittpunkte.

Kreis um P schneidet Kreis um Q.

Beide Kreise haben denselben Radius.

Stich mit dem Zirkel in Q ein.

Die Schnittpunkte seien X und Y. Ziehe die Gerade durch X und Y. Dies ist die Mittelsenkrechte der Strecke $\overline{PQ}$.

Ziehe die Gerade duch X und Y.

Gerade XY ist Mittelsenkrechte zu $\overline{PQ}$.

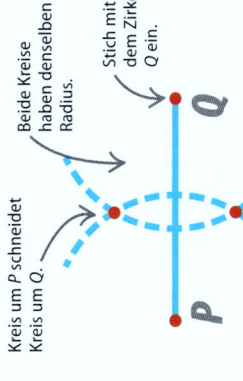
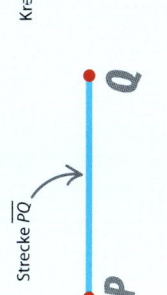

GEOMETRIE

Winkelhalbierende konstruieren

Die Winkelhalbierende eines Winkels ist eine Gerade, die den Winkel in zwei gleich große Winkel zerlegt. Eine Winkelhalbierende kann man ganz einfach mit Zirkel und Lineal konstruieren. Mit dem Zirkel markiert man zunächst zwei Punkte auf den Schenkeln des Winkels, die gleichweit vom Scheitel entfernt sind. (Der Übersichtlichkeit halber sind in den Zeichnungen nicht die Kreise, sondern nur Kreisbogen abgebildet.)

▷ **Winkelhalbierende**
Die Winkelhalbierende zerlegt den Winkel in zwei gleich große Teilwinkel.

Zweiter Schenkel g
Winkelhalbierende geht durch den Scheitel.
Erster Schenkel h
Die Winkelhalbierende halbiert den Winkel zwischen g und h.

Ein beliebiger Winkel, beispielsweise α, soll halbiert werden.

- Winkelname
- Winkel
- Scheitel

▷ **Schlage einen Kreis mit beliebigem Radius um S,** markiere die beiden Punkte A und B, in denen der Kreis die beiden Schenkel schneidet.

Der Kreis um den Scheitel S schneidet g im Punkt A.
Der Kreis um den Scheitel S schneidet h im Punkt B.

▷ **Schlage einen Kreis** um A. Sein Radius ist etwas größer als halb so groß wie der des Kreises aus dem vorigen Schritt.

Kreis um A ziehen.

▷ **Schlage einen Kreis mit demselben Radius** um B. Nenne einen Schnittpunkt der beiden Kreise C.

Markiere Punkt C, in dem sich die beiden Kreise schneiden.
Wähle denselben Radius.

▷ **Zeichne die Gerade durch C und S.** Diese ist die Winkelhalbierende des Winkels α.

Die Verbindungsgerade durch C und S ist die Winkelhalbierende des Winkels α.

GENAU HINGESCHAUT

Kongruente Dreiecke

Dreiecke sind kongruent, wenn sie in allen Seitenlängen und Winkelgrößen übereinstimmen. Bei der Konstruktion einer Winkelhalbierenden konstruiert man automatisch zwei kongruente Dreiecke, eines ober- und eines unterhalb.

▷ **Konstruktion kongruenter Dreiecke**
Durch Verbindung der bei der Konstruktion einer Winkelhalbierenden entstandenen Punkte erhält man zwei kongruente Dreiecke.

▷ **Die Verbindungsstrecke von A nach C** vervollständigt das erste Dreieck SCA, hier rot dargestellt.

Die Verbindungsstrecke von A und C vervollständigt das erste Dreieck.

▷ **Die Verbindungsstrecke von B nach C** vervollständigt das zweite Dreieck SBC.

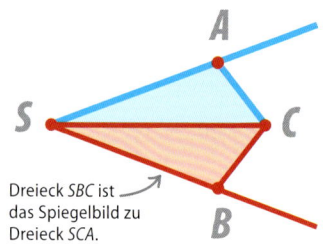

Dreieck SBC ist das Spiegelbild zu Dreieck SCA.

Konstruktion eines 90°-Winkels und eines 45°-Winkels

Die Winkelhalbierende wird beispielsweise für die Konstruktion von rechten (90°-) und 45°-Winkeln benötigt. (Der Übersichtlichkeit halber sind in den Zeichnungen nicht die Kreise, sondern nur Kreisbogen abgebildet.)

Zeichne eine Strecke ($\overline{AB}$). Stich mit dem Zirkel in A ein. Zeichne einen Kreisbogen um A, dessen Radius größer ist als die halbe Strecke $\overline{AB}$.

Zeichne einen Kreisbogen mit demselben Radius um B. Nenne die Schnittpunkte der beiden Kreisbogen P und Q.

Zeichne die Gerade PQ. Dies ist die Mittelsenkrechte auf $\overline{AB}$, es entstehen vier rechte Winkel.

Zeichne einen Kreisbogen um S. Er schneidet die beiden Schenkel des 90°-Winkels. Nenne die Schnittpunkte F und E.

Behalte den Radius bei und ziehe um jeden der beiden Schnittpunkte F und E einen Kreisbogen mit diesem Radius.

Ziehe die Gerade durch S und Q. Dies ist die Winkelhalbierende des 90°-Winkels. Sie unterteilt den Winkel in zwei 45°-Winkel.

Konstruktion eines 60°-Winkels

Es ist möglich, ein gleichseitiges Dreieck mit drei 60°-Winkeln allein mit Zirkel und Lineal (ohne Verwendung eines Geodreiecks) zu konstruieren.

Zeichne eine Seite des Dreiecks, beispielsweise 2,5 cm lang. Nenne die Endpunkte A und B.

Greife mit dem Zirkel die Streckenlänge von $\overline{AB}$ ab. Zeichne mit diesem Radius jeweils einen Bogen um A und einen um B. Einer der beiden Schnittpunkte der Kreise sei C.

Zeichne die Verbindungsstrecke von A nach C. Diese ist genau so lang wie die Strecke $\overline{AB}$.

Ein gleichseitiges Dreieck entsteht durch Zeichnen der dritten Strecke von B nach C. Alle drei Seiten des Dreiecks sind gleich lang und alle Winkel sind gleich groß.

 # Geometrische Orte

EIN GEOMETRISCHER ORT (AUCH ORTSLINIE) IST EINE MENGE VON PUNKTEN, DIE BESTIMMTE BEDINGUNGEN ERFÜLLEN. TYPISCHES BEISPIEL FÜR EINEN GEOMETRISCHEN ORT IST EINE KREISLINIE.

SIEHE AUCH
‹ 74–75 Zeichenwerkzeuge
‹ 98–99 Maßstäblich zeichnen
‹ 102–105 Konstruktionen mit Zirkel und Lineal

Was ist ein geometrischer Ort?

Viele bekannte Formen sind sog. geometrische Orte bzw. Ortslinien, beispielsweise Geraden oder Kreislinien. Sie erfüllen ganz bestimmte Bedingungen – beispielsweise sind alle Punkte einer Kreislinie gleich weit vom Mittelpunkt M entfernt.

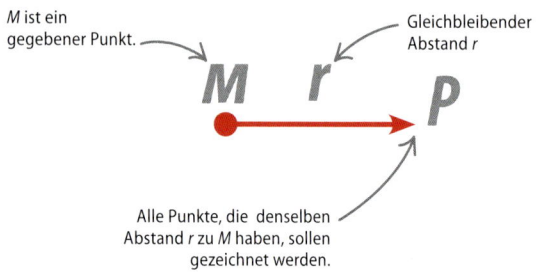

M ist ein gegebener Punkt.
Gleichbleibender Abstand r
Alle Punkte, die denselben Abstand r zu M haben, sollen gezeichnet werden.

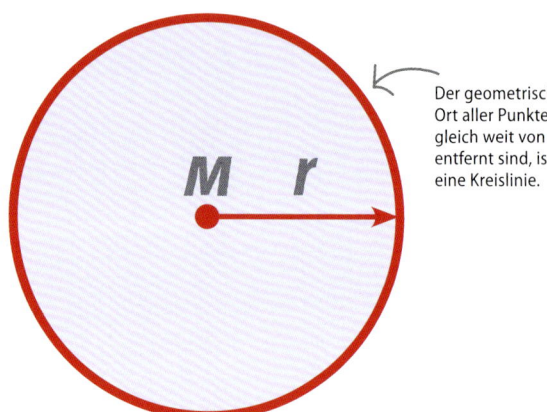

Der geometrische Ort aller Punkte, gleich weit von M entfernt sind, ist eine Kreislinie.

▷ **Um diesen geometrischen Ort zu konstruieren,** benötigt man einen Zirkel. Man greift den Abstand r ab und zieht einen Kreis um M.

▷ **Die Kreislinie um M** ist der geometrische Ort aller Punkte, die gleich weit von M entfernt sind.

Konstruktion einer Ortslinie

Um einen geometrischen Ort (in diesem Fall eine sog. **Ortslinie**) zu konstruieren, muss man alle Punkte zeichnen, die die festgelegten Bedingungen erfüllen. Dazu benötigt man Zirkel und Lineal. Im Beispiel wird die Linie aller Punkte konstruiert, die von der Strecke $\overline{AB}$ denselben Abstand haben.

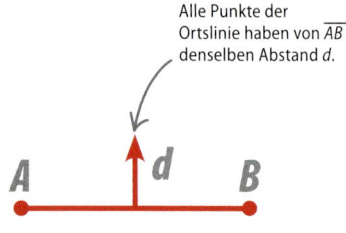

Alle Punkte der Ortslinie haben von $\overline{AB}$ denselben Abstand d.

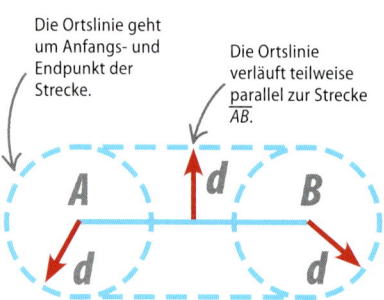

Die Ortslinie geht um Anfangs- und Endpunkt der Strecke.
Die Ortslinie verläuft teilweise parallel zur Strecke $\overline{AB}$.

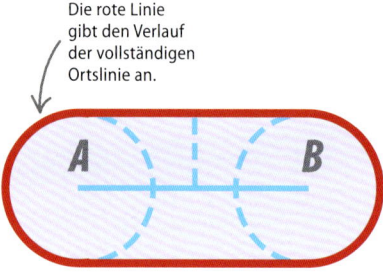

Die rote Linie gibt den Verlauf der vollständigen Ortslinie an.

▷ **Zeichne die Strecke $\overline{AB}$.** A und B sind Anfangs- und Endpunkt. Zeichne nun die Linie aller Punkte, die von der Strecke $\overline{AB}$ gleichweit entfernt sind.

▷ **Die Ortslinie verläuft teilweise auf einer zur Strecke $\overline{AB}$ parallelen Geraden.** Um die Endpunkte der Strecke $\overline{AB}$ herum verläuft die Ortslinie jeweils auf einem Halbkreis. Zum Zeichnen der Halbkreise verwende einen Zirkel.

▷ **Die vollständige Ortslinie.** Sie entspricht der typischen Form einer Leichtathletikbahn.

GEOMETRISCHE ORTE

GENAU HINGESCHAUT

Spirale

Ortslinien können auch komplizierteren Bedingungen folgen. Im Beispiel ist die Ortslinie des Endpunktes P einer Schnur zu sehen, die um einen Zylinder gewickelt wird. Es entsteht eine spiralförmige Ortslinie.

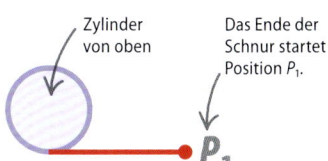

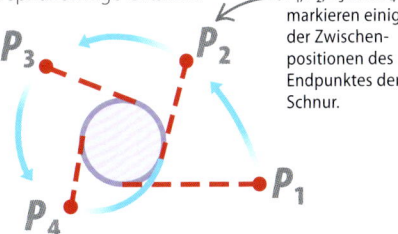

P_1, P_2, P_3 und P_4 markieren einige der Zwischenpositionen des Endpunktes der Schnur.

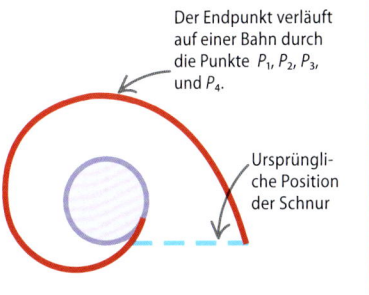

Der Endpunkt verläuft auf einer Bahn durch die Punkte P_1, P_2, P_3, und P_4.

Ursprüngliche Position der Schnur

▷ **Die Schnur liegt zunächst straff auf einer Ebene.** P_1 befindet sich am Ende der Schnur.

▷ **Wird die Schnur um den Zylinder gewickelt,** bewegt sich das Ende der Schnur immer näher an den Zylinder heran.

▷ **Die Bahn des Endpunktes** P ist spiralförmig.

Ortslinien in der Praxis

Zwei Radiostationen A und B sind 200 km voneinander entfernt und benutzen dieselbe Frequenz. Ihre Reichweite beträgt jeweils 150 km. Die Region, in der es zu Überlagerungen kommen kann, kann mithilfe einer maßstabgetreuen Zeichnung (S. 98–99) und der Ortslinien gefunden werden.

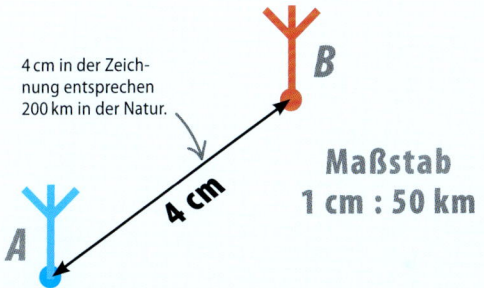

4 cm in der Zeichnung entsprechen 200 km in der Natur.

Maßstab 1 cm : 50 km

Um festzustellen, wo es zu Überlagerungen kommen kann, muss man mithilfe einer maßstäblichen Zeichnung die Reichweiten beider Stationen darstellen. Ein sinnvoller Maßstab ist in diesem Fall 1 cm : 50 km.

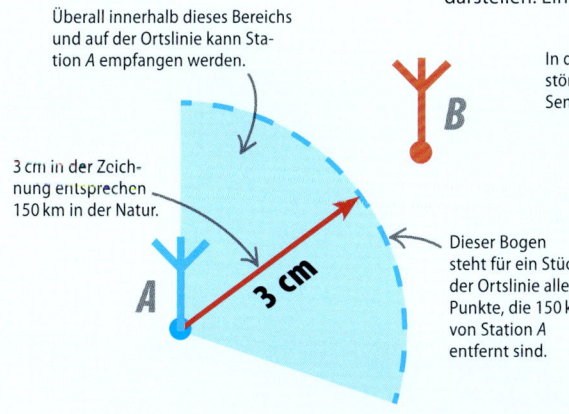

Überall innerhalb dieses Bereichs und auf der Ortslinie kann Station A empfangen werden.

3 cm in der Zeichnung entsprechen 150 km in der Natur.

In diesem Bereich stören sich die Sender gegenseitig.

Dieser Bogen steht für ein Stück der Ortslinie aller Punkte, die 150 km von Station A entfernt sind.

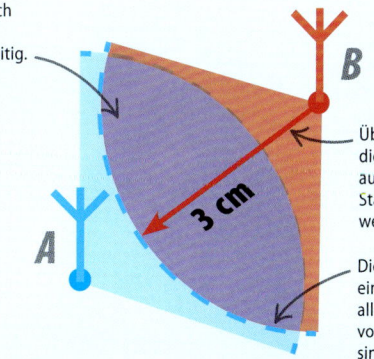

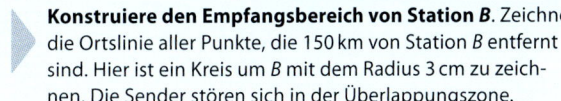

Überall innerhalb dieses Bereichs und auf der Ortslinie kann Station B empfangen werden.

Dieser Bogen steht für ein Stück der Ortslinie aller Punkte, die 150 km von Station B entfernt sind.

▷ **Konstruiere den Empfangsbereich von Station A.** Zeichne die Ortslinie aller Punkte, die 150 km von Station A entfernt sind. Da 150 km in der Natur 3 cm in der Zeichnung entsprechen, ist ein Kreis um A mit dem Radius 3 cm zu zeichnen.

▷ **Konstruiere den Empfangsbereich von Station B.** Zeichne die Ortslinie aller Punkte, die 150 km von Station B entfernt sind. Hier ist ein Kreis um B mit dem Radius 3 cm zu zeichnen. Die Sender stören sich in der Überlappungszone.

△ Dreiecke

EIN DREIECK WIRD VON DREI PUNKTEN, DIE NICHT AUF EINER GERADEN LIEGEN, BESTIMMT. DIE VERBINDUNGSSTRECKEN ZWISCHEN DIESEN PUNKTEN BILDEN DIE DREI SEITEN DES DREIECKS.

SIEHE AUCH	
‹ 76–77	Winkel
‹ 78–79	Geraden und Strecken
Dreiecks-konstruktionen	112–113 ›
Polygone/Vielecke	126–129 ›

Je zwei Seiten eines Dreieck schließen die Innenwinkel ein.

Das Wichtigste auf einen Blick

Bei zeichnerischen Darstellungen nennt man meist die „untere" Dreiecksseite Grundseite. Im gleichschenkligen Dreieck wird die Seite als Grundseite bezeichnet, der die beiden gleichen Winkel anliegen. Die längste Seite eines Dreiecks liegt immer gegenüber dem größten Winkel, die kürzeste immer gegenüber dem kleinsten Winkel. Die Summe der drei Innenwinkel beträgt 180° (**Innenwinkelsatz**).

△ **Dreiecksbezeichnungen**
Die Eckpunkte eines Dreiecks werden entgegen dem Uhrzeigersinn mit Großbuchstaben benannt. Ein Dreieck mit den Eckpunkten A, B und C wird als Dreieck ABC bezeichnet.

Eckpunkt zwei Seiten treffen zusammen

Umfang Summe aller Seitenlängen

Dreiecksseite

Winkel der Bereich zwischen den beiden Dreiecksseiten

Grundlinie
Jede beliebige Seite kann als Grundlinie festgel

Dreiecksarten

Es gibt verschiedene spezielle Dreieckstypen mit unterschiedlichen Besonderheiten.

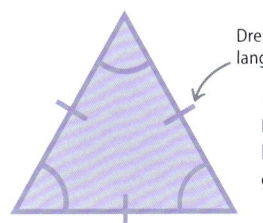

Drei gleich lange Seiten

◁ **Gleichseitiges Dreieck**
Ein Dreieck mit drei gleich langen Seiten hat auch drei gleich große (60°)Winkel.

Zwei gleich große Winkel

◁ **Gleichschenkliges Dreieck**
Ein Dreieck mit zwei gleich langen Seiten hat auch zwei gleich große, diesen Seiten gegenüberliegende, Winkel.

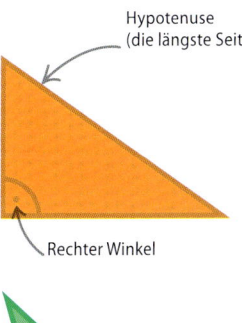

Hypotenuse (die längste Seite)

◁ **Rechtwinkliges Dreieck**
Ein Dreieck mit einem rechten Winkel (90°) heißt rechtwinkliges Dreieck. Die dem rechten Winkel gegenüberliegende Seite heißt Hypotenuse. Die anderen beiden Seiten heißen Katheten.

Rechter Winkel

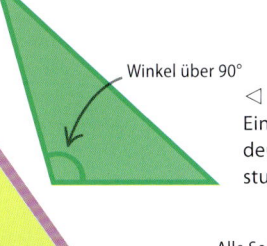

Winkel über 90°

◁ **Stumpfwinkliges Dreieck**
Ein Dreieck mit einem Winkel, der größer ist als 90°, heißt stumpfwinklig.

Alle Seiten des Dreiecks sind unterschiedlich lang.

◁ **Dreieck ohne Besonderheiten**
Dieses Dreieck hat drei unterschiedlich lange Seiten und Winkel.

Innenwinkel des Dreiecks

Je zwei Dreiecksseiten schließen einen der insgesamt drei Innenwinkel ein. Die Summe der Innenwinkel beträgt in jedem Dreieck 180°. Würde man das Dreieck auseinanderschneiden und die Winkel aneinanderlegen, so erhielte man eine gerade Strecke.

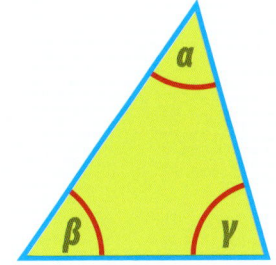

$$\alpha + \beta + \gamma = 180°$$

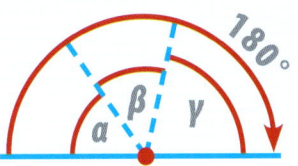

Die Winkelsumme im Dreieck beträgt 180° (Beweis)

Zeichne ein Dreieck und anschließend von der Grundlinie ausgehend eine Parallele zu einer der Dreiecksseiten.

Stufenwinkel an Parallelen sind gleich groß und Wechselwinkel an Parallelen sind ebenfalls gleich groß. Die neu entstehenden Winkel und der Winkel γ bilden zusammen 180°.

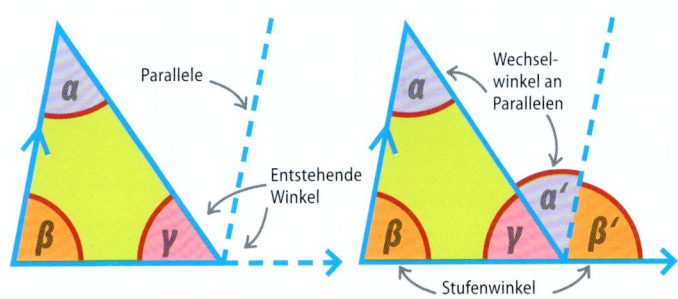

Parallele
Entstehende Winkel
Wechselwinkel an Parallelen
Stufenwinkel

Außenwinkel eines Dreiecks

Ein Dreieck hat neben den Innenwinkeln auch Außenwinkel. Außenwinkel entstehen durch Verlängerung der Dreiecksseiten über die Eckpunkte hinaus. Die Summe der Außenwinkel eines Dreiecks beträgt 360°.

$$\alpha + \beta + \gamma = 360°$$

Jeder Außenwinkel ist so groß wie die Summe der nicht anliegenden Innenwinkel $\beta = \varepsilon + \lambda$

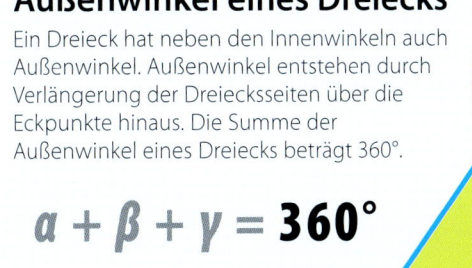

Dies ist einer der dem Winkel β nicht anliegenden Innenwinkel.

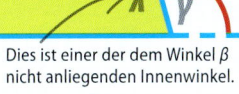

Dies ist einer der dem Winkel β nicht anliegenden Innenwinkel.

Kongruente Dreiecke

DREIECKE SIND KONGRUENT, WENN SIE IN GRÖSSE UND GESTALT ÜBEREINSTIMMEN.

SIEHE AUCH
‹ 90–91 Verschiebungen
‹ 92–93 Drehungen
‹ 94–95 Spiegelungen

Kongruent oder deckungsgleich

Zwei Dreiecke sind kongruent, wenn einander entsprechende Seiten gleich lang und einander entsprechende Winkel gleich groß sind. Dann sind auch Flächeninhalt und Umfang gleich. Kongruente Dreiecke können aufeinander abgebildet werden, beispielsweise durch Verschiebung, Drehung oder Spiegelung.

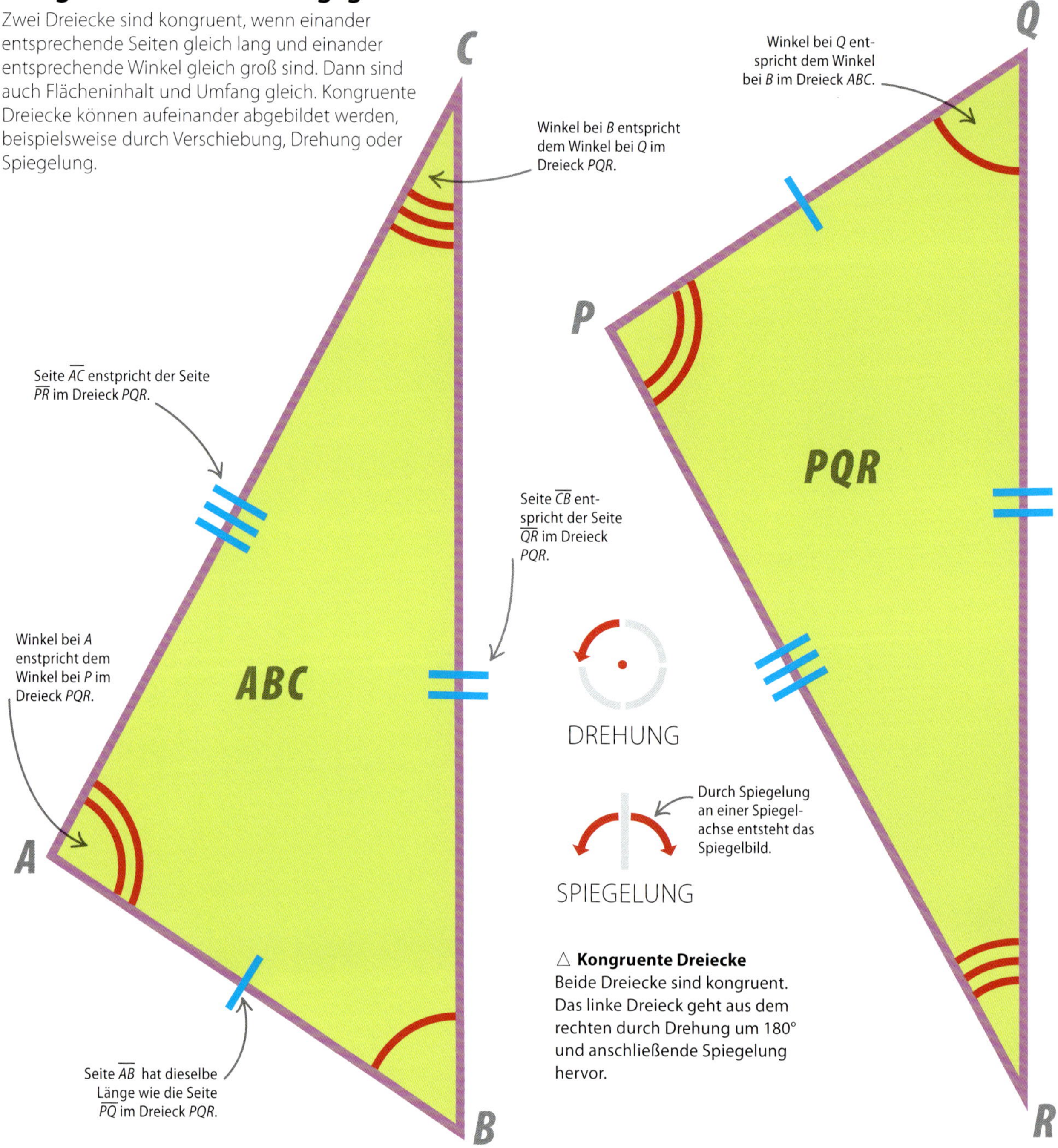

Winkel bei B entspricht dem Winkel bei Q im Dreieck PQR.

Winkel bei Q entspricht dem Winkel bei B im Dreieck ABC.

Seite $\overline{AC}$ entspricht der Seite $\overline{PR}$ im Dreieck PQR.

Seite $\overline{CB}$ entspricht der Seite $\overline{QR}$ im Dreieck PQR.

Winkel bei A entspricht dem Winkel bei P im Dreieck PQR.

DREHUNG

Durch Spiegelung an einer Spiegelachse entsteht das Spiegelbild.

SPIEGELUNG

△ **Kongruente Dreiecke**
Beide Dreiecke sind kongruent. Das linke Dreieck geht aus dem rechten durch Drehung um 180° und anschließende Spiegelung hervor.

Seite $\overline{AB}$ hat dieselbe Länge wie die Seite $\overline{PQ}$ im Dreieck PQR.

KONGRUENTE DREIECKE

Kongruenzsätze

Jedes Dreieck besteht aus sechs Stücken: drei Seiten und drei Winkel. Es genügt, **drei** relevante Stücke zu kennen, die anderen lassen sich daraus bestimmen. Dreiecke sind also bereits kongruent, wenn sie in drei relevanten Stücken übereinstimmen.

▷ **Seite-Seite-Seite (SSS)**
Dreiecke sind kongruent zueinander, wenn sie in allen drei Seitenlängen übereinstimmen.

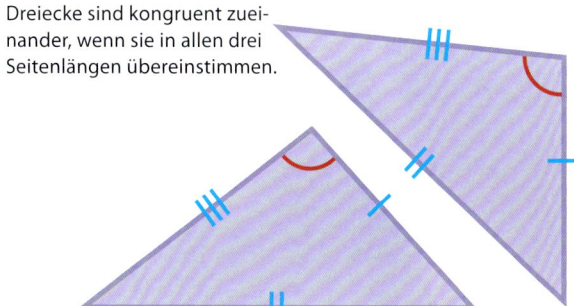

▷ **Winkel-Seite-Winkel (WSW) und Winkel-Winkel-Seite (WWS)**
Dreiecke sind kongruent, wenn sie
• in einer Seite und den anliegenden beiden Winkeln übereinstimmen (**WSW**). Dieser Fall ist hier dargestellt.
• in einer Seite und in einem anliegenden und dem der Seite gegenüberliegenden Winkel übereinstimmen (**WWS**). Dieser Fall ist hier nicht dargestellt.

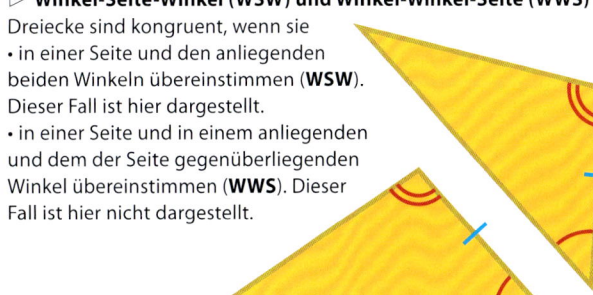

▷ **Seite-Winkel-Seite (SWS)**
Dreiecke sind kongruent, wenn zwei Seitenlängen und der eingeschlossene Winkel übereinstimmen.

▷ **Seite-seite-Winkel (SsW)**
Dreiecke sind kongruent zueinander, wenn sie in zwei Seiten und dem der gößeren Seite gegenüberliegenden Winkel übereinstimmen.

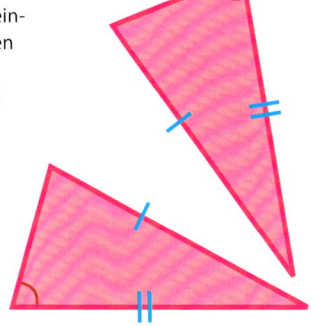

Beweis: Jedes gleichschenklige Dreieck hat zwei gleich große Winkel

Ein gleichschenkliges Dreieck hat zwei gleich lange Seiten (deswegen heißt es gleichschenklig).

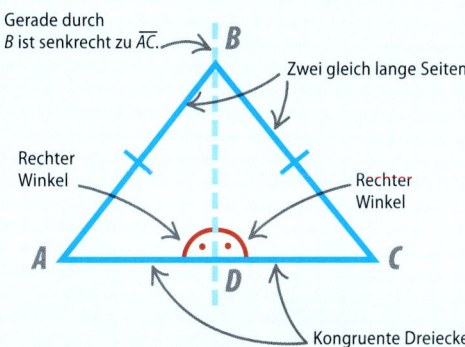

Zeichne die Senkrechte durch B auf $\overline{AC}$.
Zwei neue, rechtwinklige Dreiecke entstehen. Sie sind kongruent zueinander.

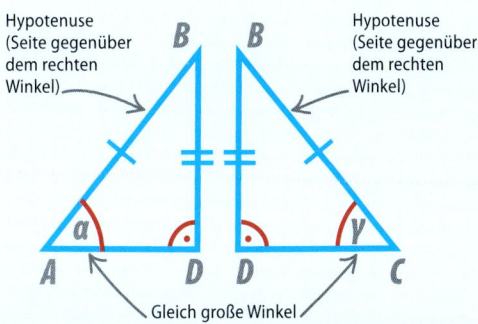

Die Senkrechte $\overline{BD}$ ist in beiden Dreiecken enthalten. Die Hypotenusen der beiden rechtwinkligen Dreiecke sind identisch (das war Voraussetzung), damit sind zwei Seitenlängen identisch und der der längeren Seite gegenüberliegende Winkel (der rechte Winkel). Damit sind α und γ gleich groß.

Dreieckskonstruktionen

FÜR DIE KONSTRUKTION EINES DREIECKS BENÖTIGT MAN EINEN STIFT, EIN GEODREIECK, EINEN ZIRKEL UND EIN LINEAL.

SIEHE AUCH	
‹74–75	Zeichenwerkzeuge
‹102–105	Konstruktionen mit Zirkel und Lineal
‹106–107	Geometrische Orte

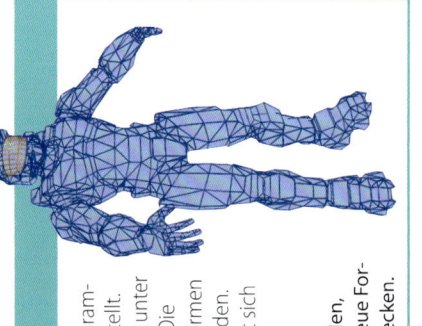

Jedes Dreieck besteht aus sechs Stücken: aus drei Seiten und drei Winkeln. Zur Konstruktion eines Dreiecks benötigt man lediglich drei relevante Stücke (S. 110–111).

Konstruktion mithilfe der Kongruenzsätze

Entsprechend der Kongruenzsätze (S. 110–111) lässt sich ein Dreieck bereits mithilfe weniger Angaben konstruieren, die übrigen Maße können daraus ermittelt werden. **1. Kongruenzsatz (SSS):** Ein Dreieck ist eindeutig festgelegt, wenn alle drei Seitenlängen bekannt sind. **2. Kongruenzsatz (SWS):** Ein Dreieck ist eindeutig festgelegt, wenn zwei Seiten und der eingeschlossene Winkel bekannt sind. **3. Kongruenzsatz (WSW und WWS):** Ein Dreieck ist eindeutig festgelegt, wenn eine Seite und die anliegenden beiden Winkel bekannt sind oder eine Seite und der gegenüberliegende sowie ein anliegender Winkel bekannt sind. **4. Kongruenzsatz (SsW):** Ein Dreieck ist eindeutig festgelegt, wenn zwei Seiten und der der größeren Seite gegenüberliegende Winkel bekannt sind.

ANWENDUNG

Dreiecke in 3-D-Grafiken

3-D-Grafiken werden mithilfe von 3-D-Grafikprogrammen für Filme, Internet und Computer-Spiele erstellt. Es ist vielleicht überraschend, dass diese Grafiken unter der Verwendung von Dreiecken erstellt werden. Die Oberfläche des Objekts wird zunächst in Grundformen dargestellt, die wiederum in Dreiecke zerlegt werden. Verändert man die Form einiger Dreiecke, scheint sich das Objekt zu bewegen.

▷ **Computeranimation**
Um Bewegungen darzustellen, berechnet der Computer neue Formen für Millionen von Dreiecken.

1. Dreieckskonstruktion: Alle Seiten sind bekannt (SSS)

Sind drei Seitenlängen bekannt, z. B. **5 cm**, **4 cm** und **3 cm**, kann das Dreieck mit allen Winkeln und Seiten allein mithilfe dieser Seitenlängen und Zirkel und Lineal konstruiert werden. (Der Übersichtlichkeit halber sind in den Zeichnungen nicht die Kreise, sondern nur Kreisbogen abgebildet.)

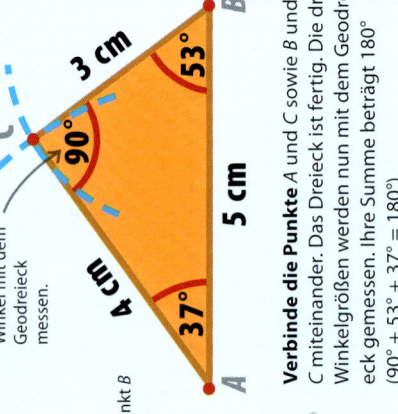

▲ **Zeichne die Grundlinie** 5 cm lang. Nenne die Endpunkte A und B. Stelle den Zirkel auf 4 cm Länge ein und ziehe einen Kreis mit dem Radius 4 cm um A.

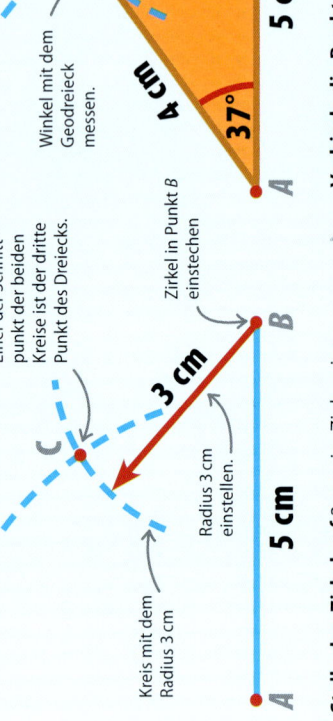

▲ **Stelle den Zirkel auf** 3 cm ein. Ziehe einen Kreis mit dem Radius 3 cm um B. Die beiden Kreise schneiden sich. Nenne den oberen Schnittpunkt C.

▲ **Verbinde die Punkte** A und C sowie B und C miteinander. Das Dreieck ist fertig. Die drei Winkelgrößen werden nun mit dem Geodreieck gemessen. Ihre Summe beträgt 180° (90° + 53° + 37° = 180°).

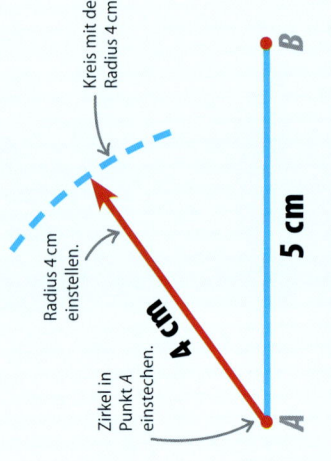

2. Dreieckskonstruktion: Zwei Seiten und der eingeschlossene Winkel sind bekannt (SWS)

Sind zwei Seitenlängen, beispielsweise **5 cm** und **4,5 cm**, sowie die Größe des eingeschlossenen Winkels bekannt, z.B. **50°**, kann das Dreieck allein mithilfe dieser drei Angaben konstruiert werden.

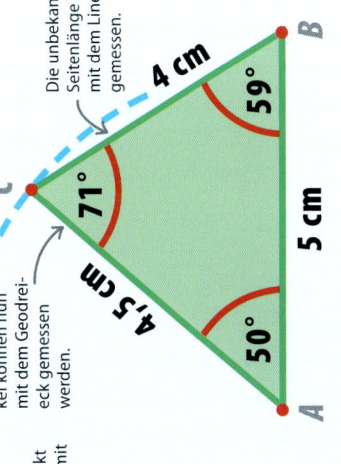

Zeichne die Grundlinie 5 cm lang. Nenne die Endpunkte A und B. Lege das Geodreieck mit der Null auf den Punkt A und markiere einen 50°-Winkel. Zeichne eine Gerade durch A und die 50°-Markierung.

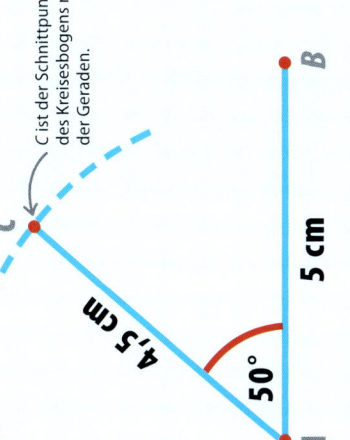

Stelle den Zirkel auf die Länge 4,5 cm ein und ziehe einen Kreisbogen um A. Die Gerade durch die 50°-Markierung und der Kreisbogen schneiden sich im Punkt C.

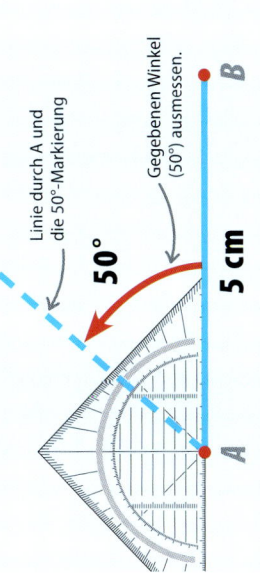

Verbinde C mit A und B. Das Dreieck ist fertig. Unbekannte Seitenlängen und Winkelgrößen können nun mit dem Lineal und dem Geodreieck gemessen werden.

3. Dreieckskonstruktion: Eine Seite und die beiden anliegenden Winkel sind bekannt (WSW)

Sind zwei Winkelgrößen bekannt, z.B. **73°** und **38°**, sowie die Länge der den beiden Winkeln anliegenden Seite, z.B. **5 cm**, kann das Dreieck mit allen Winkeln und Seiten allein mithilfe dieser drei Angaben konstruiert werden.

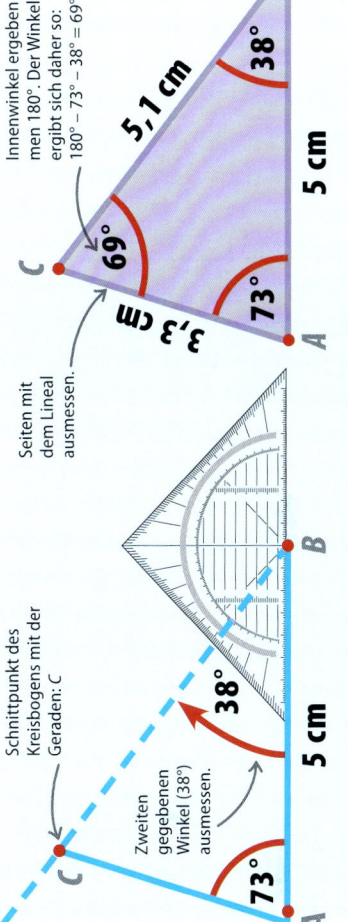

Zeichne die Grundlinie 5 cm lang. Nenne die Endpunkte A und B. Lege das Geodreieck mit der Null auf den Punkt A und markiere einen 73°-Winkel. Zeichne eine Gerade durch A und die 73°-Markierung.

Lege das Geodreieck mit der Null auf den Punkt B und markiere einen 38°-Winkel. Zeichne eine Gerade durch B und die Markierung. Tipp: Verwende hier die **innere Winkelskala** des Geodreiecks.

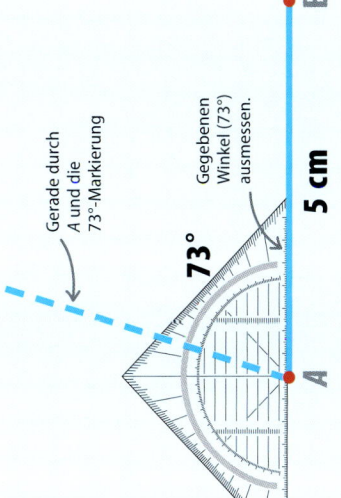

Verbinde C mit A und B. Das Dreieck ist fertig. Der unbekannte Winkel wird berechnet; Seitenlängen werden mit dem Lineal gemessen.

Flächeninhalt des Dreiecks

Was ist der Flächeninhalt?

Der Flächeninhalt einer Figur ist die Größe der von der Figur umrandeten Fläche. Der Flächeninhalt wird in Flächeneinheiten angegeben, beispielsweise Quadratzentimeter (cm²). Sind Länge der Grundseite und Länge der zugehörigen Höhe bekannt, so kann der Flächeninhalt mit einer einfachen Formel berechnet werden:

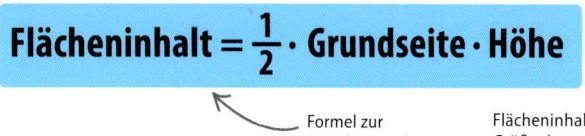

Formel zur Berechnung des Flächeninhalts eines Dreiecks

Flächeninhalt: Größe der von der Figur umrandeten Fläche

SIEHE AUCH	
‹ 108–109	Dreiecke
Flächeninhalt des Kreises	134–135 ›
Formeln	169–171 ›

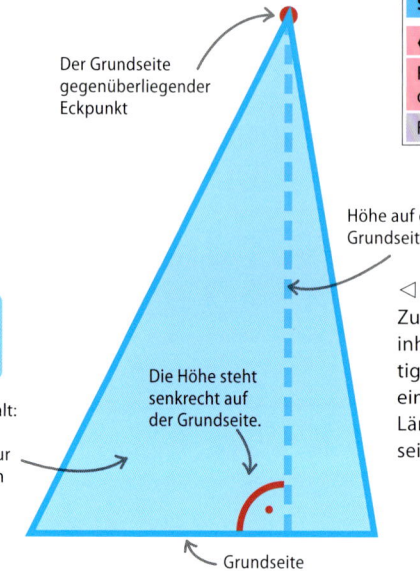

Der Grundseite gegenüberliegender Eckpunkt

Höhe auf die Grundseite

Die Höhe steht senkrecht auf der Grundseite.

Grundseite

◁ **Grundseite und Höhe**
Zur Berechnung des Flächeninhalts eines Dreiecks benötigt man lediglich die Länge einer Grundseite und die Länge der zu dieser Grundseite gehörenden Höhe.

Grundseite und Höhe

Zur Berechnung des Flächeninhalts eines Dreiecks benötigt man lediglich die Länge einer Seite (Grundseite) und die Länge der „dazugehörigen" Höhe. Prinzipiell kann jede beliebige Seite eines Dreiecks Grundseite sein. Die dazugehörige Höhe ist jeweils die durch den der Grundseite gegenüberliegenden Eckpunkt gehende Senkrechte (das **Lot**) auf die Grundseite. Da das Dreieck drei Seiten hat, hat es auch drei Höhen.

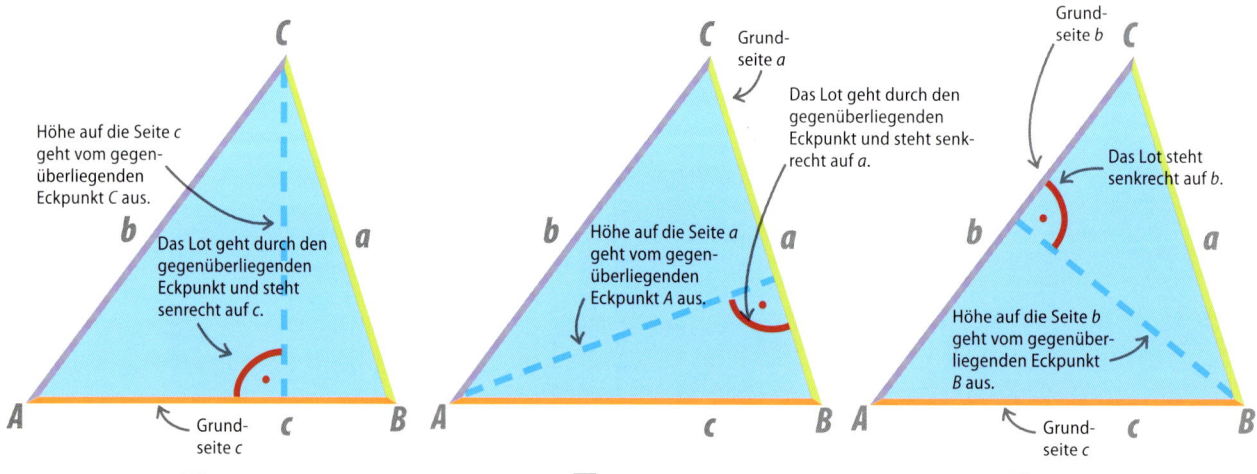

△ **1. Grundseite $\overline{AB} = c$**
Für die Formel zur Flächeninhaltsberechnung benötigt man die Länge einer Grundseite und die Länge der auf dieser Grundseite stehenden Höhe.

△ **2. Grundseite $\overline{BC} = a$**
Jede der drei Dreiecksseiten kann als Grundseite dienen. Wichtig ist, dass man die richtige Höhe dazu verwendet. Hier dient a als Grundseite.

△ **3. Grundseite $\overline{CA} = b$**
Hier dient die Seite b als Grundseite. Der Flächeninhalt des Dreiecks ist derselbe, egal, welche Seite man als Grundseite verwendet.

FLÄCHENINHALT DES DREIECKS

Flächeninhalt berechnen

Um den Flächeninhalt zu berechnen, muss man lediglich die konkreten Werte in die Formel einsetzen und das Ergebnis ausrechnen.

▷ **Spitzwinkliges Dreieck**
Die Grundseite ist 6 cm lang und die Höhe beträgt 3 cm. Berechne den Flächeninhalt mithilfe der Formel.

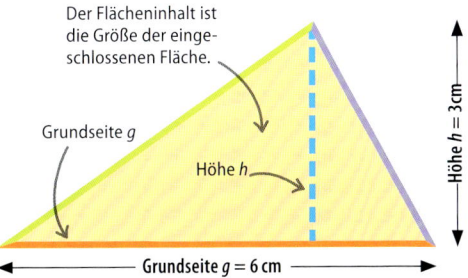

Notiere zuerst die Flächeninhaltsformel für Dreiecke.

$$\text{Flächeninhalt} = \frac{1}{2} \cdot \text{Grundseite} \cdot \text{Höhe}$$

Setze die bekannten Maße für Länge und Höhe ein.

$$\text{Flächeninhalt} = \frac{1}{2} \cdot 6 \cdot 3$$

Das Ergebnis wird in der Flächeneinheit cm² angegeben.

Berechne das Produkt. Im Beispiel (ohne Einheiten) $\frac{1}{2} \cdot 6 \cdot 3 = 9$. Die Lösung wird in der Flächeneinheit cm² angegeben.

$$\text{Flächeninhalt} = 9\ \text{cm}^2$$

▷ **Stumpfwinkliges Dreieck** Die Grundseite des Dreiecks ist 3 cm lang. Seine Höhe beträgt 4 cm. Berechne den Flächeninhalt mithilfe der Formel. Der Rechenweg stimmt für alle Dreiecke überein.

Die Höhe kann außerhalb des Dreiecks liegen. Ihre Länge entspricht dem Abstand zwischen dem der Grundseite gegenüberliegenden Punkt und der Grundseite.

Notiere zuerst die Flächeninhaltsformel für Dreiecke.

$$\text{Flächeninhalt} = \frac{1}{2} \cdot \text{Grundseite} \cdot \text{Höhe}$$

Setze die bekannten Maße für Länge und Höhe ein.

$$\text{Flächeninhalt} = \frac{1}{2} \cdot 3 \cdot 4$$

Das Ergebnis wird in der Flächeneinheit cm² angegeben.

Berechne das Produkt. Die Lösung wird in der Flächeneinheit cm² angegeben.

$\frac{1}{2} \cdot 3 \cdot 4 = 6$

$$\text{Flächeninhalt} = 6\ \text{cm}^2$$

GENAU HINGESCHAUT

Warum funktioniert die Formel?

Jedes Dreieck kann in ein Rechteck „verwandelt" werden.

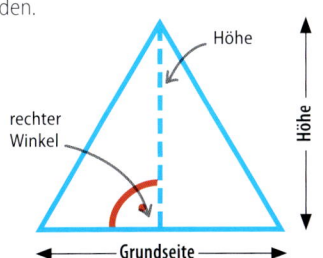

Zeichne ein beliebiges Dreieck und markiere die Grundseite und die Höhe.

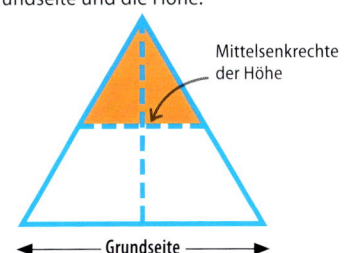

Zeichne die Mittelsenkrechte der Höhe. (Sie verläuft parallel zur Grundseite.)

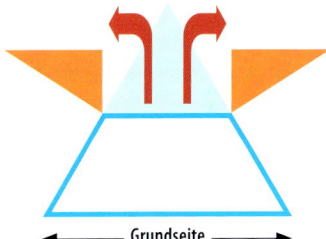

Zwei neue Dreiecke entstehen. Klappe diese beiden Dreiecke herunter. Das entstehende Viereck hat exakt denselben Flächeninhalt wie das ursprüngliche Dreieck.

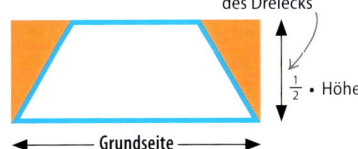

Der Flächeninhalt des Rechtecks wird durch die Multiplikation der Seitenlängen berechnet. Beide Figuren haben dieselbe Grundseite; die Höhe des Rechtecks entspricht der Hälfte der Höhe des Dreiecks. Es resultiert die Formel:
$\frac{1}{2} \cdot$ Grundseite · Höhe.

Länge der Grundseite mithilfe des Flächeninhalts berechnen

Die Flächeninhaltsformel für Dreiecke kann auch eingesetzt werden, um bei bekanntem Flächeninhalt und bekannter Höhe die Grundseitenlänge zu berechnen.

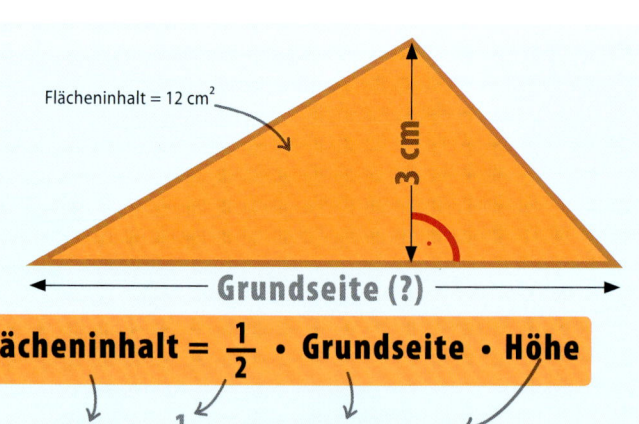

Schreibe zunächst die Flächeninhaltsformel für Dreiecke auf: Der Flächeninhalt ist gleich der Hälfte des Produkts aus Grundseitenlänge und zugehörigerHöhe.

▼

Setze die bekannten Werte ein. Flächeninhalt (12 cm²) und Höhe (3 cm) sind bekannt.

▼

Vereinfache die Formel soweit wie möglich; multipliziere $\frac{1}{2}$ mit der Höhe. Das Ergebnis ist 1,5 cm.

▼

Berechne nun die Grundseite durch Umstellen der Formel. In diesem Fall werden beide Seiten durch 1,5 dividiert.

▼

Dividiere 12 durch 1,5. Im Beispiel ist die Lösung 8 cm.

Höhe des Dreiecks mithilfe des Flächeninhalts berechnen

Die Flächeninhaltsformel für Dreiecke kann auch eingesetzt werden, um bei bekanntem Flächeninhalt und bekannter Grundseitenlänge die Höhe zu berechnen.

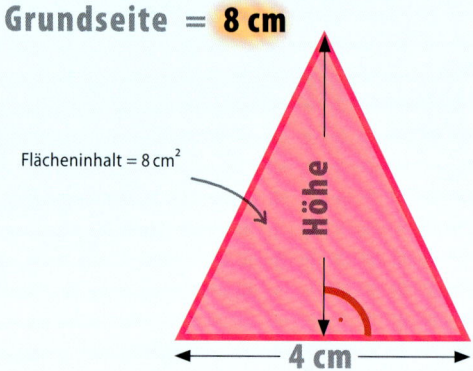

Schreibe zunächst die Flächeninhaltsformel für Dreiecke auf: Der Flächeninhalt ist gleich der Hälfte des Produkts aus Grundseitenlänge und Höhe.

▼

Setze die bekannten Werte ein. Flächeninhalt und (8 cm²) Grundseitenlänge (4 cm) sind bekannt.

▼

Vereinfache die Formel soweit wie möglich; multipliziere $\frac{1}{2}$ mit der Grundseitenlänge. Das Ergebnis ist 2 cm.

▼

Berechne nun die Höhe durch Umstellen der Formel. In diesem Fall werden beide Seiten durch 2 dividiert.

▼

Dividiere 8 (Flächeninhalt) durch 2 (Hälfte der Grundseitenlänge). Im Beispiel ist die Lösung 4 cm.

Ähnliche Dreiecke

SIEHE AUCH
‹ 48–51 Verhältnis und Proportion
‹ 96–97 Zentrische Streckung
‹ 108–109 Dreiecke

DREIECKE, DIE IN DER FORM ÜBEREINSTIMMEN, HEISSEN ÄHNLICH.
ÄHNLICHE DREIECKE MÜSSEN NICHT DIESELBE GRÖSSE HABEN.

Was bedeutet ähnlich?

Zwei Dreiecke sind ähnlich, wenn sie in der Form übereinstimmen. Man kann Dreiecke durch zentrische Streckung vergrößern oder verkleinern. Entsprechende Winkel ähnlicher Dreiecke sind gleich groß, entsprechende Seiten stehen im selben Verhältnis zueinander. Beispielsweise ist jede der Seiten des Dreiecks ABC doppelt so lang wie die entsprechende Seite im Dreieck $A_2B_2C_2$. Es gibt unterschiedliche Möglichkeiten zur Überprüfung, ob Dreiecke ähnlich zueinander sind (S. 118). Ist bekannt, dass zwei Dreiecke ähnlich sind, kann man mithilfe der Eigenschaften von Dreiecken fehlende Seitenlängen und Winkelgrößen bestimmen.

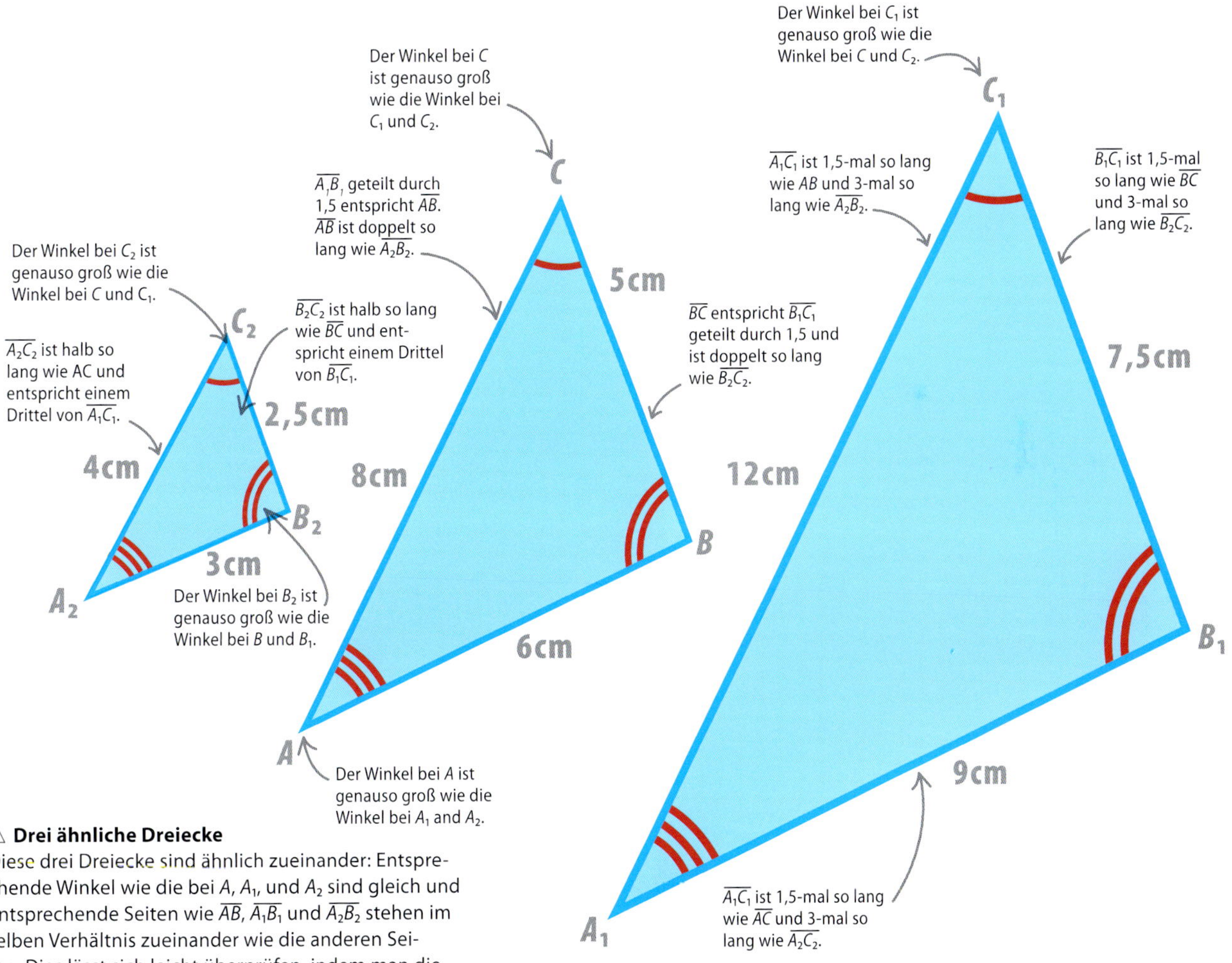

Der Winkel bei C_2 ist genauso groß wie die Winkel bei C und C_1.

$\overline{A_2C_2}$ ist halb so lang wie AC und entspricht einem Drittel von $\overline{A_1C_1}$.

Der Winkel bei C ist genauso groß wie die Winkel bei C_1 und C_2.

$\overline{A_2B_2}$ geteilt durch 1,5 entspricht $\overline{AB}$. $\overline{AB}$ ist doppelt so lang wie $\overline{A_2B_2}$.

$\overline{B_2C_2}$ ist halb so lang wie $\overline{BC}$ und entspricht einem Drittel von $\overline{B_1C_1}$.

Der Winkel bei C_1 ist genauso groß wie die Winkel bei C und C_2.

$\overline{A_1C_1}$ ist 1,5-mal so lang wie AB und 3-mal so lang wie $\overline{A_2B_2}$.

$\overline{B_1C_1}$ ist 1,5-mal so lang wie $\overline{BC}$ und 3-mal so lang wie $\overline{B_2C_2}$.

$\overline{BC}$ entspricht $\overline{B_1C_1}$ geteilt durch 1,5 und ist doppelt so lang wie $\overline{B_2C_2}$.

Der Winkel bei B_2 ist genauso groß wie die Winkel bei B und B_1.

Der Winkel bei A ist genauso groß wie die Winkel bei A_1 and A_2.

$\overline{A_1C_1}$ ist 1,5-mal so lang wie $\overline{AC}$ und 3-mal so lang wie $\overline{A_2C_2}$.

△ **Drei ähnliche Dreiecke**
Diese drei Dreiecke sind ähnlich zueinander: Entsprechende Winkel wie die bei A, A_1, und A_2 sind gleich und entsprechende Seiten wie $\overline{AB}$, $\overline{A_1B_1}$ und $\overline{A_2B_2}$ stehen im selben Verhältnis zueinander wie die anderen Seiten. Dies lässt sich leicht überprüfen, indem man die Seitenlängen des einen Dreiecks durch die Längen der entsprechenden Seitenlängen des anderen Dreiecks dividiert. Wenn das Ergebnis der Division dasselbe ist, stehen die Seiten im selben Verhältnis zueinander.

GEOMETRIE

WANN SIND DREIECKE ÄHNLICH?

Die Ähnlichkeit von Dreiecken kann man feststellen, ohne jede einzelne Seite und jeden einzelnen Winkel zu messen. Es reicht, bestimmte Werte für beide Dreiecke zu überprüfen, um die Ähnlichkeit von Dreiecken festzustellen: zwei Winkel; alle drei Seiten; zwei Seiten und der eingeschlossene Winkel. Bei rechtwinkligen Dreiecken genügt es, die Hypotenuse und eine weitere Seite zu überprüfen.

Zwei Winkel stimmen überein

Stimmen Dreiecke in zwei Winkeln überein, so stimmen Sie auch im dritten Winkel überein (Winkelsummensatz) und sind damit ähnlich.

$$\alpha = \alpha_1$$
$$\gamma = \gamma_1$$

Ein Winkel und das Verhältnis der anliegenden Seiten stimmen überein

Stimmen Dreieck in einem Winkel und dem Verhältnis der beiden anliegenden Seiten überein, so sind sie ähnlich.

$$\frac{\overline{PR}}{\overline{P_1R_1}} = \frac{\overline{PQ}}{\overline{P_1Q_1}} = y \text{ und } \lambda = \lambda_1$$

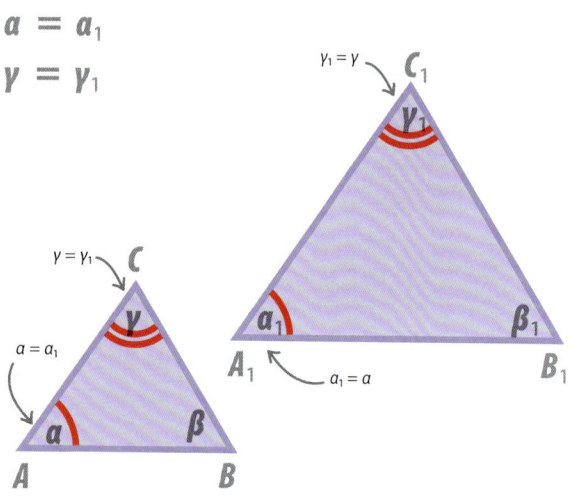

Alle Verhältnisse entsprechender Seiten stimmen überein

Stimmen die Verhältnisse aller drei einander entsprechenden Seiten überein, so sind die Dreiecke ähnlich.

$$\frac{\overline{AB}}{\overline{A_1B_1}} = \frac{\overline{AC}}{\overline{A_1C_1}} = \frac{\overline{BC}}{\overline{B_1C_1}} = x$$

Verhältnis zweier Seiten und der der größeren Seite gegenüberliegende Winkel stimmen überein

Stimmen die Verhältnisse zweier entsprechender Seiten und der der größeren Seite gegenüberliegende Winkel überein, so sind die Dreiecke ähnlich.

$$\frac{\overline{LN}}{\overline{L_1N_1}} = \frac{\overline{ML}}{\overline{M_1L_1}} \left(\text{oder } \frac{\overline{MN}}{\overline{M_1N_1}} \right)$$

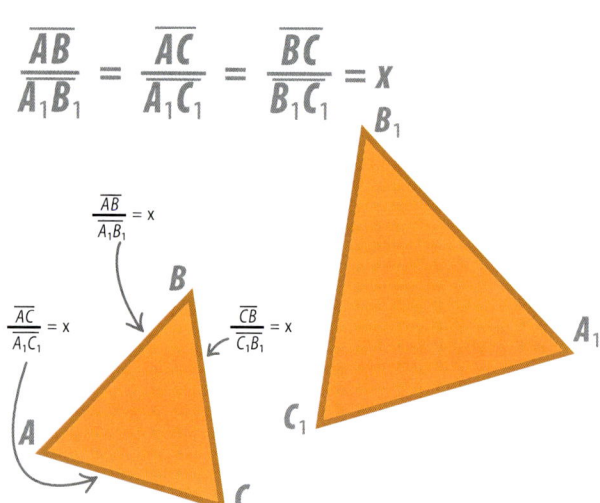

FEHLENDE SEITENLÄNGEN IN ÄHNLICHEN DREIECKEN BESTIMMEN

Mithilfe der Seitenverhältnisse entsprechender Seiten in ähnlichen Dreiecke lassen sich die fehlenden Seitenlängen ganz einfach berechnen.

▷ Ähnliche Dreiecke
Die Dreiecke ABC und ADE sind ähnlich (zwei gleiche Winkel). Die fehlenden Seitenlängen von $\overline{AD}$ und $\overline{BC}$ können mithilfe der Seitenverhältnissse berechnet werden.

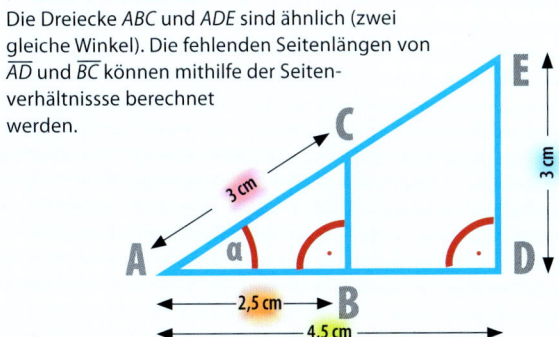

Länge der Seite $\overline{BC}$ bestimmen

Um die Seitenlänge von $\overline{BC}$ zu berechnen, benötigt man das Seitenverhältnis von $\overline{DE}$ zu $\overline{BC}$. Das ergibt sich aus dem Verhältnis der Strecken $\overline{AD}$ und $\overline{AB}$ und der Ähnlichkeit der beiden Dreiecke.

Schreibe die beiden Seitenverhältnisse auf: Längere Seite im Zähler, kürzere im Nenner.

$$\frac{\overline{DE}}{\overline{BC}} = \frac{\overline{AD}}{\overline{AB}}$$

Setze bekannte Werte ein. Die Formel muss nun umgestellt werden, um die Länge der Strecke $\overline{BC}$ zu berechnen.

$$\frac{3}{\overline{BC}} = \frac{4{,}5}{2{,}5}$$

Gleichung umstellen: Um $\overline{BC}$ zu isolieren multipliziere zunächst beide Seiten der Gleichung mit $\overline{BC}$.

Beide Seiten mit der $\overline{BC}$ multiplizieren.   Beide Seiten mit $\overline{BC}$ multiplizieren.

$$3 = \frac{4{,}5}{2{,}5} \cdot \overline{BC}$$

Nochmal umstellen: Dieses Mal werden beide Seiten der Gleichung mit 2,5 Multipliziert.

Beide Seiten mit 2,5 multiplizieren.

$$3 \cdot 2{,}5 = 4{,}5 \cdot \overline{BC}$$

Beide Seiten mit 2,5 multiplizieren.

Jetzt wird $\overline{BC}$ isoliert, indem man beide Seiten der Gleichung durch 4,5 teilt.

Beide Seiten durch 4,5 teilen.   Beide Seiten durch 4,5 teilen.

$$\overline{BC} = \frac{3 \cdot 2{,}5}{4{,}5}$$

Länge der Seite $\overline{AE}$ berechnen

Um die Seitenlänge von $\overline{AE}$ zu berechnen, benötigt man das Seitenverhältnis von $\overline{AE}$ zu $\overline{AC}$ und das Verhältnis zweier Seiten, deren Länge bekannt ist: $\overline{AD}$ und $\overline{AB}$.

Schreibe die beiden Seitenverhältnisse auf: Längere Seite im Zähler, kürzere im Nenner.

$$\frac{\overline{AE}}{\overline{AC}} = \frac{\overline{AD}}{\overline{AB}}$$

Setze bekannte Werte ein. Die Formel muss nun umgestellt werden, um die Länge der Strecke $\overline{AE}$ zu berechnen.

$\overline{AE}$ ist unbekannt

$$\frac{\overline{AE}}{3} = \frac{4{,}5}{2{,}5}$$

Gleichung umstellen: Um $\overline{AE}$ zu isolieren, multipliziere zunächst beide Seiten der Gleichung mit 3.

Beide Seiten mit 3 multiplizieren.

$$\overline{AE} = 3 \cdot \frac{4{,}5}{2{,}5}$$

Beide Seiten mit 3 multiplizieren.

Das Ergebnis kann nun ausgerechnet und ggf. sinnvoll gerundet werden.

$$\overline{AE} = 5{,}4 \text{ cm}$$

Das Ergebnis kann nun ausgerechnet und ggf. sinnvoll gerundet werden.

1,6666 ... gerundet auf zwei Nachkommastellen

$$\overline{BC} \approx 1{,}67 \text{ cm}$$

Satz des Pythagoras

MITHILFE DES SATZES VON PYTHAGORAS KÖNNEN FEHLENDE SEITENLÄNGEN RECHTWINKLIGER DREIECKE BERECHNET WERDEN.

SIEHE AUCH	
‹32–35	Potenzen und Wurzeln
‹108–109	Dreiecke
‹114–116	Flächeninhalt des Dreiecks
Formeln	169–171 ›

Sind in einem rechtwinkligen Dreieck zwei der drei Seitenlängen bekannt, so kann die dritte mit dem Satz des Pythagoras berechnet werden.

Was besagt der Satz des Pythagoras?

Die Grundaussage ist die folgende: In einem rechtwinkligen Dreieck ABC ist der Flächeninhalt des Quadrats über der Hypotenuse gleich der Summe der Flächeninhalte der Quadrate über den **Katheten** (das sind die beiden kürzeren Seiten). Das Quadrat über jeder Seite kann man zeichnerisch darstellen. Der Flächeninhalt des größeren Quadrats entspricht exakt der Summe der Flächeninhalte der anderen beiden Quadrate.

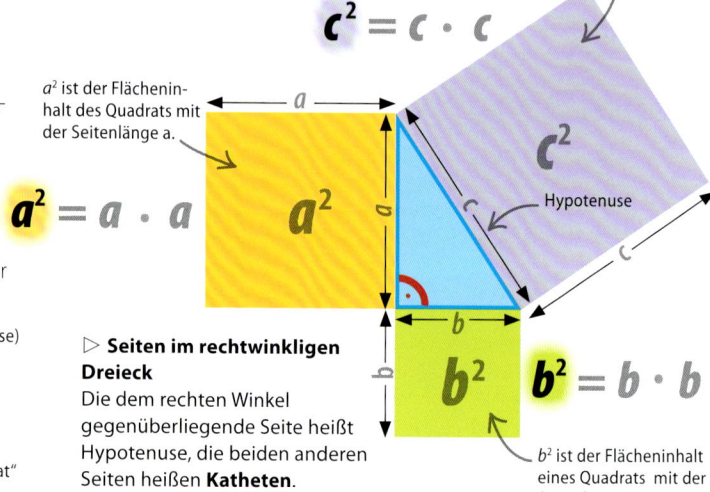

$c^2 = c \cdot c$

c^2 ist der Flächeninhalt eines Quadrats mit der Seitenlänge c (Hypotenuse des Dreiecks).

a^2 ist der Flächeninhalt des Quadrats mit der Seitenlänge a.

$a^2 = a \cdot a$

$b^2 = b \cdot b$

b^2 ist der Flächeninhalt eines Quadrats mit der Seitenlänge b.

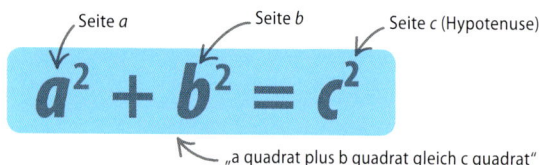

Seite a — Seite b — Seite c (Hypotenuse)

$$a^2 + b^2 = c^2$$

„a quadrat plus b quadrat gleich c quadrat"

▷ **Seiten im rechtwinkligen Dreieck**
Die dem rechten Winkel gegenüberliegende Seite heißt Hypotenuse, die beiden anderen Seiten heißen **Katheten**.

Beispielhaft kann man Zahlen einsetzen und die Aussage testen:

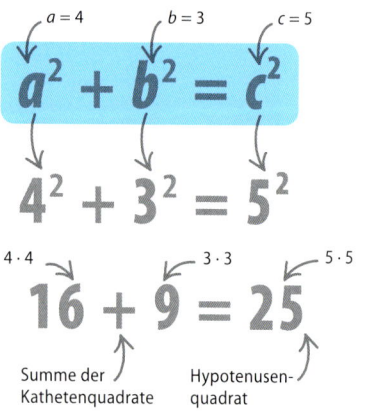

$a = 4$ $\quad b = 3$ $\quad c = 5$

$$a^2 + b^2 = c^2$$

$$4^2 + 3^2 = 5^2$$

$4 \cdot 4 \quad\quad 3 \cdot 3 \quad\quad 5 \cdot 5$

$$16 + 9 = 25$$

Summe der Kathetenquadrate — Hypotenusenquadrat

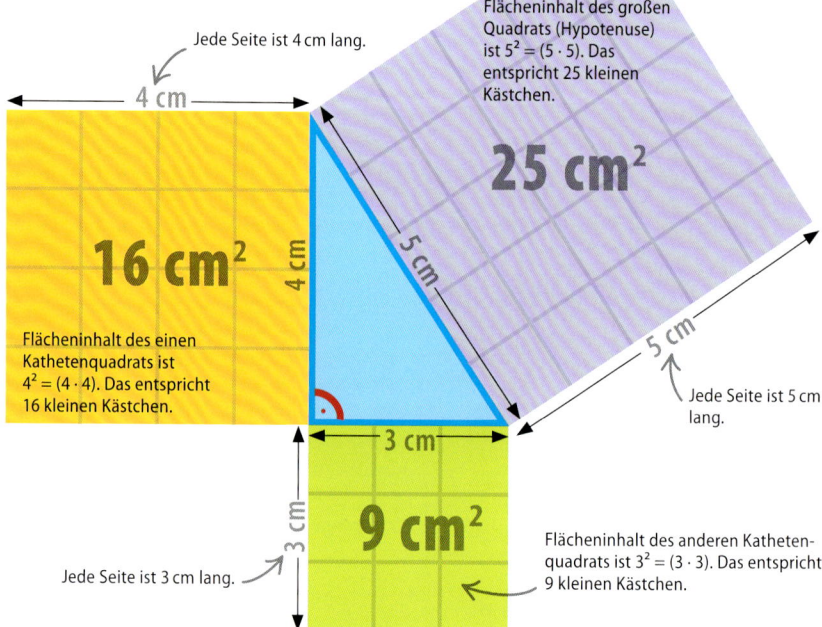

Jede Seite ist 4 cm lang.

4 cm

16 cm²

Flächeninhalt des einen Kathetenquadrats ist $4^2 = (4 \cdot 4)$. Das entspricht 16 kleinen Kästchen.

Flächeninhalt des großen Quadrats (Hypotenuse) ist $5^2 = (5 \cdot 5)$. Das entspricht 25 kleinen Kästchen.

25 cm²

5 cm

Jede Seite ist 5 cm lang.

3 cm

9 cm²

Jede Seite ist 3 cm lang.

Flächeninhalt des anderen Kathetenquadrats ist $3^2 = (3 \cdot 3)$. Das entspricht 9 kleinen Kästchen.

△ **Pythagoras mit Zahlen**
In der Gleichung ergibt die Summe der Quadrate der kürzeren beiden Seiten (4 und 3) das Quadrat über der Hypotenuse (5). Dies ist allerdings noch kein Beweis dafür, dass der Satz immer funktioniert.

SATZ DES PYTHAGORAS

Hypotenusenlänge berechnen

Mithilfe des Satzes von Pythagoras kann man die Länge der Hypotenuse berechnen, wenn die beiden anderen Seitenlängen bekannt sind. Im Beispiel seien die beiden Seiten 3,5 cm und 7,2 cm lang.

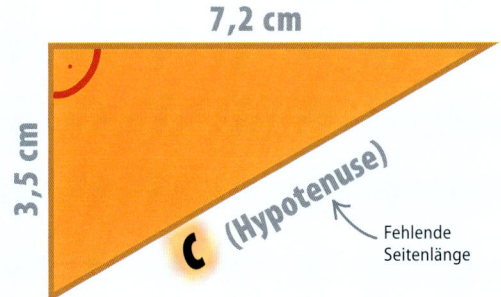

Fehlende Seitenlänge

$$a^2 + b^2 = c^2$$

Zuerst die Formel des Satzes von Pythagoras aufschreiben.

Eine Kathetenlänge — Andere Kathetenlänge — Zu berechnen: Hypotenuse

$$3{,}5^2 + 7{,}2^2 = c^2$$

Setze bekannte Werte ein, im Beispiel 3,5 und 7,2.

$3{,}5 \cdot 3{,}5$ — $7{,}2 \cdot 7{,}2$

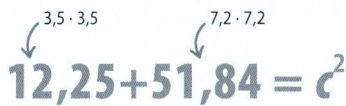

$$12{,}25 + 51{,}84 = c^2$$

Berechne das Quadrat für jede der beiden Katheten.

$12{,}25 + 51{,}84$

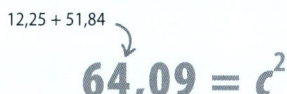

$$64{,}09 = c^2$$

Addiere beide Werte. Das Ergebnis ist c^2.

Quadratwurzel

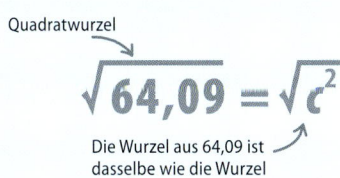

$$\sqrt{64{,}09} = \sqrt{c^2}$$

Berechne die Wurzel mit dem Taschenrechner: Das Ergebnis ist die Länge der Seite c.

Die Wurzel aus 64,09 ist dasselbe wie die Wurzel aus c^2.

Die Wurzel ist die Länge der Hypotenuse.

Auf zwei Dezimalstellen gerundetes Ergebnis

$$c \approx 8{,}01\,\text{cm}$$

Kathetenlänge berechnen

Ordnet man die Formel etwas anders an, so kann man auch die Seitenlänge einer der Katheten bestimmen, wenn die Länge der Hypotenuse und die Länge der anderen Seite gegeben sind. Im Beispiel sei eine Kathetenlänge (5 cm) und die Länge der Hypotenuse (13 cm) bekannt.

Bekannte Länge

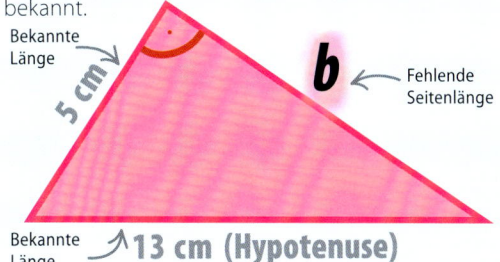

Fehlende Seitenlänge

Bekannte Länge — 13 cm (Hypotenuse)

$$a^2 + b^2 = c^2$$

Zuerst die Formel des Satzes von Pythagoras aufschreiben.

Bekannte Seite — Hypotenuse

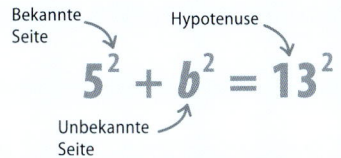

Unbekannte Seite

Setze bekannte Werte ein, im Beispiel 5 und 13.

Unbekannte Seite steht nun isoliert

$$b^2 = 13^2 - 5^2$$

Umstellen der Gleichung durch Subtraktion von 5^2 auf beiden Seiten. b^2 steht nun isoliert auf einer Seite ($5^2 - 5^2 = 0$).

$5 \cdot 5$

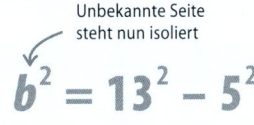

$13 \cdot 13$

Berechne die Quadrate der beiden bekannten Seitenlängen.

$$b^2 = 144$$

Berechne die Differenz auf der linken Seite der Gleichung.

Die Wurzel aus 144 ist dasselbe wie die Wurzel aus b^2.

$$\sqrt{b^2} = \sqrt{144}$$

Quadratwurzel

Berechne die Wurzel aus 144, das Ergebnis ist die gesuchte Länge.

Die Wurzel ist die Länge der Seite b.

Unbekannte Seite

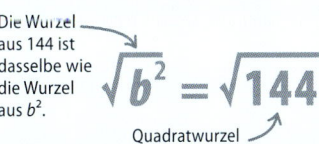

$$b = 12\,\text{cm}$$

122 GEOMETRIE

Vierecke

EIN VIERECK IST EIN VIELECK MIT VIER ECKEN UND VIER SEITEN.

SIEHE AUCH	
‹ 76–77	Winkel
‹ 78–79	Geraden und Strecken
Polygone/Vielecke	126–129 ›

Was ist ein Viereck?

Ein Viereck ist eine Figur der ebenen Geometrie. Es hat vier Ecken und vier Seiten sowie vier Innenwinkel. Die Summe der Winkelgrößen der Innenwinkel ergibt stets 360°. Ein Außenwinkel und ein Innenwinkel addieren sich immer zu 180°, da sie eine gerade Linie bilden. Es gibt viele verschiedene Vierecksarten mit unterschiedlichen Besonderheiten.

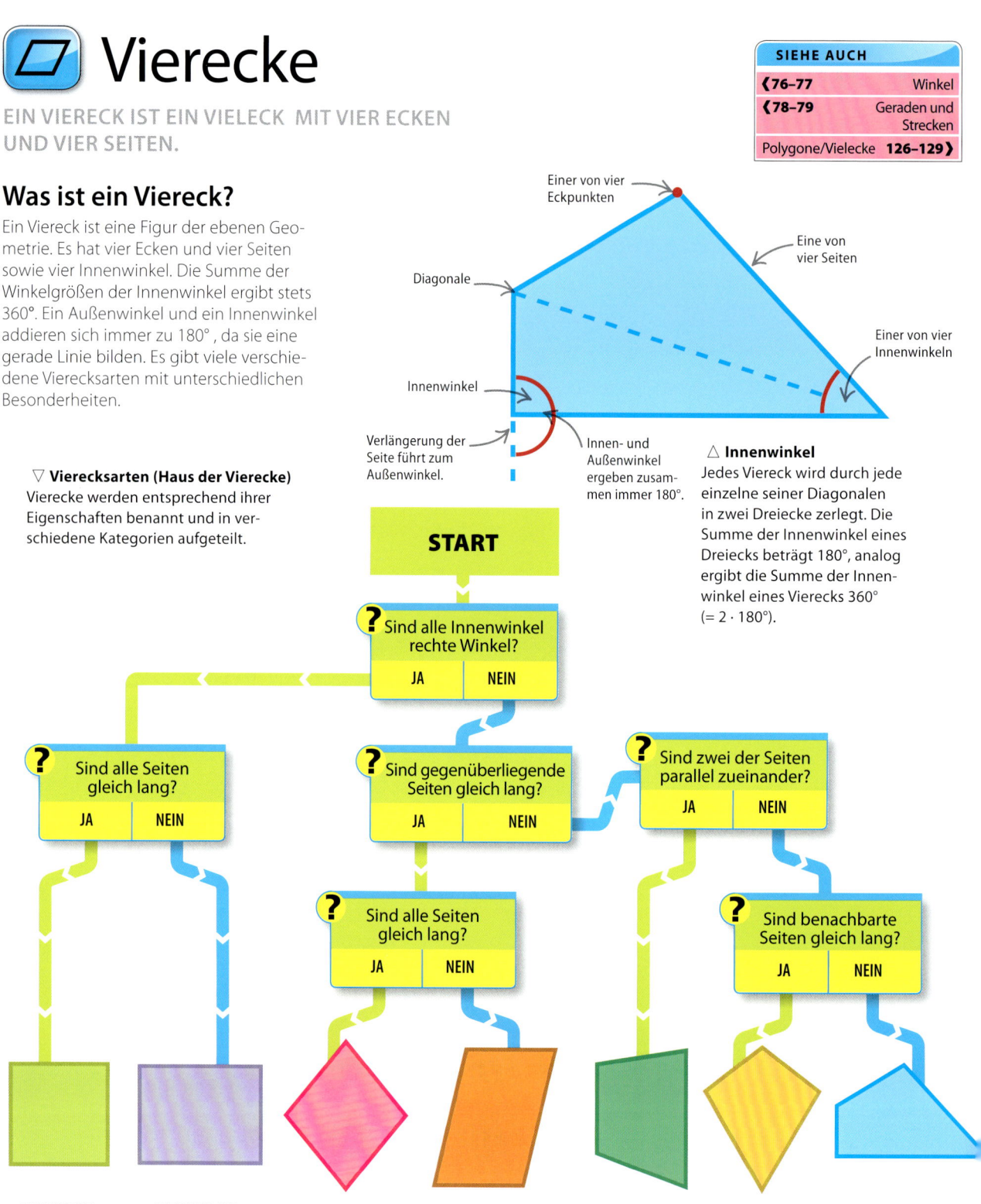

△ **Innenwinkel**
Jedes Viereck wird durch jede einzelne seiner Diagonalen in zwei Dreiecke zerlegt. Die Summe der Innenwinkel eines Dreiecks beträgt 180°, analog ergibt die Summe der Innenwinkel eines Vierecks 360° (= 2 · 180°).

▽ **Vierecksarten (Haus der Vierecke)**
Vierecke werden entsprechend ihrer Eigenschaften benannt und in verschiedene Kategorien aufgeteilt.

EIGENSCHAFTEN VON VIERECKEN

Vierecke sind entsprechend ihrer unterschiedlichen Eigenschaften bezüglich Winkelgöße, Parallelität und Seitenlängen in verschiedene Gruppen aufgeteilt. Die wichtigsten Viereckstypen sind unten aufgeführt.

Quadrat

Ein Quadrat hat vier gleich lange Seiten und vier rechte Winkel. Gegenüberliegende Seiten sind parallel. Die Diagonalen stehen senkrecht aufeinander und halbieren einander.

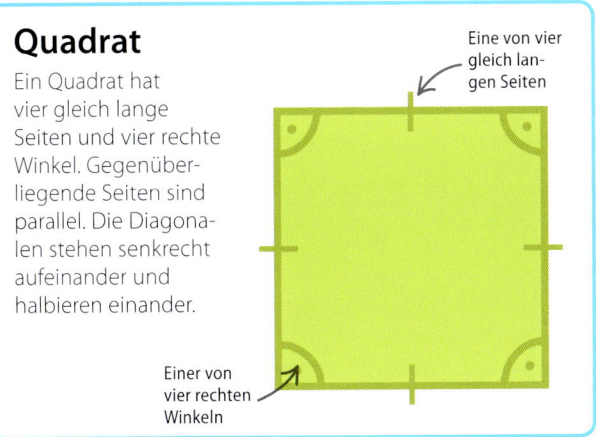

Eine von vier gleich langen Seiten

Einer von vier rechten Winkeln

Rechteck

Ein Rechteck hat vier rechte Winkel und je zwei paarweise gegenüberliegende parallele und gleich lange Seiten. Die Diagonalen halbieren einander.

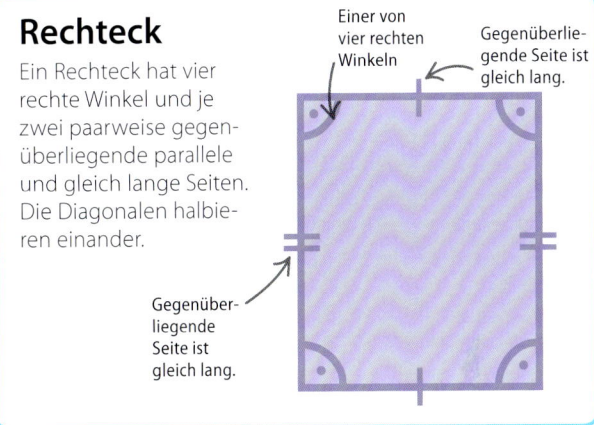

Einer von vier rechten Winkeln

Gegenüberliegende Seite ist gleich lang.

Gegenüberliegende Seite ist gleich lang.

Raute (Rhombus)

Eine Raute hat vier gleich lange Seiten. Gegenüberliegende Seiten sind parallel. Gegenüberliegende Winkel sind gleich groß. Die Diagonalen stehen senkrecht aufeinander und halbieren einander.

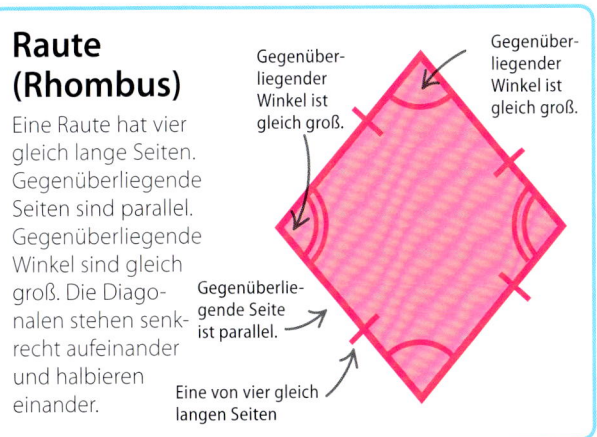

Gegenüberliegender Winkel ist gleich groß.

Gegenüberliegender Winkel ist gleich groß.

Gegenüberliegende Seite ist parallel.

Eine von vier gleich langen Seiten

Parallelogramm

Gegenüberliegende Seiten sind parallel und gleich lang. Gegenüberliegende Winkel sind gleich groß. Die Diagonalen halbieren einander im Mittelpunkt.

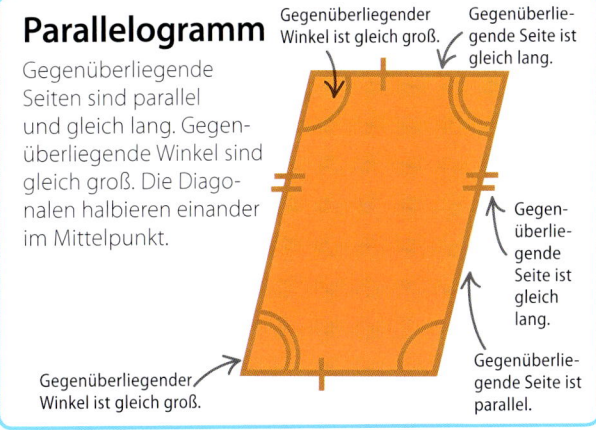

Gegenüberliegender Winkel ist gleich groß.

Gegenüberliegende Seite ist gleich lang.

Gegenüberliegende Seite ist gleich lang.

Gegenüberliegender Winkel ist gleich groß.

Gegenüberliegende Seite ist parallel.

Trapez

Minestens zwei der Seiten eines Trapezes sind parallel (aber nicht unbedingt gleich lang).

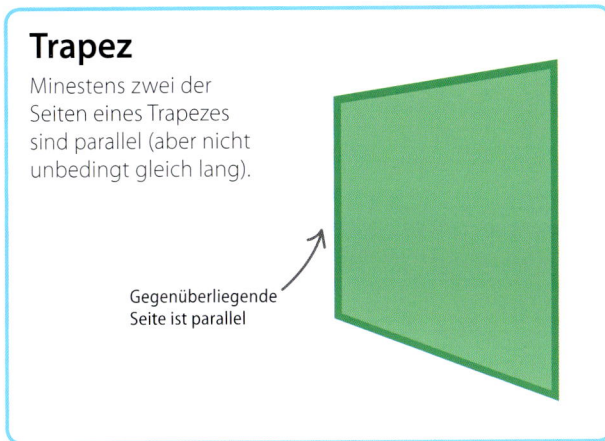

Gegenüberliegende Seite ist parallel

Drachen

Ein Drachen hat zwei Paare gleich langer benachbarter Seiten. Ein Paar gegenüberliegender Winkel ist gleich groß. Die Winkel des anderen Winkelpaars werden durch eine Diagonale halbiert. Eine der beiden Diagonalen wird durch die andere halbiert.

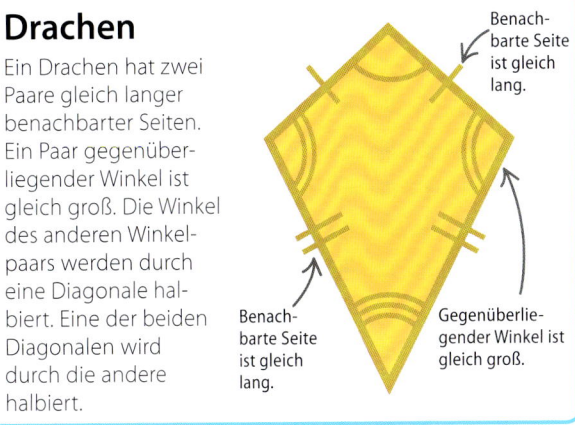

Benachbarte Seite ist gleich lang.

Benachbarte Seite ist gleich lang.

Gegenüberliegender Winkel ist gleich groß.

FLÄCHENINHALT EINES VIERECKS BESTIMMEN

Der Flächeninhalt ist die Größe der von einer Figur begrenzten Fläche. Die Größe von Flächen wird in Flächeneinheiten (Quadratmeter m², Quadtdratzentimeter cm² usw.) angegeben. Für jedes spezielle Viereck gibt es eine Formel zur Berechnung seiner Fläche.

Flächeninhalt eines Quadrats

Der Flächeninhalt wird durch Multiplikation der Länge mit der Breite bestimmt; da die beim Quadrat gleich lang sind, quadriert man eine Seitenlänge.

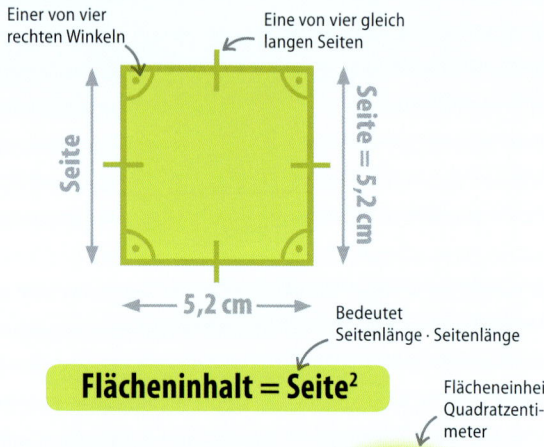

△ **Seitenlängen multiplizieren**
Im Beispiel ist jede der vier Seiten 5,2 cm lang. Um den Flächeninhalt zu bestimmen, rechne 5,2 cm · 5,2 cm.

Flächeninhalt eines Rechtecks

Der Flächeninhalt eines Rechteck wird durch Multiplikation der beiden Seitenlängen berechnet.

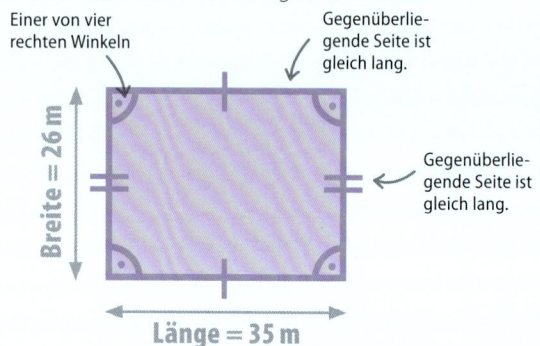

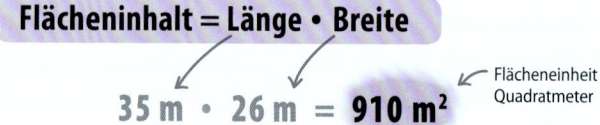

△ **Multipliziere Länge mal Breite**
Das Rechteck ist 26 m breit und 35 m lang. Multipliziere beide Werte.

Flächeninhalt einer Raute

Der Flächeninhalt einer Raute wird berechnet als Produkt aus einer Seitenlänge (Grundseite) und der auf dieser Seite stehenden Höhe.

▷ **Höhe**
Für die Flächeninhaltsberechnung benötigt man die Höhe; im Beispiel ist die Höhe 8 cm lang und die Grundseite 9 cm.

Alternative Berechnungsmethode

Eine alternative Berechnungsmethode, die oft angewendet werden muss, weil nur die Diagonalenlängen bekannt sind: Der Flächeninhalt ist die Hälfte des Produkts der beiden Diagonalenlängen (e und f):

Flächeninhalt = $\frac{1}{2}$ · e · f

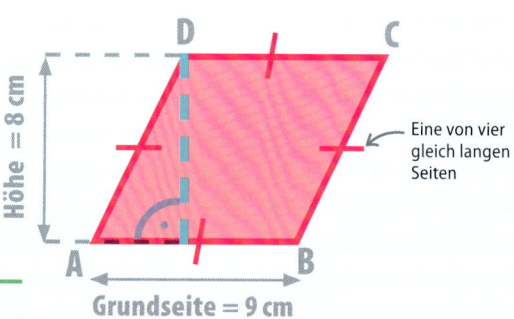

VIERECKE

Flächeninhalt eines Parallelogramms

Der Flächeninhalt eines Parallelogramms wird berechnet als Produkt aus einer Seitenlänge (Grundseite) und der auf dieser Seite stehenden Höhe.

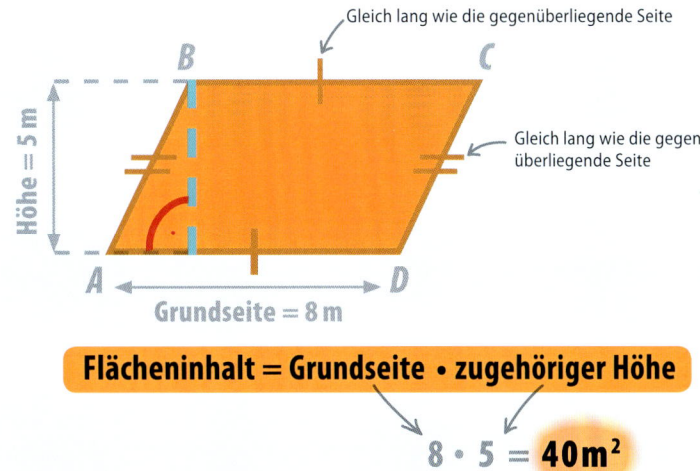

▷ **Grundseite mal Höhe**
Vorsicht: Dies ist kein Rechteck, daher ist die Höhe nicht gleich der Seite $\overline{AB}$. In der Formel muss tatsächlich die Höhe benutzt werden.

Beweis: Die gegenüberliegenden Winkel einer Raute sind gleich groß

Mithilfe zweier gleichschenkliger Dreiecke kann man nachweisen, dass die gegenüberliegenden Winkel einer Raute gleich groß sind. Ein gleichschenkliges Dreieck hat zwei gleich lange Seiten und zwei gleiche große Winkel.

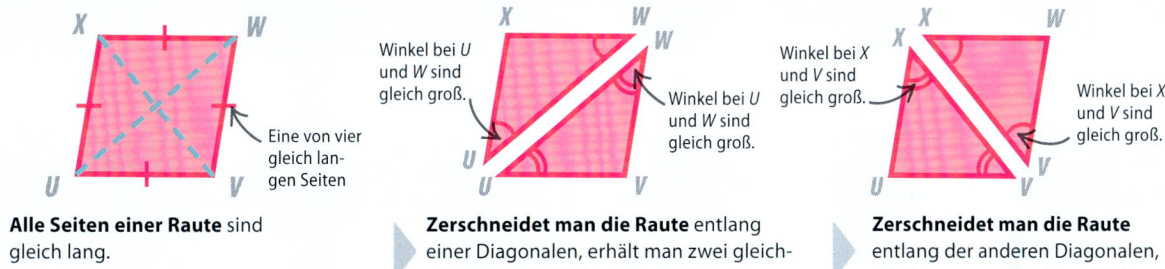

▶ **Alle Seiten einer Raute** sind gleich lang.

▶ **Zerschneidet man die Raute** entlang einer Diagonalen, erhält man zwei gleichschenklige Dreiecke. Jedes hat ein Paar gleich großer Winkel.

▶ **Zerschneidet man die Raute** entlang der anderen Diagonalen, erhält man zwei andere gleichschenklige Dreiecke.

Beweis: Die gegenüberliegenden Seiten eines Parallelogramms sind parallel

Mithilfe zweier kongruenter Dreiecke kann man nachweisen, dass gegenüberliegende Seiten eines Parallelogramms parallel sind. Kongruente Dreiecke haben dieselbe Form und Größe.

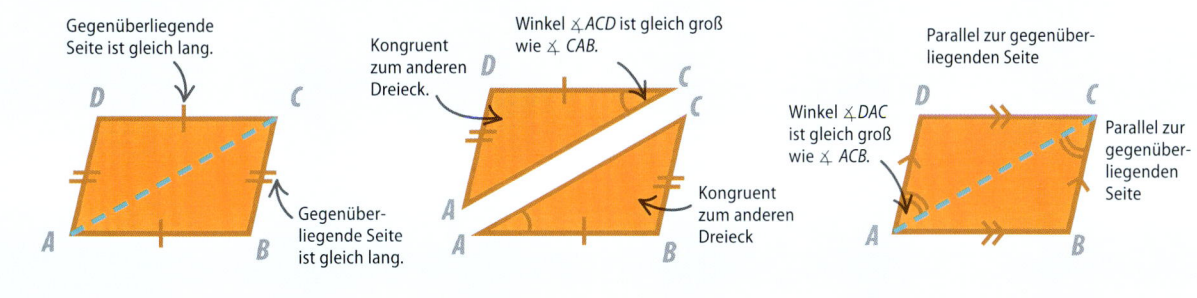

▶ **Gegenüberliegende Seiten** eines Parallelogramms sind gleich lang.

▶ **Die Dreiecke ABC und ACD sind kongruent.** Es gilt Winkel ∡ ACD = ∡ CAB und da sie Wechselwinkel sind, muss $\overline{DC}$ parallel zu $\overline{AB}$ sein.

▶ **Die Dreiecke sind kongruent**, daher gilt ∡ DAC = ∡ ACB; da diese Wechselwinkel sind, muss $\overline{BC}$ parallel zu $\overline{AD}$ sein.

126 GEOMETRIE

Polygone (Vielecke)

POLYGON: GESCHLOSSENER STRECKENZUG IN DER EBENE MIT MINDESTENS DREI ECKEN.

SIEHE AUCH	
‹ 76–77	Winkel
‹ 108–109	Dreiecke
‹ 110–111	Kongruente Dreiecke
‹ 122–125	Vierecke

Polygone können einfache Drei- oder Vierecke, aber auch wesentlich komplexere Formen wie Trapeze oder Zwölfecke sein. Polygone werden entsprechend der Anzahl ihrer Ecken, Winkel und Seiten benannt.

Was ist ein Polygon?

Ein Polygon ist ein geschlossener ebener Streckenzug, der aus mindestens drei Punkten und deren Verbindungsstrecken besteht. Meist sind die Innenwinkel eines Polygons kleiner als die Außenwinkel, das Gegenteil ist allerdings auch möglich. Es gibt sogar Polygone mit Innenwinkeln, die größer als 180° sind.

▷ **Teile eines Polygons**
Unabhängig von ihrer Form bestehen alle Polygone aus Ecken, den sie verbindenden Seiten sowie aus Innen- und Außenwinkeln.

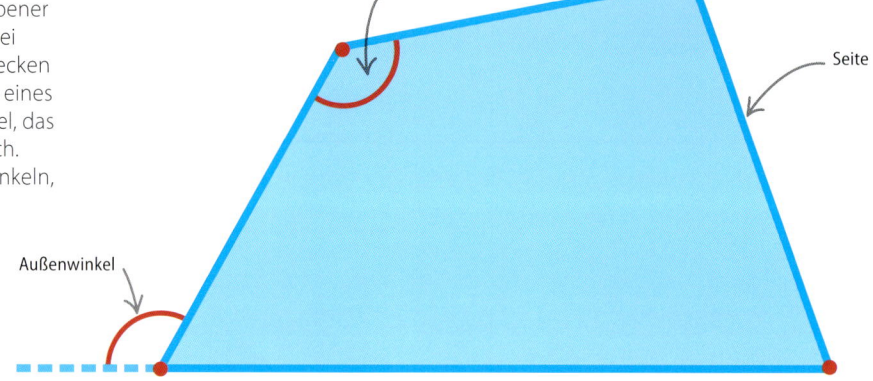

Polygone beschreiben

Es gibt regelmäßige (reguläre) und unregelmäßige (irreguläre) Polygone. Ein Polygon ist regelmäßig, wenn alle Seiten und alle Winkel gleich sind. Ein unregelmäßiges Polygon hat mindestens eine abweichende Seite oder einen abweichenden Winkel.

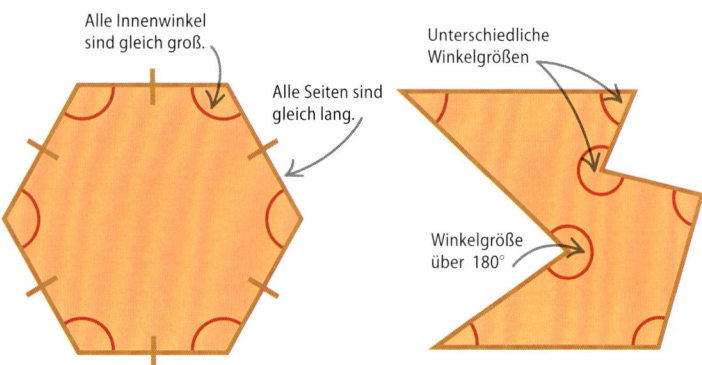

△ **Regelmäßig**
Alle Seiten und Winkel sind gleich groß. Dieses Sechseck (Hexagon) hat sechs gleich lange Seiten und sechs gleich große Winkel.

△ **Unregelmäßig**
In einem unregelmäßigen Polygon sind nicht alle Seiten und Winkel gleich groß. In diesem Polygon sind sogar alle Winkelgrößen und Seitenlängen unterschiedlich.

GENAU HINGESCHAUT
Gleiche Winkel oder gleiche Seiten?

In einem regelmäßigen Polygon sind alle Winkel und alle Seiten gleich. Sie sind also gleichwinklig und gleichseitig. In vielen Polygonen sind nur entweder die Winkel gleich groß oder die Seiten gleich lang.

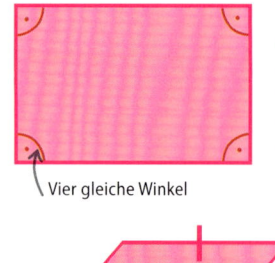

◁ **Gleichwinklig**
Ein Rechteck hat vier gleiche Winkel, aber die Seiten sind nicht alle gleich lang, außer es ist ein Quadrat.

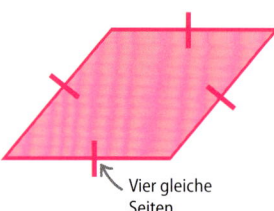

◁ **Gleichseitig**
Eine Raute hat vier gleich lange Seiten, aber die Winkel sind nicht alle gleich groß, außer es ist ein Quadrat.

POLYGONE (VIELECKE)

Polygonbezeichnungen

Egal, ob es sich um ein regelmäßiges oder ein unregelmäßiges Polygon handelt: Die Anzahl der Seiten, Winkel und Ecken ist immer gleich. Diese Anzahl wird bei der Bezeichnung von Polygonen verwendet; beispielsweise heißt ein Polygon mit sechs Ecken, Seiten und Winkeln „Sechseck" oder „Hexagon" („hexa" von griech. „sechs" und „gonia" von griech. „Ecke", „Winkel"). Sind alle Winkelgrößen und Seitenlängen gleich, so heißt es regelmäßiges (reguläres) Sechseck oder Hexagon, sonst unregelmäßiges (irreguläres) Sechseck oder Hexagon.

Dreieck
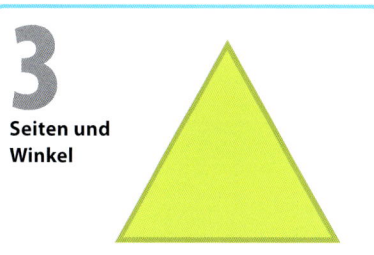
3 Seiten und Winkel

Viereck
4 Seiten und Winkel

Fünfeck/Pentagon
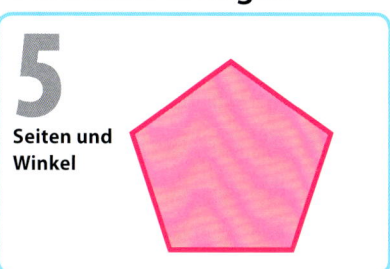
5 Seiten und Winkel

Sechseck/Hexagon

6 Seiten und Winkel

Siebeneck/Heptagon
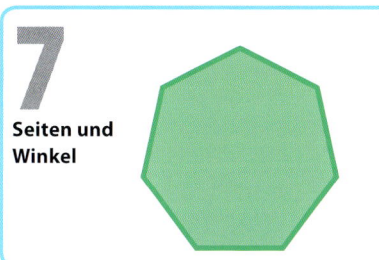
7 Seiten und Winkel

Achteck/Oktagon
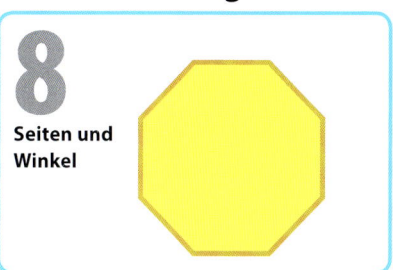
8 Seiten und Winkel

Neuneck/Nonagon
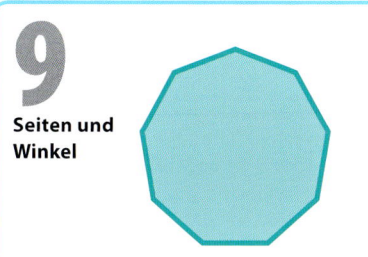
9 Seiten und Winkel

Zehneck/Dekagon
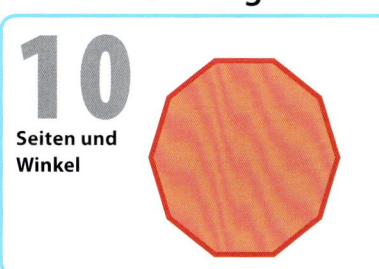
10 Seiten und Winkel

Elfeck/Hendekagon
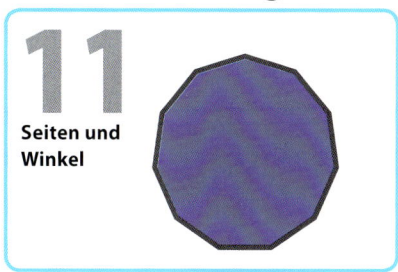
11 Seiten und Winkel

Zwölfeck/Dodekagon
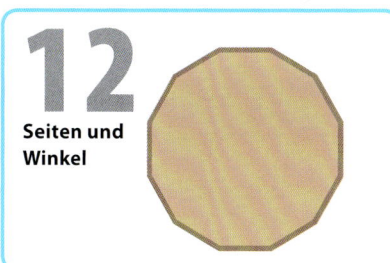
12 Seiten und Winkel

15-Eck/Pentadekagon
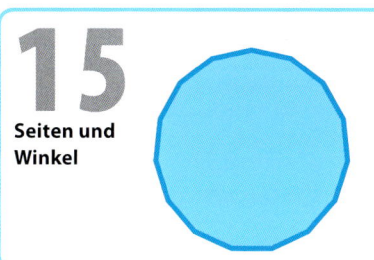
15 Seiten und Winkel

20-Eck/Ikosagon

20 Seiten und Winkel

EIGENSCHAFTEN VON POLYGONEN

Auch wenn es unzählige unterschiedliche Polygone gibt, so besitzen sie doch alle einige wesentliche gemeinsame Eiganschaften.

Konvex oder konkav?

Unabhängig von der Anzahl der Ecken kann ein Polygon konvex oder konkav sein.
Konvex: Zieht man eine Linie von einem Eckpunkt zum übernächsten Eckpunkt, so liegt der ausgelassene Eckpunkt außerhalb des neu entstandenen Polygons. **Konkav:** Liegt der ausgelassene Eckpunkt **immer** innerhalb des neu entstandenen Polygons, so ist das Polygon konkav.

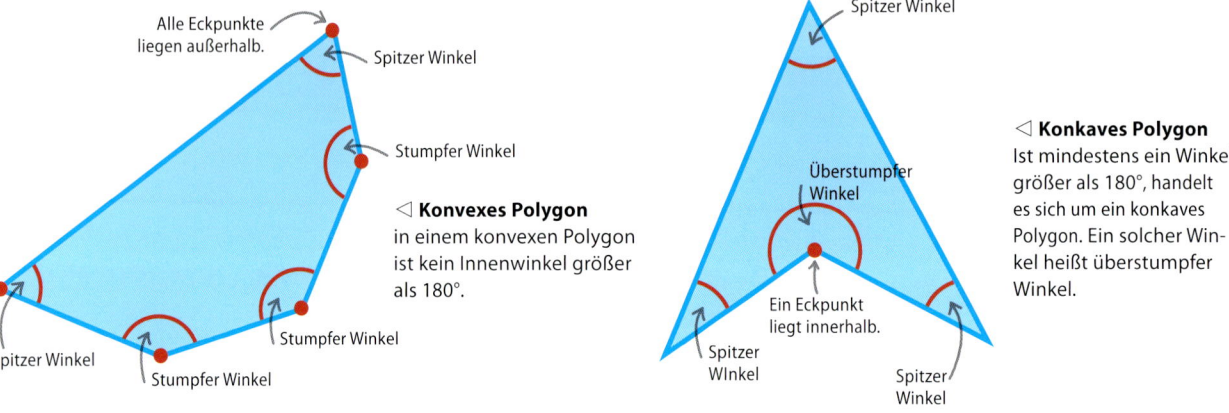

◁ **Konvexes Polygon**
in einem konvexen Polygon ist kein Innenwinkel größer als 180°.

◁ **Konkaves Polygon**
Ist mindestens ein Winkel größer als 180°, handelt es sich um ein konkaves Polygon. Ein solcher Winkel heißt überstumpfer Winkel.

Summe der Innenwinkel eines Polygons

Die Summe der Innenwinkel eines Polygons hängt ab von der Anzahl seiner Ecken. Zerlegt man das Polygon in Dreiecke, kann man die Summe bestimmen.

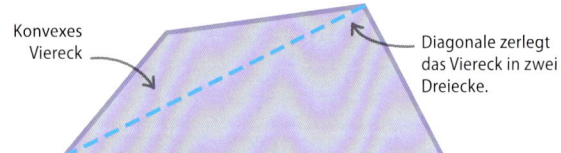

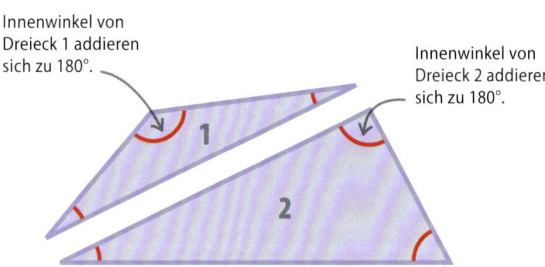

Dieses Viereck ist konvex – jeder seiner Winkel ist kleiner als 180°. Die Summe der Innenwinkel kann durch Zerlegung in Dreiecke berechnet werden. Man verbindet einfach immer zwei nicht benachbarte Eckpunkte miteinander.

▷ **Ein Viereck kann in zwei Dreiecke** zerlegt werden. Die Winkelsumme jedes Dreiecks ist 180°, daher ist die Summe der Innenwinkel des Vierecks gleich 2 · 180° = 360°.

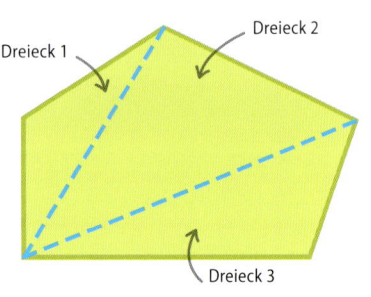

◁ **Unregelmäßiges Fünfeck**
Das Fünfeck wird in drei Dreiecke zerlegt. Die Summe der Innenwinkel ist die Summe der Innenwinkel aller drei Dreiecke: 3 · 180° = 540°.

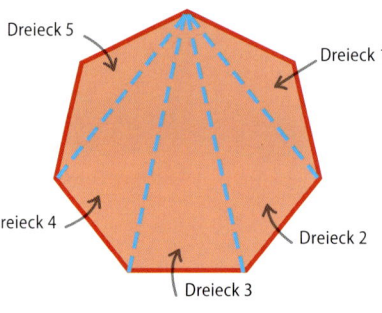

◁ **Regelmäßiges Siebeneck**
Ein Siebeneck kann in fünf Dreiecke zerlegt werden. Die Summe seiner Innenwinkel ist wieder die Summe der Innenwinkel aller Dreiecke zusammen: 5 · 180° = 900°.

POLYGONE (VIELECKE)

Eine Formel für die Innenwinkelsumme konvexer Polygone

Die Summe der Innenwinkel eines konvexen Polygons mit n Seiten ist immer 180° multipliziert mit der um zwei verringerten Anzahl der Seiten.

Summe der Innenwinkel = (n − 2) • 180°

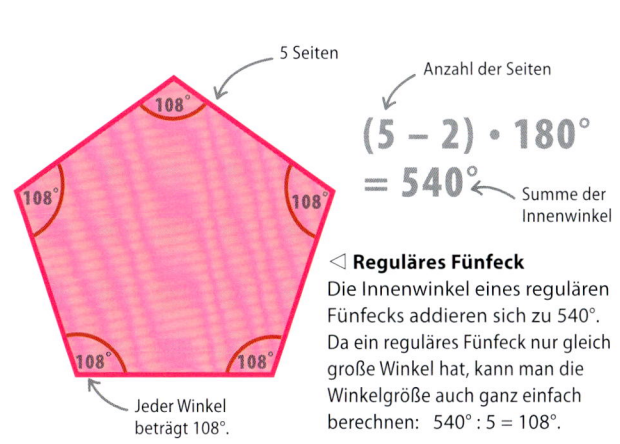

5 Seiten
Anzahl der Seiten

(5 − 2) • 180°
= 540° ← Summe der Innenwinkel

◁ **Reguläres Fünfeck**
Die Innenwinkel eines regulären Fünfecks addieren sich zu 540°. Da ein reguläres Fünfeck nur gleich große Winkel hat, kann man die Winkelgröße auch ganz einfach berechnen: 540° : 5 = 108°.

Jeder Winkel beträgt 108°.

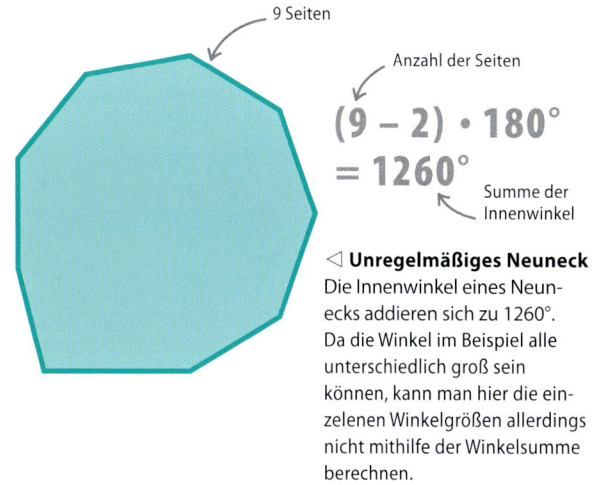

9 Seiten
Anzahl der Seiten

(9 − 2) • 180°
= 1260° ← Summe der Innenwinkel

◁ **Unregelmäßiges Neuneck**
Die Innenwinkel eines Neunecks addieren sich zu 1260°. Da die Winkel im Beispiel alle unterschiedlich groß sein können, kann man hier die einzelnen Winkelgrößen allerdings nicht mithilfe der Winkelsumme berechnen.

Summe der Außenwinkel

Die Außenwinkel eines Polygons sind die Nebenwinkel der Innenwinkel. Die Summe aller Außenwinkel eines Polygons beträgt 360°.

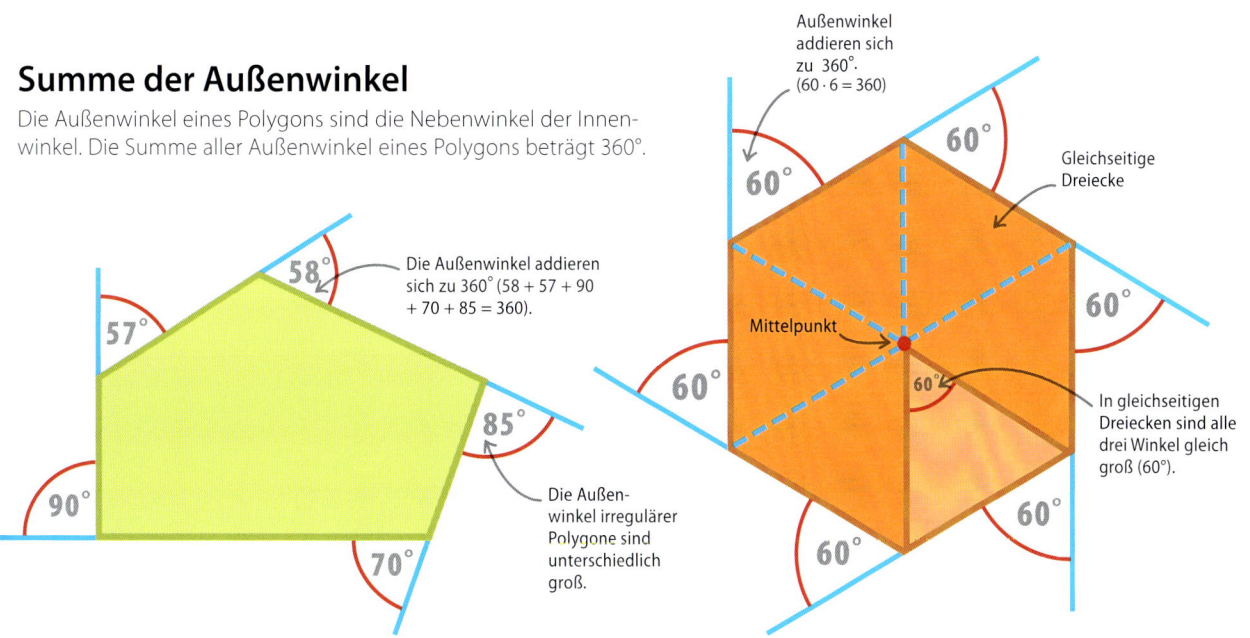

Die Außenwinkel addieren sich zu 360° (58 + 57 + 90 + 70 + 85 = 360).

Die Außenwinkel irregulärer Polygone sind unterschiedlich groß.

Außenwinkel addieren sich zu 360°. (60 · 6 = 360)

Gleichseitige Dreiecke

Mittelpunkt

In gleichseitigen Dreiecken sind alle drei Winkel gleich groß (60°).

△ **Irreguläres Fünfeck**
Die Außenwinkel eines konvexen Polygons addieren sich zu 360°, auch wenn es ein unregelmäßiges Polygon ist. Man kann sich das so erklären, dass die Außenwinkel aneinandergelegt genau einen Kreis (360°) ergeben würden.

△ **Reguläres Sechseck**
Die Größe der Außenwinkel kann man berechnen, indem man 360° durch die Anzahl der Seiten des Polygons teilt. Zerlegt man dieses reguläre Polygon in sechs Dreiecke, so treffen in der Mitte sechs gleich große Winkel zusammen, die alle dieselbe Größe haben wie die Außenwinkel.

Kreise

EIN KREIS IST DIE MENGE VON PUNKTEN, DIE ALLE DENSELBEN ABSTAND ZUM MITTELPUNKT M HABEN.

> **SIEHE AUCH**
> ⟨ 74–75 Zeichenwerkzeuge
> Kreisumfang und -durchmesser 132–133 ⟩
> Flächeninhalt des Kreises 134–135 ⟩

Eigenschaften eines Kreises

Ein Kreis ist spiegelsymmetrisch, das heißt, er kann in zwei Hälften zerlegt werden, die jeweils spiegelbildlich zueinander sind (S. 80). Die Spiegelachse (eigentlich gibt es unendlich viele davon im Kreis) ist eine der wichtigsten Linien überhaupt, sie geht durch den Mittelpunkt M und heißt Durchmesser. Ein Kreis ist außerdem drehsymmetrisch (Drehung um den Mittelpunkt M).

Kreisumfang Länge der Kreislinie

Segment Fläche zwischen einer Sehne und dem Kreisbogen

Sehne Verbindungsstrecke zweier Punkte des Kreisbogens

Kreisbogen Teil der Kreislinie

Durchmesser geht genau durch M und zerlegt den Kreis

Sektor Fläche zwischen zwei Radien und dem Kreisbogen

Mittelpunkt M des Kreises

Radius Abstand von M zur Kreislinie

Tangente Gerade, die den Kreis in einem Punkt berührt

Flächeninhalt Größe der gesamten Kreisfläche

▷ **Geraden und Linien am Kreis**
Die wichtigsten Kreisstücke sowie Geraden, Punkte und Linien am Kreis sind im Diagramm zu sehen. Sie tauchen in vielen Formeln der nächsten Seiten auf.

Kreisteile

Die wichtigsten Kreisteile sind hier nochmal im Einzelnen aufgeführt.

Radius
Jede Verbindungsstrecke zwischen dem Mittelpunkt M und der Kreislinie heißt Radius (plur. Radien).

Durchmesser
Jede Verbindungsstrecke zweier Punkte der Kreislinie, die durch den Mittelpunkt M geht, heißt Durchmesser.

Sehne
Jede Verbindungsstrecke zweier Punkte der Kreislinie heißt Sehne.

Segment
Fläche zwischen einer Sehne und dem zugehörigen Kreisbogen.

Umfang
Der Umfang ist die Länge der gesamten Kreislinie.

Kreisbogen
Ein Kreisbogen ist ein Teil der gesamten Kreislinie.

Sektor
Die von zwei Radien und einem Kreisbogen eingeschlossene Fläche (ähnlich einem „Tortenstück").

Flächeninhalt
Der Flächeninhalt ist die Größe der Kreisfläche.

Tangente
Eine Tangente ist eine Gerade, die den Kreis in genau einem Punkt berührt.

Sekante
Eine Sekante ist eine Gerade, die den Kreis in zwei Punkten schneidet.

Einen Kreis mit dem Zirkel zeichnen

Um einen Kreis mit einem vorgegebenen Radius zu zeichnen, benötigt man einen Zirkel und ein Lineal. Mit dem Lineal misst man den genauen Radius ab und stellt diesen am Zirkel ein. Dann sticht man mit dem Zirkel dort ein, wo der Mittelpunkt des Kreises sein soll, und zieht die Kreislinie.

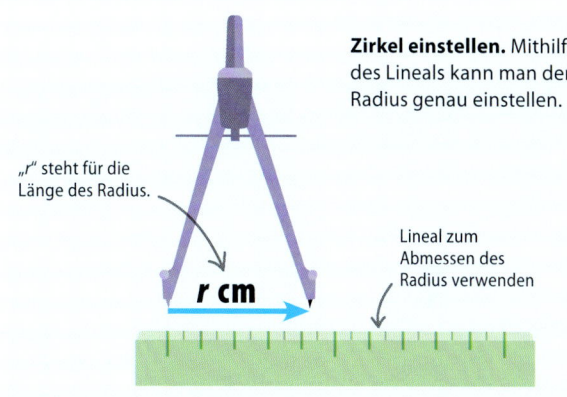

Zirkel einstellen. Mithilfe des Lineals kann man den Radius genau einstellen.

„r" steht für die Länge des Radius.

Lineal zum Abmessen des Radius verwenden

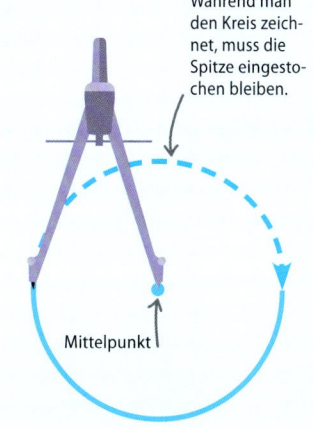

Während man den Kreis zeichnet, muss die Spitze eingestochen bleiben.

Stich mit dem Zirkel dort ein, wo der Mittelpunkt sein soll, und ziehe mit der Zirkelmine den Kreis.

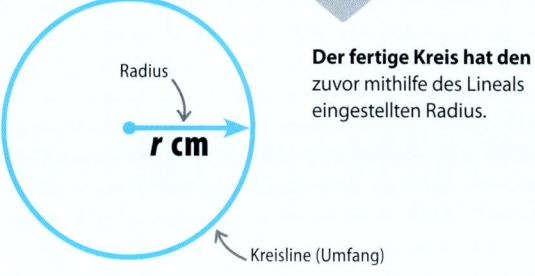

Der fertige Kreis hat den zuvor mithilfe des Lineals eingestellten Radius.

Radius

Kreisline (Umfang)

Kreisumfang und -durchmesser

DIE LÄNGE DER GESAMTEN KREISLINIE HEISST UMFANG. JEDE VERBINDUNGSSTRECKE ZWEIER PUNKTE DER KREISLINIE, DIE DURCH M GEHT, HEISST DURCHMESSER.

Alle Kreise sind ähnlich zueinander, denn sie haben dieselbe Form. Kreisumfang und Kreisdurchmesser stehen in jedem Kreis im selben Verhältnis zueinander.

SIEHE AUCH
- ⟨ 48–51   Verhältnis und Proportion
- ⟨ 96–97   Zentrische Streckung
- ⟨ 130–131 Kreise
- Flächeninhalt des Kreises   134–135 ⟩

Die Zahl Pi
Das Verhältnis zwischen Umfang und Durchmesser eines Kreises ist immer dasselbe: Die Zahl π (Pi). Diese Zahl kommt in vielen Formeln zur Berechnung von Kreisen, Kreisteilen, Umfang usw. vor.

Symbol für Pi

$$\pi \approx 3{,}14$$

Gerundet auf 2 Dezimalstellen

◁ **Der Wert von Pi**
Pi ist ein unendlicher Dezimalbruch (3,1415926 …). Meist wird die Zahl Pi aber gerundet auf zwei Dezimalstellen angegeben.

Umfang (U)
Der Umfang ist die Länge der Kreislinie. Man kann ihn mithilfe des Radius oder des Durchmessers und der Kreiszahl Pi bestimmen. Der Durchmesser eines Kreises ist immer doppelt so groß wie sein Radius.

Umfang — π ist eine Konstante — Radius
$$U = 2\,\pi\,r$$

Umfang — π ist eine Konstante — Durchmesser
$$U = \pi\,d$$

◁ **Formel zur Berechnung des Umfangs**
Es gibt zwei Formeln für den Kreisumfang; einen benutzt den Radius, eine den Durchmesser.

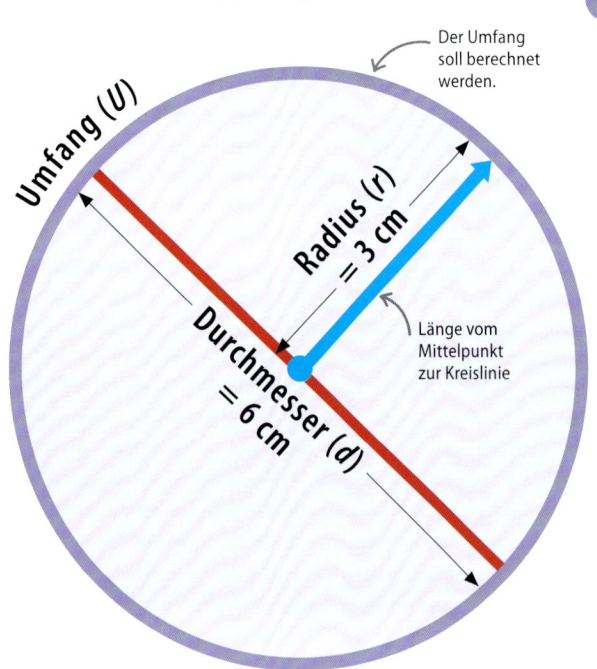

Der Umfang soll berechnet werden.

Umfang (U) · Radius (r) = 3 cm · Durchmesser (d) = 6 cm

Länge vom Mittelpunkt zur Kreislinie

Die Formel zur Berechnung des Umfangs besagt, dass der Umfang gleich dem Produkt aus der Zahl Pi und dem Durchmesser ist.

$$U = \pi\,d$$

d ist doppelt so lang wie r, die Formel kann auch als $U = 2\pi r$ geschrieben werden.

▽

Bekannte Werte in die Formel einsetzen Hier beträgt der Radius 3 cm.

$$U \approx 3{,}14 \cdot 6$$

Pi auf zwei Dezimalstellen gerundet

▽

Ausrechnen des Produkts liefert den Umfang. Runde sinnvoll.

$$U \approx 18{,}8 \text{ cm}$$

Der auf eine Dezimalstelle gerundete Umfang

△ **Umfang berechnen**
Der Umfang kann mithilfe des Durchmessers bestimmt werden, im Beispiel beträgt der Durchmesser 6 cm.

Durchmesser (d)

Der Durchmesser ist die Länge der Verbindungslinie zwischen zwei Punkten der Kreislinie, die genau durch den Mittelpunkt M geht. Der Durchmesser eines Kreises ist immer doppelt so lang wie sein Radius. Um den Durchmesser zu berechnen, kann man auch die umgestellte Version der Formel zur Berechnung des Umfangs verwenden.

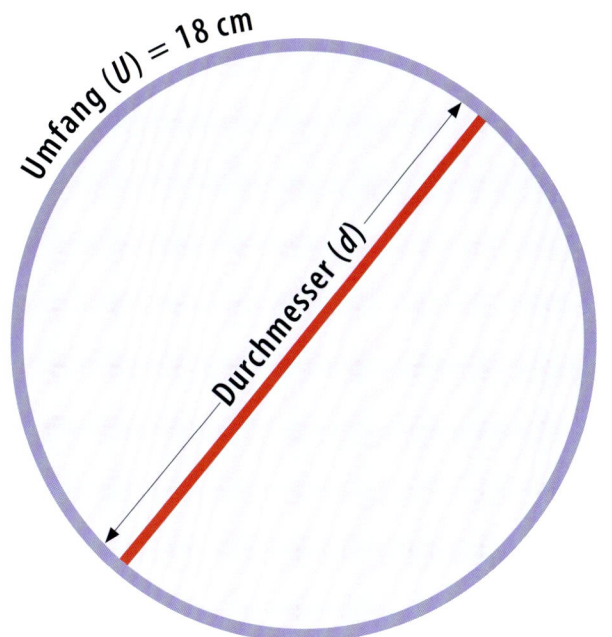

△ **Durchmesser bestimmen**
Dieser Kreis hat einen Umfang von 18 cm. Sein Durchmesser kann mithilfe der obigen Formel bestimmt werden.

Formel zur Berechnung des Durchmessers besagt, dass der Durchmesser (d) gleich dem Quotienten aus der dem Umfang und der Zahl Pi ist.

Durchmesser — Umfang

$$d = \frac{U}{\pi}$$

π ist eine Konstante

Bekannte Werte in die Formel einsetzen:
Hier beträgt der Umfang 18 cm. Der Durchmesser wird ausgerechnet.

$$d = \frac{18}{\pi}$$

Dividiere den Umfang durch eine auf zwei Stellen gerundete Näherung von Pi. Das Ergebnis ist der Durchmesser.

$$d \approx \frac{18}{3{,}14}$$

Einen exakteren Wert kann man mittels der π-Taste auf dem Taschenrecher eingeben.

Runde die Lösung auf eine sinnvolle Anzahl von Dezimalstellen; im Beispiel sind es zwei.

$$d \approx 5{,}73\,\text{cm}$$

Auf zwei Dezimalen gerundet

GENAU HINGESCHAUT

Warum π ?

Alle Kreise sind untereinander ähnlich. Das bedeutet, dass die entsprechenden Längen zweier Kreise immer in gleichem Verhältnis zueinander stehen. Die Zahl π gibt das Verhältnis von Kreisumfang zu Kreisdurchmesser an – wohlbemerkt für jeden Kreis. π ist ein konstanter Wert.

▷ **Kreise sind ähnlich zueinander**
Da alle Kreise Vergrößerungen oder Verkleinerungen voneinander sind und bei einer zentrischen Streckung die Größenverhältnisse innerhalb der Figur gleich bleiben, stehen Kreisumfang (U_1, U_2) und Durchmesser (d_1, d_2) immer im selben Verhältnis zueinander.

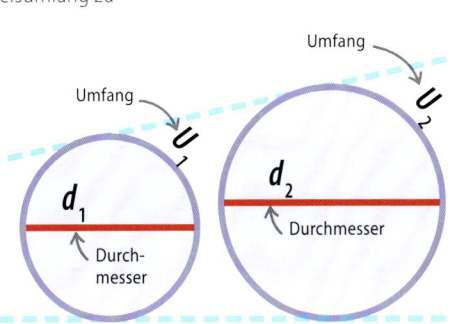

Flächeninhalt des Kreises

SIEHE AUCH	
‹ 130–131	Kreise
‹ 132–133	Kreisumfang und -durchmesser
Formeln	169–171 ›

DER FLÄCHENINHALT EINES KREISES IST DIE GRÖSSE DER VON DER KREISLINIE EINGESCHLOSSENEN FLÄCHE.

Flächeninhalt eines Kreises bestimmen

Der Flächeninhalt wird in Flächeneinheiten angegeben (z. B. cm², m², km²). Man kann ihn mithilfe des Radius und der unten stehenden Formel bestimmen. Ist nur der Durchmesser bekannt, muss man diesen zunächst durch 2 teilen, um den Radius zu berechnen.

Die Formel πr^2 für den Flächeninhalt des Kreises besagt, dass der Inhalt der Kreisfläche das Produkt aus Pi und Radius · Radius ist.

Flächeninhalt des Kreises / π ist ein fester Wert / Radius

$$\text{Fläche} = \pi\, r^2$$

Der Radius sei bekannt. Radius (r) = 4 cm. Länge der Kreislinie ist der Umfang.

Setze die bekannten Werte ein. Im Beispiel beträgt der Radius 4 cm.

$$\text{Fläche} \approx 3{,}14 \cdot 4^2$$

π ist 3,14 auf zwei Nachkommastellen genau. Um einen genaueren Wert zu erhalten kann man die π-Taste des Taschenrechners benutzen.

Bedeutet 4 · 4

Multipliziere den Radius zunächst mit sich selbst und das Ergebnis mit π.

$$\text{Fläche} \approx 3{,}14 \cdot 16$$

4 · 4 = 16

Flächeninhalt ist die Größe der gesamten von der Kreislinie umgebenen Fläche.

Achte darauf, dass die Lösung in der richtigen Einheit angegeben wird (hier cm²) und runde sinnvoll.

$$\text{Fläche} \approx 50{,}24\,\text{cm}^2$$

Lösung gerundet auf zwei Nachkommastellen, wenn man mit dem gerundeten Wert 3,14 für π gerechnet hat. Mit der π-Taste des Taschenrechners wäre die Lösung auf zwei Nachkommastellen gerundet 50,27 cm².

GENAU HINGESCHAUT

Warum kann man diese Formel für den Flächeninhalt verwenden?

Man zerlegt die Kreisfläche in Segmente und ordnet diese zu einer neuen Figur an. Wenn die Kreisausschnitte immer kleiner werden, kann man sich vorstellen, dass sich die Form immer mehr einem Rechteck nähert. Der Flächeninhalt eines Rechtecks berechnet sich als Produkt aus Länge und Breite (Länge · Breite). Die Breite ist ganz einfach der Radius (jedes Segment wird von zwei Radien und dem Kreisbogen eingeschlossen). Die Länge ist die Hälfte der Länge aller Kreisbogen und damit ganz einfach Hälfte des gesamten Kreisumfangs.

Teile die Kreisfläche in kleinstmögliche Segmente.

Kreisfläche wird zerlegt / Radius / Kreisumfang

Die Höhe entspricht dem Radius. Die Breite entspricht der Hälfte des Kreisumfangs: $\pi \cdot r$

Radius (r) — halber Umfang ($\pi \cdot r$) →

Ordne zu einer rechteckigen Form an. Das letzte Segment wird in der Mitte halbiert und links und rechts angelegt. Die Formel für Rechtecke führt hier zu $\pi r \cdot r = \pi r^2$.

FLÄCHENINHALT **135**

Fläche mithilfe des Durchmessers berechnen

In der Flächeninhaltsformel steht meist der Radius. Ist lediglich der Durchmesser bekannt, so kann man den Radius berechnen, indem man den Durchmesser halbiert.

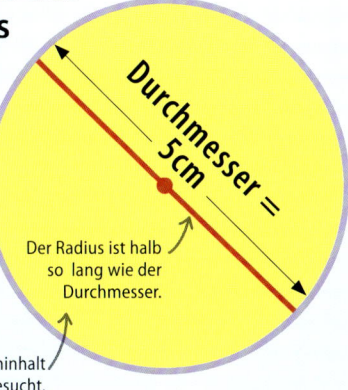

Durchmesser = 5 cm

Der Radius ist halb so lang wie der Durchmesser.

Der Flächeninhalt ist gesucht.

Die Formel lautet immer gleich, egal, welche Werte bekannt sind.

$$\text{Fläche} = \pi\, r^2$$

Setze bekannte Werte in die Formel ein – der Radius ist hier 2,5 cm (die Hälfte des Durchmessers).

$$\text{Fläche} = 3{,}14 \cdot 2{,}5^2$$

Der Radius ist halb so groß wie der Durchmesser: 5 : 2 = 2,5

π ist 3,14 auf zwei Dezimalen gerundet.

Quadriere zuerst den Radius wie rechts zu sehen; multipliziere das Ergebnis mit 3,14.

$$\text{Fläche} = 3{,}14 \cdot 6{,}25$$

2,5 · 2,5 = 6,25

Ergebnis auf zwei Dezimalen gerundet

Achte darauf, die Lösung in der richtigen Einheit (hier cm²) anzugeben. Runde sinnvoll.

$$\text{Fläche} = 19{,}63\,\text{cm}^2$$

Radius mithilfe der Fläche berechnen

Ist der Flächeninhalt eines Kreises bekannt, so kann man mit der Flächeninhaltsformel auch den Radius bestimmen.

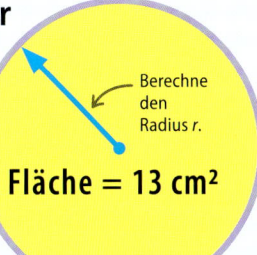

Berechne den Radius r.

Fläche = 13 cm²

Ist der Flächeninhalt bekannt, kann man mit der Formel ebensogut den Radius berechnen.

$$\text{Fläche} = \pi\, r^2$$

Setze bekannte Werte in die Formel ein – der Flächeninhalt ist hier 13 cm².

$$13 = 3{,}14 \cdot r^2$$

Dividiere beide Seiten durch 3,14, sodass r² auf einer Seite isoliert steht.

Durch 3,14 teilen

Durch 3,14 teilen, um r² zu isolieren

$$\frac{13}{3{,}14} = r^2$$

Dividiere 13 durch 3,14 und runde die Lösung auf zwei Dezimale. Tausche beide Seiten der Gleichung

$$r^2 = 4{,}14$$

r² steht nun vorne.

Gerundet auf zwei Dezimalstellen

Berechne die Wurzel mithilfe des Taschenrechners.

$$r = \sqrt{4{,}14}$$

Achte darauf, die Lösung in der richtigen Einheit (hier cm²) anzugeben. Runde sinnvoll.

Lösung auf zwei Dezimalstellen gerundet

$$= 2{,}03\,\text{cm}$$

GENAU HINGESCHAUT

Komplexere Formen

Setzt man zwei oder mehr Figuren zusammen, so erhält man eine sog. zusammengesetzte Fläche. Der Flächeninhalt einer solchen Form wird durch Addition der Flächeninhalte aller Teilflächen berechnet. Im Beispiel sind die beiden Flächen ein Rechteck und ein Halbkreis. Der gesamte Flächeninhalt beträgt 6814 cm² = 1414 cm² (Flächeninhalt des Halbkreises = $\frac{1}{2} \cdot \pi \cdot r^2$) + 5400 cm² (Inhalt des Rechtecks).

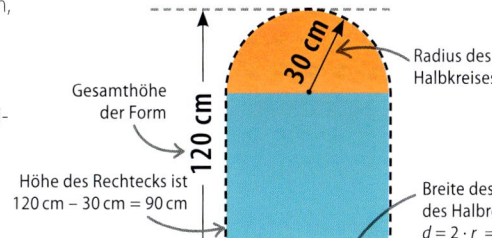

Gesamthöhe der Form

30 cm

120 cm

Höhe des Rechtecks ist 120 cm − 30 cm = 90 cm

◁ **Zusammengesetzte Flächen**
Diese zusammengesetzte Fläche besteht aus einem Halbkreis und einem Rechteck. Der Flächeninhalt kann allein mit den beiden hier angegebenen Maßen berechnet werden.

Radius des Halbkreises

Breite des Rechtecks entspricht dem Durchmesser (d) des Halbkreises; dieser berechnet sich aus dem Radius: d = 2 · r = 2 · 30 cm = 60 cm

Kreiswinkel

DIE WINKEL IM INNEREN EINES KREISES HABEN EINIGE BESONDERE EIGENSCHAFTEN.

SIEHE AUCH	
‹ 76–77	Winkel
‹ 108–109	Dreiecke
‹ 130–131	Kreise

Umfangswinkel

Ein Winkel heißt Umfangswinkel, wenn sein Scheitel auf der Kreislinie liegt und seine Schenkel den Kreis schneiden. Im linken Beispiel schneiden die Schenkel des Winkels a den Kreisbogen in den Punkten P und Q: a ist Umfangswinkel über dem Kreisbogen mit den Endpunkten P und Q.
Im rechten Beispiel ist β Umfangswinkel über dem Kreisbogen mit den Endpunkten A und B.

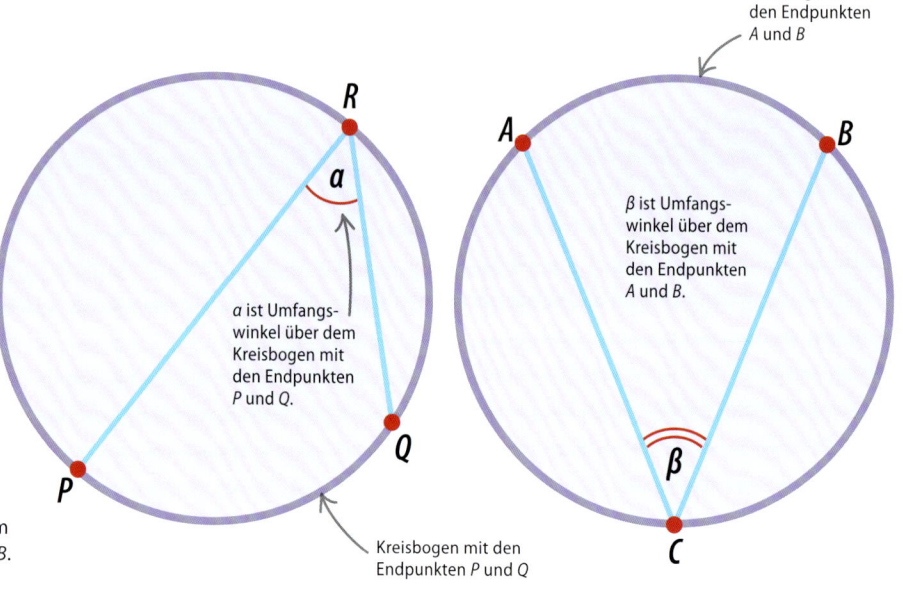

▷ **Umfangswinkel**
Winkel a ist Umfangswinkel über dem Kreisbogen mit den Endpunkten P und Q. Winkel β ist Umfangswinkel über dem Kreisbogen mit den Endpunkten A und B.

Mittelpunktswinkel und Umfangswinkel

Über jedem Kreisbogen ist der Mittelpunktswinkel doppelt so groß wie der Umfangswinkel.
Im Beispiel gehört der Mittelpunktswinkel β zum selben Kreisbogen wie der Umfangswinkel a: zum Kreisbogen mit den Endpunkten P und Q.

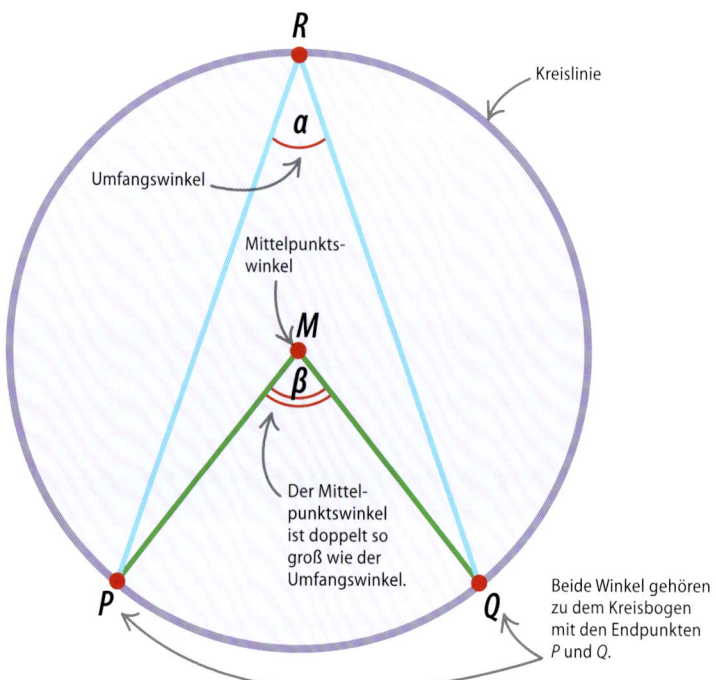

Mittelpunktswinkel = 2 · Umfangswinkel

▷ **Eigenschaftem**
Die Winkel a und β gehören beide zum selben Kreisbogen mit den Endpunkten P und Q. Winkel β ist doppelt so groß wie Winkel a.

KREISWINKEL 137

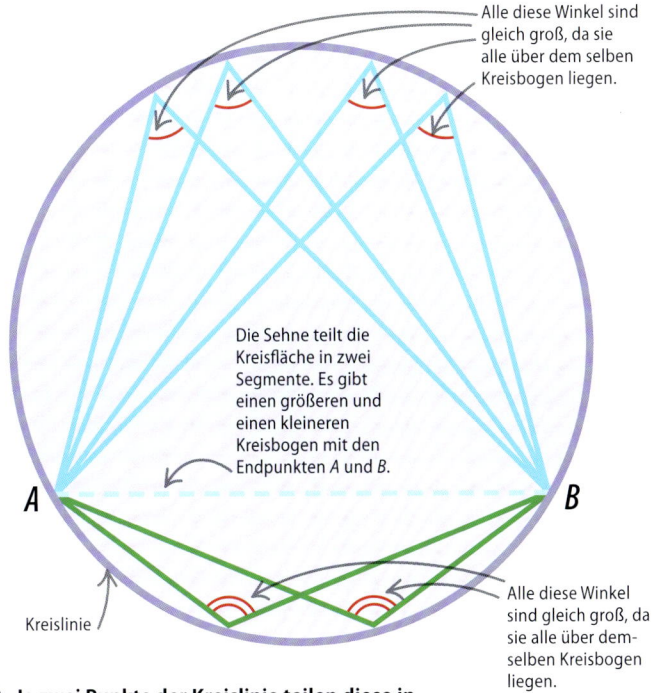

Alle diese Winkel sind gleich groß, da sie alle über dem selben Kreisbogen liegen.

Die Sehne teilt die Kreisfläche in zwei Segmente. Es gibt einen größeren und einen kleineren Kreisbogen mit den Endpunkten A und B.

Alle diese Winkel sind gleich groß, da sie alle über demselben Kreisbogen liegen.

Kreislinie

△ **Je zwei Punkte der Kreislinie teilen diese in zwei (unterschiedliche) Kreisbogen auf.** Umfangswinkel über **demselben** Kreisbogen sind untereinander alle gleich groß.

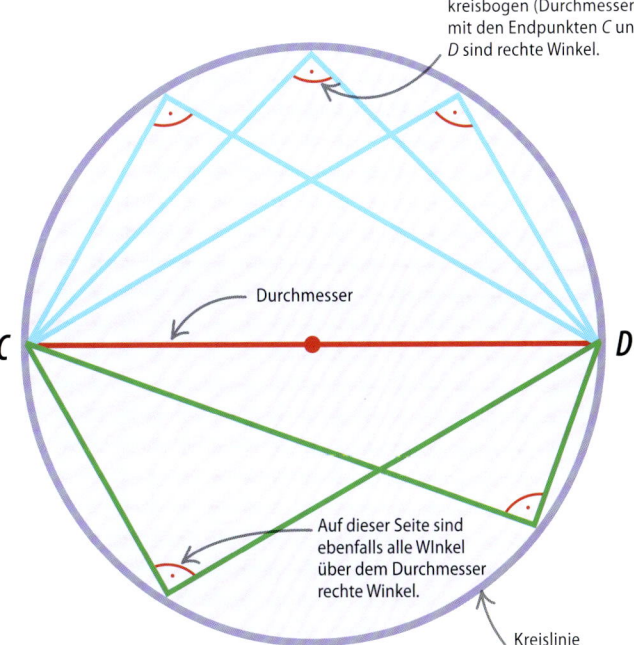

Alle Winkel über dem Halbkreisbogen (Durchmesser) mit den Endpunkten C und D sind rechte Winkel.

Durchmesser

Auf dieser Seite sind ebenfalls alle Winkel über dem Durchmesser rechte Winkel.

Kreislinie

△ **Alle Umfangswinkel über dem Halbkreisbogen sind rechte Winkel (Satz des Thales).** Der Durchmesser teilt die Kreislinie in zwei Halbkreisbogen. Alle Umfangswinkel über diesem Kreisbogen sind gleich groß (90°).

Beweis

Mithilfe mathematischer Regeln kann man beweisen, dass der Mittelpunktswinkel doppelt so groß ist wie der Umfangswinkel über demselben Kreisbogen.

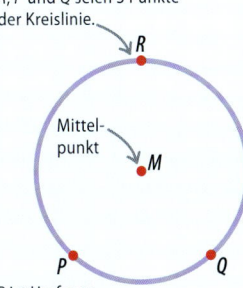

R, P und Q seien 3 Punkte der Kreislinie.

Zeichne einen Kreis und markiere drei beliebige Punkte auf der Kreislinie, z. B. P, Q und R. Markiere den Mittelpunkt, hier M.

Mittelpunkt

Winkel bei R ist Umfangswinkel über dem Kreisbogen mit den Endpunkten P und Q.

Zeichne Strecken von R nach P, von R nach Q, von M nach P und von M nach Q. Es entstehen zwei Winkel: Einer bei R (auf der Kreislinie) und einer bei M (Mittelpunkt). Beide gehören zum selben Kreisbogen mit den Endpunkten P und Q.

Mittelpunktswinkel über demselben Kreisbogen.

Zwei gleichschenklige Dreiecke entstehen.

Ziehe eine Gerade durch R und M, die durch einen weiteren Punkt der Kreislinie geht. Zwei gleichschenklige Dreiecke entstehen. Die Dreiecke PMR und QRM werden durch je zwei Radien gebildet.

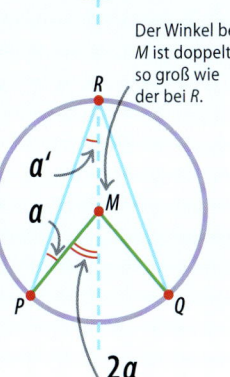

Der Winkel bei M ist doppelt so groß wie der bei R.

Für eines der beiden Dreiecke sind die beiden Winkel a und a' gleich ($a = a'$). Der Außenwinkel des dritten Winkels dieses Dreiecks ist gleich der Summe der gegenüberliegenden Innenwinkel $a + a'$ oder $2a$. Wendet man dies auf beide Dreiecke an, so wird klar, dass der Winkel bei M doppelt so groß ist wie der Winkel bei R.

Sehnen und Sehnenvierecke

EINE SEHNE IST DIE VERBINDUNGSSTRECKE ZWEIER PUNKTE DER KREISLINIE. EIN SEHNENVIERECK IST EIN VIERECK, DESSEN ECKPUNKTE ALLE AUF EINEM KREIS LIEGEN, DEM UMKREIS.

Der Durchmesser eines Kreises ist seine längste Sehne. Jede Sehne teilt den Kreis in zwei Kreisbogen. Die Ecken eines Sehnenvierecks liegen alle auf einem Kreis, dem Umkreis des Vierecks.

SIEHE AUCH	
‹ 122–125	Vierecke
‹ 130–131	Kreise

Sehnen

Eine Sehne ist die Verbindungsstrecke zweier Punkte der Kreislinie, sie teilt die Kreislinie in zwei – meist ungleich große – Kreisbogen. Die längste Sehne eines Kreises ist sein Durchmesser. Er geht durch den Mittelpunkt und teilt die Kreislinie in zwei gleich große Kreisbogen. Die Mittelsenkrechte einer beliebigen Sehne geht durch den Mittelpunkt des Kreises. Der Abstand einer Sehne zum Mittelpunkt des Kreises entspricht der Länge der entsprechenden Teilstrecke auf der Mittelsenkrechten. Sehnen, die gleich lang sind, sind auch gleich weit vom Mittelpunkt entfernt.

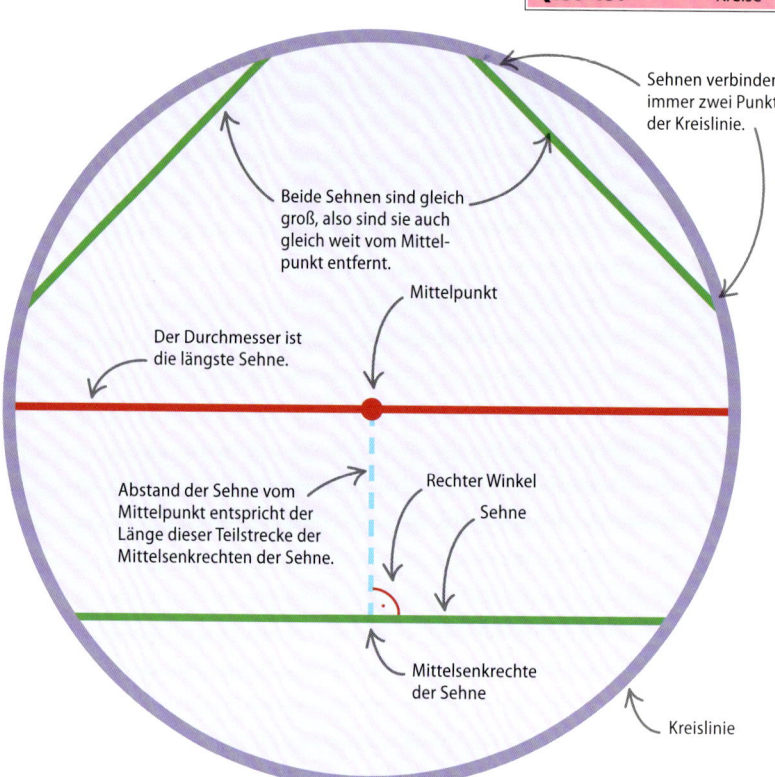

▷ **Eigenschaften**
Im Kreis sind vier Sehnen zu sehen, die längste ist zugleich der Durchmesser des Kreises. Zwei Sehnen sind gleich lang. Zu einer Sehne ist die Mittelsenkrechte eingezeichnet.

GENAU HINGESCHAUT

Sehnensatz

Schneiden sich zwei Sehnen, so haben diese eine besonders interessante Eigenschaft: Das Produkt aus den Abschnitten zweier sich schneidender Sehnen ist gleich groß.

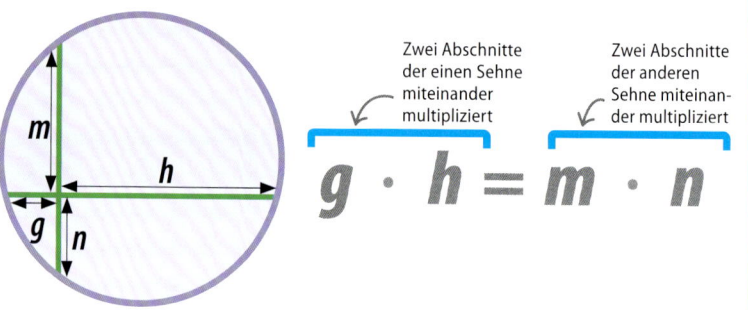

$$g \cdot h = m \cdot n$$

▷ **Schneidende Sehnen**
Zwei Sehnen, die sich schneiden: Eine Sehne wird in die Abschnitte g und h geteilt, die andere in die Abschnitte m und n.

SEHNEN UND SEHNENVIERECKE

Kreismittelpunkt bestimmen

Mithilfe von Sehnen ist es möglich, den Kreismittelpunkt zu bestimmen. Man zeichnet zwei beliebige Sehnen in den Kreis und konstruiert die Mittelsenkrechte zu beiden Sehnen. Der Schnittpunkt dieser Mittelsenkrechten ist der Mittelpunkt des Kreises.

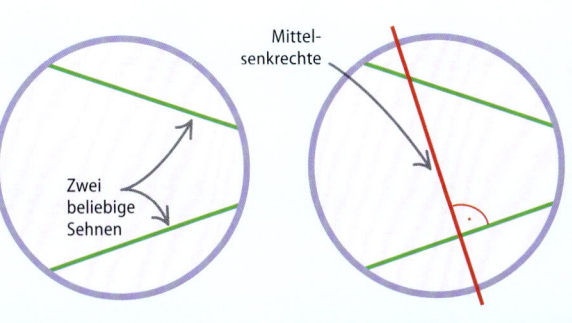
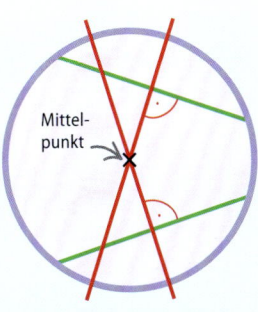

Zeichne zwei Sehnen in den Kreis, dessen Mittelpunkt zu bestimmen ist.

Zeichne die Mittelsenkrechten zu beiden Sehnen. (Man kann sie mit Zirkel und Lineal konstruieren oder verwendet das Geodreieck.)

Der Schnittpunkt der Mittelsenkrechten ist der Mittelpunkt des Kreises.

Sehnenvierecke

Ein Viereck, dessen vier Eckpunkte auf einem Kreis liegen, heißt Sehnenviereck. Die Seiten des Sehnenvierecks sind allesamt Sehnen des Kreises; der Kreis heißt Umkreis des Vierecks. Die Innenwinkel eines Sehnenvierecks addieren sich zu 360° – wie bei allen Vierecken. Gegenüberliegende Innenwinkel addieren sich zu 180° und die Außenwinkel sind gleich groß wie die gegenüberliegenden Innenwinkel.

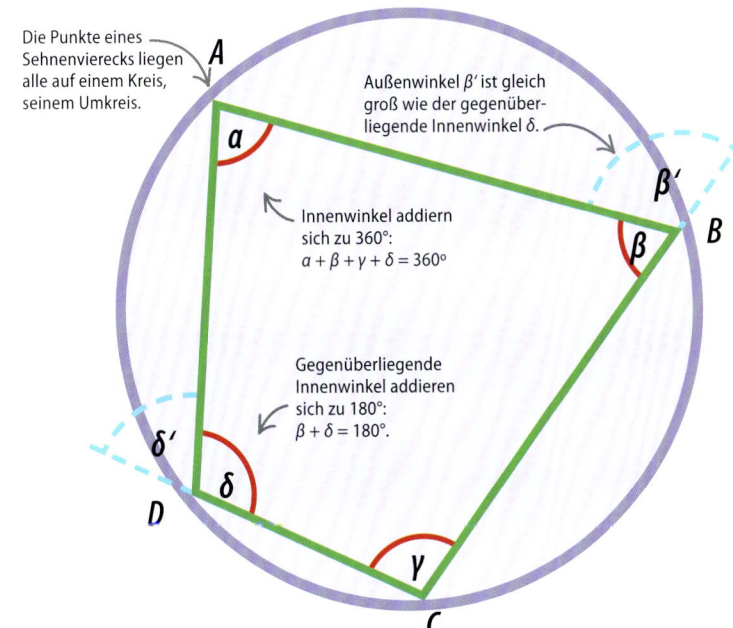

△ **Winkel im Sehnenviereck**
Die vier Innenwinkel dieses Sehnenvierecks heißen $α$, $β$, $γ$ und $δ$. Die zwei hier gezeigten Außenwinkel heißen $β'$ und $δ'$.

$$α + β + γ + δ = 360°$$

△ **Summe der Innenwinkel**
Die Größen der Innenwinkel eines Vierecks addieren sich zu 360°; im Beispiel:
$α + β + γ + δ = 360°$.

$$α + γ = 180°$$
$$β + δ = 180°$$

△ **Gegenüberliegende Winkel**
Gegenüberliegende Winkel im Sehnenviereck addieren sich zu 180°; im Beispiel:
$α + γ = 180°$ und $β + δ = 180°$.

$$δ' = β$$
$$β' = δ$$

Außenwinkel $δ'$ liegt gegenüber dem Innenwinkel $β$.
Außenwinkel $β'$ liegt gegenüber dem Innenwinkel $δ$.

△ **Außenwinkel**
Außenwinkel in Sehnenvierecken sind gleich groß wie die gegenüberliegenden Innenwinkel. Im Beispiel $δ' = β$ und $β' = δ$.

Tangenten

EINE TANGENTE IST EINE GERADE, DIE DEN KREIS IN EINEM EINZIGEN PUNKT BERÜHRT.

SIEHE AUCH	
‹ 102–105	Konstruktionen mit Zirkel und Lineal
‹ 120–121	Satz des Pythagoras
‹ 130–131	Kreise

Was sind Tangenten?

Eine Tangente ist eine Gerade, die den Kreis in genau einem Punkt berührt. Die Verbindungsstrecke zwischen dem Berührpunkt und dem Mittelpunkt des Kreises ist der Berührradius; er steht senkrecht (90°-Winkel) auf der Tangente. Zu einem Punkt außerhalb des Kreises gibt es immer genau zwei Tangenten an den Kreis, die durch diesen Punkt gehen.

▷ **Eigenschaften**
Verlaufen zwei Tangenten an einen Kreis durch denselben Punkt B außerhalb der Kreislinie, so ist die Verbindungsstrecke von B zum Berührpunkt für beide Tangenten gleich lang.

Länge einer Tangente bestimmen

Eine Tangente steht im Berührpunkt senkrecht (rechtwinklig) auf dem Berührradius. Daher bilden Tangente, Radius und die Verbindungsstrecke eines Punktes P auf der Tangente mit dem Mittelpunkt ein rechtwinkliges Dreieck. Die Verbindungsstrecke zwischen P und M ist die Hypotenuse des Dreiecks. Entsprechend dem Satz des Pythagoras kann man jede der drei Seitenlängen mithilfe der anderen beiden bestimmen.

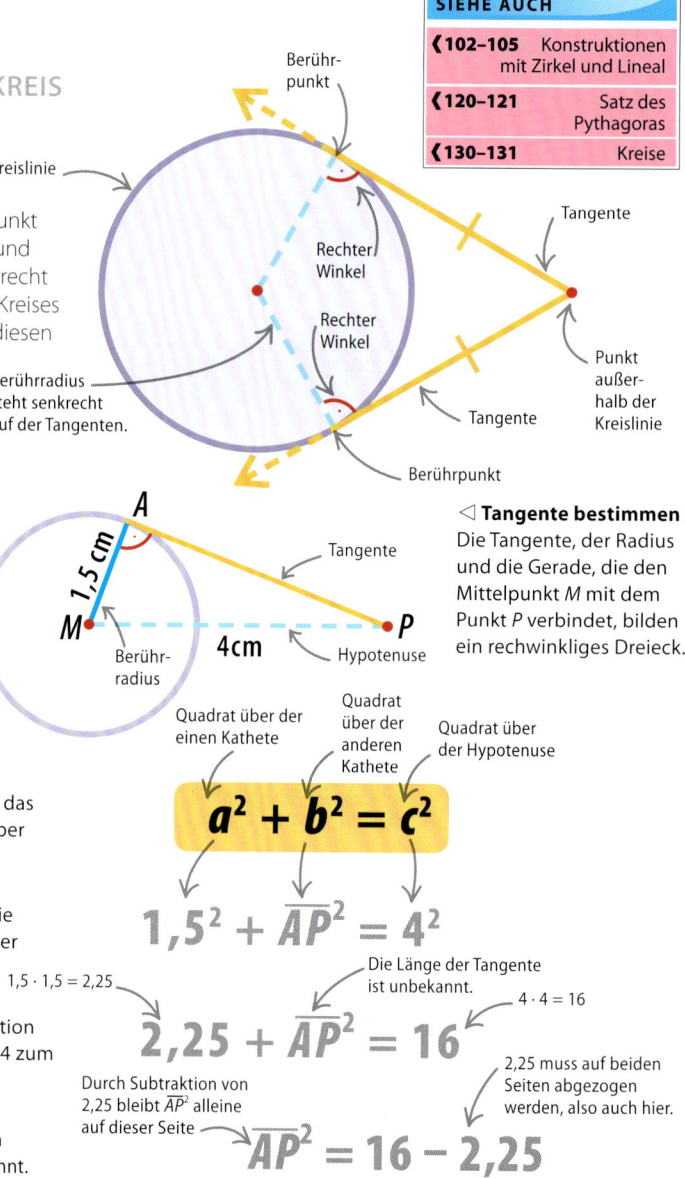

◁ **Tangente bestimmen**
Die Tangente, der Radius und die Gerade, die den Mittelpunkt M mit dem Punkt P verbinden, bilden ein rechwinkliges Dreieck.

Der Satz des Pythagoras für rechtwinklige Dreiecke besagt, dass das Quadrat über der Hypotenuse gleich der Summe der Quadrate über den beiden Katheten ist.

$$a^2 + b^2 = c^2$$

Setze die bekannten Größen in die Formel ein. Hypotenuse ist die Seite $\overline{MP}$, diese ist 4 cm lang und die andere bekannte Länge ist der Radius von 1,5 cm. Unbekannt ist die Länge der Tangente.

$$1{,}5^2 + \overline{AP}^2 = 4^2$$

Quadriere die beiden bekannten Seitenlängen durch Multiplikation jeder Seitenlänge mit sich selbst. „1,5 zum Quadrat" ist 2,25; und „4 zum Quadrat" ist 16. Es bleibt lediglich die Unbekannte $\overline{AP}^2$ übrig.

$$2{,}25 + \overline{AP}^2 = 16$$

Stelle die Formel um, um die unbekannte Variable zu isolieren. In diesem Beispiel ist $\overline{AP}^2$, das Quadrat der Länge der Tangente, unbekannt. Man subtrahiert auf beiden Seiten 2,25, um $\overline{AP}^2$ zu isolieren.

$$\overline{AP}^2 = 16 - 2{,}25$$

Führe die Subtraktion rechts aus. Man erhält den Wert 13,75 für $\overline{AP}^2$.

$$\overline{AP}^2 = 13{,}75$$

Die Wurzel von $\overline{AP}^2$ ist gleich $\overline{AP}$; die Wurzel aus 13,75 berechne mit dem Taschenrechner.

$$\overline{AP} = \sqrt{13{,}75}$$

Runde das Ergebnis (die fehlende Seitenlänge) ggf. auf eine sinnvolle Anzahl von Nachkommastellen.

$$\overline{AP} \approx 3{,}71\,\text{cm}$$

TANGENTEN 141

Tangenten konstruieren

Für die Konstruktion einer Tangente benötigt man Zirkel und Lineal. Im Beispiel wird gezeigt, wie eine Tangente an einen Kreis mit dem Mittelpunkt O konstruiert werden kann. Die Tangente soll durch einen Punkt P außerhalb der Kreislinie verlaufen.

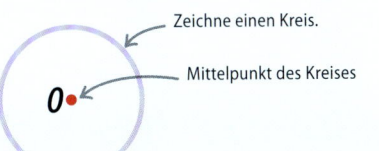

▶ **Zeichne mit dem Zirkel einen Kreis mit dem Mittelpunkt O.** Markiere den Punkt P, durch den die Tangente verlaufen soll.

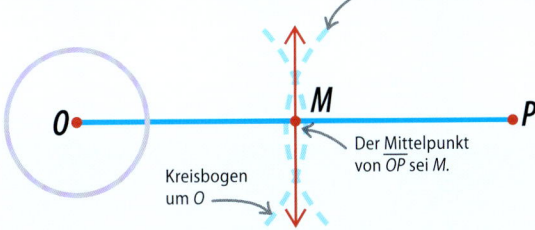

▶ **Zeichne die Verbindungsstrecke von O nach P** und bestimme ihren Mittelpunkt durch Konstruktion der Mittelsenkrechten (S. 103).

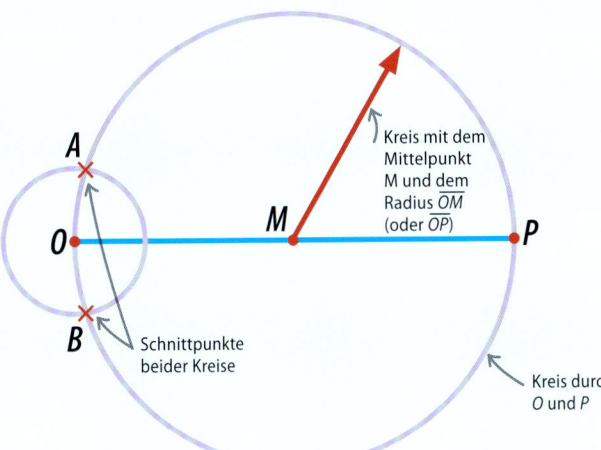

▶ **Zeichne einen Kreis mit dem Radius** OM (oder MP, das ist die selbe Länge) um M. Nenne die beiden Schnittpunkte des neuen Kreises mit dem ursprünglichen Kreis A und B.

▶ **Zeichne nun eine Gerade** durch den Schnittpunkt A und P sowie eine Gerade durch B und P. Diese beiden Geraden sind die gesuchten Tangenten. Die Strecken $\overline{PA}$ und $\overline{PB}$ sind gleich lang.

Tangenten und Winkel

Ein Winkel β heißt Sehnentangentenwinkel, wenn sein Scheitel auf dem Kreis liegt und sein einer Schenkel den Kreis schneidet, sein anderer Schenkel den Kreis berührt.

▷ **Tangenten und Sehnen**
Der Winkel, der zwischen der Tangente mit dem Berührpunkt B und der Sehne BC entsteht, ist gleich dem Umfangswinkel über dem Kreisbogen mit den Endpunkten B und C.

Kreisbogen

EIN KREISBOGEN IST EIN TEIL DER KREISLINIE. SEINE LÄNGE KANN MIT-
HILFE DES ZUGEHÖRIGEN MITTELPUNKTSWINKELS BERECHNET WERDEN.

SIEHE AUCH	
‹ 48–51	Verhältnis und Proportionen
‹ 130–131	Kreise
‹ 132–133	Kreisumfang und -durchmesser

Was ist ein Kreisbogen?

Ein Kreisbogen ist Teil der Kreislinie eines Kreises. Seine Länge ist proportional zur Größe des zugehörigen Mittelpunktswinkels. Ist die Länge eines Kreisbogens also unbekannt, kann sie mithilfe des gesamten Kreisumfanges und des zum Kreisbogen gehörenden Mittelpunktswinkels berechnet werden, wenn dieser bekannt ist.

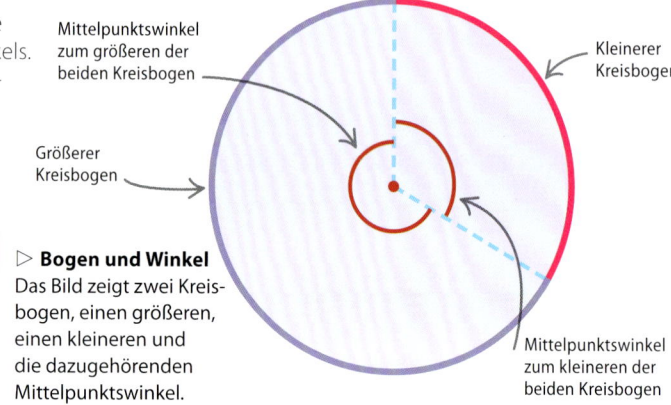

Formel zur Bestimmung der Länge eines Kreisbogens

$$\frac{\text{Länge des Kreisbogens}}{\text{Kreisumfang}} = \frac{\text{Größe des Mittelpunktswinkels}}{360°}$$

Vollwinkel im gesamten Kreis

▷ **Bogen und Winkel**
Das Bild zeigt zwei Kreisbogen, einen größeren, einen kleineren und die dazugehörenden Mittelpunktswinkel.

Länge des Kreisbogens berechnen

Die Länge eines Kreisbogens ist ein Anteil der Länge der gesamten Kreislinie. Das Verhältnis beider Längen entspricht dem Verhältnis zwischen dem Mittelpunktswinkel über dem Kreisbogen und dem Vollwinkel (360°). Genau dieses Verhältnis steht oben in der Formel.

◁ **Länge des Kreisbogens bestimmen**
Dieser Kreis hat einen Umfang von 10 cm. Bestimme die Länge des Kreisbogens, dessen Mittelpunktswinkel 120° beträgt.

Umfang beträgt 10 cm

Verwende diese Formel, um die Länge eines Kreisbogens zu berechnen.

$$\frac{\text{Länge des Kreisbogens}}{\text{Kreisumfang}} = \frac{\text{Größe des Mittelpunktswinkels}}{360°}$$

Setze bekannte Werte ein. Im Beispiel ist der Umfang bekannt: Er beträgt 10 cm. Der Mittelpunktswinkel beträgt 120°. Der Vollwinkel (360°) bleibt natürlich erhalten.

$$\frac{\text{Länge des Kreisbogens}}{10} = \frac{120}{360}$$

Multiplikation mit 10 isoliert die unbekannte Länge des Kreisbogens.

Stelle die Formel um, um den unbekannten Wert – die Länge des Kreisbogens – zu isolieren: Multipliziere dazu in diesem Fall beide Seiten mit 10.

$$\text{Länge des Kreisbogens} = 10 \cdot \frac{120}{360}$$

Auch die rechte Seite muss mit 10 multipliziert werden.

Multipliziere 10 mit 120 und dividiere das Ergebnis durch 360, um die Länge des Kreisbogens zu erhalten. Runde die Lösung auf eine sinnvolle Anzahl von Nachkommastellen.

$$\text{Länge des Kreisbogens} \approx 3{,}33 \text{ cm}$$

Lösung auf zwei Nachkommastellen gerundet

Sektoren

EIN SEKTOR IST EIN AUSSCHNITT DER KREISFLÄCHE. SEIN FLÄCHEN-
INHALT KANN MITHILFE DES MITTELPUNKTSWINKELS ÜBER SEINEM
KREISBOGEN BERECHNET WERDEN.

SIEHE AUCH	
‹48–51	Verhältnis und Proportion
‹130–131	Kreise
‹132–133	Kreisumfang und -durchmesser

Was ist ein Sektor?

Ein Sektor ist ein Ausschnitt der Kreisfläche, der von einem Kreisbogen und zwei Radien begrenzt wird. Die Größe eines Sektors ist abhängig vom Mittelpunktswinkel über seinem Kreisbogen. Ist der Flächeninhalt eines Sektors unbekannt, so kann er mithilfe der Größe des Mittelpunktswinkels und des Flächeninhalts des gesamten Kreises berechnet werden.

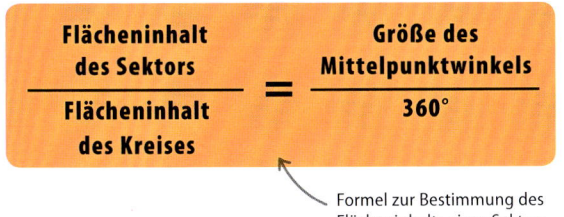

Formel zur Bestimmung des Flächeninhalts eines Sektors

▷ **Sektoren und Winkel**
Das Bild zeigt zwei Sektoren, einen größeren, einen kleineren und die dazugehörenden Mittelpunktswinkel.

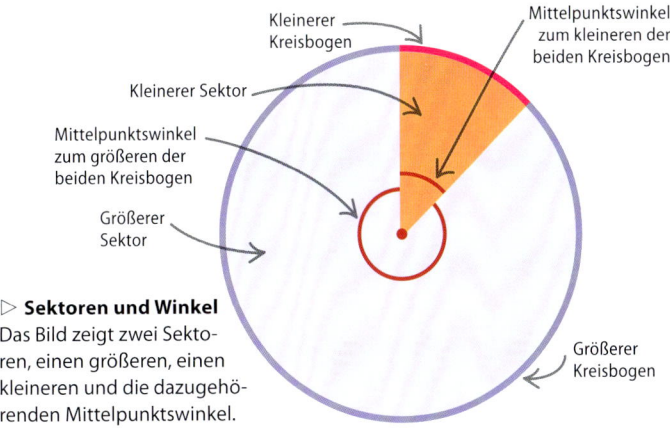

Flächeninhalt eines Sektors berechnen

Der Flächeninhalt eines Sektors ist ein Anteil der gesamten Kreisfläche. Dieses Verhältnis entspricht dem Verhältnis zwischen dem Mittelpunktswinkel über dem Kreisbogen und dem Vollwinkel (360°). Genau dieses Verhältnis steht oben in der Formel.

◁ **Flächeninhalt des Sektors bestimmen**
Dieser Kreis hat einen Flächeninhalt von 7 cm². Bestimme den Flächeninhalt des Sektors mit einem Mittelpunktswinkel von 45°.

Verwende die obige Formel, um die Länge eines Kreisbogens zu berechnen.

▼

Setze bekannte Werte ein. Im Beispiel ist der Flächeninhalt des Kreises bekannt: Er beträgt 7 cm². Der Mittelpunktswinkel beträgt 45°. Der Vollwinkel (360°) bleibt natürlich erhalten.

▼

Stelle die Formel um, um den unbekannten Wert – den Flächeninhalt des Sektors – zu isolieren: Multipliziere dazu in diesem Fall beide Seiten mit 7.

▼

Multipliziere 45 mit 7 und dividiere das Ergebnis durch 360, um den Flächeninhalt des Sektors zu erhalten. Runde die Lösung auf eine sinnvolle Anzahl von Nachkommastellen.

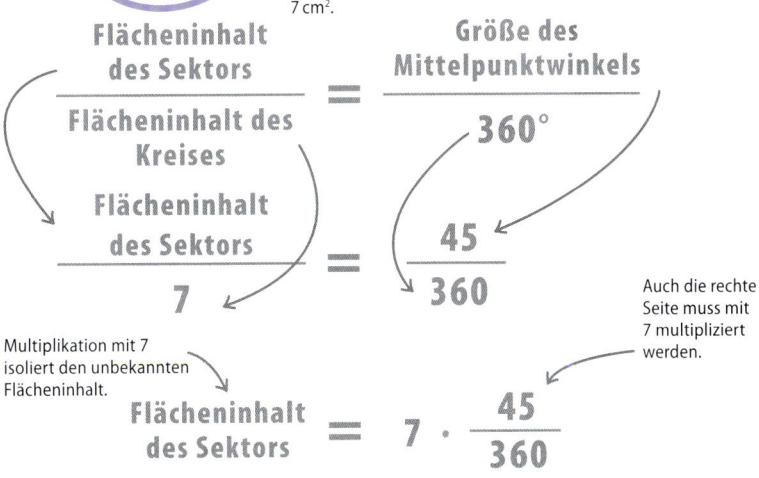

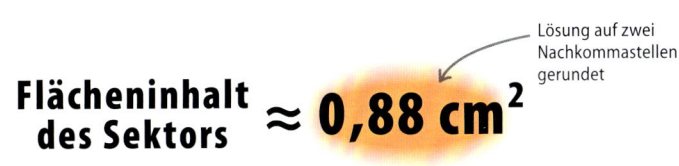

Körper

EIN KÖRPER IST EINE DREIDIMENSIONALE, DURCH FLÄCHEN BEGRENZTE GEOMETRISCHE FIGUR.

Körper haben drei Dimensionen: Länge, Breite und Höhe.

SIEHE AUCH
‹126–129 Polygone (Vielecke)	
Volumen	146–147›
Oberflächeninhalt	148–149›

Prismen

Ein **gerades** Prisma wird begrenzt von zwei zueinander parallelen und kongruenten n-Eck-Flächen (**Grund**- und **Deckfläche**) und n Rechteckflächen. Diese n Rechteckflächen bilden zusammen die **Mantelfläche** des Prismas. Im Beispiel rechts sind Grund- und Deckfläche Fünfecksflächen, verbunden durch fünf Rechteckflächen. Ein Prisma wird nach seiner Grundfläche benannt. Ein Zylinder ist ein Prisma mit kreisförmiger Grundfläche. Ein Quader ist ein Prisma mit rechteckiger Grund- und Deckfläche, daher ist er ein Rechtecksprisma.

▷ **Ein Prisma**
Grund- und Deckfläche sind jeweils Fünfecke, daher ist dies ein Fünfeckprisma.

◁ **Volumen**
Die Größe des Raumes, den ein Körper einnimmt, ist sein Volumen.

Kante
Linie, an der Flächen zusammentreffen

Höhe
Gesamthöhe des Körpers

Breite
Gesamtbreite des Körpers

Grundfläche eines Fünfeckprismas ist ein Fünfeck.

Ein Fünfeck hat 5 Seiten.

△ **Grundfläche**
Jedes Prisma hat eine Grund- und eine Deckfläche.

Grundfläche

Schneidet man einen Körper entlang seiner Kanten auf und klappt alle Begrenzungsflächen in der Ebene auseinander, so erhält man sein Netz.

Dieses Netz bildet einen Körper mit sieben Flächen.

◁ **Oberflächeninhalt eines Körpers**
Der Oberflächeninhalt eines Körpers entspricht dem Flächeninhalt seines Netzes – dies ist eine zweidimensionale zusammengesetzte Fläche.

KÖRPER

Ecke
Punkt, in dem Kanten zusammentreffen

Fläche
Teil der Oberfläche des Körpers, der durch Kanten begrenzt ist

Länge
Gesamtlänge des Körpers

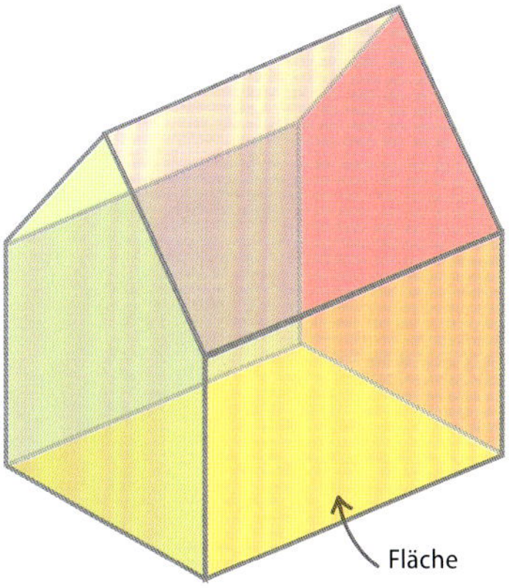

△ **Flächen**
Eine Fläche ist die Oberfläche zwischen mehreren Kanten. Dieser Körper hat sieben Flächen.

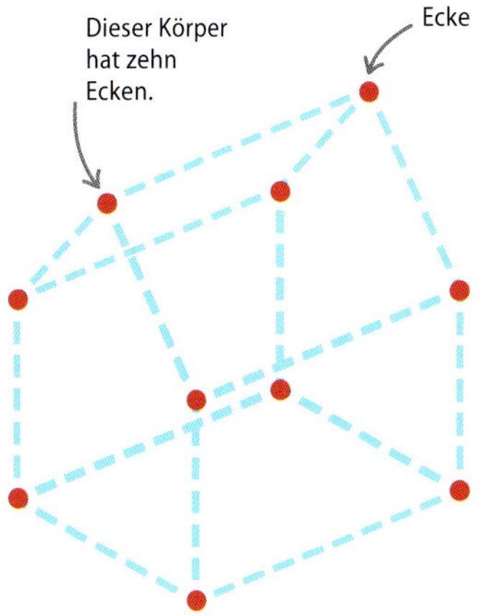

△ **Ecken**
An einer Ecke treffen mehrere Kanten aufeinander.

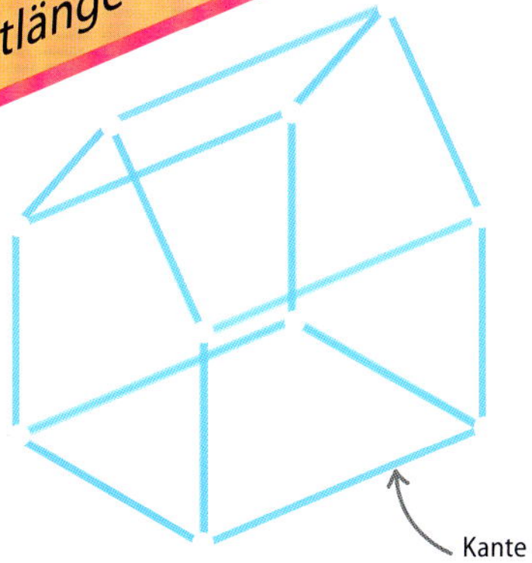

Dieser Körper hat zehn Ecken.

△ **Kanten**
Eine Kante ist eine gerade Linie, an der Flächen aneinanderstoßen. Dieser Körper hat 15 Kanten.

Weitere Körper

Ein Körper, der ausschließlich aus ebenen Flächen besteht, heißt Polyeder oder Vielflach.

▷ **Zylinder**
Ein Zylinder ist ein Prisma mit kreisförmiger Grund- und Deckfläche.

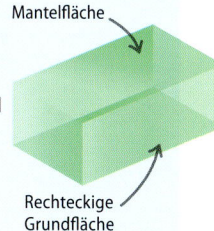

Mantelfläche
Kreisförmige Grundfläche

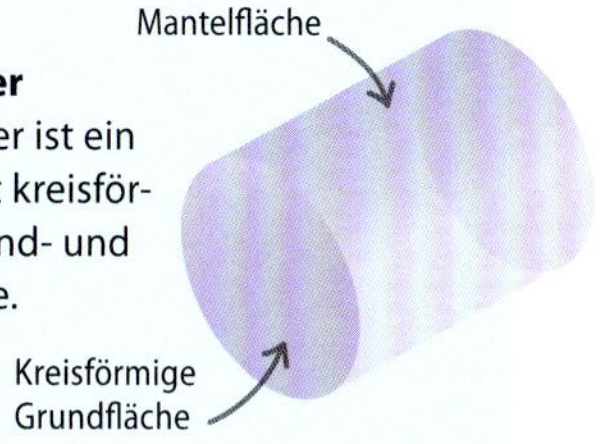

▷ **Quader**
Ein Quader ist ein Prisma mit rechteckiger Grund- und Deckfläche. Sind alle Kanten gleich lang, so handelt es sich um einen Würfel.

Mantelfläche
Rechteckige Grundfläche

▷ **Kugel**
Eine Kugel ist ein Körper, bei dem jeder Punkt der Oberfläche denselben Abstand zum Mittelpunkt hat.

▷ **Pyramide**
Eine Pyramide hat eine n-eckige Grundfläche und dreieckige Seitenflächen mit einer gemeinsamen Ecke (Spitze).

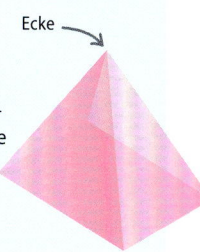

Ecke

▷ **Kegel**
Ein Kegel wird durch eine kreisförmige Grundfläche und eine gekrümmte Fläche begrenzt, die in der Ebene einen Kreisausschnitt ergibt.

Spitze/Ecke

146 GEOMETRIE

Volumen

DAS VOLUMEN IST DIE GRÖSSE DES RAUMES, DEN EIN KÖRPER EINNIMMT.

SIEHE AUCH
‹ 28–29   Maße und Einheiten
‹ 144–145   Körper
Oberflächeninhalt 148–149 ›

Das Raummaß
Das Volumen wird in Raumeinheiten, beispielsweise in cm³ oder m³ angegeben.

▷ **Raumeinheiten**
Ein Einheitswürfel von 1 cm Breite, 1 cm Höhe und 1 cm Länge hat ein Volumen von
1 cm · 1 cm · 1 cm = 1 cm³.
Das Volumen eines Körpers ist ein Maß dafür, wieviele Einheitswürfel in ihn hineinpassen. Dieser Quader hat ein Volumen von 3 cm · 2 cm · 2 cm oder 12 cm³.

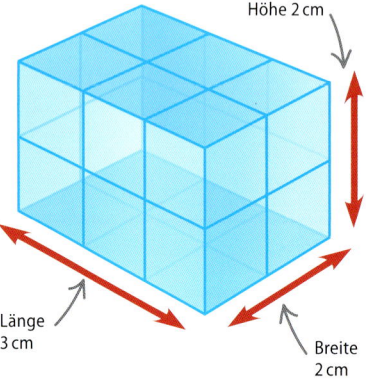

Höhe 2 cm
Länge 3 cm
Breite 2 cm

Volumen von Zylinder und Prisma
Die Oberfläche eines **Zylinders** besteht aus einem Rechteck und zwei Kreisen. Sein Volumen berechnet sich aus dem Flächeninhalt der Grundfläche, multipliziert mit der Körperhöhe.

Das Volumen des Zylinders V_Z wird berechnet aus:

$$V_Z = \text{Grundkreisfläche} \cdot \text{Körperhöhe}$$
$$= \pi \cdot r^2 \cdot h$$

Im Beispiel: $V_Z \approx (3{,}14 \cdot 3{,}8^2 \cdot 12)\ \text{cm}^3$
(π gerundet, r^2, h)

$$\approx 544\ \text{cm}^3$$

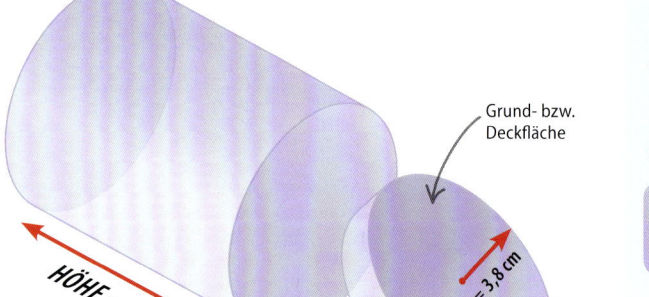

HÖHE = 12 cm
RADIUS = 3,8 cm
Grund- bzw. Deckfläche

▷ **Kreisförmige Grundfläche**
Die Grundfläche eines Zylinders ist ein Kreis.

Die Oberfläche eines **Prismas** besteht aus zwei n-Ecken und n Rechteckflächen. Sein Volumen berechnet sich aus dem Flächeninhalt der Grundfläche, multipliziert mit der Körperhöhe.

Das Volumen des Prismas V_P wird berechnet aus:

$$V_P = \text{Flächeninhalt der Grundfläche} \cdot \text{Körperhöhe}$$

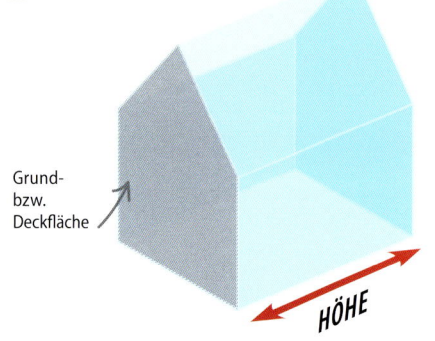

Grund- bzw. Deckfläche
HÖHE

◁ **Das Volumen des Prismas**
Das Volumen des Prismas erhält man als Produkt aus Flächeninhalt der Grundfläche und Höhe.

VOLUMEN 147

Volumen eines Quaders berechnen

Ein Quader ist begrenzt von sechs ebenen Rechtecken. Das Volumen wird berechnet durch Multiplikation von Länge, Breite und Höhe.

Volumen = Länge · Breite · Höhe

$(4{,}3 \cdot 2{,}2 \cdot 1{,}7)\ \text{cm}^3 \approx \mathbf{16\ cm^3}$

Gerundet

▷ **Multipliziere die Seitenlängen**
Der Quader hat eine Länge von 4,3 cm, eine Breite von 2,2 cm und eine Höhe von 1,7 cm. Durch Multiplikation ergibt sich das Volumen.

Volumen eines Kegels berechnen

Das Volumen eines Kegels ist $\frac{1}{3}$ des Volumens eines Zylinders mit derselben Grundfläche und derselben Körperhöhe:

Körperhöhe, steht senkrecht auf dem Kreis

Volumen = $\frac{1}{3} \cdot \pi \cdot r^2 \cdot$ Körperhöhe

$\left(\frac{1}{3} \cdot 3{,}14 \cdot 2 \cdot 2 \cdot 4{,}3\right) \text{cm}^3 \approx \mathbf{18\ cm^3}$

Gerundet

▷ **Formel für den Zylinder durch 3**
Um das Volumen für den Kegel zu berechnen, berechnet man zunächst das Volumen für den Zylinder $\pi \cdot r^2 \cdot h$ und dividiert das Ganze durch 3.

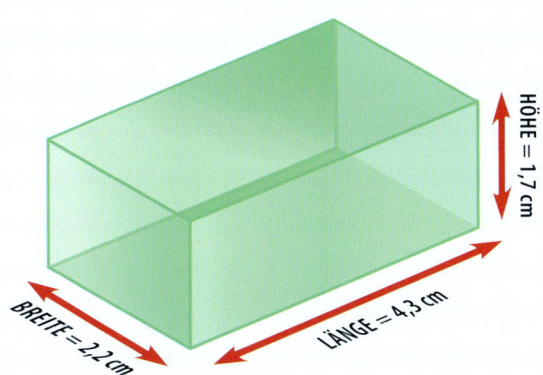

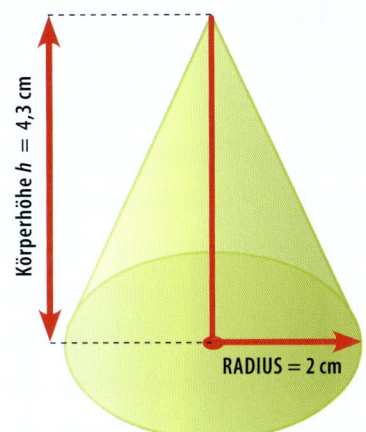

Kugelvolumen berechnen

Um das Volumen einer Kugel zu berechnen, braucht man lediglich ihren Radius. Der Radius dieser Kugel beträgt 2,5 cm.

Radius · Radius · Radius

Volumen = $\frac{4}{3} \cdot \pi \cdot r^3$

$\left(\frac{4}{3} \cdot 3{,}14 \cdot 2{,}5 \cdot 2{,}5 \cdot 2{,}5\right) \text{cm}^3 \approx \mathbf{65\ cm^3}$

Gerundet

▷ **In die Formel einsetzen**
Um das Kugelvolumen zu berechnen, multipliziert man zunächst $\frac{4}{3} \cdot \pi$ und schließlich das Ergebnis mit dem Radius „hoch drei".

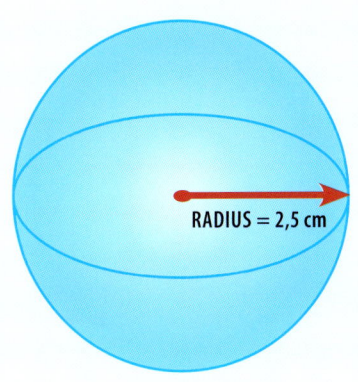

Oberflächeninhalt

DER OBERFLÄCHENINHALT EINES KÖRPERS IST DIE SUMME DER FLÄCHENINHALTE SEINER BEGRENZUNGSFLÄCHEN.

SIEHE AUCH	
‹ 28–29	Maße und Einheiten
‹ 144–145	Körper
‹ 146–147	Volumen

Einzige Ausnahme bildet die Kugel, für diese gibt es allerdings eine einfache Formel.

Oberflächen

Der Oberflächeninhalt eines Körpers entspricht der Summe der Flächeninhalte seiner Begrenzungsflächen. Dies kann man sich vorstellen, indem man den Körper gedanklich entlang seiner Kanten auftrennt und die Begrenzungsflächen in der Ebene abwickelt. Eine Zeichnung, die diese Begrenzungsflächen in der Ebene darstellt, heißt „Körpernetz" oder einfach nur „Netz".

▷ **Zylinder**
Das Netz eines Zylinders besteht aus einem Rechteck (der Mantelfläche) und zwei Kreisflächen (Grund- und Deckfläche).

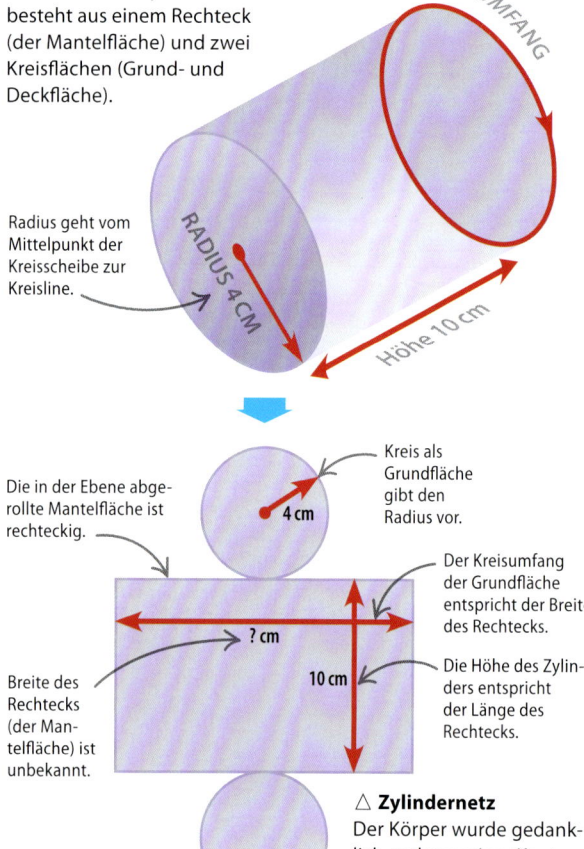

Radius geht vom Mittelpunkt der Kreisscheibe zur Kreislinie.

Die in der Ebene abgerollte Mantelfläche ist rechteckig.

Breite des Rechtecks (der Mantelfläche) ist unbekannt.

Kreis als Grundfläche gibt den Radius vor.

Der Kreisumfang der Grundfläche entspricht der Breite des Rechtecks.

Die Höhe des Zylinders entspricht der Länge des Rechtecks.

△ **Zylindernetz**
Der Körper wurde gedanklich entlang seiner Kanten aufgeschnitten und in der Ebene ausgelegt.

Oberflächeninhalt von Zylinder und Prisma

Die **Zylinderoberfläche** besteht aus einem Rechteck und zwei Kreisflächen. Um den Oberflächeninhalt eines Zylinders zu berechnen, muss man diese drei Oberflächeninhalte addieren.

Der Oberflächeninhalt A_Z des Zylinders wird allgemein berechnet aus:

$$A_Z = \underbrace{2 \cdot \pi \cdot r^2}_{\text{2-mal Kreisfläche}} + \underbrace{2 \cdot \pi \cdot r}_{\text{Kreisumfang}} \cdot h \quad \leftarrow \text{Körperhöhe}$$

Im Beispiel: (π gerundet)

$$A_Z \approx (2 \cdot 3{,}14 \cdot 4^2 + 2 \cdot 3{,}14 \cdot 4 \cdot 10)\,\text{cm}^2$$
$$\approx (100{,}48 + 251{,}2)\,\text{cm}^2$$
$$A_Z \approx 351{,}68\,\text{cm}^2$$

Die **Oberfläche** eines **geraden Prismas** besteht allgemein aus zwei n-Eck-Flächen (S. 144) und n Rechteckflächen. Um den Oberflächeninhalt zu berechnen, muss man alle Oberflächeninhalte addieren.

Der Oberflächeninhalt A_P des geraden Prismas wird allgemein berechnet aus:

$$A_P = 2 \cdot \text{Flächeninhalt der } n\text{-Eck-Fläche} + \text{Flächeninhalt der } n \text{ Rechteckflächen}$$

Oberfläche des Quaders berechnen

Ein Quader besteht aus bis zu drei unterschiedlich großen Rechtecken. Hier sind diese mit A, B und C benannt.

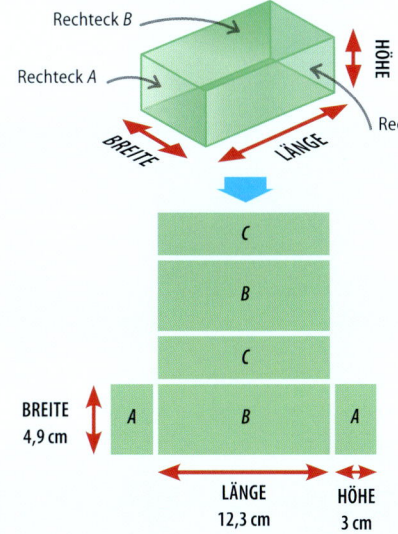

△ **Quadernetz**
Das Netz eines Quaders besteht aus bis zu drei unterschiedlichen Rechtecken.

Um den Flächeninhalt von Rechteck **A zu bestimmen**, werden Höhe und Breite multipliziert.

Um den Flächeninhalt von Rechteck **B zu bestimmen**, werden Länge und Breite multipliziert.

Um den Flächeninhalt von Rechteck **C zu bestimmen**, werden Höhe und Länge multipliziert.

Der Oberflächeninhalt eines Quaders setzt sich aus den Flächeninhalten der Rechtecke zusammen: Zweimal der Flächeninhalt von A, zweimal der von B und zweimal der von C.

Flächeninhalt von A = Höhe · Breite

$(3 \cdot 4{,}9)\,cm^3 = \mathbf{14{,}7\,cm^2}$

Flächeninhalt von B = Länge · Breite

$(12{,}3 \cdot 4{,}9)\,cm^3 = \mathbf{60{,}27\,cm^2}$

Flächeninhalt von C = Höhe · Länge

$(3 \cdot 12{,}3)\,cm^3 = \mathbf{36{,}9\,cm^2}$

Oberflächeninhalt des Quaders:

$A_Q = (2 \cdot A) + (2 \cdot B) + (2 \cdot C)$

$(2 \cdot 14{,}7) + (2 \cdot 60{,}27) + (2 \cdot 36{,}9)$

$= \mathbf{223{,}74\ cm^2}$

Oberflächeninhalt A_{Ke} des Kegels

Die Oberfläche eines Kegels besteht aus zwei Teilen – einer Kreisfläche und einem Kreisausschnitt. Man muss beide Oberflächeninhalte addieren, um den Oberflächeninhalt des Kegels zu berechnen.

Länge der Mantellinie s

Mantelfläche = $\pi \cdot r \cdot s$

Flächeninhalt ohne Grundkreis

$(3{,}14 \cdot 3{,}9 \cdot 9)\,cm^2 = \mathbf{110{,}21\ cm^2}$

Formel zur Berechnung der Grundkreisfläche

Grundkreisfläche = $\pi \cdot r^2$

$(3{,}14 \cdot 3{,}9 \cdot 3{,}9)\,cm^2 = \mathbf{47{,}76\ cm^2}$

Gesamter Flächeninhalt des Kegels

$(110{,}21 + 47{,}76)\,cm^2 = \mathbf{157{,}97\ cm^2}$

Der Oberflächeninhalt eines Kegels wird allgemein berechnet aus:

$A_{Ke} = \pi \cdot r \cdot s + \pi \cdot r^2$

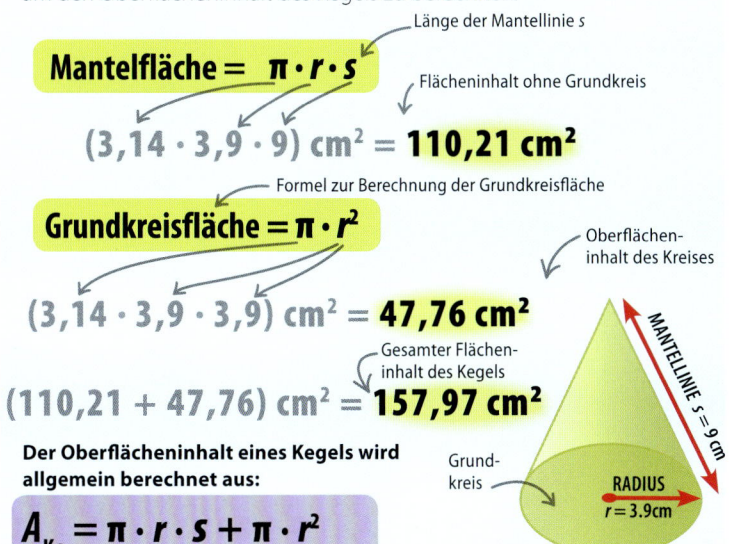

Oberflächeninhalt A_{Ku} der Kugel

Die Oberfläche einer Kugel kann man – im Gegensatz zu anderen Oberflächen – nicht in der Ebene ausrollen.
Der Oberflächeninhalt einer Kugel wird mit folgender Formel berechnet:

$A_{Ku} = 4 \cdot \pi \cdot r^2$

Oberflächenformel der Kugel

$(4 \cdot 3{,}14 \cdot 17 \cdot 17)\,cm^2$

$= \mathbf{3629{,}84\ cm^2}$

▷ **Kugel**
Der Oberflächeninhalt der Kugel ist das Vierfache des Oberflächeninhalts eines Kreises mit demselben Radius.

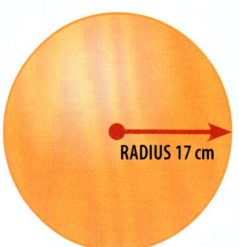

Trigonometrie

Was ist Trigonometrie?

IN DER TRIGONOMETRIE GEHT ES UM GRÖSSEN UND GRÖSSENVERHÄLTNISSE IN DREIECKEN.

SIEHE AUCH
‹48–51 Verhältnis und Proportion
‹117–119 Ähnliche Dreiecke

Ähnliche Dreiecke

Es geht um die Verhältnisse von Seiten- und Winkelgrößen in ähnlichen rechtwinkligen Dreiecken (ähnliche Dreiecke haben die gleiche Form, aber nicht unbedingt die gleiche Größe). Im Bild bilden Schatten, Person, Sonnenstrahl, der gerade noch am Wolkenkratzer und der Person vorbeigeht, und Wolkenkratzer ähnliche Dreiecke. Daher kann man die Höhe des Wolkenkratzers berechnen, wenn man die Größe der Person kennt.

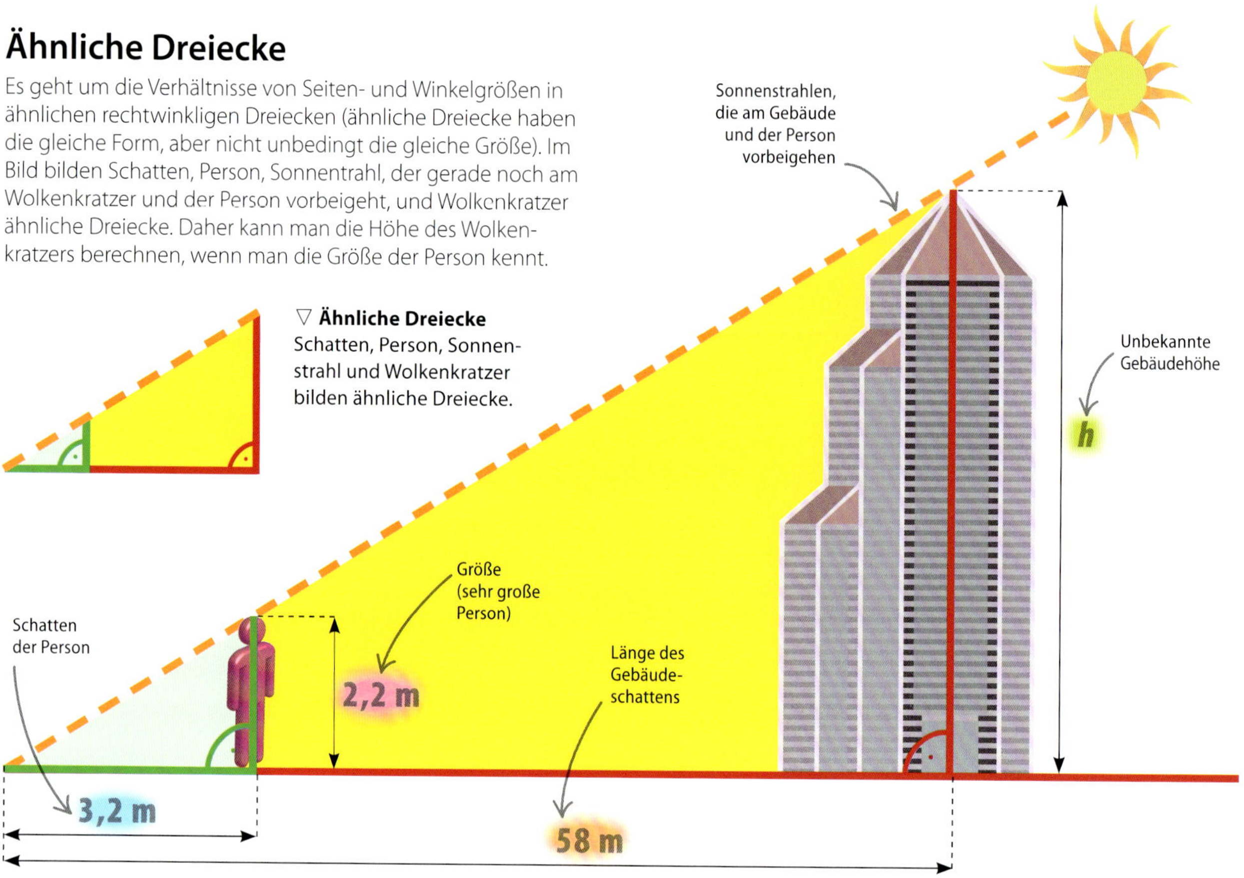

▽ **Ähnliche Dreiecke**
Schatten, Person, Sonnenstrahl und Wolkenkratzer bilden ähnliche Dreiecke.

Sonnenstrahlen, die am Gebäude und der Person vorbeigehen

Unbekannte Gebäudehöhe
h

Größe (sehr große Person)

Schatten der Person

2,2 m

Länge des Gebäudeschattens

3,2 m

58 m

▷ **Das Verhältnis zwischen** entsprechenden Seiten ähnlicher Dreiecke ist gleich: Der Quotient aus Gebäudehöhe und Größe der Person ist gleich dem Quotioneten aus der Länge des Gebäudeschattens und der Länge des Personenschattens.

▷ **Bekante Werte in die Gleichung einsetzen**: Es bleibt nur eine Unbekannte übrig – die Höhe h des Gebäudes. Diese lässt sich durch Umstellen der Gleichung leicht berechnen (Rechnung hier ohne Längeneinheiten).

▷ **Umstellen der Gleichung,** um h zu isolieren: Man multipliziert beide Seiten der Gleichung mit 2,2.

▷ **Rechte Seite ausrechnen** liefert die Gebäudehöhe h. In der Lösung wird die Einheit wieder angehängt.

$$\frac{\text{Höhe des Gebäudes}}{\text{Größe der Person}} = \frac{\text{Länge des Gebäudeschattens}}{\text{Länge des Personenschattens}}$$

Unbekannte Gebäudehöhe
$$\frac{h}{2{,}2} = \frac{58}{3{,}2}$$

Da die linke Seite mit 2,2 multipliziert wurde, muss auch die rechte Seite mit 2,2 multipliziert werden.

Seite wurde mit 2,2 multipliziert, um h zu isolieren
$$h = \frac{58}{3{,}2} \cdot 2{,}2$$

Lösung gerundet auf zwei Dezimalen

$$h = 39{,}88 \text{ m}$$

# Trigonometrische Formeln

MITHILFE TRIGONOMETRISCHER FOMELN WERDEN SEITENLÄNGEN UND WINKELGRÖSSEN BERECHNET.

SIEHE AUCH	
‹ 48–51	Verhältnis und Proportion
‹ 117–119	Ähnliche Dreiecke
Fehlende Seitenlängen berechnen	154–155 ›
Fehlende Winkelgrößen	156–157 ›

Rechtwinklige Dreiecke

Rechtwinklige Dreiecke, die in einem weiteren außer dem rechten Winkel übereinstimmen, stimmen in allen drei Winkeln überein und sind damit ähnlich zueinander. Daher sind die Seitenverhältnisse in allen diesen Dreiecken gleich. Die Seiten eines rechtwinkligen Dreiecks werden folgendermaßen benannt: Die **Hypotenuse** ist die längste Seite und liegt dem rechten Winkel gegenüber. **Gegenkathete** und die **Ankathete** beziehen sich immer auf den gerade betrachteten Winkel.

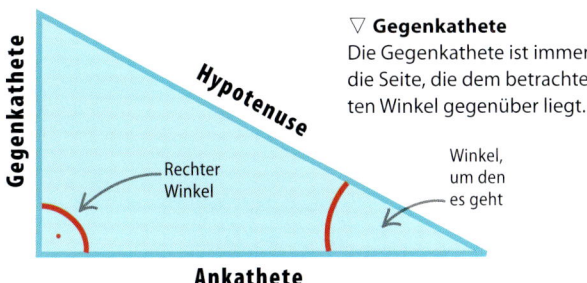

▽ **Gegenkathete**
Die Gegenkathete ist immer die Seite, die dem betrachteten Winkel gegenüber liegt.

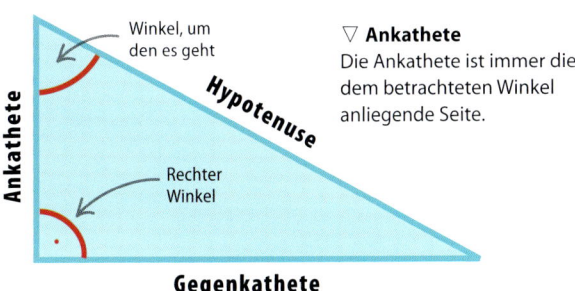

▽ **Ankathete**
Die Ankathete ist immer die dem betrachteten Winkel anliegende Seite.

Trigonometrische Formeln

Es gibt drei grundlegende Formeln. Der griechische Buchstabe, hier meist a, steht für den Winkel (bzw. die Winkelgröße). Je nachdem, welche Seiten oder Winkel bekannt sind, muss eine andere Formel verwendet werden. Man nimmt immer die Formel, die sowohl die fehlende wie auch die bekannte Seite enthält.

$$\sin(a) = \frac{\text{Gegenkathete}}{\text{Hypotenuse}}$$

$$\cos(a) = \frac{\text{Ankathete}}{\text{Hypotenuse}}$$

$$\tan(a) = \frac{\text{Gegenkathete}}{\text{Ankathete}}$$

△ **Sinus-Formel**
Diese Formel wird verwendet, wenn zwei der drei Größen bekannt sind: a oder Gegenkathete oder Hypotenuse.

△ **Kosinus-Formel**
Diese Formel wird verwendet, wenn zwei der drei Größen bekannt sind: a oder Ankathete oder Hypotenuse.

△ **Tangens-Formel**
Diese Formel wird verwendet, wenn zwei der drei Größen bekannt sind: a oder Gegenkathete oder Ankathete.

Taschenrechner benutzen

Mithilfe des Taschenrechners kann man die Werte für Sinus, Kosinus oder Tangens eines Winkels einfach berechnen.

      dann

△ **Sinus, Kosinus und Tangens**
Zuerst drückt man die entsprechende Taste, dann gibt man die Winkelgröße ein.

△ **Sind Sinus, Kosinus oder Tangens bekannt, rechnet man umgekehrt.**
Zuerst drückt man die SHIFT-Taste (manchmal stattdessen INV), dann die sin-, cos- oder tan-Taste, um die Winkelgröße (in Grad- oder Bogenmaß) zu erhalten.

 Fehlende Seitenlängen berechnen

SIEHE AUCH	
⟨ 152–153	Was ist Trigonometrie?
Fehlende Winkelgrößen	156–157 ⟩
Formeln	169–171 ⟩

SIND EINE WINKELGRÖSSE (AUSSER DEM RECHTEN WINKEL) UND EINE SEITENLÄNGE EINES RECHTWINKLIGEN DREIECKS BEKANNT, SO KANN MAN DIE FEHLENDEN LÄNGEN BERECHNEN.

Zur Berechnung der fehlenden Seitenlängen und Winkelgrößen kann man den Taschenrechner verwenden.

Welche Formel?

Rechtwinklige Dreiecke, die in einem weiteren außer dem rechten Winkel übereinstimmen, stimmen in allen drei Winkeln überein und sind damit alle ähnlich zueinander. Das heißt, dass die Seitenverhältnisse in allen diesen Dreiecken gleich sind. Je nachdem, welche Information fehlt, muss man eine andere Formel verwenden. Man nimmt immer die Formel, die sowohl die fehlende wie auch die bekannte Seite enthält.

▽ **Taschenrechner**
Diese Tasten auf dem Taschenrechner berechnen den Sinus, Kosinus oder Tangens eines jeden Winkels.

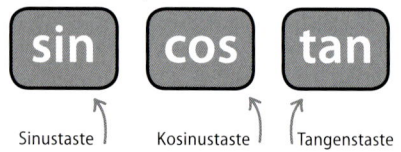

Sinustaste | Kosinustaste | Tangenstaste

$$\sin(a) = \frac{\text{Gegenkathete}}{\text{Hypotenuse}}$$

△ **„Sinus von a"** – $\sin(a)$
In allen rechtwinkligen Dreiecken, die in einem zweiten Winkel a übereinstimmen, hat der Quotient aus Gegenkathete und Hypotenuse denselben Wert. Dieser Wert heißt „Sinus von a".

$$\cos(a) = \frac{\text{Ankathete}}{\text{Hypotenuse}}$$

△ **„Kosinus von a"** – $\cos(a)$
In allen rechtwinkligen Dreiecken, die in einem zweiten Winkel a übereinstimmen, hat der Quotient aus Ankathete und Hypotenuse denselben Wert. Dieser Wert heißt „Kosinus von a".

$$\tan(a) = \frac{\text{Gegenkathete}}{\text{Ankathete}}$$

△ **Tangens von a** – $\tan(a)$
In allen rechtwinkligen Dreiecken, die in einem zweiten Winkel a übereinstimmen, hat der Quotient aus Gegenkathete und Ankathete denselben Wert. Dieser Wert heißt „Tangens von a".

Sinus-Formel benutzen

In diesem rechtwinkligen Dreieck sei ein weiterer Winkel (a) außer dem 90°-Winkel sowie die Länge der Hypotenuse bekannt. Die Länge der dem Winkel gegenüberliegenden Seite (= Gegenkathete) soll berechnet werden.

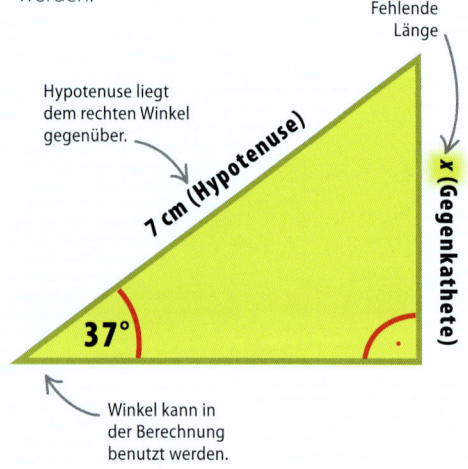

Hypotenuse liegt dem rechten Winkel gegenüber.

Fehlende Länge

Winkel kann in der Berechnung benutzt werden.

Richtige Formel auswählen – die Hypotenuse ist bekannt; die Seitenlänge der Gegenkathete soll berechnet werden, also muss die Sinus-Formel benutzt werden.

▽

Einsetzen bekannter Werte in die Formel.

▽

Umstellen der Formel durch Multiplikation mit 7 isoliert die gesuchte Seitenlänge x. Vertauschen der Seiten bringt x auf die linke Seite.

▽

Mit dem Taschenrechner wird nun der Sinus von 37° berechnet: Drücke die sin-Taste, dann 37, dann =.

▽

Die Lösung muss sinnvoll gerundet werden.

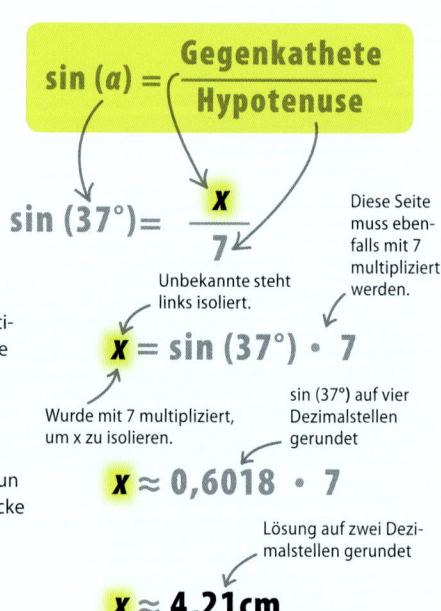

$$\sin(a) = \left(\frac{\text{Gegenkathete}}{\text{Hypotenuse}}\right)$$

$$\sin(37°) = \frac{x}{7}$$

Unbekannte steht links isoliert.

Diese Seite muss ebenfalls mit 7 multipliziert werden.

$$x = \sin(37°) \cdot 7$$

Wurde mit 7 multipliziert, um x zu isolieren.

$\sin(37°)$ auf vier Dezimalstellen gerundet

$$x \approx 0{,}6018 \cdot 7$$

Lösung auf zwei Dezimalstellen gerundet

$$x \approx 4{,}21\,\text{cm}$$

FEHLENDE SEITENLÄNGEN BERECHNEN

Kosinus-Formel benutzen

In diesem rechtwinkligen Dreieck sei ein weiterer Winkel (a) außer dem 90°-Winkel sowie die Länge der Ankathete bekannt. Die Länge der dem rechten Winkel gegenüberliegenden Seite (= Hypotenuse) soll berechnet werden.

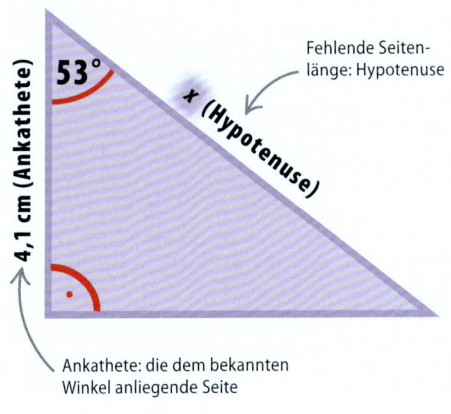

Ankathete: die dem bekannten Winkel anliegende Seite

Richtige Formel auswählen – die Ankathetenlänge ist bekannt; die Länge der Hypotenuse soll berechnet werden, also muss die Kosinus-Formel benutzt werden.

$$\cos(a) = \frac{\text{Ankathete}}{\text{Hypotenuse}}$$

Einsetzen bekannter Werte in die Formel.

$$\cos(53°) = \frac{4{,}1}{x}$$

Diese Seite wurde ebenfalls mit x multipliziert.

Umstellen der Formel zunächst durch Multiplikation mit x.

$$\cos(53°) \cdot x = 4{,}1$$

Diese Seite mit x multiplizieren.

Diese Seite wurde ebenfalls durch cos (53°) dividiert.

Dividiere beide Seiten durch cos (53°) um x zu isolieren.

Diese Seite wurde durch cos (53°) dividiert.

$$x = \frac{4{,}1}{\cos 53°}$$

Der Wert cos (53°) auf vier Dezimalstellen gerundet

Mit dem Taschenrechner wird nun der Kosinus von 53° berechnet: Drücke die cos-Taste, dann 53, dann =.

$$x \approx \frac{4{,}1}{0{,}6018}$$

Die Lösung muss sinnvoll gerundet werden.

$$x \approx 6{,}81\,\text{cm}$$

Lösung auf zwei Dezimalstellen gerundet

Tangens-Formel benutzen

In diesem rechtwinkligen Dreieck sei ein weiterer Winkel (a) außer dem 90°-Winkel sowie die Länge der Ankathete bekannt. Die Länge der Gegenkathete soll berechnet werden.

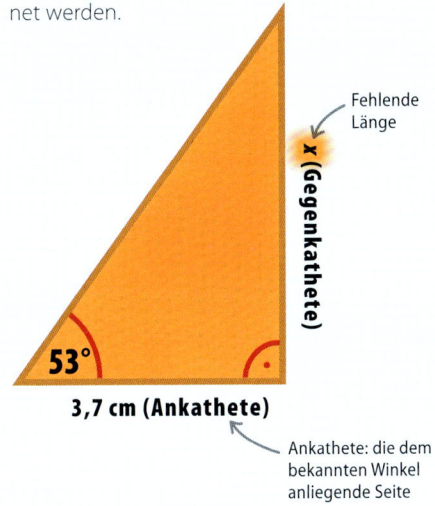

Ankathete: die dem bekannten Winkel anliegende Seite

Richtige Formel auswählen – die Ankathetenlänge ist bekannt; die Länge der Gegenkathete soll berechnet werden, also muss die Tangens-Formel benutzt werden.

$$\tan(a) = \frac{\text{Gegenkathete}}{\text{Ankathete}}$$

Einsetzen bekannter Werte in die Formel.

$$\tan(53°) = \frac{x}{3{,}7}$$

Unbekannte x isolieren

Diese Seite muss ebenfalls mit 3,7 multipliziert werden.

Umstellen der Formel, um x zu isolieren durch Vertauschen beider Seiten und Multiplikation beider Seiten mit 3,7.

$$x = \tan(53°) \cdot 3{,}7$$

Diese Seite wurde mit 3,7 multipliziert, um x zu isolieren.

tan (53°) auf vier Dezimalstellen gerundet

Mit dem Taschenrechner wird nun der Tangens von 53° berechnet: Drücke die tan-Taste, dann 53, dann =.

$$x \approx 1{,}3270 \cdot 3{,}7$$

Die Lösung muss sinnvoll gerundet werden.

$$x \approx 4{,}91\,\text{cm}$$

Lösung auf zwei Dezimalstellen gerundet

Fehlende Winkelgrößen

SIND ZWEI DER DREI SEITENLÄNGEN EINES RECHTWINKLIGEN DREIECKS BEKANNT, KÖNNEN DIE FEHLENDEN WINKEL BERECHNET WERDEN.

> **SIEHE AUCH**
> ‹ 64–65 Der Taschenrechner
> ‹ 152 Was ist Trigonometrie?
> ‹ 154–155 Fehlende Seitenlängen
> Formeln 169–171 ›

Um fehlende Winkelgrößen zu berechnen, benötigt man die Umkehrtasten des Taschenrechners: $\sin^{-1}$, $\cos^{-1}$ und $\tan^{-1}$ sowie die SHIFT-Taste.

Welche Formel?

Man wählt immer die Formel, die die gegebenen beiden Seiten enthält. Verwende beispielsweise die Sinus-Formel, wenn die Gegenkathete des gesuchten Winkels und die Hypotenuse bekannt sind; benutze die Kosinusformel, wenn die Ankathete des gesuchten Winkels und die Hypotenuse bekannt sind.

▽ **Taschenrechnerfunktionen**
Um Winkelgrößen aus gegebenem Sinus, Kosinus oder Tangens zu erhalten, wird zuerst SHIFT gedrückt und dann Sinus, Kosinus oder Tangens.

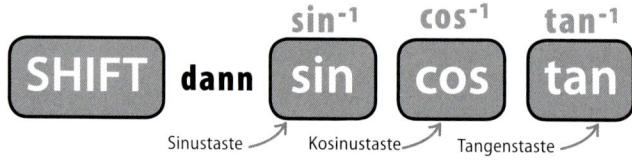

$$\sin(a) = \frac{\text{Gegenkathete}}{\text{Hypotenuse}}$$

△ **Sinus-Formel**
Verwende diese Formel, wenn die Hypotenuse und die Gegenkathete des gesuchten Winkels bekannt sind.

$$\cos(a) = \frac{\text{Ankathete}}{\text{Hypotenuse}}$$

△ **Kosinus-Formel**
Verwende diese Formel, wenn die Hypotenuse und die Ankathete des gesuchten Winkels bekannt sind.

$$\tan(a) = \frac{\text{Gegenkathete}}{\text{Ankathete}}$$

△ **Tangens-Formel**
Verwende diese Formel, wenn die Ankathete und die Gegenkathete des gesuchten Winkels bekannt sind.

Sinus-Formel benutzen

In diesem rechtwinkligen Dreieck seien die Länge der Hypotenuse und die Länge der Gegenkathete des Winkels a bekannt. Mithilfe der Sinus-Formel kann man die Größe des Winkels a berechnen.

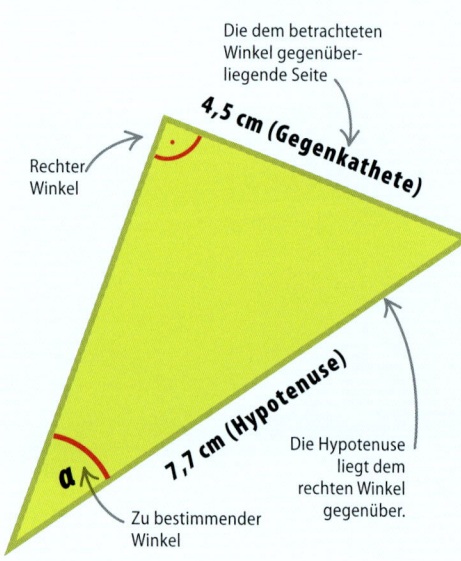

Richtige Formel auswählen – die Gegenkathetenlänge und die Hypotenusenlänge sind bekannt; die Größe des Winkels a soll berechnet werden, also muss die Sinus-Formel benutzt werden.

Einsetzen bekannter Werte in die Formel.

Wert für sin (a) berechnen: Quotient aus Gegenkathete und Hypotenuse ausrechnen.

Mit dem Taschenrechner wird nun $\sin^{-1}$ bzw. die Winkelgröße von a berechnet.

Das Ergebnis ist die gesuchte Winkelgröße.

$$\sin(a) = \frac{\text{Gegenkathete}}{\text{Hypotenuse}}$$

$$\sin(a) = \frac{4{,}5}{7{,}7}$$

Auf vier Dezimalstellen gerundet

$$\sin(a) \approx 0{,}5844$$

Drücke die SHIFT- und anschließend die sin-Taste

$$a \approx \sin^{-1}(0{,}5844)$$

Auf zwei Dezimalstellen gerundet

$$a \approx 35{,}76°$$

FEHLENDE WINKELGRÖSSEN

Kosinus-Formel benutzen

In diesem rechtwinkligen Dreieck seien die Länge der Hypotenuse und die Länge der Ankathete des Winkels a bekannt. Mithilfe der Kosinus-Formel kann man die Größe des Winkels a berechnen.

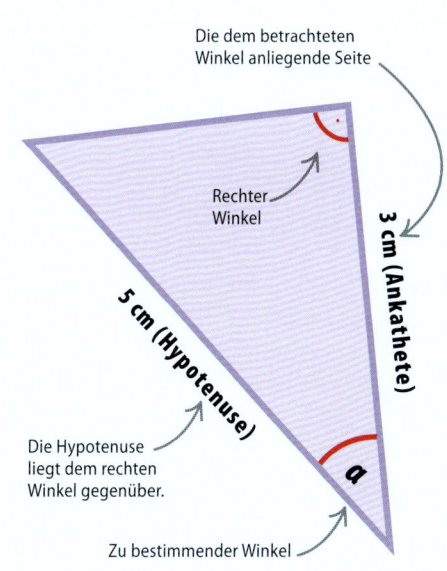

Richtige Formel auswählen – die Ankathetenlänge und die Hypotenusenlänge sind bekannt; die Größe des Winkels a soll berechnet werden, also muss die Kosinus-Formel benutzt werden.

$$\cos(a) = \frac{\text{Ankathete}}{\text{Hypotenuse}}$$

Einsetzen bekannter Werte in die Formel.

$$\cos(a) = \frac{3}{5}$$

Wert für cos (a) berechnen: Quotient aus Ankathete und Hypotenuse ausrechnen.

$$\cos(a) = 0{,}6$$

Mit dem Taschenrechner wird nun $\cos^{-1}$ bzw. die Winkelgröße von a berechnet.

Drücke die SHIFT- und anschließend die cos-Taste

$$a = \cos^{-1}(0{,}6)$$

Das Ergebnis ist die gesuchte Winkelgröße.

Auf zwei Dezimalstellen gerundet

$$a \approx 53{,}13°$$

Tangens-Formel benutzen

In diesem rechtwinkligen Dreieck seien die Länge der Gegenkathete und die Länge der Ankathete des Winkels a bekannt. Mithilfe der Tangens-Formel kann man die Größe des Winkels a berechnen.

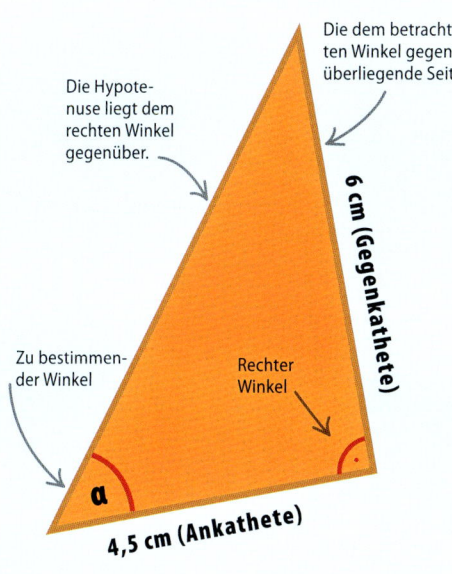

Richtige Formel auswählen – die Gegenkathetenlänge und die Ankathetenlänge sind bekannt; die Größe des Winkels a soll berechnet werden, also muss die Tangens-Formel benutzt werden.

$$\tan(a) = \frac{\text{Gegenkathete}}{\text{Ankathete}}$$

Einsetzen bekannter Werte in die Formel.

$$\tan(a) = \frac{6}{4{,}5}$$

Wert für tan (a) berechnen: Quotient aus Gegenkathete und Ankathete ausrechnen.

Auf eine Dezimalstelle gerundet

$$\tan(a) \approx 1{,}3$$

Mit dem Taschenrechner wird nun $\tan^{-1}$ bzw. die Winkelgröße von a berechnet.

Drücke die SHIFT- und anschließend die tan-Taste

$$a = \tan^{-1}(1{,}3)$$

Das Ergebnis ist die gesuchte Winkelgröße.

Auf zwei Dezimalstellen gerundet

$$a \approx 52{,}43°$$

Algebra

 Was ist Algebra?

ALGEBRA BESCHÄFTIGT SICH MIT DEN EIGENSCHAFTEN VON RECHEN-
OPERATIONEN. BUCHSTABEN UND SYMBOLE REPRÄSENTIEREN ZAHLEN.

Die Algebra ist eines der wichtigsten Teilgebiete der Mathematik. Auch in vielen anderen Wissenschaften, beispielsweise in Physik und Wirtschaft, werden Problemstellungen in algebraischer Form aufgeschrieben und gelöst.

Rechnen mit Buchstaben und Symbolen

In der Algebra werden Buchstaben und Symbole als Repräsentanten für Zahlen und Rechenoperationen benutzt. Dabei stehen die Buchstaben für Zahlen und die Symbole für die auszuführenden Operationen, beispielsweise die Addition oder Subtraktion. So ist es möglich, Verhältnisse zwischen Mengen in einer kurzen, allgemeinen Schreibweise zu notieren. Man umgeht das Rechnen mit konkreten Zahlen. Beispielsweise lässt sich das Volumen eines Quaders als Produkt $l \cdot b \cdot h$ (Länge · Breite · Höhe) angeben; mithilfe dieses Terms kann man das Volumen jedes beliebigen Quaders, dessen Maße man kennt, berechnen.

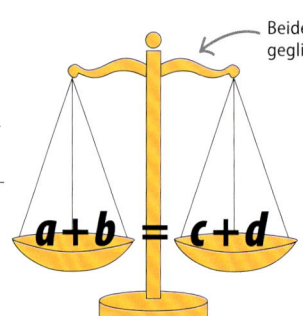

Beide Seiten müssen ausgeglichen (gleich) sein.

◁ **Waagemodell**
Beide Seiten einer Gleichung müssen immer ausgeglichen sein. Das bedeutet beispielsweise, dass in der Gleichung $a + b = c + d$, sobald auf der einen Seite eine Zahl hinzugefügt wird, diese auch auch der anderen Seite hinzugefügt werden muss.

TERM
Ein Term ist ein sinnvoller mathematischer Ausdruck, der Zahlen, Variablen und Rechenzeichen sowie Klammern enthalten kann.
Ein Term enthält kein Größer-, Kleiner- oder Gleich-Zeichen.

OPERATION
Die auszuführende Tätigkeit (Berechnung); z. B. Addition, Subtraktion, Multiplikation oder Division.

VARIABLE
Eine Variable (meist ein Buchstabe) steht für eine unbekannte Zahl oder Größe. Die Variable heißt auch Unbekannte.

MATHEMATISCHER AUSDRUCK
Ein mathematischer Ausdruck kann jede Kombination aus Zahlen, Buchstaben und Rechenoperatoren enthalten (beispielsweise + für die Addition), wie im Beispiel $2 + b$ oben.

△ **Algebraische Gleichung**
Eine Gleichung ist eine mathematische Aussageform, die besagt, dass zwei Dinge gleich sind, z. B. linke Seite ($2 + b$) ist gleich rechter Seite (8).

WAS IST ALGEBRA? 161

ANWENDUNG
Algebra im täglichen Leben

Obwohl die Algebra mit ihren Zeichenfolgen und Buchstaben auf den ersten Blick sehr abstrakt zu sein scheint, findet sie viele Anwendungen im täglichen Leben. Mithilfe einer Gleichung kann man beispielsweise den Flächeninhalt eines Tennisplatzes bestimmen.

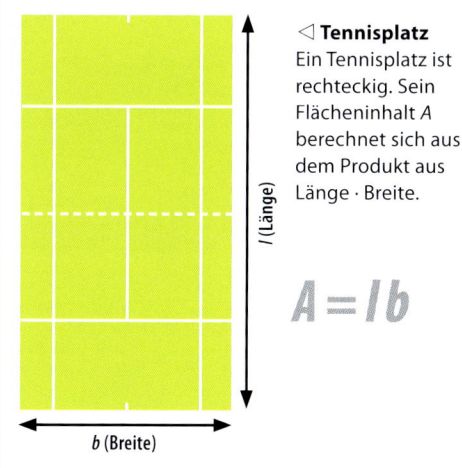

◁ **Tennisplatz**
Ein Tennisplatz ist rechteckig. Sein Flächeninhalt A berechnet sich aus dem Produkt aus Länge · Breite.

$$A = l\,b$$

GLEICH
Das Gleichheitszeichen steht dafür, dass beide Seiten der Gleichung identisch sind.

KONSTANTE
Eine Konstante ist einfach eine bestimmte feste Zahl (im Gegensatz zur Variablen).

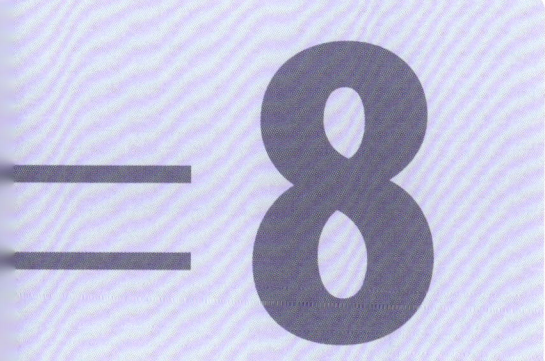

DIE LÖSUNG LAUTET:
$$b = 6$$

RECHENREGELN
Wie in anderen Bereichen der Mathematik gibt es auch in der Algebra Grundregeln. Beispielsweise ist genau festgelegt, in welcher Reihenfolge Rechenoperationen auszuführen sind.

Addition und Subtraktion
Terme können in beliebiger Reihenfolge zueinander addiert werden. Bei der **Subtraktion** muss die Reihenfolge allerdings eingehalten werden.

$$a + b = b + a$$

△ **Zwei Terme**
Bei der **Addition** zweier Terme ist die Reihenfolge egal.

$$(a + b) + c = a + (b + c)$$

△ **Drei Terme**
Bei der **Addition** dreier Terme ist die Reihenfolge ebenfalls egal.

Multiplikation und Division
Terme können in beliebiger Reihenfolge miteinander multipliziert werden. Bei der **Division** muss die Reihenfolge allerdings eingehalten werden.

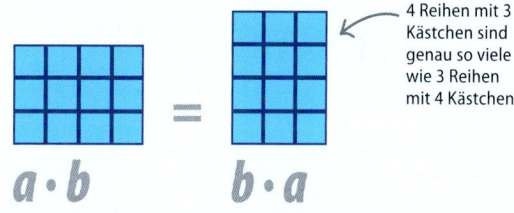

4 Reihen mit 3 Kästchen sind genau so viele wie 3 Reihen mit 4 Kästchen.

$$a \cdot b = b \cdot a$$

△ **Zwei Terme**
Bei der **Multiplikation** zweier Terme ist die Reihenfolge egal.

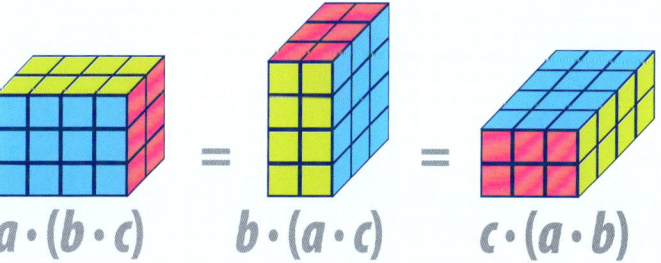

$$a \cdot (b \cdot c) = b \cdot (a \cdot c) = c \cdot (a \cdot b)$$

△ **Drei Terme**
Bei der **Multiplikation** dreier Terme ist die Reihenfolge ebenfalls egal.

162 ALGEBRA

Zahlenfolgen

EINE ZAHLENFOLGE IST EINE UNENDLICHE ABFOLGE VON ZAHLEN, DIE NACH EINEM BESTIMMTEN GESETZ GEBILDET WIRD.

SIEHE AUCH	
‹ 32–35	Potenzen und Wurzeln
‹ 160–161	Was ist Algebra?
Rechnen mit Ausdrücken	164–165 ›
Formeln	169–171 ›

Die i-te Zahl (oder das i-te Glied) einer Folge steht an i-ter Stelle. Der Wert der Zahl an einer beliebigen Stelle kann aufgrund des Bildungsgesetzes der Folge berechnet werden.

Folgenglieder

Die erste Zahl einer Folge steht an erster Stelle, die zweite Zahl an zweiter Stelle usw.

▷ **Eine ganz einfache Folge**
Die Regel für diese Folge lautet: „Addiere immer 2 zum vorherigen Folgenglied".

Gesetz: Term = vorhergegangener Term plus 2

Die erste Zahl ist eine 2.

2, 4, 6, 8, 10, …

1-tes Folgenglied   2-tes Folgenglied   3-tes Folgenglied   4-tes Folgenglied   5-tes Folgenglied

Das fünfte Folgenglied ist 10.

Die Punkte deuten an, dass die Folge so fortgesetzt wird.

Das n-te Glied a_n bestimmen

Das n-te Folgenglied kann bestimmt werden, ohne jedes vorherige Glied explizit zu bestimmen und aufzuschreiben. Dazu muss das Bildungsgesetz als mathematischer Ausdruck notiert werden.

▷ **Bildungsgesetz als mathematischer Ausdruck**
Mithilfe des mathematischen Ausdrucks kann man jedes einzelne Folgenglied bestimmen.

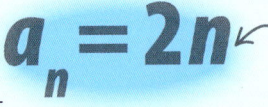

$$a_n = 2n$$

Zunächst wird 1 für n eingesetzt, um das erste Folgenglied zu berechnen, dann 2, um das zweite zu berechnen, usw.

Bedeutet 2 · n Setze 1 für n ein
$2n = 2 \cdot 1 = 2$
1-tes Glied

$2n = 2 \cdot 2 = 4$
2-tes Glied

$2n = 2 \cdot 41 = 82$
41-tes Glied

$2n = 2 \cdot 1000 = 2000$
1000-tes Glied

▶ **Für das erste Glied** setze 1 für n ein.

▶ **Für das zweite Glied** setze 2 für n ein.

▶ **Für das 41-ste Glied** setze 41 für n ein.

▶ **Für das 1000-ste Glied** setze 1000 für n ein, das Folgenglied ist hier die Zahl 2000.

Für die Folge im Beispiel unten lautet das Bildungsgesetz $a_n = 4n - 2$. Mit diesem Wissen ist klar, dass jedes Glied (bis auf das erste) aus dem vorhergehenden durch Addition der Zahl 4 hervorgeht.

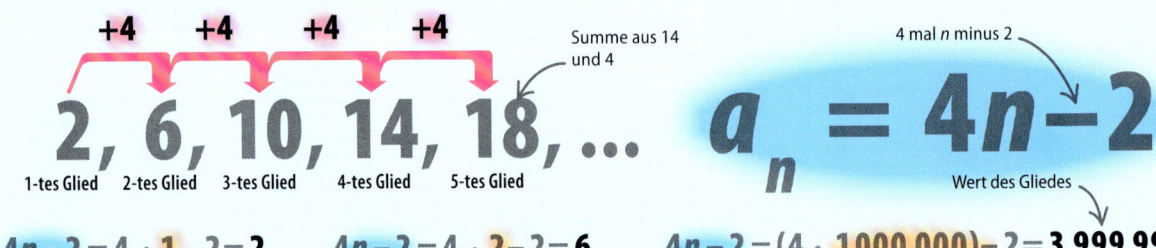

2, 6, 10, 14, 18, …   (+4 jeweils)   Summe aus 14 und 4

1-tes Glied 2-tes Glied 3-tes Glied 4-tes Glied 5-tes Glied

4 mal n minus 2

$$a_n = 4n - 2$$

Wert des Gliedes

$4n - 2 = 4 \cdot 1 - 2 = 2$
1-stes Glied

$4n - 2 = 4 \cdot 2 - 2 = 6$
2-tes Glied

$4n - 2 = (4 \cdot 1\,000\,000) - 2 = 3\,999\,998$
1 000 000-stes Glied

▶ **Für das erste Glied setze** 1 für n ein.

▶ **Für das zweite Glied setze** 2 für n ein.

▶ **Für das 1 000 000-ste Glied setze** 1 000 000 für n ein, das Folgenglied ist hier die Zahl 3 999 998.

BESONDERE ZAHLENFOLGEN

Viele Zahlenfolgen haben kompliziertere Bildungsgesetze, trotzdem sind sie sehr wichtig. Zwei Beispiele: Die Folge aller Quadratzahlen und die Fibonacci-Folge.

Quadratzahlen

Die Quadratzahl einer Zahl ist das Produkt aus der Zahl mit sich selbst. Zeichnerisch können die Quadratzahlen als Quadrate dargestellt werden: Jede Seitenlänge entspricht einer ganzen Zahl. Die Fläche entspricht der Quadratzahl.

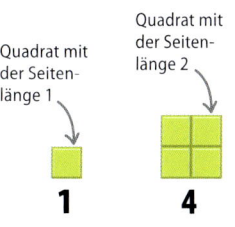
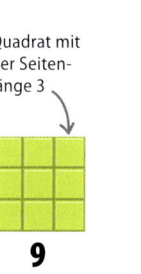
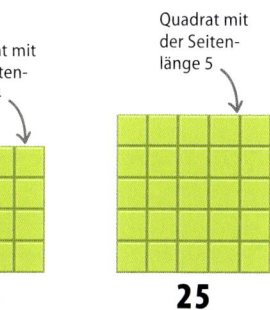

Quadrat mit der Seitenlänge 1 — 1
Quadrat mit der Seitenlänge 2 — 4
Quadrat mit der Seitenlänge 3 — 9
Quadrat mit der Seitenlänge 4 — 16
Quadrat mit der Seitenlänge 5 — 25

Fibonacci-Folge

Die Fibonacci-Folge ist sehr bekannt, die Zahlen kommen in der Natur und in der Architektur häufig vor. Die ersten beiden Folgenglieder sind 1. Die nachfolgenden Folgenglieder berechnen sich jeweils aus der Summe der beiden vorherigen Folgenglieder. Benannt ist die Fibonacci-Folge nach Leonardo Fibonacci, einem italienischen Mathematiker.

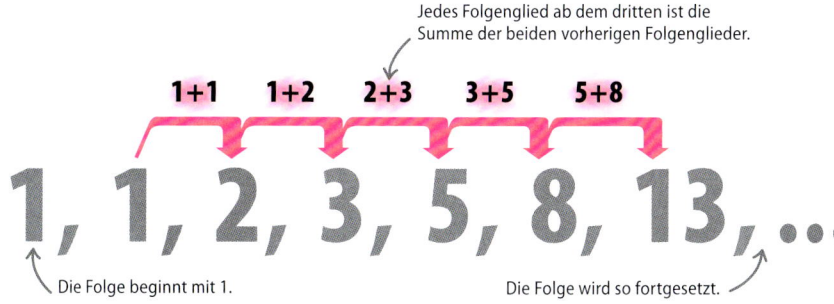

Jedes Folgenglied ab dem dritten ist die Summe der beiden vorherigen Folgenglieder.

1+1 1+2 2+3 3+5 5+8

1, 1, 2, 3, 5, 8, 13, ...

Die Folge beginnt mit 1.   Die Folge wird so fortgesetzt.

ANWENDUNG
Fibonacci und die Natur

Die Folgenglieder der Fibonacci-Folge finden sich überall, auch in der Natur: Viele Pflanzen weisen in der Anordnung ihrer Blätter oder Samen Spiralen auf, deren Anzahl den Folgengliedern der Fibonacci-Folge entspricht. Ähnliches git für die Spirallinie einer Schnecke oder Muschel.

Wie man eine Fibonacci-Spirale zeichnet

Man zeichnet zunächst Quadrate mit Seitenlängen, die durch die Fibonacci-Folgenglieder vorgegeben sind: Zwei Quadrate mit der Seitenlänge 1, dann eines mit der Seitenlänge 2, eines mit der Seitenlänge 3 usw.

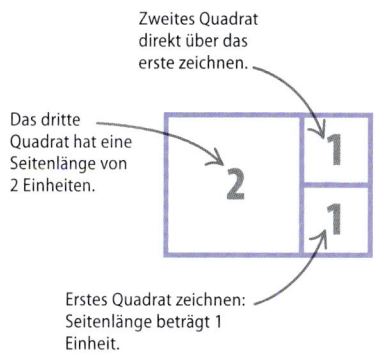

Zweites Quadrat direkt über das erste zeichnen.
Das dritte Quadrat hat eine Seitenlänge von 2 Einheiten.
Erstes Quadrat zeichnen: Seitenlänge beträgt 1 Einheit.

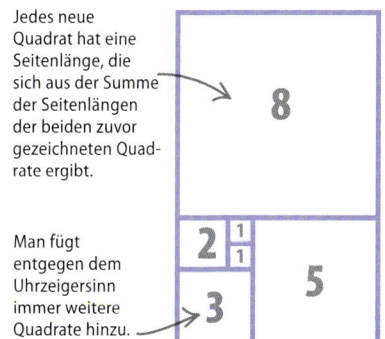

Jedes neue Quadrat hat eine Seitenlänge, die sich aus der Summe der Seitenlängen der beiden zuvor gezeichneten Quadrate ergibt.
Man fügt entgegen dem Uhrzeigersinn immer weitere Quadrate hinzu.

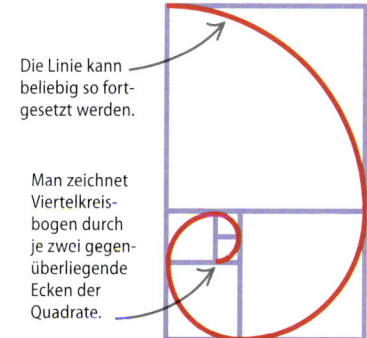

Die Linie kann beliebig so fortgesetzt werden.
Man zeichnet Viertelkreisbogen durch je zwei gegenüberliegende Ecken der Quadrate.

Zeichne zuerst ein Quadrat mit der Seitenlänge 1. Zeichne ein zweites direkt darüber. Nun zeichne ein Quadrat mit der Seitenlänge 2. Jedes Quadrat repräsentiert eines der Folgenglieder.

Zeichne weitere Quadrate, deren Seitenlängen den Zahlen aus der Fibonacci-Folge entsprechen. Füge die Quadrate entgegen dem Uhrzeigersinn hinzu. Im Bild oben sind die ersten sechs Folgenglieder dargestellt.

Zuletzt werden Viertelkreise durch die gegenüberliegenden Ecken eines jeden Quadrates gezeichnet. Beginne in der Mitte und arbeite entgegen dem Uhrzeigersinn weiter. Die entstehende Kurve ist eine Fibonacci-Spirale.

 Rechnen mit Ausdrücken

EIN AUSDRUCK IST EINE SINNVOLLE ANEINANDERREIHUNG VON ZAHLEN, VARIABLEN WIE x UND y SOWIE OPERATOREN WIE + UND −.

SIEHE AUCH	
‹ 160–161	Was ist Algebra?
Formeln	169–171 ›

Rechenausdrücke kommen in jedem Teilbereich der Mathematik vor. Sie dienen der Vereinfachung von Rechnungen und Zusammenhängen.

Terme zusammenfassen

Mathematische Ausdrücke bestehen aus einzelnen Termen. Ein Term kann eine Zahl, ein Rechenzeichen oder eine Kombination aus beidem sein. Ähnliche Terme kann man geschickt zusammenfassen.

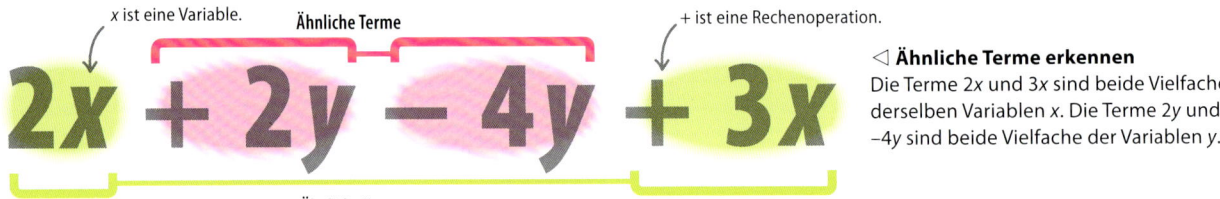

◁ **Ähnliche Terme erkennen**
Die Terme $2x$ und $3x$ sind beide Vielfache derselben Variablen x. Die Terme $2y$ und $-4y$ sind beide Vielfache der Variablen y.

Ausdrücke durch geschicktes Zusammenfassen vereinfachen

Rechenausdrücke lassen sich durch geschicktes Umstellen und Zusammenfassen ähnlicher Terme oft wesentlich vereinfachen.

▷ **Ausdruck aufschreiben**
Zunächst schreibt man den zu vereinfachenden Ausdruck auf.

$$3a - 5b + 6b - 2a + 3b - 7b$$

▷ **Ähnliche Terme gruppieren**
Ähnliche Terme werden gruppiert, sodass sie zusammen stehen.

$$3a - 2a - 5b + 6b + 3b - 7b$$

▷ **Zusammenfassen und ausrechnen**
Der nächste Schritt ist das Ausrechnen.

$3a - 2a = 1a$ → $1a - 3b$ ← $-5b + 6b + 3b - 7b = -3b$

▷ **Ergebnis vereinfachen**
Das Ergebnis wird zum Schluss noch so weit wie möglich vereinfacht.

Der Term $1a$ wird immer mit a abgekürzt. → $a - 3b$

Multiplikationsausdrücke vereinfachen

Um Multiplikationsausdrücke zu vereinfachen, multipliziert man zunächst die Zahlen mit den Zahlen und die Variablen mit den Variablen.

Die Multiplikationszeichen zwischen Zahlen und Variablen können weggelassen werden.

$6a \cdot 2b$

Der Term $6a$ bedeutet $6 \cdot a$, und der Term $2b$ bedeutet $2 \cdot b$.

$6 \cdot a \cdot 2 \cdot b$

Zerlege den Ausdruck in die einzelnen Zahlen und Variablen.

$12 \cdot ab = 12ab$

Das Produkt aus 6 und 2 ist 12, das Produkt aus a und b ist ab. Der vereinfachte Ausdruck lautet $12ab$.

Divisionsausdrücke vereinfachen

Um Divisionsausdrücke zu vereinfachen, kürzt man zunächst so weit wie möglich.

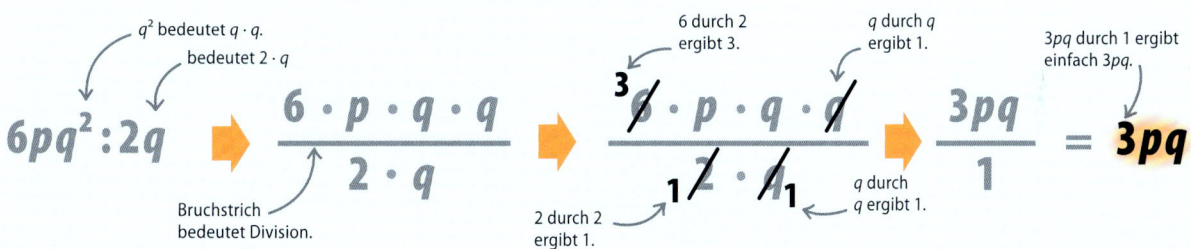

Suche nach Kürzungsmöglichkeiten, um den Ausdruck zu vereinfachen.

Kürze den Term im Nenner und den im Zähler durch 2 und durch q.

Notiere die gekürzten Terme im Zähler und im Nenner vereinfache weiter.

Werte einsetzen

Sind die Werte für die Variablen bekannt, beispielsweise $y = 2$ und $x = 1$, können sie direkt eingesetzt werden.

Setze die Werte in den Ausdruck ein: $2x - 2y - 4y + 3x$

$x = 1$ und $y = 2$

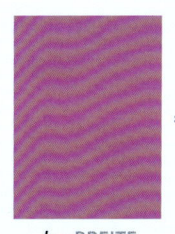

b = BREITE

◁ **Werte einsetzen**
Die Formel zur Flächeninhaltsberechnung von Rechtecken lautet Länge · Breite. Setzt man 8 cm für die Länge und 5 cm für die Breite ein, so ergibt sich ein Flächeninhalt von $8\,\text{cm} \cdot 5\,\text{cm} = 40\,\text{cm}^2$.

Es ist leichter, in zuvor vereinfachte Terme einzusetzen.

Ähnliche Terme
$2x - 2y - 4y + 3x$
Ähnliche Terme

Gruppiere ähnliche Terme, um den Ausdruck zu vereinfachen.

$5x - 6y$

In den vereinfachten Ausdruck kann man die Werte einsetzen.

Setze 1 für x ein.
$5x = 5 \cdot 1 = 5$
$-6y = -6 \cdot 2 = -12$
Setze 2 für y ein.

Setze die gegebenen Werte für x und y ein.

Ergebnis ist -7.
$5 - 12 = -7$

Das Ergebnis ist -7.

Ausklammern und Ausmultiplizieren

DERSELBE AUSDRUCK KANN AUF VERSCHIEDENE WEISEN DARGESTELLT WERDEN: AUSMULTIPLIZIERT ODER IN GEMEINSAME FAKTOREN ZERLEGT.

SIEHE AUCH	
‹ 164–165	Rechnen mit ausdrücken
Quadratische Ausdrücke	168 ›

Ausmultiplizieren

Je nachdem, wie man einen Ausdruck benutzen will, kann es sinnvoll sein, ihn anders zu schreiben. Will man einen Ausdruck ausmultiplizieren, muss man jedes Element in der Klammer mit dem Element davor multiplizieren.

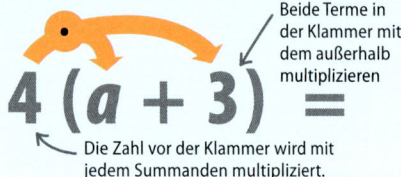
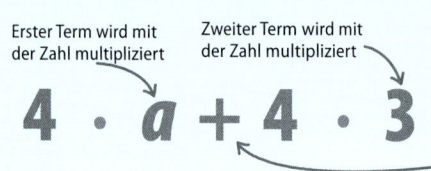
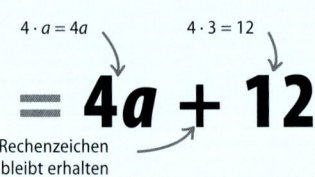

▶ **Steht eine Zahl außerhalb der Klammer**, muss jeder Summand innerhalb der Klammer mit der Zahl vor der Klammer multipliziert werden.

▶ **Multipliziere jeden Term** aus der Klammer mit der Zahl davor. Die Rechenzeichen bleiben erhalten.

▶ **Vereinfache das Ergebnis** soweit möglich. Hier wurde $4 \cdot a$ zu $4a$ und $4 \cdot 3$ zu 12 vereinfacht.

Mehrere Klammern ausmultiplizieren

Um einen Ausdruck, der zwei Klammern enthält, auszumultiplizieren, muss man jeden Term aus der ersten Klammer mit jedem aus der zweiten Klammer multiplizieren. Dazu „zerlegt" man zunächst die erste Klammer in ihre Terme und multipliziert jeden davon mit jedem Term der zweiten Klammer. (Siehe dazu die binomischen Formeln auf S. 184.)

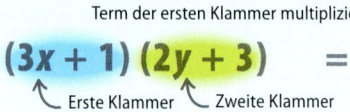

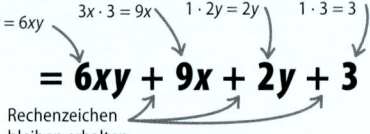

▶ **Um einen Ausdruck mit zwei Klammern** auszumultiplizieren, multipliziere jeden Term der ersten Klammer mit jedem der zweiten Klammer.

▶ **Die Bestandteile der ersten Klammer** werden nun mit jedem der zweiten Klammer multipliziert.

▶ **Vereinfache das Ergebnis soweit wie möglich** durch Ausmultiplizieren jedes einzelnen Terms.

Eine Klammer quadrieren (siehe Seite 184)

Um eine Klammer zu quadrieren, muss man lediglich das Produkt der Klammer mit sich selbst berechnen. Man schreibt das Produkt zunächst als Produkt zweier Klammern aus und berechnet es dann wie oben gezeigt.

„Minus mal Plus gleich Minus", daher ist $-3 \cdot x = -3x$.

„Minus mal Minus gleich Plus", daher ist $(-3) \cdot (-3) = 9$.

$x \cdot (-3) = -3x$
$x \cdot x = x^2$

$$(x - 3)^2 = (x - 3)(x - 3) = x(x - 3) - 3(x - 3) = x^2 - 3x - 3x + 9 = x^2 - 6x + 9$$

Multipliziere die zweite Klammer mit dem ersten Term der ersten Klammer.

Rechenzeichen bleibt erhalten.

Multipliziere die zweite Klammer mit dem zweiten Term der ersten Klammer.

▶ **Um eine Klammer zu quadrieren**, muss man zunächst beide Klammern ausschreiben.

▶ **Die Bestandteile der ersten Klammer** werden nun mit jedem Term der zweiten Klammer multipliziert.

▶ **Vereinfache das Ergebnis soweit möglich**. Fasse ähnliche Terme zusammen (S. 164–165).

AUSKLAMMERN UND AUSMULTIPLIZIEREN

Faktoren ausklammern (Faktorisieren)

Manchmal möchte man gemeinsame Faktoren lieber ausklammern (das ist das Gegenteil dessen, was auf der Seite gegenüber beschrieben wird). Dazu muss man den gemeinsamen Faktor (Zahl oder Buchstabe) vor eine Klammer setzen, die die anderen Faktoren enthält.

Die Zahl 4 ist in 4*b* und in 12 enthalten.

Ist dasselbe wie 12

Beide, *b* und + 3, sind keine gemeinsamen Faktoren, also werden sie in die Klammer geschrieben.

Die 4 wird vor die Klammer geschrieben.

Die nicht gemeinsamen Faktoren werden in die Klammer gesetzt.

$4b + 12$

Das bedeutet $4 \cdot b$.

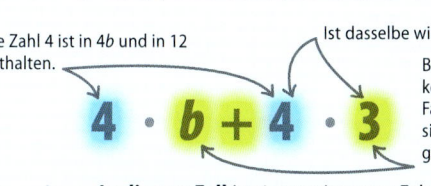

$4(b + 3)$

Um einen gemeinsamen Faktor auszuklammern, müssen die Terme einen gemeinsamen Faktor haben. Hier ist der gemeinsame Faktor die 4.

▶ **In diesem Fall** ist 4 gemeinsamer Faktor von beiden, von 4*b* und von 12, da beide durch 4 teilbar sind. Teile nun 4*b* und 12 durch 4, um die nicht gemeinsamen Bestandteile herauszufinden, und schreibe diese in die Klammer.

▶ **Vereinfache den Ausdruck** durch Ausklammern der 4. Die beiden anderen Faktoren werden in die Klammer geschrieben.

Komplexere Ausdrücke faktorisieren

Durch Faktorisierung werden Ausdrücke manchmal einfacher und sie sind leichter zu handhaben. Finde alle gemeinsamen Faktoren des untenstehenden Ausdrucks.

$3 \cdot 3 \cdot x \cdot x \cdot y = 9x^2y$

$3 \cdot 5 \cdot x \cdot y \cdot y = 15xy^2$

$2 \cdot 3 \cdot 3 \cdot x \cdot y \cdot y \cdot y = 18xy^3$

$9x^2y + 15xy^2 + 18xy^3$

Um einen mathematischen Ausdruck zu faktorisieren, schreibe die Faktoren jedes Terms auf, beispielsweise $y^2 = y \cdot y$. Dann suche gemeinsame Faktoren.

Gemeinsamer Faktor 3 ist in allen Zahlen enthalten.

Gemeinsamer Faktor *x* ist in x^2y, in xy^2 sowie in xy^3 enthalten.

Gemeinsamer Faktor *y* ist in x^2y, in xy^2 sowie in xy^3 enthalten.

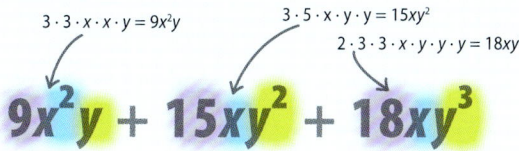

▼

Alle Terme enthalten die Variablen *x* und *y* und sind durch 3 teilbar. Diese Faktoren werden nun zu einem gesamten gemeinsamen Faktor zusammengezogen.

3*xy* ist gemeinsamer Faktor aller drei Terme des Ausdrucks.

$9x^2y : 3xy = 3x$

$15xy^2 : 3xy = 5y$

$18xy^3 : 3xy = 6y^2$

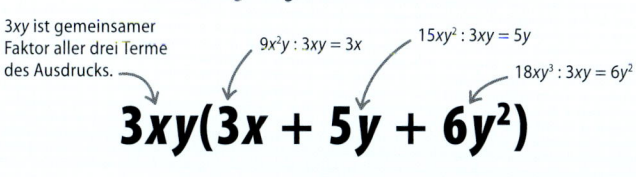

▼

Der gemeinsame Faktor (3*xy*) wird vor die Klammer gesetzt. Innerhalb der Klammer stehen die verbleibenden Terme.

GENAU HINGESCHAUT
Eine Formel faktorisieren

Die Formel zur Berechnung des Oberflächeninhalts eines Zylinders (S. 148–149) setzt sich zusammen aus den Formeln zur Oberflächenberechnung der einzelnen Teile.

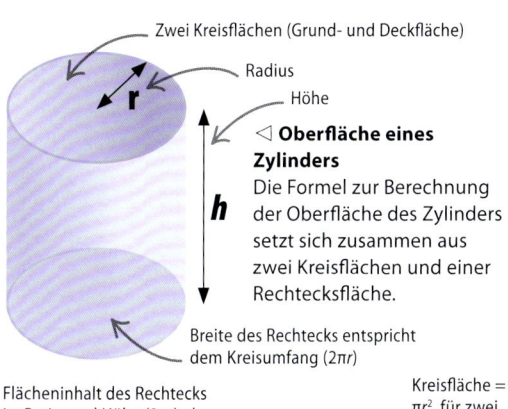

Zwei Kreisflächen (Grund- und Deckfläche)

Radius

Höhe

◁ **Oberfläche eines Zylinders**
Die Formel zur Berechnung der Oberfläche des Zylinders setzt sich zusammen aus zwei Kreisflächen und einer Rechtecksfläche.

Breite des Rechtecks entspricht dem Kreisumfang (2π*r*)

Flächeninhalt des Rechtecks ist Breite mal Höhe (2π*r*) · *h*.

Kreisfläche = π*r*², für zwei Kreise ergibt sich 2π*r*².

$2πrh + 2πr^2$

Um den Oberflächeninhalt zu berechnen, muss man beide Flächeninhaltsformeln addieren.

▼

2π*r* ist beiden Ausdrücken gemeinsam.

h und *r*, die übrigen Faktoren, werden in die Klammer geschrieben.

$2πr(h + r)$

Der gemeinsame Faktor (2π*r*) kann auch vor die Klammer geschrieben werden. Innerhalb der Klammer stehen die verbleibenden Terme.

 Quadratische Ausdrücke

EIN QUADRATISCHER AUSDRUCK ENTHÄLT EINE VARIABLE IN DER ZWEITEN POTENZ (Z. B. X^2).

SIEHE AUCH	
‹ 166–167	Ausklammern und Ausmultiplizieren
Quadratische Funktionen	182–183 ›

In mathematischen Ausdrücken sind Variablennamen wie x und y und Rechenzeichen wie + und − enthalten. Ein quadratischer Ausdruck enthält typischerweise eine Variable in der zweiten Potenz (x^2), dieselbe Variable in der ersten Potenz (x) sowie eine Konstante (Zahl).

Was ist ein quadratischer Ausdruck?

Ein quadratischer Ausdruck wird meist in der Form $ax^2 + bx + c$ angegeben, wobei a, b und c beliebige positive oder negative Zahlen sein können.

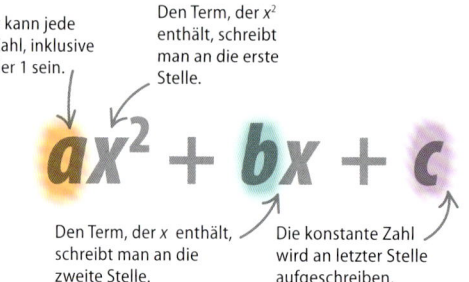

a kann jede Zahl, inklusive der 1 sein.

Den Term, der x^2 enthält, schreibt man an die erste Stelle.

Den Term, der x enthält, schreibt man an die zweite Stelle.

Die konstante Zahl wird an letzter Stelle aufgeschrieben.

◁ **Quadratischer Ausdruck**
Die Standarddarstellung für einen quadratischen Ausdruck enthält an erster Stelle einen quadratischen Term (mit x^2), dann einen Term mit x und schließlich eine konstante Zahl.

Von zwei Klammern zum quadratischen Ausdruck

Viele quadratische Ausdrücke können faktorisiert werden, sodass zwei Ausdrücke in Klammern entstehen, die beide die Variable x enthalten. Multipliziert man umgekehrt solche Klammern aus, erhält man einen quadratischen Ausdruck.

Zwei Klammerausdrücke multiplizieren bedeutet, dass man jeden Term der ersten Klammer mit jedem der zweiten Klammer multiplizieren muss. Das Ergebnis ist in diesem Fall ein quadratischer Ausdruck.

Um zwei Klammern zu multiplizieren, zerlege eine der Klammern in ihr Terme (hier ax und eine Zahl). Multipliziere alle Terme der zweiten Klammer mit ax und dann mit der Zahl (hier repräsentiert durch das Fragezeichen).

Die Multiplikation beider Terme der ersten Klammer mit beiden Termen der zweiten Klammer ergibt einen quadratischen Term, d. h. zwei Terme, die ein Vielfaches von x sind, und ein Produkt aus zwei Zahlen.

Vereinfache nun die Ausdrücke soweit wie möglich und fasse alle Terme zusammen, die Vielfache von x sind.

Daraus ergibt sich die Standardform für quadratische Ausdrücke: Die Vielfachen von x addieren sich zu b, die beiden nur durch Fragezeichen repäsentierten Zahlen zu einer Konstanten c.

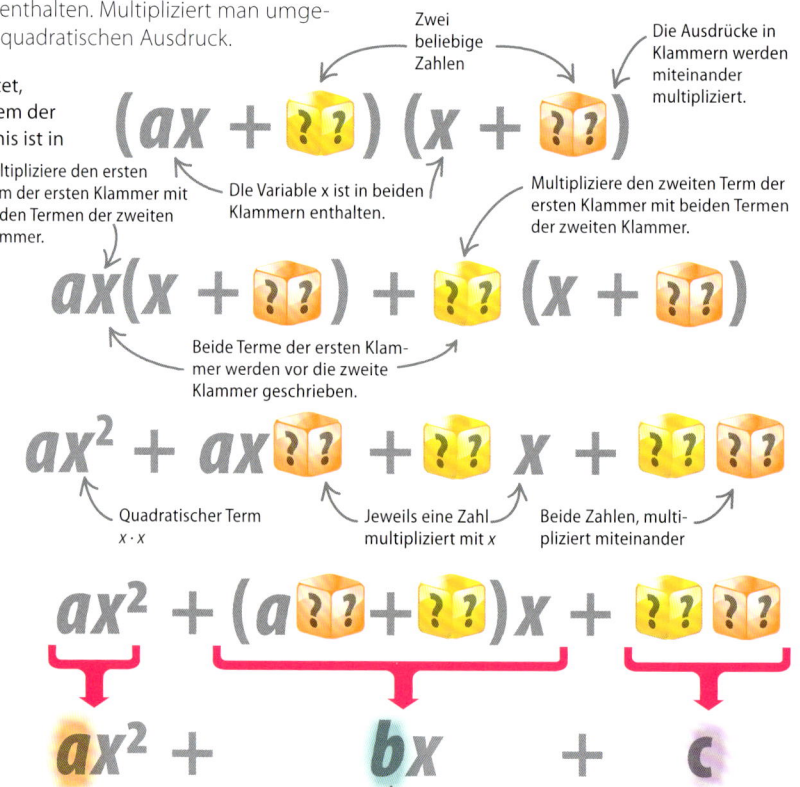

Zwei beliebige Zahlen

Die Ausdrücke in Klammern werden miteinander multipliziert.

Die Variable x ist in beiden Klammern enthalten.

Multipliziere den ersten Term der ersten Klammer mit beiden Termen der zweiten Klammer.

Multipliziere den zweiten Term der ersten Klammer mit beiden Termen der zweiten Klammer.

Beide Terme der ersten Klammer werden vor die zweite Klammer geschrieben.

Quadratischer Term $x \cdot x$

Jeweils eine Zahl multipliziert mit x

Beide Zahlen, multipliziert miteinander

Zahlen in der Klammer addieren sich zu b.

Zahlen addieren sich zu c.

 Formeln

EINE MATHEMATISCHE FORMEL IST DAS „REZEPT", MIT DEM MAN EINEN WERT AUFGRUND ANDERER, BEKANNTER WERTE BERECHNEN KANN.

SIEHE AUCH	
‹ 66–67	Privatfinanzen
‹ 164–165	Rechnen mit Ausdrücken
Gleichungen lösen 172–173 ›	

Eine Formel enthält üblicherweise die Unbekannte, ein Gleichheitszeichen und die Vorschrift, das „Rezept" dafür, wie das gesuchte Objekt zu bestimmen ist.

Eine kurze Einführung

Das „Rezept" oder die Formel kann ganz einfach oder höchst kompliziert sein. Formeln haben jedoch immer drei Zutaten: Einen einzelnen Buchstaben (die Unbekannte), ein Gleichheitszeichen und das eigentliche „Rezept".

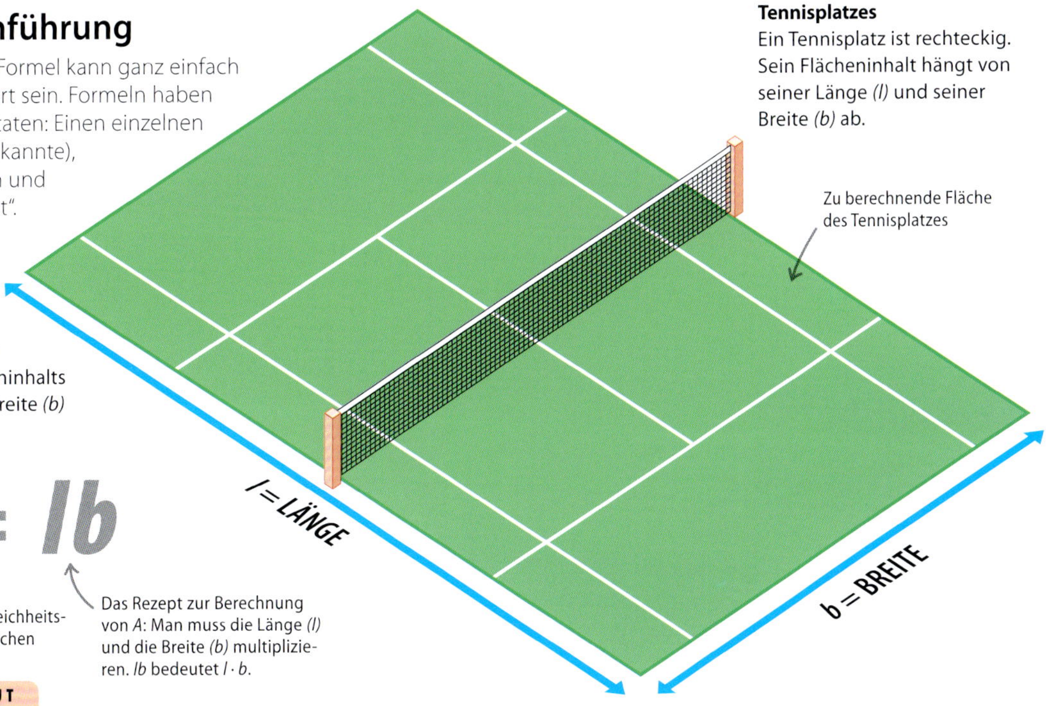

◁ **Flächeninhalt eines Tennisplatzes**
Ein Tennisplatz ist rechteckig. Sein Flächeninhalt hängt von seiner Länge (l) und seiner Breite (b) ab.

Zu berechnende Fläche des Tennisplatzes

Dies ist die Formel zur Berechnung des Flächeninhalts A, wenn Länge (l) und Breite (b) gegeben sind:

$$A = lb$$

- Unbekannte
- Gleichheitszeichen
- Das Rezept zur Berechnung von A: Man muss die Länge (l) und die Breite (b) multiplizieren. lb bedeutet $l \cdot b$.

l = LÄNGE

b = BREITE

GENAU HINGESCHAUT
Formeldreiecke

Formeln können als Merkhilfe in Formeldreiecken (S. 29) so arrangiert und umgestellt werden, dass jeweils ein anderer Wert berechnet werden kann. Das ist praktisch, wenn der gesuchte Wert nicht derjenige ist, der in der Original-Formel isoliert steht.

◁ **Einfaches Umstellen**
Dieses Dreieck zeigt die verschiedenen Möglichkeiten, die Formel zur Flächeninhaltsberechnung eines Rechtecks umzustellen.

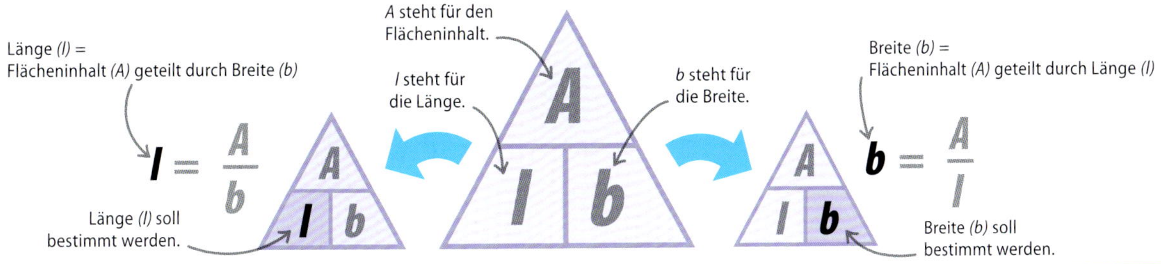

Flächeninhalt (A) soll bestimmt werden

$$A = l \cdot b$$

Flächeninhalt (A) = Länge (l) mal Breite (b)

A steht für den Flächeninhalt.
l steht für die Länge.
b steht für die Breite.

Länge (l) =
Flächeninhalt (A) geteilt durch Breite (b)

$$l = \frac{A}{b}$$

Länge (l) soll bestimmt werden.

Breite (b) =
Flächeninhalt (A) geteilt durch Länge (l)

$$b = \frac{A}{l}$$

Breite (b) soll bestimmt werden.

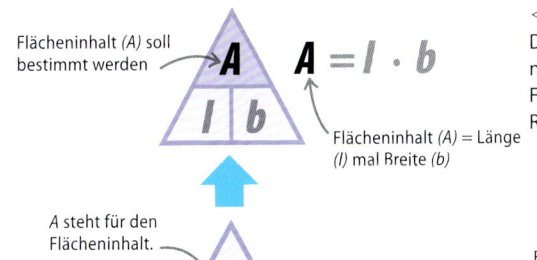

FORMELN UMSTELLEN

Steht die Unbekannte in einer Formel nicht auf einer Seite der Gleichung isoliert, kann man die Formel umstellen, sodass die gesuchte Unbekannte allein auf der einen Seite und die restliche Formel auf der anderen Seite der Gleichung steht. Beim Umstellen ist es erlaubt, Zahlen, Variablen oder Terme von einer Seite auf die andere zu „verschieben". Allerdings muss alles, was auf der einen Seite des Gleichheitszeichens ausgeführt wird, auch auf der anderen Seite ausgeführt werden.

Einen positiven Term auf die andere Seite bringen

$A = b + c$

b soll isoliert werden. Dazu wird c auf die andere Seite des Gleichheitszeichens gebracht.

Auf der linken Seite muss c abgezogen werden. Auf der rechten Seite muss c abgezogen werden.

$A - c = b + c - c$

Ziehe auf beiden Seiten c ab: Um c auf die andere Seite der Gleichung zu bringen, muss c auf beiden Seiten der Gleichung subtrahiert werden.

$+c - c$ hebt sich auf, da $c - c = 0$.

$A - c = b + \cancel{c} - \cancel{c}$

Links bleibt $A - c$ stehen, rechts bleibt b isoliert stehen.

Am besten steht die Unbekannte in einer Formel isoliert auf einer Seite des Gleichheitszeichens.

$A - c = b$

Nun kann man die Seiten noch tauschen, sodass $b = A - c$ übrig bleibt.

Einen negativen Term auf die andere Seite bringen

$A = b - c$

b soll isoliert werden. Dazu wird c auf die andere Seite des Gleichheitszeichens gebracht.

Auf der linken Seite muss c addiert werden. Auf der rechten Seite muss c addiert werden.

$A + c = b - c + c$

Addiere c auf beiden Seiten: Um c auf die andere Seite der Gleichung zu bringen, muss c auf beiden Seiten der Gleichung addiert werden.

$-c + c$ hebt sich auf, da $c - c = 0$.

$A + c = b - \cancel{c} + \cancel{c}$

Links bleibt $A + c$ stehen, rechts bleibt b isoliert stehen.

Am besten steht die Unbekannte in einer Formel isoliert auf einer Seite des Gleichheitszeichens.

$A + c = b$

Nun kann man die Seiten noch tauschen, sodass $b = A + c$ übrig bleibt.

Term aus einem Produkt auf die andere Seite bringen

bc bedeutet $b \cdot c$.

$A = bc$

b soll isoliert werden. Dazu wird c auf die andere Seite des Gleichheitszeichens gebracht.

Auf der linken Seite muss durch c dividiert werden. Auf der rechten Seite muss durch c dividiert werden.

$\dfrac{A}{c} = \dfrac{bc}{c}$

Dividiere beide Seiten durch c: Um c auf die andere Seite der Gleichung zu bringen, müssen beide Seiten durch c dividiert werden.

$\dfrac{c}{c}$ kürzt sich zu 1.

$\dfrac{A}{c} = \dfrac{b\cancel{c}}{\cancel{c}}$

Links bleibt $\dfrac{A}{c}$ stehen, rechts bleibt b isoliert stehen.

Am besten steht die Unbekannte in einer Formel isoliert auf einer Seite des Gleichheitszeichens.

$\dfrac{A}{c} = b$

Nun kann man die Seiten noch tauschen, sodass $b = \dfrac{A}{c}$ übrig bleibt.

Term aus einem Quotienten auf die andere Seite bringen

$\dfrac{b}{c}$ bedeutet $b : c$.

$A = \dfrac{b}{c}$

b soll isoliert werden. Dazu wird c auf die andere Seite des Gleichheitszeichens gebracht.

Auf der linken Seite muss mit c multipliziert werden. Auf der rechten Seite muss mit c multipliziert werden.

$A \cdot c = \dfrac{b \cdot c}{c}$

Multipliziere beide Seiten mit c: Um c auf die andere Seite der Gleichung zu bringen, müssen beide Seiten mit c multipliziert werden.

$\dfrac{c}{c}$ kürzt sich zu 1.

$A \cdot c = \dfrac{b\cancel{c}}{\cancel{c}}$

Links bleibt $A \cdot c$ stehen, rechts bleibt b isoliert stehen.

$A \cdot c$ wird abgekürzt zu Ac.

$Ac = b$

Nun kann man die Seiten noch tauschen, sodass $b = Ac$ übrig bleibt.

FORMELN IM ALLTAG

Formeln werden beispielsweise benutzt, um Zinsen zu berechnen, die für einen bestimmten Zeitraum bezahlt werden müssen. Die Formel lautet Zins = Kapital · Zinssatz · Zeit. Die Formel ist rechts zu sehen.

$$Z = K \cdot \frac{p}{100} \cdot n = \frac{K \cdot p \cdot n}{100}$$

- Zinssatz = $p\%$
- Anzahl der Jahre
- Zinsen
- Kapital

Auf einem Bankkonto befindet sich ein Guthaben von 500 € bei einer **einfachen Verzinsung** (S. 67) von 2 % pro Jahr. Um herauszufinden, in welcher Zeit (n Jahre) Zinsen von 50 € verdient werden, verwendet man die obenstehende Formel. Zuerst muss die Formel nach n umgestellt werden, dann kann man die bekannten Werte einsetzen.

▷ **p auf die linke Seite bringen**
Zuerst müssen beide Seiten der Formel durch p dividiert werden, um p auf die linke Seite zu bringen.

$$Z = \frac{Kpn}{100} \Rightarrow \frac{Z}{p} = \frac{Kn}{100}$$

Um p auf der rechten Seite zu eliminieren, müssen beide Seiten der Formel durch p dividiert werden.

Auf der rechten Seite entsteht nun $\frac{Kpn}{100p}$; die beiden p kürzen sich allerdings heraus, damit ergibt sich rechts der Term $\frac{Kn}{100}$.

▷ **K auf die linke Seite bringen**
Nun werden beide Seiten der Formel durch K dividiert, um K auf die linke Seite zu bringen.

$$\frac{Z}{p} = \frac{Kn}{100} \Rightarrow \frac{Z}{pK} = \frac{n}{100}$$

Um K auf die linke Seite zu bringen, müssen beide Seiten der Formel durch K dividiert werden.

Auf der rechten Seite entsteht nun $\frac{Kn}{100K}$; die beiden K kürzen sich allerdings heraus, damit ergibt sich rechts der Term $\frac{n}{100}$.

▷ **100 auf die linke Seite bringen**
Nun werden beide Seiten mit 100 multipliziert, um 100 auf die linke Seite zu bringen.

$$\frac{Z}{pK} = \frac{n}{100} \Rightarrow \frac{100\,Z}{pK} = n \Rightarrow n = \frac{100\,Z}{pK}$$

Um 100 auf die linke Seite zu bringen, müssen beide Seiten mit 100 multipliziert werden.

Auf einer Seite entsteht nun $\frac{100n}{100}$; die beiden Hunderter kürzen sich allerdings heraus, damit ergibt sich der Term n.

▷ **Tatsächliche Werte einsetzen**
Setzt man die tatsächlichen Werte für Z (50 €), K (500 €) und p (2) ein, so erhält man die Zeitdauer, bis der Zinsertrag 50 € beträgt.

$$n = \frac{100\,Z}{pK} \Rightarrow \frac{100 \cdot 50}{500 \cdot 2} = 5 \text{ Jahre}$$

- Zinsen (Z) betragen 50 €.
- Das Kapital K beträgt 500 €.
- Zinssatz beträgt 2 %.
- Zeitdauer (n), bis der Zinsertrag 50 € beträgt, ist 5 Jahre.

Gleichungen lösen

EINE GLEICHUNG IST EINE MATHEMATISCHE AUSSAGE ÜBER DIE GLEICHHEIT ZWEIER TERME, DIE DURCH DAS GLEICHHEITSZEICHEN SYMBOLISIERT WIRD.

SIEHE AUCH	
‹ 160–161	Was ist Algebra?
‹ 164–165	Rechnen mit Ausdrücken
‹ 169–171	Formeln
Lineare Funktionen	174–177 ›

Gleichungen können umgestellt werden, um den Wert für die unbekannte Variable, z. B. x oder y, zu finden.

Einfache Gleichungen

Gleichungen werden umgestellt, um den richtigen Wert für die Variable zu berechnen. Eine Variable wird durch einen Buchstaben wie x oder y symbolisiert. Jede Veränderung, die auf der einen Seite einer Gleichung ausgeführt wird, muss auch auf der anderen Seite ausgeführt werden.

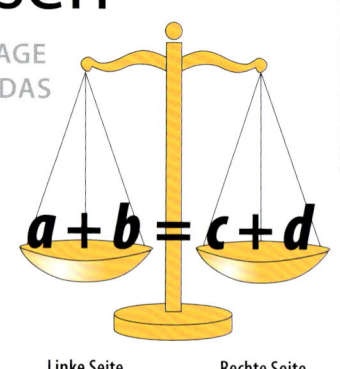

Linke Seite **Rechte Seite**

◁ **Waagemodell**
Die beiden Terme links und rechts des Gleichheitszeichens müssen immer gleich (ausgewogen) sein.

Um den Wert von x zu bestimmen, stelle die Gleichung so um, dass x auf einer Seite isoliert steht.

Die 2 soll links verschwinden; wird sie hier abgezogen, muss sie rechts auch abgezogen werden.

Variable

$$2 + x = 8$$

Gesucht ist dasjenige x, für das dieser Term (8) denselben Wert hat wie der Ausdruck auf der linken Seite des Gleichheitszeichens $(2 + x)$.

Veränderungen, die auf der einen Seite durchgeführt werden, müssen auch auf der anderen Seite durchgeführt werden.

Ziehe 2 auf der linken Seite ab.

$$2 + x - 2 = 8 - 2$$

Auch auf der rechten Seite muss 2 abgezogen werden.

Vereinfache die Gleichung; +2 und –2 hebt sich links auf; rechts berechne $8 - 2 = 6$. Links bleibt x isoliert stehen.

+2 und −2 heben sich auf

$$\cancel{2} + x \cancel{-2} = 8 - 2$$

Nun steht die Unbekannte x links allein und man kann die Lösung für x direkt aus der Gleichung ablesen.

Die Unbekannte x steht allein.

$$x = 6$$

Das Ausrechnen der rechten Seite liefert das Ergebnis für x: $8 - 2 = 6$.

GENAU HINGESCHAUT

Eine Gleichung aufstellen

Gleichungen werden für ganz alltägliche Situationen benötigt. Ein Taxiunternehmen kassiert beispielsweise 3 € als Grundgebühr und 2 € pro gefahrenem Kilometer. Dieser Zusammenhang kann in einer Gleichung dargestellt werden. Man rechnet zunächst meist ohne Einheiten. Diese müssen allerdings in der Lösung wieder angegeben werden.

Grundpreis — Kosten pro gefahrenem Kilometer, multipliziert mit der Entfernung

$$c = 3 + 2d$$

Gesamtkosten

Mithilfe der Gleichung kann man berechnen, wie weit ein Fahrgast gefahren ist, der 18 € für seine Taxifahrt bezahlt hat.

Gesamtkosten der Fahrt — Kilometerkosten · Entfernung

$$18 = 3 + 2d$$

Grundpreis

Setze die Gesamtkosten für die Fahrt ein.

Hier wurden 3 abgezogen.

$$15 = 2d$$

Hier wurden 3 abgezogen.

Stelle die Gleichung um – ziehe auf beiden Seiten 3 ab.

Teile diese Seite durch 2.

$$7\tfrac{1}{2}\,\text{km} = d$$

Teile diese Seite durch 2.

Das Ergebnis ist die Länge der Fahrtstrecke. Hänge die Einheit km an das Ergebnis.

UMFANGREICHERE GLEICHUNGEN

Egal, wie kompliziert oder umfangreich eine Gleichung ist: Nimmt man auf der einen Seite eine Veränderung vor, so muss man dieselbe Veränderung auch auf der anderen Seite vornehmen, damit beide Seiten gleich bleiben. Die umgestellte Gleichung hat dieselbe Lösung wie die ursprüngliche.

Beispiel 1

Auf beiden Seiten der Gleichung kommen Zahlen und Variablen vor, daher müssen einige Umformungen durchgeführt werden, bis die Unbekannte isoliert ist.

▼

Bringe zunächst alle Zahlen, die nicht in Begleitung einer Variablen stehen, auf eine Seite. Addiere dazu 9 auf beiden Seiten der Gleichung.

▼

Bringe dann die Terme, die die Variable enthalten, auf die andere Seite der Gleichung. Ziehe dazu $2a$ auf beiden Seiten der Gleichung ab.

▼

Dividiere dann die gesamte Gleichung durch 3, damit nur ein a auf der rechten Seite übrig bleibt.

▼

Damit steht a isoliert auf der rechten Seite. Links steht lediglich noch eine Zahl, die Lösung der Gleichung.

▼

Man stellt eine Gleichung immer so um, dass die Variable links steht.

Beispiel 2

Auf beiden Seiten der Gleichung kommen Zahlen und Variablen vor, daher müssen einige Umformungen durchgeführt werden, bis die Unbekannte isoliert ist.

▼

Bringe zunächst alle Zahlen, die nicht in Begleitung einer Variablen stehen, auf eine Seite. Ziehe 4 auf beiden Seiten der Gleichung ab, um die 4 auf der linken Seite zu eliminieren.

▼

Bringe dann die Terme, die die Variable enthalten, auf die andere Seite der Gleichung. Addiere dazu $2a$ auf beiden Seiten der Gleichung.

▼

Dividiere nun beide Seiten durch 8, damit nur ein a auf der linken Seite übrig bleibt.

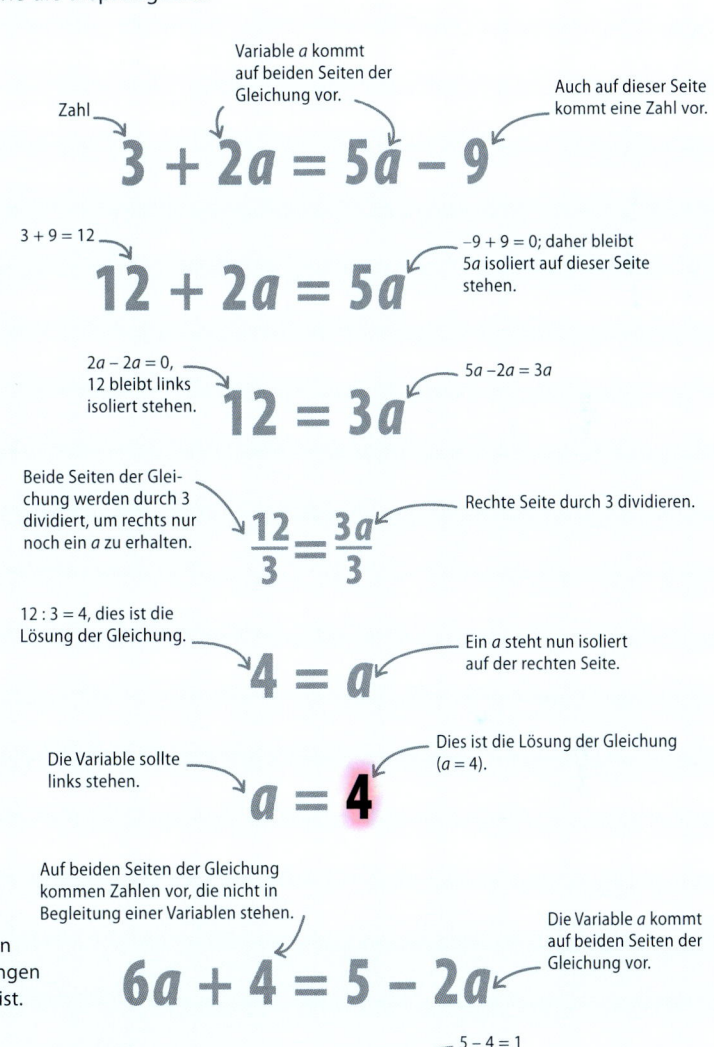

Lineare Funktionen

EINE LINEARE FUNKTIONSGLEICHUNG ORDNET JEDEM X GENAU EIN Y ZU. DIE LÖSUNGEN EINER SOLCHEN FUNKTION KANN MAN GRAFISCH DARSTELLEN.

SIEHE AUCH	
‹ 82–85	Koordinaten
‹ 172–173	Gleichungen lösen
Quadratische Funktionen	182–183 ›

Graphen linearer Funktionen sind Geraden

Eine lineare Funktion enthält die Variable x immer nur in der ersten Potenz (also nicht x^2 oder x^3). Die Lösungen einer linearen Funktion liegen, in ein Koordinatensystem eingezeichnet, alle auf einer Geraden. Beispielsweise ist eine der Lösungen der Funktion $y = x + 5$ das Zahlenpaar (**1** | **6**), denn **6** = **1** + 5.

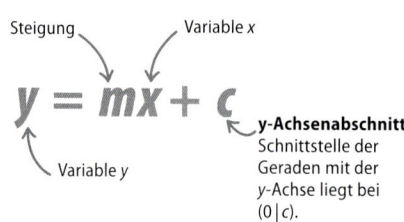

△ **Geradengleichung**
In der Geradengleichung gibt m die Steigung der Geraden und c die Schnittstelle der Geraden mit der y-Achse an.

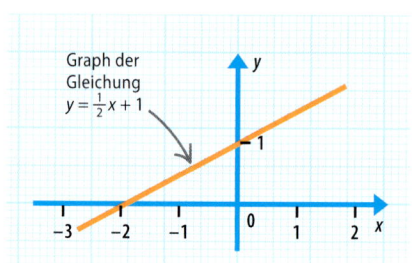

△ **Ein linearer Graph**
Der Graph einer linearen Funktion ist eine Menge von Punkten, die auf einer Geraden liegen.

Gleichung bei gegebener Geraden bestimmen

Mithilfe des Graphen einer linearen Funktion kann die Geradengleichung bestimmt werden: Steigung und y-Achsenabschnitt (Schnittstelle der Geraden mit der y-Achse) werden abgelesen und in die allgemeine Geradengleichung $y = mx + c$ eingesetzt.

Um die Steigung (m) zu bestimmen, zeichne das **Steigungsdreieck** wie unten zu sehen. Dividiere vertikale durch horizontale Distanz; das Ergebnis ist die Steigung.

Den y-Achsenabschnitt (c) kann man einfach ablesen; im Beispiel kreuzt die Gerade die y-Achse bei $y = +4$.

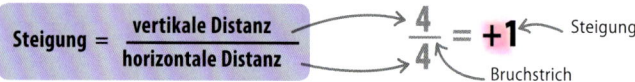

y-Achsenabschnitt = **+4**

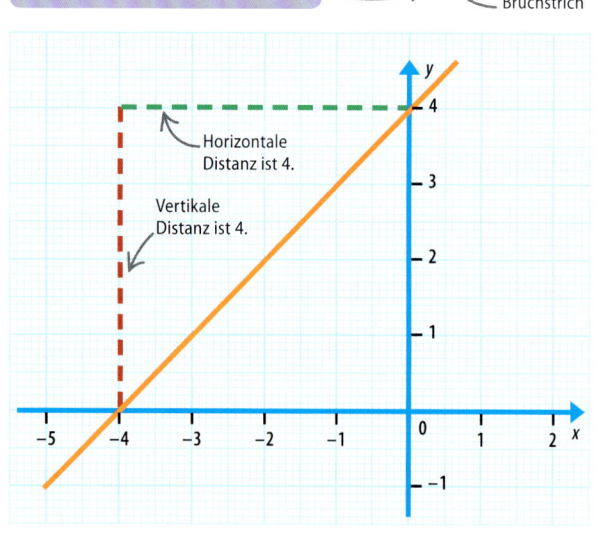

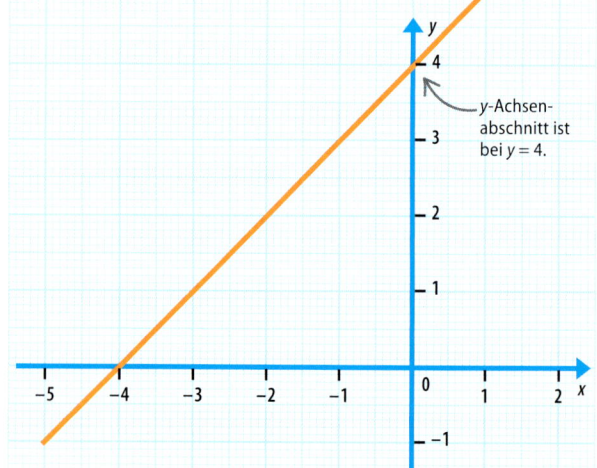

Setze die gefundenen Werte in die allgemeine Form der Geradengleichung ein. Das Ergebnis ist die Gleichung für die Gerade in der obigen Zeichnung.

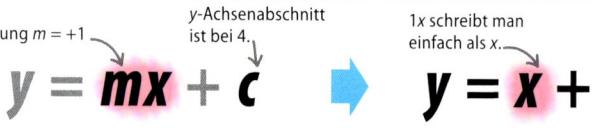

LINEARE FUNKTIONEN

Positive Steigung

Geraden, die von links nach rechts ansteigen, haben eine positive Steigung. Die Funktionsgleichung einer solchen Geraden mit positiver Steigung wird folgendermaßen berechnet.

Die Steigung einer Geraden findet man durch Zeichnen eines beliebigen **Steigungsdreiecks** (im Bild rechts durch eine rote und eine grüne Linie gekennzeichnet) an die Gerade. Man dividiert anschließend vertikale durch horizontale Distanz, das Ergebnis ist die Steigung.

$$\text{Steigung} = \frac{\text{vertikale Distanz}}{\text{horizontale Distanz}} = \frac{6}{3} = +2$$

Positive Steigung bedeutet Ansteigen des Graphen von links nach rechts.

Der y-Achsenabschnitt kann einfach abgelesen werden: die Stelle, an der die Gerade die y-Achse schneidet.

$$y\text{-Achsenabschnitt} = +1$$

Die ermittelten Werte für die Steigung und den y-Achsenabschnitt werden nun in die Geradengleichung eingesetzt. Man erhält die Gleichung für die Gerade rechts.

Steigung ist +2, y-Achsenabschnitt ist 1

$$y = mx + c \quad \Rightarrow \quad y = 2x + 1$$

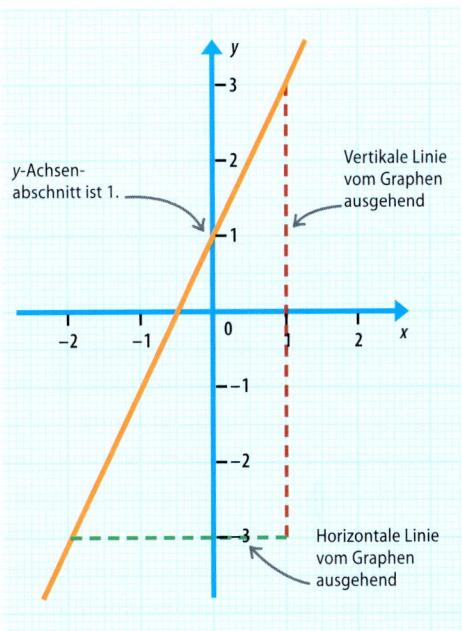

y-Achsenabschnitt ist 1.
Vertikale Linie vom Graphen ausgehend
Horizontale Linie vom Graphen ausgehend

Negative Steigung

Geraden, die von links nach rechts abfallen, haben eine negative Steigung. Die Funktionsgleichung einer solchen Geraden mit negativer Steigung wird genauso berechnet wie die einer Geraden mit positiver Steigung.

Die Steigung einer Geraden findet man durch Zeichnen eines beliebigen **Steigungsdreiecks** (im Bild rechts durch eine rote und eine grüne Linie gekennzeichnet) an die Gerade. Man dividiert anschließend vertikale durch horizontale Distanz, das Ergebnis ist die Steigung.

$$\text{Steigung} = \frac{\text{vertikale Distanz}}{\text{horizontale Distanz}} = \frac{-4}{1} = -4$$

Negative Steigung bedeutet Abfallen des Graphen von links nach rechts.

Der y-Achsenabschnitt kann einfach abgelesen werden: die Stelle, an der die Gerade die y-Achse schneidet.

$$y\text{-Achsenabschnitt} = -4$$

Die ermittelten Werte für die Steigung und den y-Achsenabschnitt werden nun in die Geradengleichung eingesetzt. Man erhält die Gleichung für die Gerade rechts.

Steigung ist −4, y-Achsenabschnitt ist −4

$$y = mx + c \quad \Rightarrow \quad y = -4x - 4$$

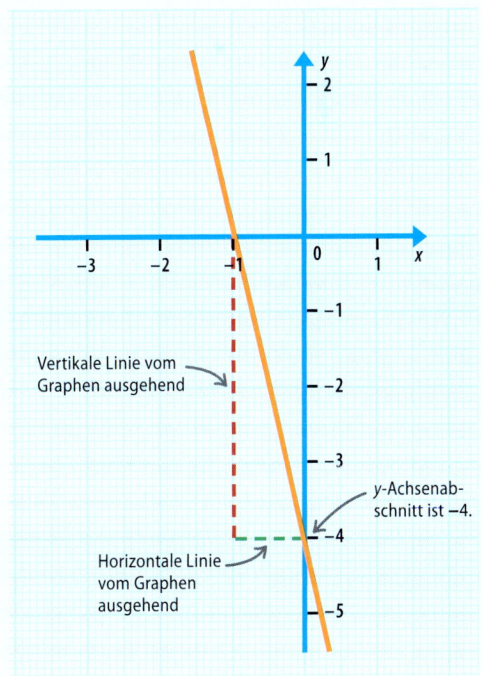

Vertikale Linie vom Graphen ausgehend
Horizontale Linie vom Graphen ausgehend
y-Achsenabschnitt ist −4.

Einen linearen Graphen zeichnen

Den Graphen einer linearen Funktion kann man zeichnen, indem man einige Werte für *x* einsetzt und die zugehörigen *y*-Werte ausrechnet. Diese **Wertepaare** trägt man in eine **Wertetabelle** (siehe unten) ein und überträgt sie als Punkte in ein Koordinatensystem.

▷ **Die Gleichung**
Die Gleichung besagt, dass jeder *y*-Wert doppelt so groß ist wie der zugehörige *x*-Wert.

Das bedeutet „2 mal *x*".

$y = 2x$

Setze zunächst einige Werte für *x* ein.

x	y = 2x
1	2
2	4
3	6
4	8

Berechne die *y*-Werte entsprechend dem Term (hier Verdopplung des *x*-Wertes).

Setze zuerst einige Werte für *x* ein, beispielsweise Zahlen bis 10. Berechne den entsprechenden *y*-Wert durch Einsetzen in den Term. (In diesem Beispiel muss man den *x*-Wert einfach mit 2 multiplizieren.)

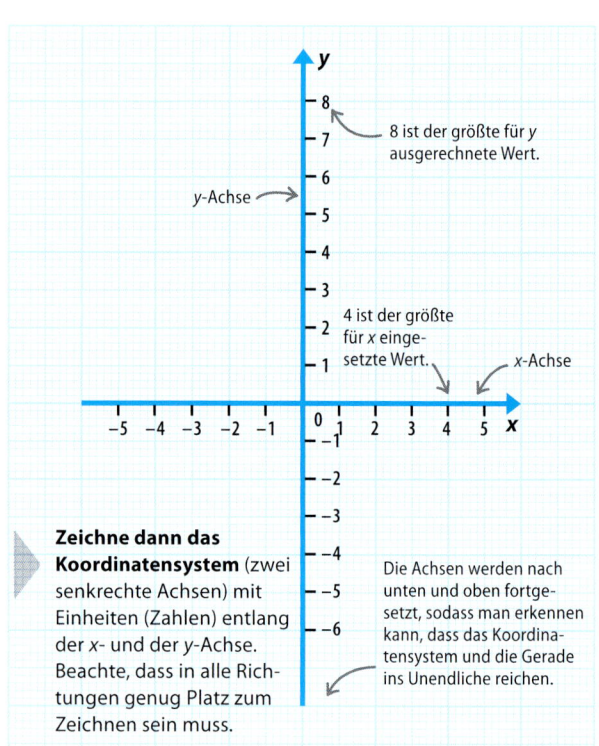

8 ist der größte für *y* ausgerechnete Wert.

4 ist der größte für *x* eingesetzte Wert.

▷ Zeichne dann das **Koordinatensystem** (zwei senkrechte Achsen) mit Einheiten (Zahlen) entlang der *x*- und der *y*-Achse. Beachte, dass in alle Richtungen genug Platz zum Zeichnen sein muss.

Die Achsen werden nach unten und oben fortgesetzt, sodass man erkennen kann, dass das Koordinatensystem und die Gerade ins Unendliche reichen.

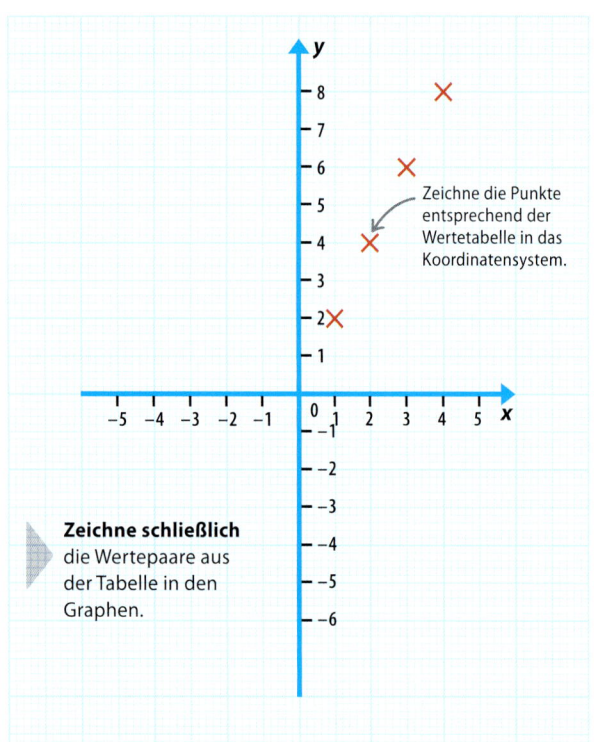

Zeichne die Punkte entsprechend der Wertetabelle in das Koordinatensystem.

Zeichne schließlich die Wertepaare aus der Tabelle in den Graphen.

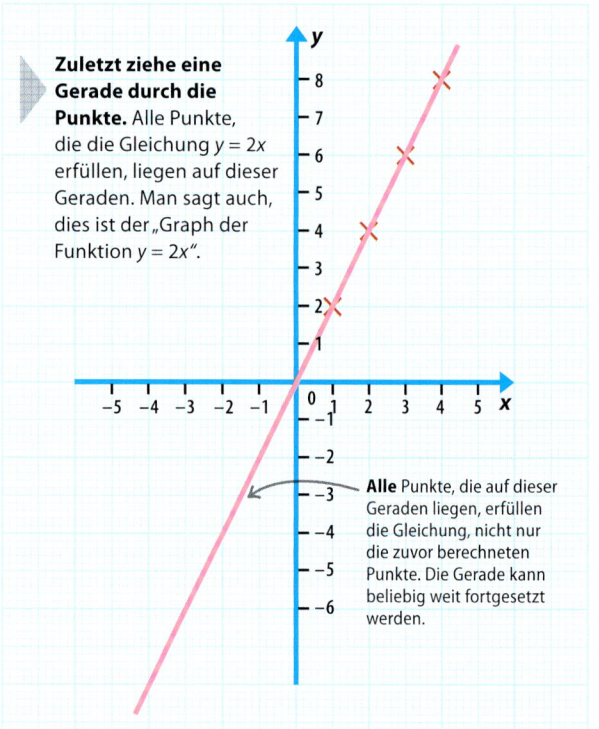

▷ **Zuletzt ziehe eine Gerade durch die Punkte.** Alle Punkte, die die Gleichung $y = 2x$ erfüllen, liegen auf dieser Geraden. Man sagt auch, dies ist der „Graph der Funktion $y = 2x$".

Alle Punkte, die auf dieser Geraden liegen, erfüllen die Gleichung, nicht nur die zuvor berechneten Punkte. Die Gerade kann beliebig weit fortgesetzt werden.

LINEARE FUNKTIONEN 177

Fallenden Graphen zeichnen

Graphen linearer Funktionen können eine **negative** oder eine **positive Steigung** haben. Graphen mit negativer Steigung nennt man **fallend**. Graphen mit positiver Steigung nennt man **steigend.**

Diese Funktionsgleichung enthält den Term −2x. Da x mit einer negativen Zahl multipliziert wird (−2), ist der Graph **fallend**.

Dies bedeutet „−2 mal x".

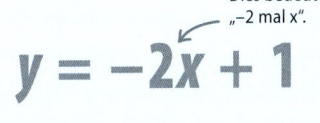

$$y = -2x + 1$$

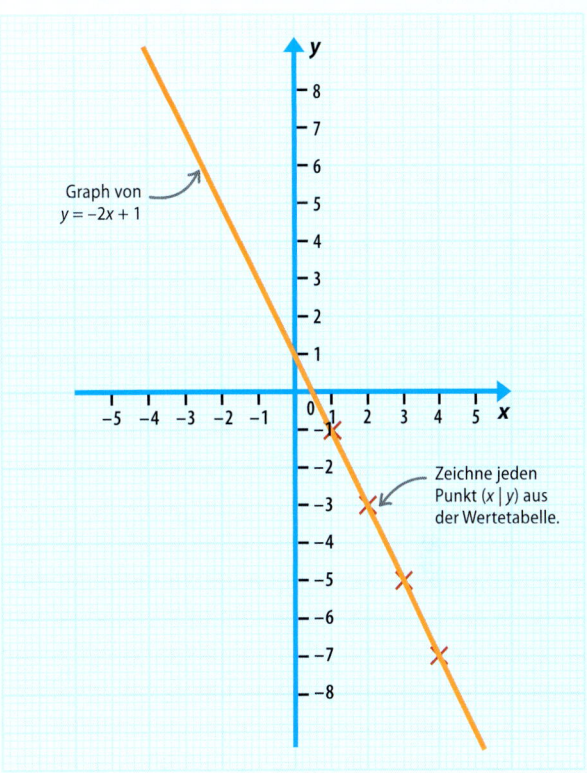

Graph von $y = -2x + 1$

Zeichne jeden Punkt (x | y) aus der Wertetabelle.

Trage einige Werte für x ein und berechne daraus die y-Werte. Diese Funktionsgleichung ist etwas komplexer als die vorherige, sie enthält die Terme −2x und 1. Man kann jeden einzelnen Term in die Tabelle eintragen und für die x-Werte ausrechnen.

Notiere zunächst einige Werte für x.

x	−2x	+1	y=−2x+1
1	−2	+1	−1
2	−4	+1	−3
3	−6	+1	−5
4	−8	+1	−7

Berechne die y-Werte durch Addition der einzelnen Terme der Funktionsgleichung.

Werte für „x mal (−2)"   +1 ist konstant.

ANWENDUNG

Temperatur-Umrechnung Celsius – Fahrenheit

Zur Umrechnung von Temperaturen von °C in °F und umgekehrt kann man einen linearen Graphen verwenden. Um mithilfe der Geraden rechts beispielsweise die Temperatur von °F in °C umzurechnen, zeichnet man von der bekannten Temperatur in °F eine horizontale Linie nach rechts, bis diese die Gerade kreuzt, und zeichnet von dort aus eine senkrechte Linie nach unten zur °C-Achse, um dort den Wert in °C abzulesen.

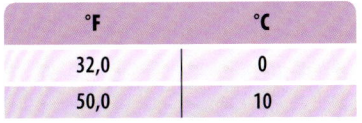

°F	°C
32,0	0
50,0	10

△ **Temperatur-Umrechnung**
Eine Tabelle mit je zwei einander entsprechenden Werten für °F und °C reicht bereits aus, um den Graphen zu zeichnen.

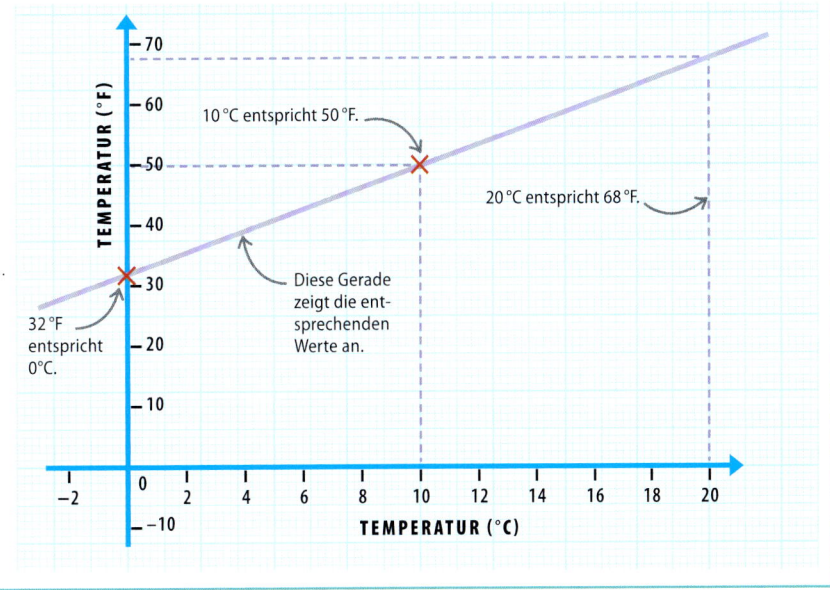

10 °C entspricht 50 °F.
20 °C entspricht 68 °F.
Diese Gerade zeigt die entsprechenden Werte an.
32 °F entspricht 0 °C.

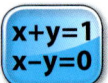 # Gleichungssysteme

ZWEI (ODER DREI) LINEARE GLEICHUNGEN MIT ZWEI (ODER DREI) UNBEKANNTEN BILDEN EIN LINEARES GLEICHUNGSSYSTEM (LGS).

SIEHE AUCH
◀ 164–165 Rechnen mit Ausdrücken
◀ 169–171 Formeln

LGS lösen

Wir besprechen hier drei Möglichkeiten, ein LGS mit zwei Gleichungen und zwei Unbekannten zu lösen: 1. das Additionsverfahren (auch Eliminationsverfahren); 2. das Einsetzungsverfahren; 3. die zeichnerische Lösung. Alle führen zur selben Lösung.

$$3x - 5y = 4$$
$$4x + 5y = 17$$

Beide Gleichungen enthalten die Variable x.
Beide Gleichungen enthalten die Variable y.

◁ **Zwei Gleichungen** mit zwei Unbekannten: x und y. Die Faktoren vor den Variablen in Termen heißen **Koeffizienten**.

Additionsverfahren

Man formt zunächst die Gleichungen so um, dass ein **Koeffizient** aus der ersten Gleichung und ein Koeffizient aus der zweiten Gleichung Gegenzahlen sind. Beide Gleichungen werden addiert, sodass nur noch eine Variable übrigbleibt, ihr Wert ist direkt ablesbar und man kann den Wert der zweiten Variable bestimmen.

▷ **LGS** mit dem Additionsverfahren lösen.

$$10x + 3y = 2$$
$$2x + 2y = 6$$

Multipliziere oder dividiere eine Gleichung so, dass ein Koeffizient aus der ersten Gleichung und der entsprechende Koeffizient aus der zweiten Gleichung Gegenzahlen sind. Im Beispiel wird die zweite Gleichung mit –5 multipliziert.

Zweite Gleichung wird mit –5 multipliziert.

$$2x + 2y = 6 \quad \cdot(-5) \quad -10x - 10y = -30$$

$$10x + 3y = 2$$

Erste Gleichung bleibt erhalten.

Die zweite Gleichung wurde mit –5 multipliziert, daher hat x hier den Koeffizienten –10.

Addiere beide Gleichungen zueinander („linke Seite plus linke Seite" und „rechte Seite plus rechte Seite"). Hier heben sich nun die Terme auf, in denen x enthalten ist. Es bleiben nur noch Terme übrig, in denen Zahlen oder die Variable y enthalten sind.

Hiermit heben sich alle Terme, die x enthalten, auf.

$$10x - 10x + 3y - 10y = 2 - 30$$

Der Koeffizient vor x entspricht nun dem aus der ersten Gleichung mit umgekehrtem Vorzeichen.

Auch die rechten Seiten der beiden Gleichungen werden zueinander addiert.

Alle Terme, in denen x enthalten ist, heben sich auf, da $10x - 10x = 0$.

$$-7y = -28$$

Dividiere die linke Seite durch –7, um y zu isolieren.

$$y = \frac{-28}{-7}$$

Diese Seite muss ebenfalls durch –7 geteilt werden.

$$y = 4$$

Damit ergibt sich für y der Wert 4.

Setze den für y berechneten Wert in eine der beiden Ausgangsgleichungen ein. Damit wird die Variable y eliminiert und man erhält eine Gleichung mit einer Unbekannten. Diese ist durch Umstellen nach x aufzulösen.

$$2x + 2y = 6$$

In die zweite Gleichung einsetzen.

$$2x + (2 \cdot 4) = 6$$

Wir wissen bereits, dass $y = 4$, daher ist $2y = 8$.

$$2x + 8 = 6$$

$2 \cdot 4 = 8$

Ziehe auf der linken Seite 8 ab, um $2x$ zu isolieren.

$$2x = -2$$

Auf der rechten Seite muss 8 ebenfalls abgezogen werden: $6 - 8 = -2$.

Dividiere diese Seite durch 2, um x zu isolieren.

$$\frac{2x}{2} = \frac{-2}{2}$$

Auch die rechte Seite muss durch 2 dividiert werden.

$$x = -1$$

Dieser Wert ergibt sich für x.

Nun wurde auch die zweite Variable gefunden.

Führe immer eine Probe mit beiden Ausgangsgleichungen durch!

$$x = -1 \quad y = 4$$

Lösung: $(-1 \mid 4)$

GLEICHUNGSSYSTEME

Einsetzungsverfahren

Zunächst wird eine der beiden Gleichungen nach einer Variablen, z. B. nach x, aufgelöst. Dann setzt man für x die rechte Seite dieser neuen Gleichung in die andere Gleichung ein. Die neu entstandene Gleichung enthält nur noch eine Unbekannte (in diesem Fall y), sodass sie leicht umgestellt und aufgelöst werden kann. Setzt man dann die eine Unbekannte in eine der Ursprungsgleichungen ein, kann man die zweite Unbekannte ebenfalls bestimmen. Eine Probe mit beiden Ausgangsgleichungen ist erforderlich!

▷ **Zwei Gleichungen mit zwei Unbekannten:** Löse das LGS mithilfe des Einsetzungsverfahrens.

$$x + 2y = 7$$
$$4x - 3y = 6$$

Löse eine der beiden Gleichungen nach einer Variablen (hier x) auf. Subtrahiere dazu $2y$ auf beiden Seiten der ersten Gleichung.

Man wählt eine der beiden Gleichungen aus, in diesem Fall die erste.

$$x + 2y = 7$$

Löse nach x auf. → $x = 7 - 2y$

$2y$ muss auf beiden Seiten abgezogen werden.

▼

Setze die rechte Seite der erhaltenen Gleichung ($x = 7 - 2y$) in die andere Gleichung ein. Es entsteht eine Gleichung mit einer unbekannten. Löse diese Gleichung nach y auf. Bestimme den Wert für y.

Setze die rechte Seite der erhaltenen Gleichung für x in die andere Gleichung ein.

$$4x - 3y = 6$$ ← Andere Gleichung nehmen!

$$4(7 - 2y) - 3y = 6$$ ← Eine Gleichung mit einer Unbekannten kann einfach aufgelöst werden.

Ausmultiplizieren der Klammer ergibt:
$4 \cdot 7 = 28$ und
$4 \cdot (-2y) = (-8y)$

$$28 - 8y - 3y = 6$$
$$28 - 11y = 6$$ ← Fasse zusammen: $-8y - 3y = -11y$.

Subtrahiere 28; löse nach y auf.

$$-11y = -22$$ ← Auch hier muss 28 subtrahiert werden: $6 - 28 = -22$

$$\frac{-11y}{-11} = \frac{-22}{-11}$$ ← Auch diese Seite muss durch -11 dividiert werden.

Um nach y aufzulösen, muss durch -11 dividiert werden. $(-11y : -11 = y)$

$$y = 2$$ ← Erhaltener Wert für y

▼

Setze den für y erhaltenen Wert (hier 2) in eine der beiden Ausgangsgleichungen ein und löse nach x auf. Bestimme den Wert von x.

Setze $y = 2$ in eine der beiden Ausgangsgleichungen ein.

$$x + 2y = 7$$

$$x + (2 \cdot 2) = 7$$ ← Da $y = 2$, gilt: $2y = 2 \cdot 2 = 4$.

$$x + 4 = 7$$

Term in Klammern: $2 \cdot 2 = 4$

$$x = 3$$ ← 4 muss auch auf dieser Seite abgezogen werden: $7 - 4 = 3$

Ziehe 4 ab, um nach x aufzulösen.

▼

Die zweite Variable wurde nun auch berechnet.

▼

Führe immer eine Probe mit beiden Ausgangsgleichungen durch!

$$x = 3 \qquad y = 2$$

Lösung: (3 | 2)

Lineare Gleichungssysteme (LGS) zeichnerisch lösen

LGS können zeichnerisch gelöst werden, indem man jede der beiden Gleichungen nach y auflöst und die Graphen der zugehörigen linearen Funktionen in ein gemeinsames Koordinatensystem zeichnet. Die Koordinaten des Schnittpunkts entsprechen der Lösung des LGS.

▷ **Zwei lineare Gleichungen**
Jede lineare Gleichung kann als Graph einer linearen Funktion zeichnerisch dargestellt werden. Der Schnittpunkt beider Geraden ist die Lösung.

y kommt in beiden Gleichungen vor.

$$2x + y = 7$$
$$-3x + 3y = 9$$

x kommt in beiden Gleichungen vor.

Erste Gleichung nach y auflösen: Ziehe $2x$ auf beiden Seiten der Gleichung ab.

Zweite Gleichung nach y auflösen: Addiere zunächst $3x$ auf beiden Seiten, dividiere anschließend beide Seiten durch 3.

$2x + y = 7$ ist die erste Gleichung.

$$2x + y = 7$$

Um nach y aufzulösen, muss $2x$ abgezogen werden.

$2x$ muss auf dieser Seite ebenfalls abgezogen werden.

$$y = 7 - 2x$$

$-3x + 3y = 9$ ist die zweite Gleichung.

$$-3x + 3y = 9$$

$3x$ muss auf dieser Seite ebenfalls addiert werden.

Um y zu isolieren, muss $3x$ addiert werden.

$$3y = 9 + 3x$$

Um nach y aufzulösen, dividiere die gesamte Gleichung durch 3.

$$y = 3 + x$$

$3y : 3 = y$ $9 : 3 = 3$ $3x : 3 = x$

Die entsprechenden x- und y-Werte findet man mithilfe einer Wertetabelle heraus. Setze x-Werte ein und berechne die y-Werte.

Die entsprechenden x- und y-Werte findet man mithilfe einer Wertetabelle heraus. Setze x-Werte ein und berechne die y-Werte.

Dieser Term (7) hängt nicht von x ab.

Setze für x sinnvolle Werte (in diesem Fall nahe bei null) ein.

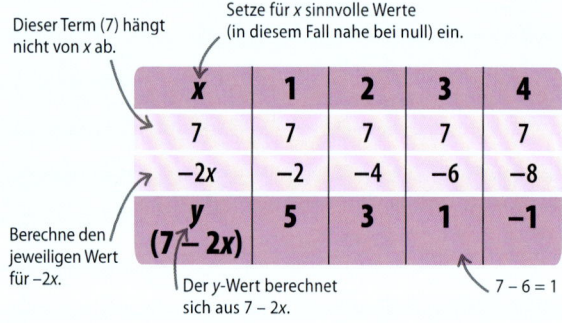

x	1	2	3	4
7	7	7	7	7
$-2x$	-2	-4	-6	-8
y $(7 - 2x)$	5	3	1	-1

Berechne den jeweiligen Wert für $-2x$.

Der y-Wert berechnet sich aus $7 - 2x$.

$7 - 6 = 1$

Dieser Term (3) hängt nicht von x ab.

Verwende für x dieselben Werte wie in der anderen Tabelle.

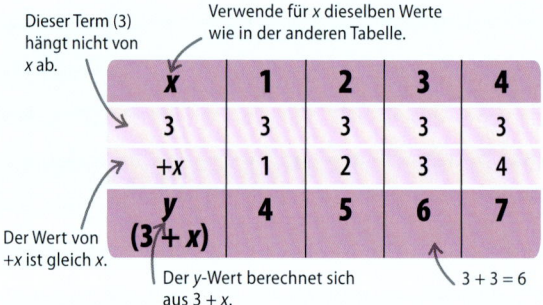

x	1	2	3	4
3	3	3	3	3
$+x$	1	2	3	4
y $(3 + x)$	4	5	6	7

Der Wert von $+x$ ist gleich x.

Der y-Wert berechnet sich aus $3 + x$.

$3 + 3 = 6$

GLEICHUNGSSYSTEME

Zeichne ein Koordinatensystem, trage die Punkte aus der ersten Wertetabelle ein und verbinde sie durch eine Gerade. Trage die Punkte aus der zweiten Wertetabelle ein und verbinde sie ebenfalls durch eine Gerade. Zeichne die Geraden über die äußersten berechneten Punkte hinaus. Hat das LGS eine Lösung, so schneiden sich die beiden Geraden.
Vorsicht: Der Schnittpunkt muss nicht unbedingt in der Zeichnung liegen!

GENAU HINGESCHAUT
Unlösbare lineare Gleichungssysteme

Es gibt natürlich auch lineare Gleichungssysteme, die keine Lösung haben. Beispielsweise verlaufen die Graphen der beiden Gleichungen $x + y = 1$ und $x + y = 2$ parallel. Das heißt, sie schneiden sich nicht; damit hat das Gleichungssystem keine einzige Lösung.

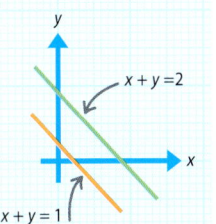

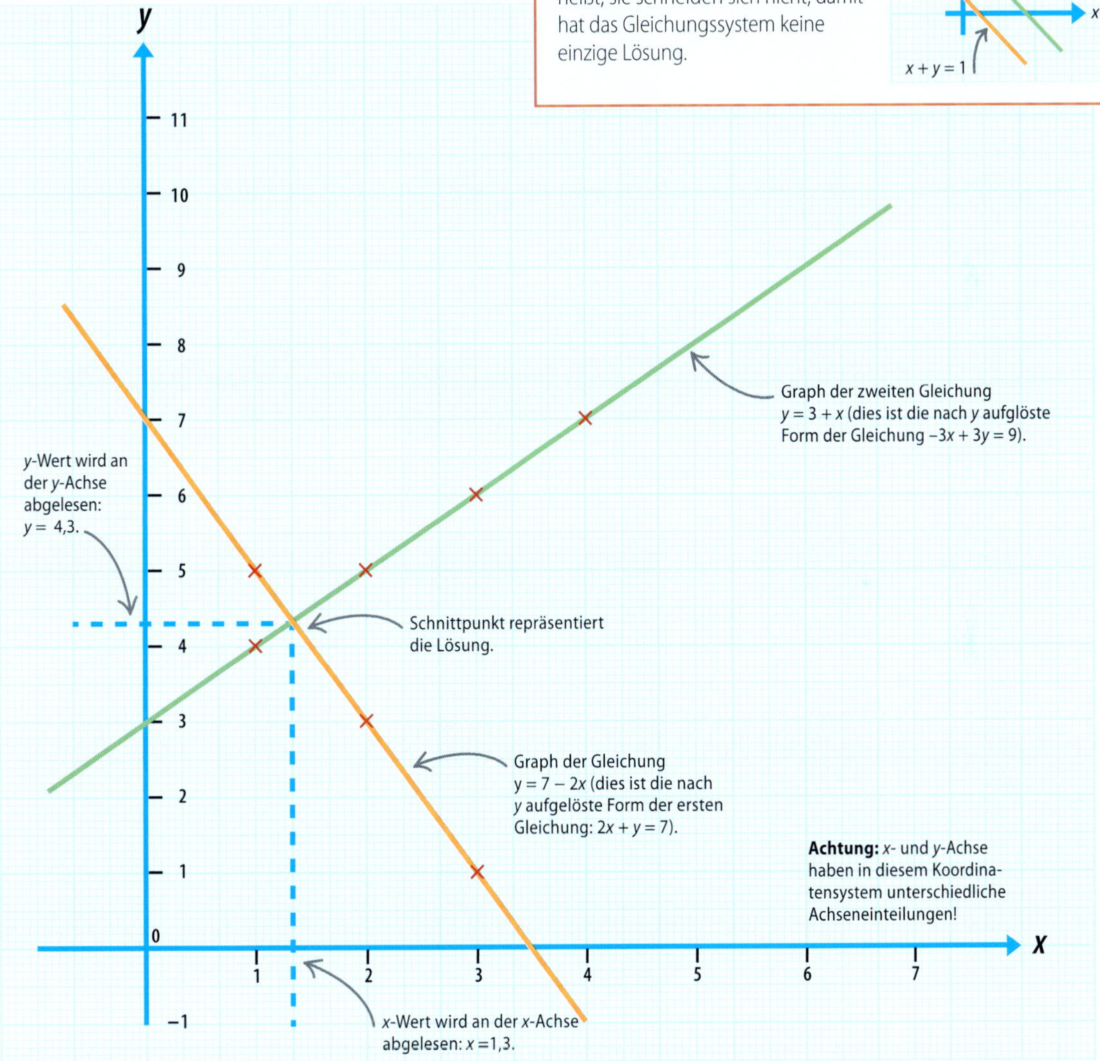

y-Wert wird an der y-Achse abgelesen: $y = 4{,}3$.

Schnittpunkt repräsentiert die Lösung.

Graph der zweiten Gleichung $y = 3 + x$ (dies ist die nach y aufgelöste Form der Gleichung $-3x + 3y = 9$).

Graph der Gleichung $y = 7 - 2x$ (dies ist die nach y aufgelöste Form der ersten Gleichung: $2x + y = 7$).

Achtung: x- und y-Achse haben in diesem Koordinatensystem unterschiedliche Achseneinteilungen!

x-Wert wird an der x-Achse abgelesen: $x = 1{,}3$.

▶ **Die Lösung entspricht den Koordinaten des Schnittpunkts.** Durch Ablesen der Koordinaten des Schnittpunkts erhält man die Lösung des LGS.

$$x = 1{,}3 \quad y = 4{,}3$$

Lösung: (1,3 | 4,3)

182 ALGEBRA

Quadratische Funktionen

Eine Funktionsgleichung der Form $y = ax^2 + bx + c$ ordnet jedem x genau ein y zu. Die Wertepaare $(x\,|\,y)$ einer solchen quadratischen Funktion kann man grafisch darstellen. Sie liegen alle auf einer glatten Kurve, einer sog. Parabel. Ihr genauer Verlauf hängt von den Werten von a, b und c in der Funktionsgleichung $y = ax^2 + bx + c$ ab.

SIEHE AUCH	
‹ 30–31	Positive und negative Zahlen
‹ 168	Quadratische Ausdrücke
‹ 174–177	Lineare Funktionen
Quadratische Gleichungen	184–185 ›
a-b-c Formel (Mitternachtsformel)	188–189 ›

Die Form $y = ax^2 + bx + c$ heißt allgemeine Form der quadratischen Funktion. Die Faktoren a, b und c heißen **Koeffizienten**. Die Wertepaare $(x\,|\,y)$, für die die Funktionsgleichung richtig ist, kann man beispielsweise mithilfe einer Wertetabelle berechnen. Alle diese Wertepaare zusammen nennt man **Graph** der Funktion. Als Punkte in ein Koordinatensystem eingezeichnet, liegen diese Wertepaare alle auf einer glatten Kurve, einer **Parabel**. Beispielsweise ist eine der Lösungen der Gleichung $y = x^2 + 3x + 2$ das Zahlenpaar $(1\,|\,6)$, denn $6 = 1^2 + 3 \cdot 1 + 2$.

Die Lösungen einer quadratischen Funktion können zeichnerisch dargestellt werden. Die Wertepaare $(x\,|\,y)$ liegen auf einer Parabel. Der y-Wert berechnet sich jeweils aus einem gegebenen x-Wert.

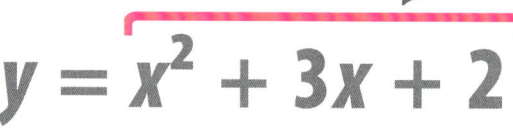

y-Wert wird mithilfe des Terms aus dem x-Wert berechnet.

$$y = x^2 + 3x + 2$$

Bestimme einige Wertepaare $(x\,|\,y)$, um Punkte für das Zeichnen des Graphen festzulegen. Lege zunächst einige x-Werte fest; oft ist es sinnvoll, diese nahe bei null zu wählen. Berechne nun zu jedem x-Wert den zugehörigen y-Wert.

Einige Werte nahe bei Null

x	y
−3	
−2	
−1	
0	
1	
2	
3	

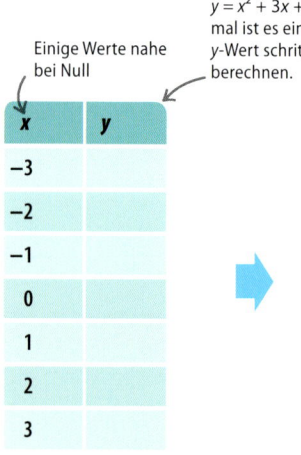

$y = x^2 + 3x + 2$; manchmal ist es einfacher, den y-Wert schrittweise zu berechnen.

Notiere x^2 in dieser Spalte.

Notiere $3x$ in dieser Spalte.

$+2$ ist konstant.

x	x^2	$3x$	$+2$	y
−3	9	−9	2	
−2	4	−6	2	
−1	1	−3	2	
0	0	0	2	
1	1	3	2	
2	4	6	2	
3	9	9	2	

Addiere alle berechneten Werte jeder Zeile zusammen.

x	x^2	$3x$	$+2$	y
−3	9	−9	2	2
−2	4	−6	2	0
−1	1	−3	2	0
0	0	0	2	2
1	1	3	2	6
2	4	6	2	12
3	9	9	2	20

y ergibt sich jeweils als Summe der lila unterlegten Werte einer Zeile.

△ **x-Werte wählen**
Die y-Werte hängen von den x-Werten ab, daher wähle zunächst einige x-Werte und berechne dann die y-Werte. Da man mit Werten um null einfacher rechnen kann, ist es oft sinnvoll, solche Werte zu verwenden.

△ **Schrittweise berechnen**
Ist die quadratische Funktionsgleichung umfangreich, so ist es sinnvoll, zunächst jeden einzelnen Term zu berechnen und anschließend das Ergebnis zu addieren. Vorzeichenfehler haben dann keine Chance mehr!

△ **Zugehörige y-Werte**
Addiere in jeder Zeile die lila hinterlegten Werte zusammen, um die y-Werte zu berechnen. Achte auf die Vorzeichen!

QUADRATISCHE FUNKTIONEN

Zeichne den Graphen. Verwende x und y die für bekannten Werte aus der Tabelle. Beispielsweise gehört zu $x = 1$ der y-Wert 6. Damit ergibt sich das Zahlenpaar (1 | 6).

GENAU HINGESCHAUT
Die Normalparabel

▷ **Zeichne die Achsen.**
Zeichne ein Koordinatensystem so, dass die aus der Tabelle abzulesenden Zahlenpaare gut in das System eingetragen werden können; es muss in alle Richtungen genug Platz sein. Manchmal werden einige Punkte nachträglich hinzugefügt, daher ist es sinnvoll, nach oben und unten zusätzlich etwas Platz einzuplanen.

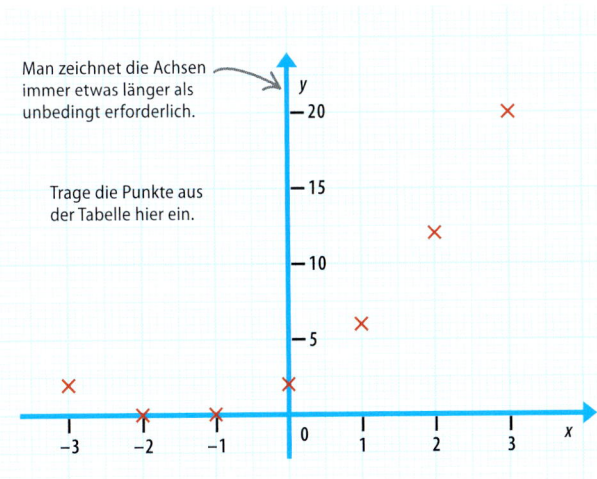

Man zeichnet die Achsen immer etwas länger als unbedingt erforderlich.

Trage die Punkte aus der Tabelle hier ein.

Der Graph zu $y = x^2$ heißt Normalparabel. Er verläuft beispielsweise durch die Punkte (0|0); (1|1); (-1|1); (2|4); (-2|4); (3|9); (-3|9) usw.

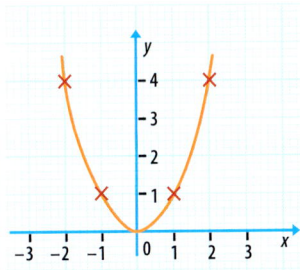

Der Graph zu $y = x^2 + c$ ist um c entlang der y-Achse nach oben/unten verschoben.
Beispiel: $y = x^2 + 1$

▷ **Lege eine Parabel durch die eingezeichneten Punkte.**
Verbinde die eingezeichneten Punkte mit einer glatten Linie. Dies ist der Graph zur Gleichung $y = x^2 + 3x + 2$. Man könnte größere und kleinere Werte für x wählen, sodass die Kurve beliebig fortsetzbar ist. **Alle** Punkte, die auf dieser Parabel liegen, erfüllen die Gleichung, nicht nur die zuvor berechneten Punkte. Die Kurve kann beliebig weit fortgesetzt werden.

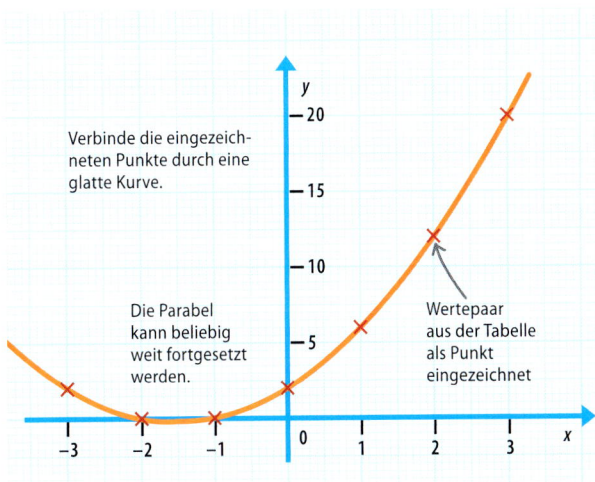

Verbinde die eingezeichneten Punkte durch eine glatte Kurve.

Die Parabel kann beliebig weit fortgesetzt werden.

Wertepaar aus der Tabelle als Punkt eingezeichnet

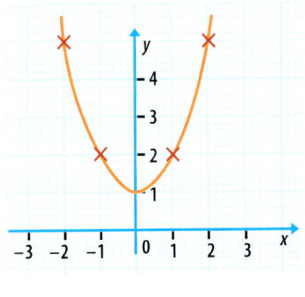

GENAU HINGESCHAUT
Nach oben oder nach unten geöffnet

Ist der Koeffizient vor x^2 positiv, ist die Parabel nach oben geöffnet; ist der Koeffizient negativ, ist sie nach unten geöffnet.

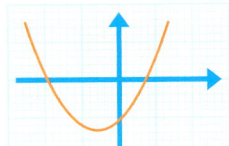

◁ $y = ax^2 + bx + c$
Ist der Koeffizient vor x^2 positiv, so ist der Graph nach oben geöffnet.

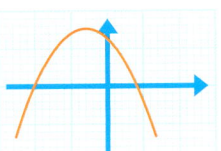

◁ $y = -ax^2 + bx + c$
Ist der Koeffizient vor x^2 negativ, so ist der Graph nach unten geöffnet.

Für $|a| < 1$ ist sie weiter als die Normalparabel. Für $|a| > 1$ ist sie enger als die Normalparabel.

 Quadratische Gleichungen

EINE QUADRATISCHE GLEICHUNG IST EINE GLEICHUNG DER FORM $ax^2 + bx + c = 0$.

SIEHE AUCH
◁ 168 Quadratische Ausdrücke
a-b-c-Formel 188–189 ▷

GENAU HINGESCHAUT
Binomische Formeln – spätestens jetzt braucht man sie

Spezialfälle des Ausmultiplizierens und Faktorisierens (S. 166–167) sind die binomischen Formeln:

$$(a + b)^2 = a^2 + 2ab + b^2 \quad \text{(1. binomische Formel)}$$
$$(a - b)^2 = a^2 - 2ab + b^2 \quad \text{(2. binomische Formel)}$$
$$(a + b) \cdot (a - b) = a^2 - b^2 \quad \text{(3. binomische Formel)}$$

Rein quadratische Gleichungen durch Wurzelziehen lösen

Ist eine quadratische Gleichung der Form $x^2 - q = 0$ ($q > 0$) gegeben, so spricht man von einer **rein quadratischen Gleichung**. Rein quadratische Gleichungen lassen sich durch Wurzelziehen lösen.

$$x^2 - q = 0$$

Nach der 3. binomischen Formel kann man dafür schreiben $(x + \sqrt{q}) \cdot (x - \sqrt{q}) = 0$

$$(x + \sqrt{q}) \cdot (x - \sqrt{q}) = 0$$
$$(x + \sqrt{q}) = 0 \text{ oder } (x - \sqrt{q}) = 0$$
$$\text{Lösung: } x_1 = -\sqrt{q} \; ; \; x_2 = \sqrt{q}$$

◁ **Der Wert eines Produkts**
Der Wert eines Produkts ist null, wenn einer seiner Faktoren gleich null ist.

Eine einfache quadratische Gleichung durch Wurzelziehen lösen

Eine rein quadratische Gleichung der Form $x^2 - q = 0$ ($q > 0$) kann schnell und einfach gelöst werden:

Um die quadratische Gleichung zu lösen, muss man zunächst die dritte binomische Formel anwenden.

x^2 bedeutet $1x^2$. Konstante $c = 9$

$$x^2 - 9 = 0 \quad \Rightarrow \quad (x + \sqrt{9}) \cdot (x - \sqrt{9}) = 0$$

($\sqrt{} = 3$)

Der Wert eines Produkts ist null, wenn einer seiner Faktoren gleich null ist. Hier muss $x + 3 = 0$ sein oder $x - 3 = 0$. Damit sind $x_1 = -3$ und $x_2 = 3$ die gesuchten Lösungen.

$$x + 3 = 0; \; x_1 = -3$$
$$x - 3 = 0; \; x_2 = 3$$
$$\text{Lösung } x_1 = -3; \; x_2 = 3$$

Für $q < 0$ gibt es übrigens keine Lösung!

QUADRATISCHE GLEICHUNGEN

Einfache gemischt quadratische Gleichungen durch Faktorisieren lösen

Gleichungen der Form $ax^2 + bx + c = 0$ heißen **gemischt quadratische Gleichungen**. Besonders einfache gemischt quadratischen Gleichungen haben die Form $x^2 + px = 0$. Diese kann man ganz einfach durch Faktorisieren lösen:

Es handelt sich um eine gemischt quadratische Gleichung der Form $x^2 + px = 0$. Man klammert zunächst x aus und erhält $x(x + p) = 0$.

$$x^2 + 11x = 0$$

▼

Der Wert eines Produkts ist null, wenn einer seiner Faktoren null ist. Damit ergeben sich die Lösungen $x_1 = 0$ und $x_2 = -p$ (hier 0 und −11).

$$x(x + 11) = 0$$

$$\text{Lösungen: } x_1 = 0;\ x_2 = -11$$

Gemischt quadratische Gleichungen durch quadratische Ergänzung lösen

Gleichungen der Form $ax^2 + bx + c = 0$ werden mittels quadratischer Ergänzung gelöst:

Ist die Gleichung in der allgemeinen Form gegeben, so teilt man beide Seiten durch a. Damit steht rechts vom Gleichheitszeichen weiterhin die Null.

$$ax^2 + bx + c = 0$$

$$x^2 + \frac{b}{a}x + \frac{c}{a} = 0$$

▼

Nun zieht man $\frac{c}{a}$ auf beiden Seiten der Gleichung ab. Man erhält links einen Term, den man quadratisch zu einem Binom ergänzen kann. Man formt dazu zunächst den Faktor vor x geschickt um, indem man ihn einfach mit 2 erweitert.

$$x^2 + \frac{b}{a}x = -\frac{c}{a}$$

$$x^2 + 2\frac{b}{2a}x = -\frac{c}{a}$$

▼

Die linke Seite wird quadratisch ergänzt, indem man links und rechts des Gleichheitszeichens $\left(\frac{b}{2a}\right)^2$ addiert.

Quadratische Ergänzung

$$x^2 + 2x\frac{b}{2a} + \left(\frac{b}{2a}\right)^2 = -\frac{c}{a} + \left(\frac{b}{2a}\right)^2$$

▼

Die linke Seite kann man nun entsprechend der 1. binomischen Formel umschreiben.

$$\left(x + \frac{b}{2a}\right)^2 = \left(\frac{b}{2a}\right)^2 - \frac{c}{a}$$

▼

Durch beidseitiges Wurzelziehen und Subtraktion von $\frac{b}{2a}$ wird x isoliert. Man erhält zwei Lösungen.

$$x + \frac{b}{2a} = \sqrt{\left(\frac{b}{2a}\right)^2 - \frac{c}{a}}$$

$$x + \frac{b}{2a} = \frac{\sqrt{b^2 - 4ac}}{2a}$$

$$x = -\frac{b}{2a} + \frac{\sqrt{b^2 - 4ac}}{2a} \quad \text{oder} \quad x = -\frac{b}{2a} - \frac{\sqrt{b^2 - 4ac}}{2a}$$

Man schreibt kurz $\quad x_{1,2} = -\frac{b}{2a} \pm \frac{\sqrt{b^2 - 4ac}}{2a}$

oder $\quad x_{1,2} = \frac{-b \pm \sqrt{b^2 - 4ac}}{2a}$

▼

Zur Anwendung der sog. *a-b-c*-Formel siehe Seite 188–189.

ALGEBRA

GENAU HINGESCHAUT

Quadratische Gleichungen mithilfe binomischer Formeln (S. 184) lösen

Einige quadratische Gleichungen lassen sich ganz einfach mithilfe der 1. oder 2. binomischen Formel lösen.

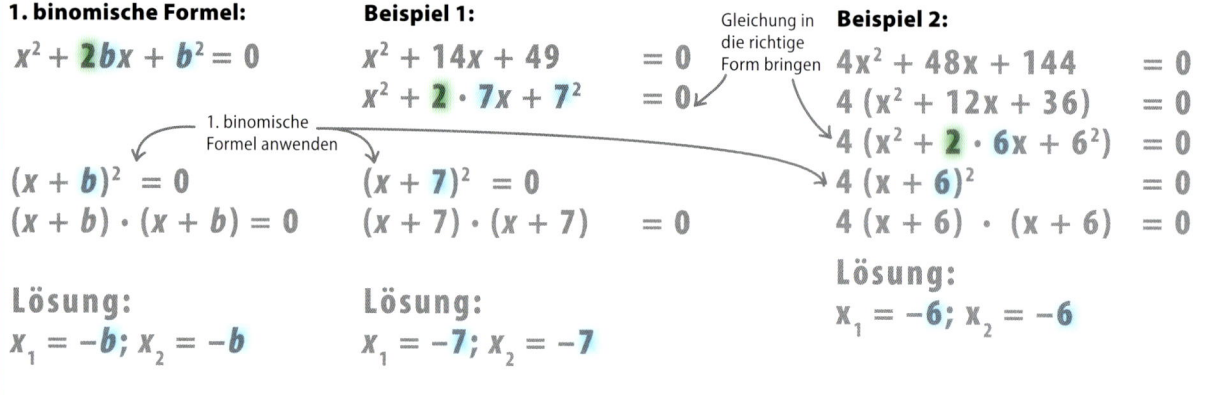

1. binomische Formel:
$$x^2 + 2bx + b^2 = 0$$

1. binomische Formel anwenden

$$(x + b)^2 = 0$$
$$(x + b) \cdot (x + b) = 0$$

Lösung:
$x_1 = -b;\ x_2 = -b$

Beispiel 1:
$$x^2 + 14x + 49 = 0$$
$$x^2 + 2 \cdot 7x + 7^2 = 0$$

$$(x + 7)^2 = 0$$
$$(x + 7) \cdot (x + 7) = 0$$

Lösung:
$x_1 = -7;\ x_2 = -7$

Gleichung in die richtige Form bringen

Beispiel 2:
$$4x^2 + 48x + 144 = 0$$
$$4(x^2 + 12x + 36) = 0$$
$$4(x^2 + 2 \cdot 6x + 6^2) = 0$$
$$4(x + 6)^2 = 0$$
$$4(x + 6) \cdot (x + 6) = 0$$

Lösung:
$x_1 = -6;\ x_2 = -6$

Analog mit der 2. binomischen Formel:
$$x^2 - 10x + 25 = 0$$
$$x^2 - 2 \cdot 5x + 5^2 = 0$$
$$(x - 5)^2 = 0$$

Lösung:
$x_1 = 5;\ x_2 = 5$

Quadratische Gleichungen zeichnerisch lösen

Eine quadratische Gleichung $ax^2 + bx + c = 0$ heißt **gemischt quadratische Gleichung**, wenn $b \neq 0$. Meist genügen Näherungen als Lösungen quadratischer Gleichungen und diese kann man ganz einfach zeichnerisch bestimmen: Man bringt $ax^2 + bx + c = 0$ auf die Form $x^2 = mx + n$. Dies versteht man dann so: Für welche x-Werte nehmen x^2 und $mx + n$ dieselben Werte an? Um dieses Problem zu lösen, zeichnet man zwei Funktionsgraphen: einmal für die Funktion $y = x^2$ und einmal für die Funktion $y = mx + n$ und bestimmt die Koordinaten der Schnittpunkte.

Diese Gleichung besteht aus einem quadratischen und einem linearen Anteil. Man löst die Gleichung nach x^2 auf und zeichnet beide Anteile in ein gemeinsames Koordinatensystem.

$$-x^2 - 2x + 3 = -5$$

Gleichung nach x^2 auflösen

$$x^2 = (-2)x + 3 + 5$$
$$x^2 = (-2)x + 8$$

Bestimme die Werte für $y = x^2$ und für $y = (-2) \cdot x + 8$ mithilfe einer Wertetabelle.

QUADRATISCHE GLEICHUNGEN

Man zeichnet die Graphen zu $y = x^2$ und zu $y = -2x + 8$ und liest die **x-Werte der Schnittpunkte** ab. Diese sind die Lösungen der quadratischen Gleichung.

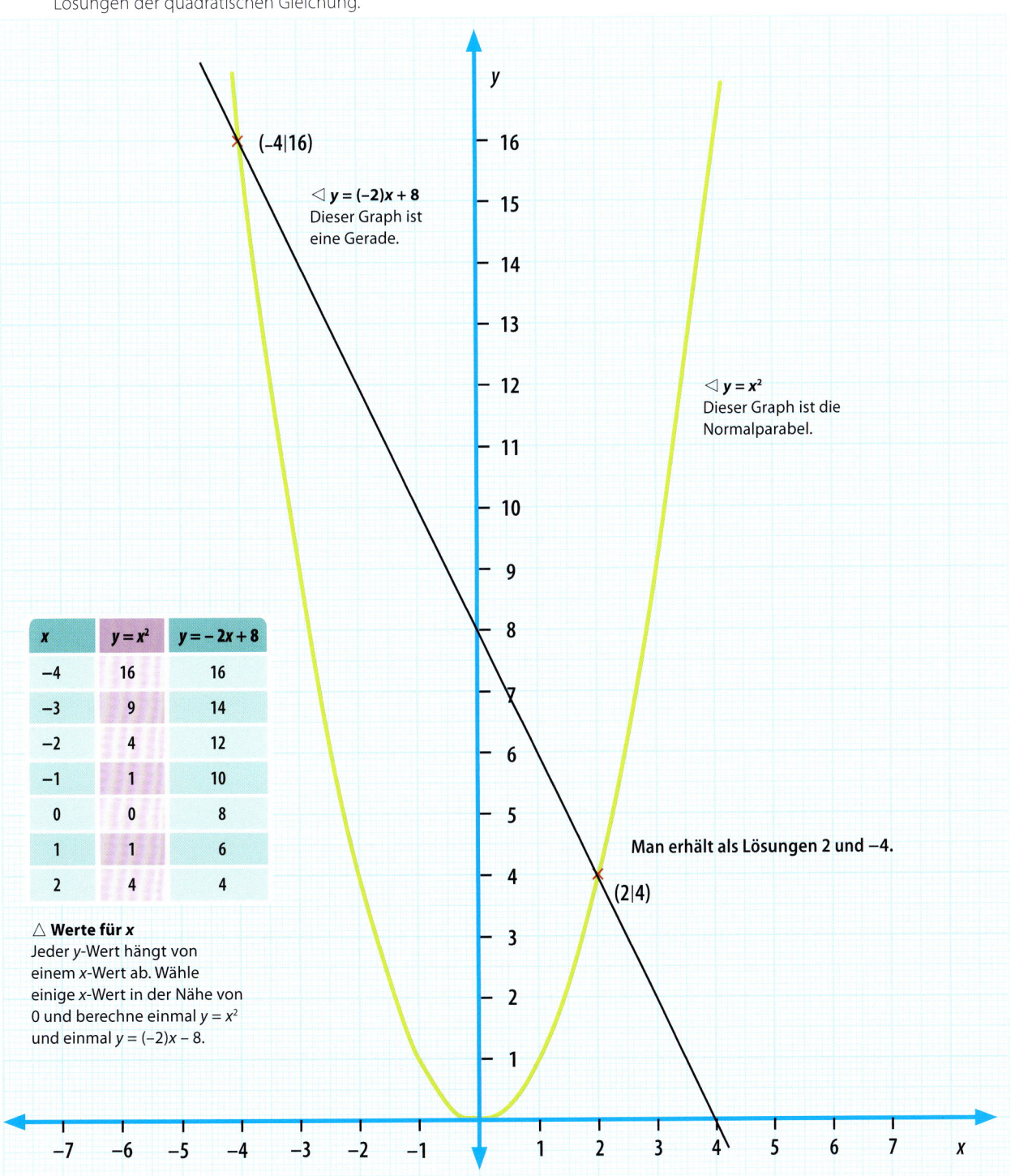

◁ $y = (-2)x + 8$
Dieser Graph ist eine Gerade.

◁ $y = x^2$
Dieser Graph ist die Normalparabel.

Man erhält als Lösungen 2 und −4.

x	$y = x^2$	$y = -2x + 8$
−4	16	16
−3	9	14
−2	4	12
−1	1	10
0	0	8
1	1	6
2	4	4

△ **Werte für x**
Jeder y-Wert hängt von einem x-Wert ab. Wähle einige x-Wert in der Nähe von 0 und berechne einmal $y = x^2$ und einmal $y = (-2)x - 8$.

a-b-c-Formel (Mitternachtsformel)

QUADRATISCHE GLEICHUNGEN WERDEN MITHILFE DER a-b-c-FORMEL SCHNELL GELÖST.

SIEHE AUCH	
‹169–171	Formeln
‹182–183	Quadratische Funktionen
‹184–185	Quadratische Gleichungen

Die allgemeine Form der quadratischen Gleichung

Die allgemeine Form der quadratischen Gleichung lautet $ax^2 + bx + c = 0$, wobei a, b, und c Zahlen sind und x die Variable. Mithilfe der a-b-c-Formel (auch Mitternachtsformel genannt) kann jede quadratische Gleichung dieser Form im Handumdrehen gelöst werden.

▷ **Eine quadratische Gleichung**
Quadratische Gleichungen enthalten einen Faktor (**Koeffizienten**), der mit x^2 multipliziert wird, einen Faktor (**Koeffizienten**), der mit x multipliziert wird, und eine konstante Zahl (Absolutglied).

▷ **Die a-b-c-Formel**
Mithilfe der Mitternachtsformel kann jede quadratische Gleichung durch Einsetzen einfach und schnell gelöst werden (zur Herleitung der Formel S. 185). Man setzt die Koeffizienten aus der Gleichung in die Formel ein und berechnet die Werte; zunächst für x_1, dann für x_2.

Koeffizient von x^2 — Koeffizient von x — Konstante (Absolutglied)

$$ax^2 + bx + c = 0$$

$$x_{1,2} = \frac{-b \pm \sqrt{b^2 - 4ac}}{2a}$$

„Plus minus" bedeutet, dass einmal plus (für x_1) und einmal minus (für x_2) gerechnet wird.

GENAU HINGESCHAUT
Unterschiedliche Formen

Quadratische Gleichungen können negative Terme und Zahlen enthalten und nach dem Gleichheitszeichen steht nicht immer eine 0. Die Gleichungen müssen dann entsprechend umgestellt werden, bevor die a-b-c-Formel angewendet werden kann.

Negative und positive Terme kommen vor. — Nach dem Gleichheitszeichen folgt nicht zwingend eine 0.

$$-4x^2 + x - 3 = 8$$

Steht kein Koeffizient bei der Variablen x, so ist der Koeffizient 1 ($x = 1x$).

a-b-c-Formel im Einsatz

Um eine quadratische Gleichung der Form $ax^2 + bx + c = 0$ zu lösen, werden die Werte für a, b und c in die Formel eingesetzt und x_1 und x_2 berechnet. Achte auf die Vorzeichen!

Setze die Werte von a, b und c in die a-b-c-Formel ein. Achte dabei unbedingt auf die Vorzeichen. Im Beispiel gilt: $a = 1$, $b = 3$ und $c = -2$.

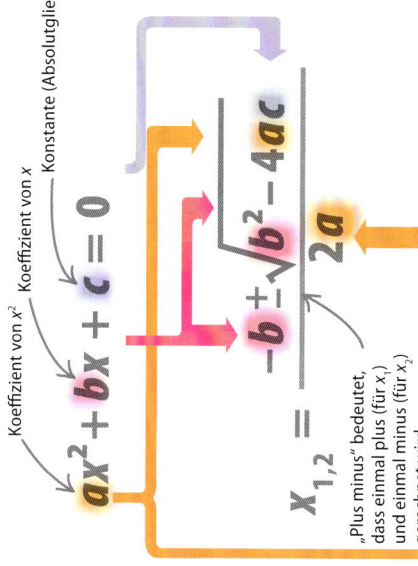

$a = 1$, $b = 3$, $c = (-2)$

$$x^2 + 3x - 2 = 0$$

$$x_{1,2} = \frac{-3 \pm \sqrt{3^2 - 4 \cdot 1 \cdot (-2)}}{2 \cdot 1}$$

Beim Einsetzen der Werte in die a-b-c-Formel bleiben die Vorzeichen erhalten.

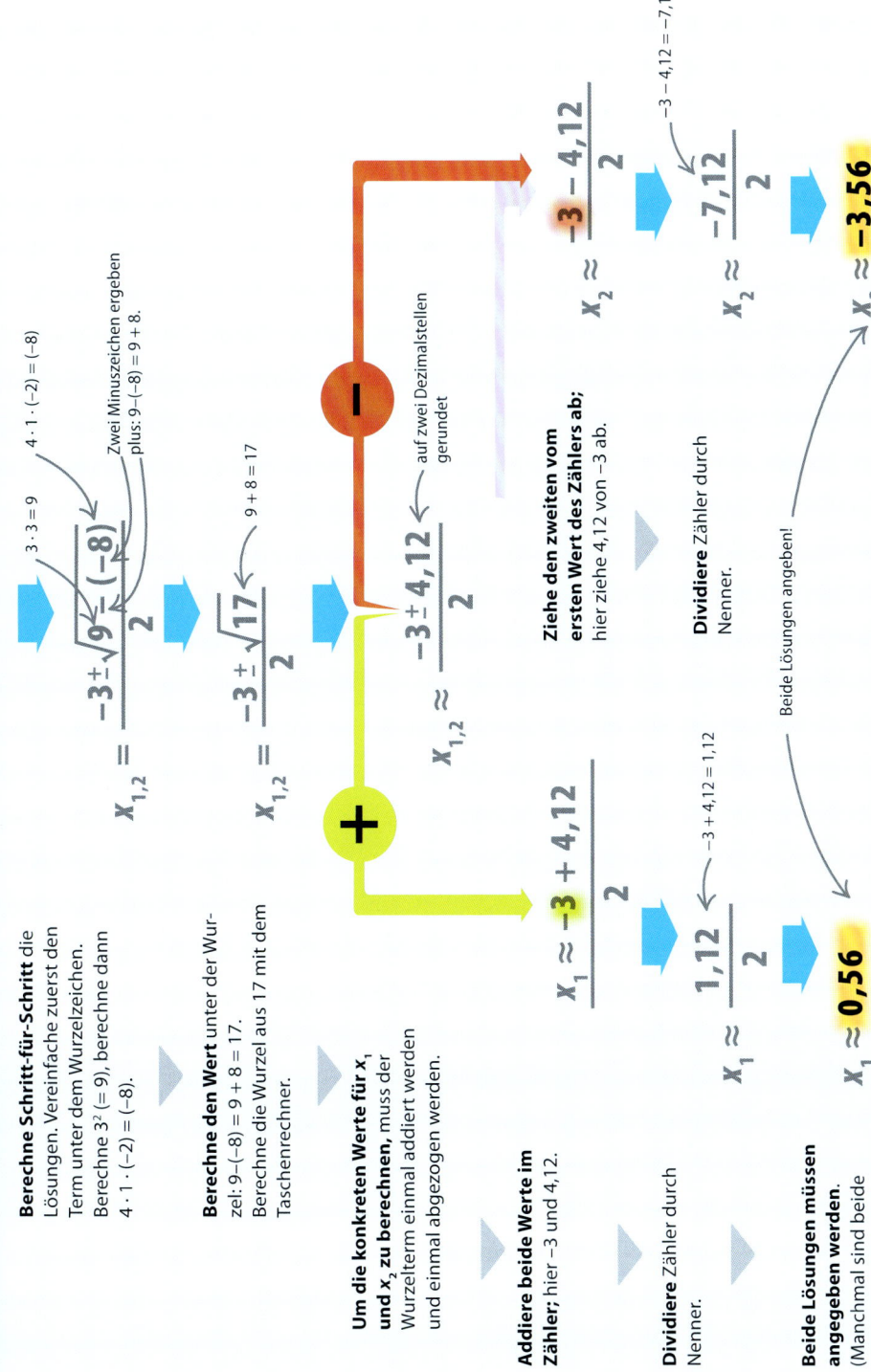

GENAU HINGESCHAUT
Alternative Formel

Ist eine quadratische Gleichung in ihrer Normalform $x^2 + px + q = 0$ gegeben, wobei p und q Zahlen sind und x die Variable, so kann sie mithilfe der *p-q*-Formel gelöst werden:

$$x_{1,2} = -\frac{p}{2} \pm \sqrt{\frac{p^2}{4} - q}$$

Jede quadratische Gleichung kann aus der allgemeinen Form $ax^2 + bx + c = 0$ ganz einfach durch Division durch a in diese Normalform überführt werden.

≠ Ungleichungen

EIN UNGLEICHHEITSZEICHEN IST EIN SYMBOL DAFÜR, DASS ZWEI SEITEN NICHT GLEICH SIND.

SIEHE AUCH	
‹30–31	Positive und negative Zahlen
‹164–165	Rechnen mit Ausdrücken
‹172–173	Gleichungen lösen

Ungleichheitszeichen

Ein Ungleichheitszeichen zeigt, dass die beiden Werte links und rechts des Zeichens nicht gleich sind. Es gibt insgesamt fünf Zeichen; eines besagt lediglich, dass zwei Werte nicht gleich sind; die anderen geben darüber hinaus an, welche Seite größer ist.

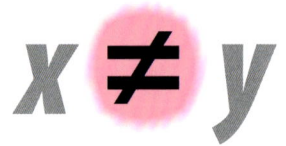

◁ **Ungleich**
Dieses Symbol besagt, dass x nicht gleich y ist, beispielsweise $3 \neq 4$.

△ **Größer als**
Zeigt, dass x größer als y ist; beispielsweise $7 > 5$.

△ **Größer gleich**
Zeigt, dass x größer oder gleich y ist.

△ **Kleiner als**
Zeigt, dass x kleiner als y ist, beispielsweise $-2 < 1$.

△ **Kleiner gleich**
Zeigt, dass x kleiner oder gleich y ist.

▽ **Auf der Zahlengeraden**
Ein leerer Kreis steht jeweils für größer als (>) oder kleiner als (<), der ausgefüllte Kreis steht jeweils für größer oder gleich (≥) bzw. kleiner oder gleich (≤).

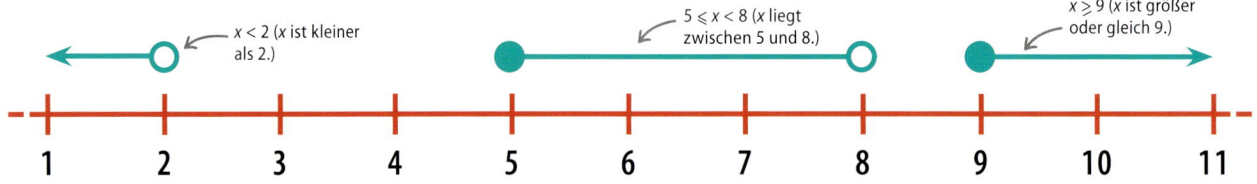

$x < 2$ (x ist kleiner als 2.)

$5 \leq x < 8$ (x liegt zwischen 5 und 8.)

$x \geq 9$ (x ist größer oder gleich 9.)

GENAU HINGESCHAUT
Regeln für Ungleichungen

Auch Ungleichungen können umgestellt werden, solange alle Aktionen beidseits des Ungleichheitszeichens ausgeführt werden. Multipliziert oder dividiert man eine Ungleichung mit einer negativen Zahl, muss das Ungleichheitszeichen umgedreht werden.

▷ **Durch eine positive Zahl**
Wird eine Ungleichung durch eine positive Zahl dividiert oder mit einer positiven Zahl multipliziert, bleibt das Ungleichheitszeichen erhalten.

$a \geq 4$ → ·(+3) → $3a \geq 12$
→ :(+4) → $\frac{a}{4} \geq 1$

Zeichen bleibt gleich.

$x < -4$ → +4 → $x + 4 < 0$
→ −2 → $x - 2 < -6$

4 wurde auf beiden Seiten addiert.
Zeichen bleibt gleich.
2 wird auf beiden Seiten abgezogen.

△ **Addieren und subtrahieren**
Bei der Addition oder Subtraktion von Zahlen bleibt das Ungleichheitszeichen erhalten.

$p < 3$ → ·(−3) → $-3p > -9$
→ :(−1) → $-p > -3$

Zeichen kehrt sich um.

△ **Multiplizieren mit oder Dividieren durch negative Zahlen**
Wird eine Ungleichung durch eine negative Zahl dividiert oder mit einer negativen Zahl multipliziert, so muss das Ungleichheitszeichen umgedreht werden.

Ungleichungen lösen

Ungleichungen können durch Umstellen gelöst werden; jede Operation, die auf der einen Seite ausgeführt wird, muss auch auf der anderen Seite ausgeführt werden. Wird beispielsweise eine Zahl auf der einen Seite der Ungleichung addiert, muss diese Zahl auch auf der anderen Seite addiert werden.

Um diese Ungleichung zu lösen, addiere 2 auf beiden Seiten und dividiere anschließend durch 3.

$$3b - 2 \geq 10$$

Um diese Ungleichung zu lösen, ziehe auf beiden Seiten 3 ab und dividiere anschließend durch 3.

$$3a + 3 < 12$$

Um $3b$ zu isolieren, muss man zunächst 2 auf beiden Seiten addieren.

$3b - 2 + 2 = 3b$ $10 + 2 = 12$

$$3b \geq 12$$

Um $3a$ zu isolieren, muss man zunächst 3 auf beiden Seiten abziehen.

$3a + 3 - 3 = 3a$ $12 - 3 = 9$

$$3a < 9$$

Beidseitige Division durch 3 isoliert b.
Dies ist die Lösung: $b \geq 4$.

$3b : 3 = b$ $12 : 3 = 4$

$$b \geq 4$$

Beidseitige Division durch 3 isoliert a.
Dies ist die Lösung: $a < 3$.

$3a : 3 = a$ $9 : 3 = 3$

$$a < 3$$

Ungleichungen mit zwei Ungleichheitszeichen lösen

Um eine Ungleichung mit zwei Ungleichheitszeichen zu lösen, betrachtet man beide Seiten getrennt voneinander. Alle Operationen müssen auf allen Seiten ausgeführt werden.

Dies ist eine Ungleichung mit zwei Ungleichheitszeichen; man betrachtet beide Teile.

$$-1 \leq 3x + 5 < 11$$

$$-1 \leq 3x + 5$$

In diese beiden Teile zerlegt man die Ungleichung. Jede einzelne dieser Ungleichungen wird für sich gelöst.

$$3x + 5 < 11$$

$-1 - 5 = (-6)$ $3x + 5 - 5 = 3x$

$$-6 \leq 3x$$

Um x zu isolieren, subtrahiere auf beiden Seiten **beider(!)** Ungleichungen die Zahl 5.

$3x + 5 - 5 = 3x$ $11 - 5 = 6$

$$3x < 6$$

$-6 : 3 = -2$ $3x : 3 = x$

$$-2 \leq x$$

Löse die Teilungleichungen durch Division beider Seiten **beider(!)** Ungleichungen durch 3.

$3x : 3 = x$ $6 : 3 = 2$

$$x < 2$$

$$-2 \leq x < 2$$

Setze die beiden Ungleichungen wieder zusammen.

Statistik

194 STATISTIK

 # Was ist Statistik?

STATISTIK BEFASST SICH MIT DEM SAMMELN, ORGANISIEREN UND VERARBEITEN VON DATEN.

Große Datenmengen sind leichter zu handhaben, wenn man sie gut strukturiert und aufbereitet. Mithilfe grafischer Darstellungen wie Säulen- oder Kreisdiagrammen kann man Daten leicht verständlich präsentieren.

Gruppe	Anzahl
Lehrerinnen	10
Lehrer	5
Schülerinnen	66
Schüler	19
Gesamtzahl	100

Mit Daten arbeiten

Werden beispielsweise bei einer Umfrage Daten erhoben und gesammelt, entstehen meist lange, schwer verständliche Listen. Organisiert man diese Daten neu in Tabellen, werden sie schon wesentlich übersichtlicher. Eine grafische Darstellung, beispielsweise in einem Säulen- oder Kreisdiagramm, macht das Ganze noch übersichtlicher: Man erkennt die Größen von Vergleichsgruppen auf den ersten Blick. Anhand eines Graphen kann man Trends gut erkennen, dies ermöglicht eine bessere Analyse und Auswertung.

△ **Daten sammeln**
Sind die Daten gesammelt, müssen sie zunächst sinnvoll in Gruppen organisiert werden, bevor sie ausgewertet werden können. Diese Tabelle zeigt die verschiedenen Personengruppen an einer Schule.

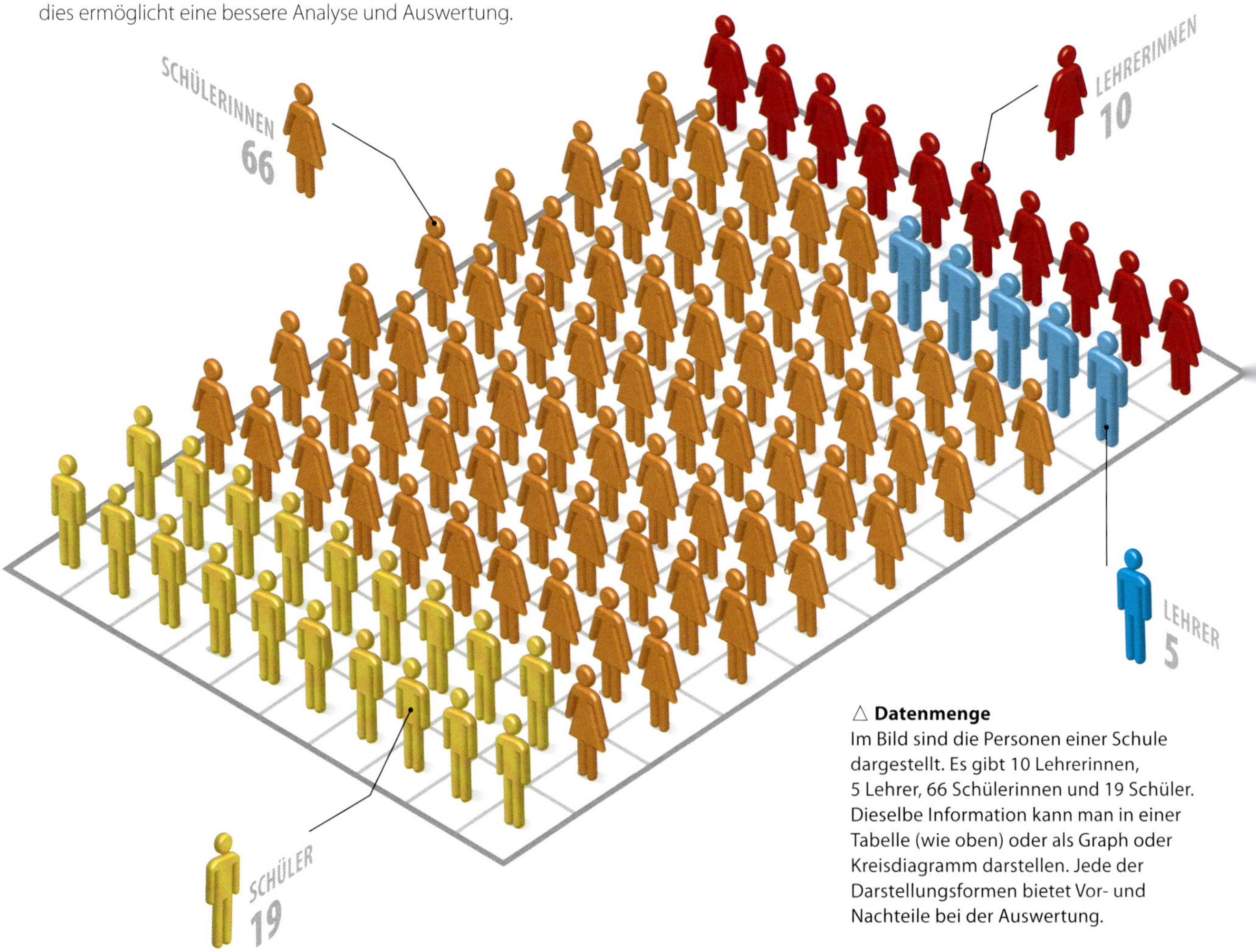

SCHÜLERINNEN 66

LEHRERINNEN 10

LEHRER 5

SCHÜLER 19

△ **Datenmenge**
Im Bild sind die Personen einer Schule dargestellt. Es gibt 10 Lehrerinnen, 5 Lehrer, 66 Schülerinnen und 19 Schüler. Dieselbe Information kann man in einer Tabelle (wie oben) oder als Graph oder Kreisdiagramm darstellen. Jede der Darstellungsformen bietet Vor- und Nachteile bei der Auswertung.

Daten präsentieren

Die Daten einer statistischen Erhebung können auf verschiedenste Arten dargestellt werden: Als einfache Tabelle; in visueller Form als Graph oder Diagramm. Die üblichsten Darstellungen sind Säulendiagramme, Balkendiagramme, Piktogramme, Kreisdiagramme und Histogramme.

Datengruppe	Häufigkeit
Gruppe 1	4
Gruppe 2	8
Gruppe 3	6
Gruppe 4	4
Gruppe 5	5

△ **Tabelle**
Mithilfe von Tabellen werden Daten in Kategorien geordnet. So erhält man zunächst einen besseren Überblick. Die Tabelle kann als Grundlage für einen Graphen, ein Kreisdiagramm oder ein Piktogramm dienen.

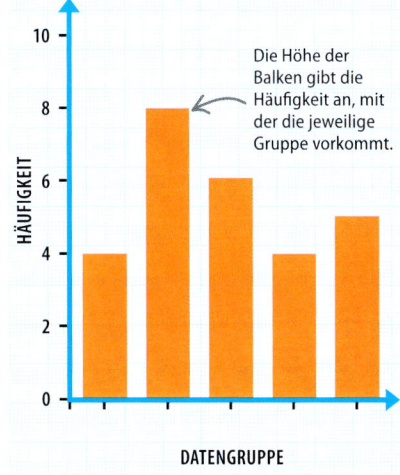

△ **Säulendiagramm**
Datengruppen werden entlang der x-Achse eingetragen, die vorkommenden Häufigkeiten entlang der y-Achse. Die Höhe eines Balkens gibt die jeweilige Häufigkeit an.

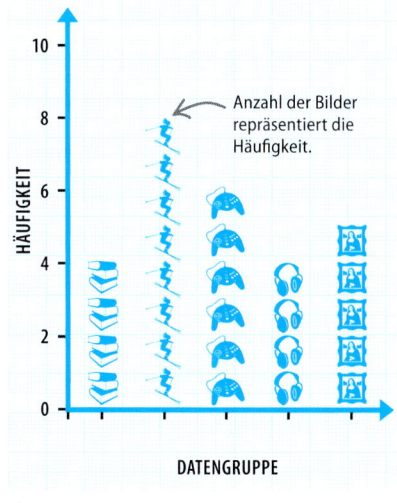

△ **Piktogramm**
Piktogramme sind ganz einfache, symbolhafte Darstellungen. Jedes Bildchen eines Piktogramms repräsentiert eine bestimmte Anzahl des betrachteten Datenobjekts, beispielsweise vier Musiker.

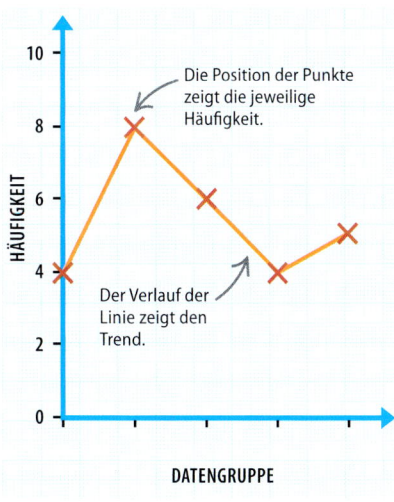

△ **Graph**
Bei einem Graphen werden die Datengruppen entlang der einen und die Häufigkeiten entlang der anderen Achse abgetragen. Einzelne Punkte für Häufigkeiten werden markiert und durch Linien verbunden.

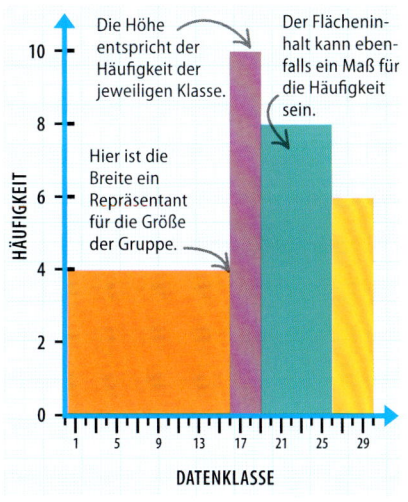

△ **Histogramm**
Häufigkeitsverteilungen mit Klasseneinteilungen (von … bis …) lassen sich gut mithilfe von Histogrammen veranschaulichen.

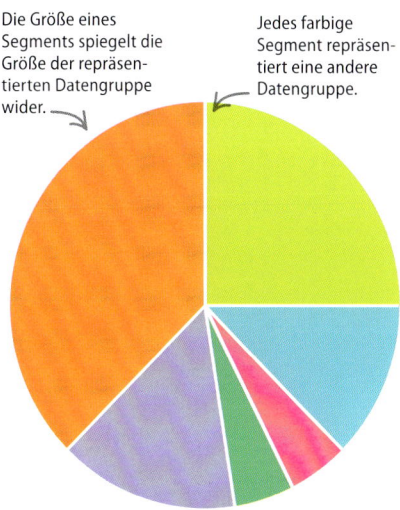

△ **Kreisdiagramm (Tortendiagramm)**
In einem Kreisdiagramm werden Datengruppen als Teile eines Kreises dargestellt. Kreisdiagramme eignen sich besonders gut zur Darstellung von Größenverhältnissen und Anteilen.

Daten sammeln und auswerten

VOR DER PRÄSENTATION UND AUSWERTUNG VON DATEN STEHT DIE SORGFÄLTIGE BESCHAFFUNG UND AUFBEREITUNG DER DATEN.

SIEHE AUCH	
Säulendiagramme	198–201 ❯
Kreisdiagramme	202–203 ❯
Liniendiagramme	204–205 ❯

Daten – was ist das?
In der Statistik werden Informationen üblicherweise in Zahlenkolonnen gesammelt, dies sind die eigentlichen Daten. Um die Daten schließlich verstehen zu können, müssen sie gruppiert und leicht verständlich aufbereitet werden, beispielsweise in Tabellen oder Diagrammen. Vor dieser Organisation und Aufbereitung spricht man meist von Rohdaten.

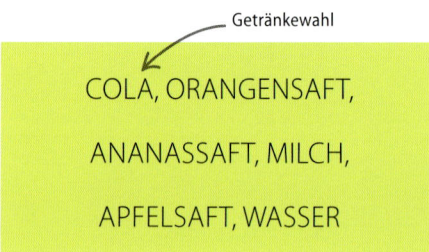

Getränkewahl

COLA, ORANGENSAFT,
ANANASSAFT, MILCH,
APFELSAFT, WASSER

◁ **Fragen**
Bevor man einen ganzen Fragebogen entwirft, beginnt man mit einer einzelnen Frage, beispielsweise: Welche Getränke haben Kinder am liebsten?

Daten sammeln
Ein üblicher Weg, Informationen zu erhalten, ist eine Studie oder Umfrage, z. B. in Form eines Fragebogens. Eine Auswahl von Personen wird über ihre Vorlieben, Gewohnheiten oder Meinungen befragt. Ihre Antworten, die **Rohdaten**, können dann in Tabellen und Diagrammen organisiert und aufbereitet werden.

Diese Antworten werden in Datenlisten gesammelt.

Fragebogen zum Thema Getränke
Mit diesem Fragebogen möchten wir herausfinden, was Kinder am liebsten trinken. Kreuze an, was für dich zutrifft.

1) Bist du ein Junge oder ein Mädchen?

[X] Junge   [ ] Mädchen

2) Was ist dein Lieblingsgetränk?

[ ] Ananassaft   [ ] Orangensaft   [X] Apfelsaft
[ ] Milch   [ ] Cola   [ ] Andere

3) Wie oft trinkst du dieses Getränk?

[ ] Einmal pro Woche oder weniger   [X] Zwei- bis dreimal pro Woche   [ ] Vier- bis fünfmal pro Woche
[ ] Mehr als fünfmal pro Woche

4) Wo kaufst du dein Lieblingsgetränk meistens?

[ ] Supermarkt   [X] Kiosk, kleiner Laden   [ ] Andere

▷ **Fragebogen**
In Fragebogen werden oft Multiple-Choice-Fragen gestellt. Die Antworten lassen sich dann leichter gruppieren. In diesem Beispiel entsprechen die Gruppen den gewählten Getränken.

DATEN SAMMELN UND AUSWERTEN 197

Auszählung

Die Ergebnisse einer Umfrage können ausgezählt und in Listen dargestellt werden. In der linken Spalte sind die einzelnen Datengruppen zu sehen. Eine einfache Möglichkeit, die Daten auszuzählen, ist es, für jede erhaltene Antwort einen Strich zu machen, wobei dann jeweils der fünfte Strich der Übersichtlichkeit halber quer über die vier vorherigen gesetzt wird.

Ein Strich pro erhaltener Antwort, der fünfte geht jeweils quer darüber.

Getränk	Strichliste
Cola	ⅢⅠ Ⅰ
Orangensaft	ⅢⅠ ⅢⅠ Ⅰ
Apfelsaft	ⅠⅠ
Ananassaft	Ⅰ
Milch	ⅠⅠ
Andere	Ⅰ

△ **Strichliste**
In dieser Strichliste werden die Häufigkeiten der Antworten durch Striche wiedergegeben.

Getränk	Strichliste	Häufigkeiten
Cola	ⅢⅠ Ⅰ	6
Orangensaft	ⅢⅠ ⅢⅠ Ⅰ	11
Apfelsaft	ⅠⅠ	2
Ananassaft	Ⅰ	1
Milch	ⅠⅠ	2
Andere	Ⅰ	1

△ **Häufigkeitstabelle**
Die Anzahl der Striche aus der Strichliste wird in der Spalte Häufigkeiten addiert.

Tabellen

In Tabellen werden die Häufigkeiten in einer gut übersichtlichen Weise gezeigt. Sie dienen oft als Grundlage für die Erstellung von Graphen oder Diagrammen. Die einzelnen Spalten können weiter untergliedert werden, um die Informationen detaillierter präsentieren zu können.

Getränk	Häufigkeit
Cola	6
Orangensaft	11
Apfelsaft	2
Ananassaft	1
Milch	2
Andere	1

△ **Häufigkeitstabelle**
In dieser Tabelle wird angegeben, wie viele Kinder das jeweilige Getränk gewählt haben.

Getränk	Junge	Mädchen	Gesamt
Cola	4	2	6
Orangensaft	5	6	11
Apfelsaft	0	2	2
Ananassaft	1	0	1
Milch	1	1	2
Andere	1	0	1

△ **Detailliertere Tabelle**
In dieser Tabelle gibt es mehrere Spalten, die die Informationen detaillierter darstellen: Für die bevorzugten Getränke werden die Anzahlen der Jungen und Mädchen getrennt gelistet.

Verzerrungen vermeiden

Es ist wichtig, bei Umfragen ein breites Spektrum von Personen zu befragen, damit die Antworten nicht zu einseitig sind und ein repräsentatives Bild ergeben.

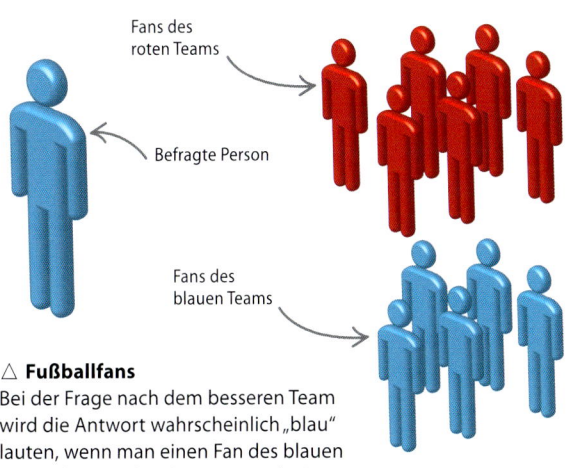

△ **Fußballfans**
Bei der Frage nach dem besseren Team wird die Antwort wahrscheinlich „blau" lauten, wenn man einen Fan des blauen Teams fragt, selbst dann, wenn die Roten die Blauen gerade erst besiegt haben.

GENAU HINGESCHAUT
Automatische Messdatenerfassung

Viele Daten werden maschinell gesammelt, beispielsweise Informationen über das Wetter, den Verkehr oder Internetnutzung. Die Daten werden in Listen, Tabellen und Graphen so aufbereitet, dass sie leichter verständlich und besser analysierbar sind.

◁ **Seismograph**
Ein Seismograph zeichnet Bodenerschütterungen von Erdbeben auf. Mithilfe der gesammelten Daten und Muster erhofft man sich, künftige Erdbeben besser vorhersagen zu können.

198 STATISTIK

Säulendiagramme

SÄULENDIAGRAMME SIND EINE MÖGLICHKEIT, DATEN GRAFISCH ZU PRÄSENTEREN.

SIEHE AUCH	
‹196–197	Daten sammeln und auswerten
Kreisdiagramme	202–203 ›
Liniendiagramme	204–205 ›
Histogramme	216–217 ›

Säulen unterschiedlicher Länge stellen die Häufigkeiten der einzelnen Datenklassen dar.

Säulendiagramme verwenden

In einem Diagramm werden Daten verständlich und gut nachvollziehbar aufbereitet. Ein Säulendiagramm zeigt eine Datenmenge in Form von Säulen, von denen jede eine Klasse innerhalb der Daten repräsentiert. Die Höhe der jeweiligen Säule steht für die Häufigkeit der zugehörigen Klasse. Um ein Säulendiagramm zu zeichnen, braucht man neben den Daten einen Bleistift, ein Lineal und Karopapier oder – besser noch – Millimeterpapier.

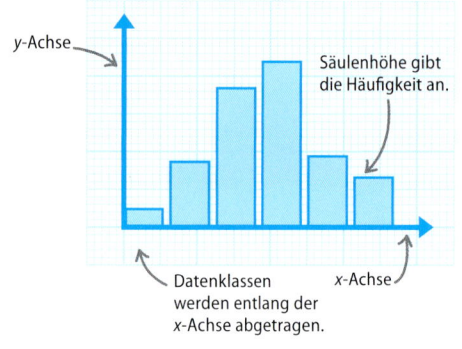

y-Achse

Säulenhöhe gibt die Häufigkeit an.

Datenklassen werden entlang der x-Achse abgetragen.

x-Achse

◁ **Ein Säulendiagramm**
Jede Säule steht für eine Klasse von Daten einer Datenmenge. Die Häufigkeit, mit der jede Datenklasse vorkommt, wird durch die Höhe der zugehörigen Säule repräsentiert.

Diese Häufigkeitstabelle zeigt die Datenklassen und die zugehörigen Häufigkeiten.

Zunächst wähle eine sinnvolle Achseneinteilung für die Daten. Zeichne eine vertikale Linie für die y-Achse, eine horizontale für die x-Achse. Markiere die Achsen entsprechend der Datenklassen und Häufigkeiten in den Spalten der Tabelle.

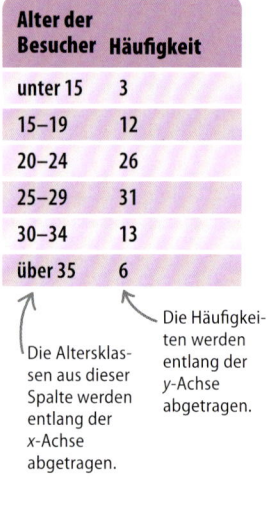

Alter der Besucher	Häufigkeit
unter 15	3
15–19	12
20–24	26
25–29	31
30–34	13
über 35	6

Die Altersklassen aus dieser Spalte werden entlang der x-Achse abgetragen.

Die Häufigkeiten werden entlang der y-Achse abgetragen.

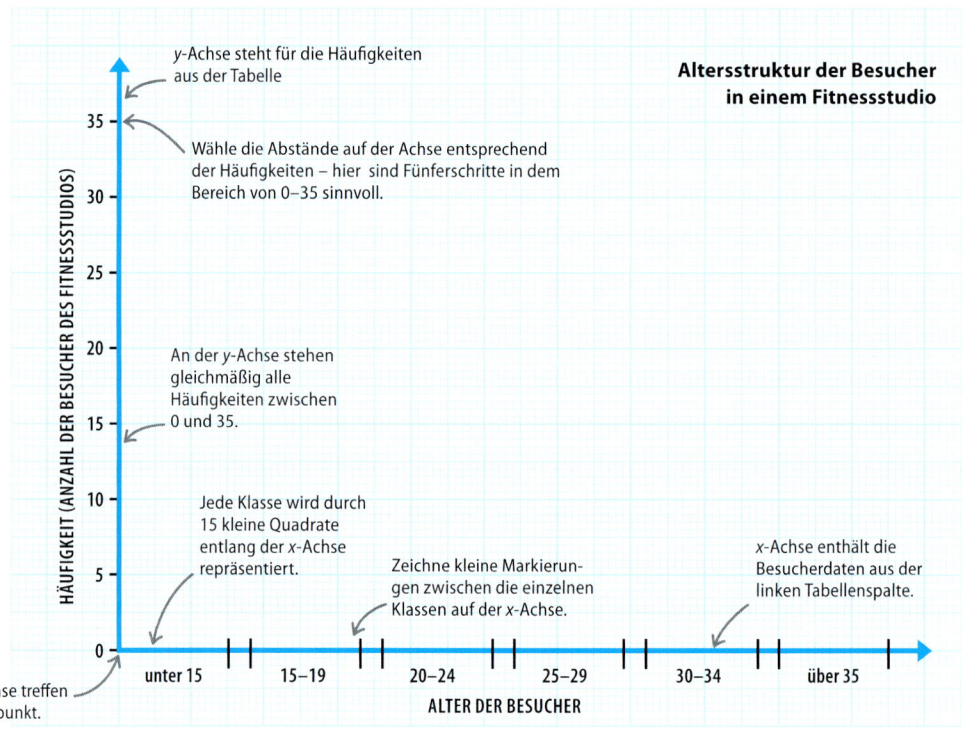

Altersstruktur der Besucher in einem Fitnessstudio

y-Achse steht für die Häufigkeiten aus der Tabelle

Wähle die Abstände auf der Achse entsprechend der Häufigkeiten – hier sind Fünferschritte in dem Bereich von 0–35 sinnvoll.

An der y-Achse stehen gleichmäßig alle Häufigkeiten zwischen 0 und 35.

Jede Klasse wird durch 15 kleine Quadrate entlang der x-Achse repräsentiert.

Zeichne kleine Markierungen zwischen die einzelnen Klassen auf der x-Achse.

x-Achse enthält die Besucherdaten aus der linken Tabellenspalte.

x- und y-Achse treffen sich im Nullpunkt.

HÄUFIGKEIT (ANZAHL DER BESUCHER DES FITNESSSTUDIOS)

ALTER DER BESUCHER

SÄULENDIAGRAMME 199

Übertrage den ersten Wert aus der Tabelle, in diesem Fall 3, für die erste Datenklasse in das Diagramm. Ziehe in dieser Höhe (über der ersten Altersklasse) eine horizontale Linie von der y-Achse aus. Fahre für die anderen Tabellenwerte entsprechend fort.

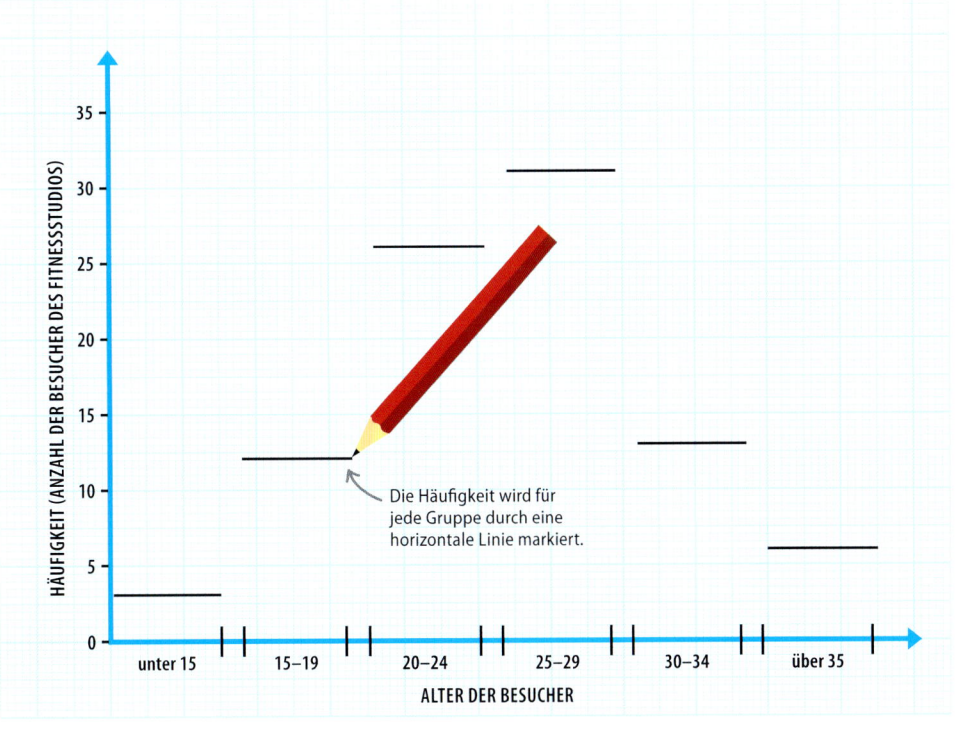

Die Häufigkeit wird für jede Gruppe durch eine horizontale Linie markiert.

Zur Vervollständigung müssen nun noch die zur x-Achse vertikalen Linien vom Anfang und vom Ende einer jeden Altersklasse gezogen werden. Diese kreuzen jeweils die Enden der zuvor gezeichneten horizontalen Linien.

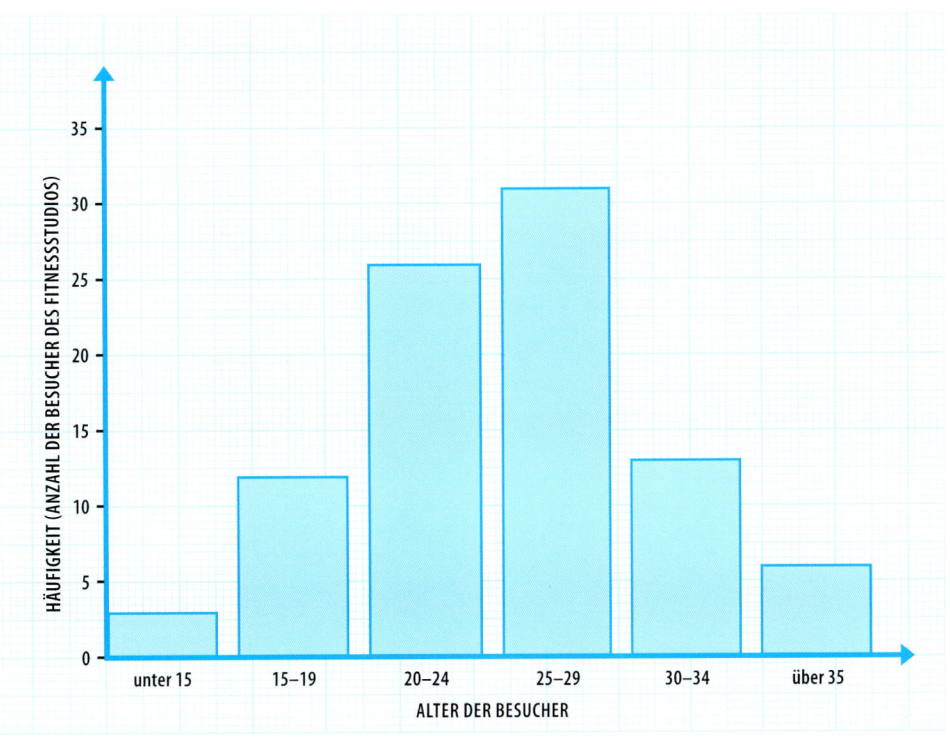

STATISTIK

Unterschiedliche Säulendiagramme

Es gibt unterschiedliche Möglichkeiten, Säulendiagramme zu zeichnen. Die Säulen können horizontal oder vertikal sein, auch dreidimensionale Darstellungen sind möglich. In jeder dieser Darstellungen steht die Säulengröße für die Häufigkeit, mit der die jeweilige Datenklasse vorkommt.

Hobby	Häufigkeit (Anzahl der Kinder)
Lesen	25
Sport	45
Computerspiele	30
Musik	19
Sammeln	15

◁ **Datentabelle**
Diese Tabelle zeigt die Ergebnisse einer Umfrage, in der Jungen und Mädchen zu ihren Hobbys befragt wurden.

▷ **Horizontales Säulendiagramm**
In einem horizontalen Säulendiagramm werden die Säulen horizontal statt vertikal angeordnet. Daher spricht man auch vom **Balkendiagramm**. Die einzelnen Werte für die Anzahl der Kinder pro Datengruppe, die jeweiligen Häufigkeiten, stehen dann an der x-Achse.

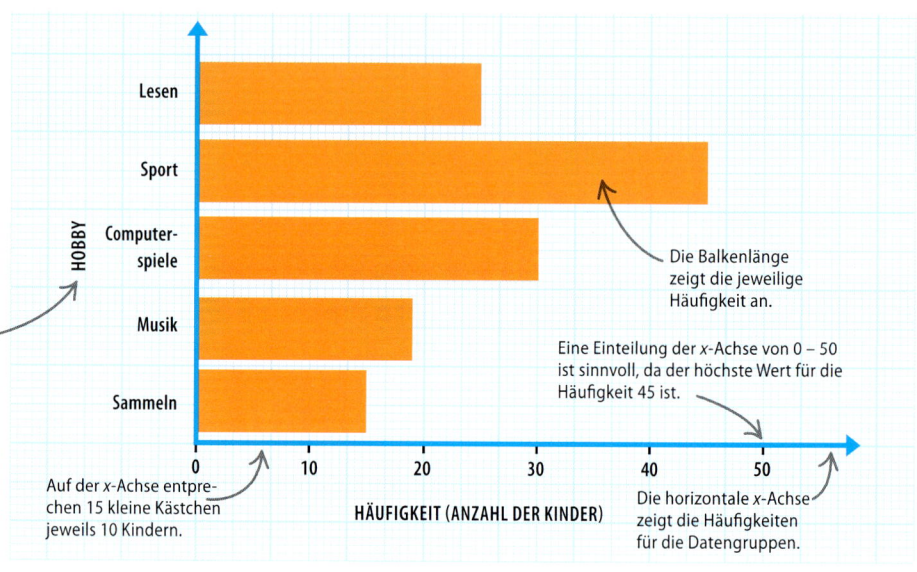

An der vertikalen y-Achse stehen die Datengruppen.

Auf der x-Achse entprechen 15 kleine Kästchen jeweils 10 Kindern.

Die Balkenlänge zeigt die jeweilige Häufigkeit an.

Eine Einteilung der x-Achse von 0 – 50 ist sinnvoll, da der höchste Wert für die Häufigkeit 45 ist.

Die horizontale x-Achse zeigt die Häufigkeiten für die Datengruppen.

▷ **Dreidimensionales Balkendiagramm**
Das dreidimensionale Säulendiagramm sieht zwar beeindruckender aus, es kann allerdings auch irreführend sein, da die Balken oben länger wirken als sie es tatsächlich sind; die wahren Werte müssen in Höhe der vorderen Kanten abgelesen werden, das kann dabei leicht übersehen werden.

Es ist schwieriger, die Häufigkeit schnell und direkt abzulesen.

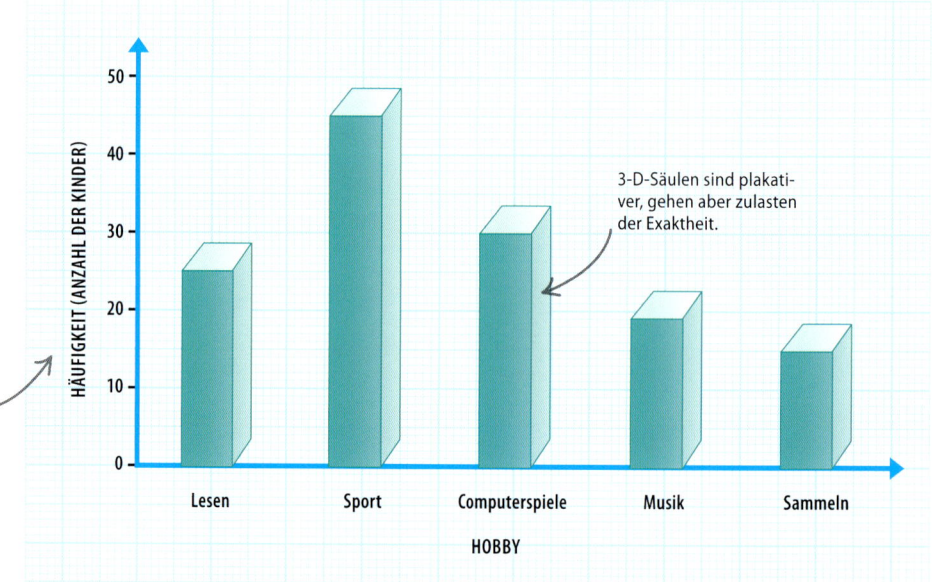

3-D-Säulen sind plakativer, gehen aber zulasten der Exaktheit.

Zusammengesetzte Diagramme

Sind die Daten in Untergruppen aufgeteilt, kann man zusammengesetzte Diagramme verwenden. Entweder werden die Daten jeder Untergruppe direkt nebeneinander in unterschiedlichen Farben oder Schattierungen gezeichnet, oder sie werden in einer Säule übereinander gesetzt.

Hobby	Jungen	Mädchen	Gesamt
Lesen	10	15	25
Sport	25	20	45
Computerspiele	20	10	30
Musik	10	9	19
Sammeln	5	10	15

◁ **Datentabelle**
Die Tabelle zeigt die Umfrageergebnisse – einmal gesamt und einmal nach Jungen und Mädchen unterteilt.

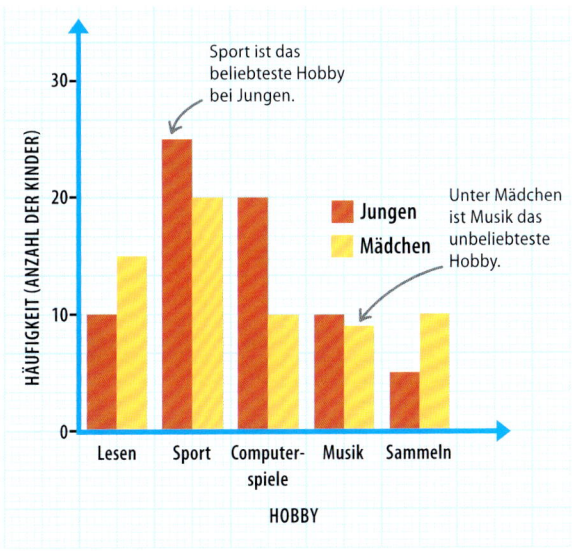

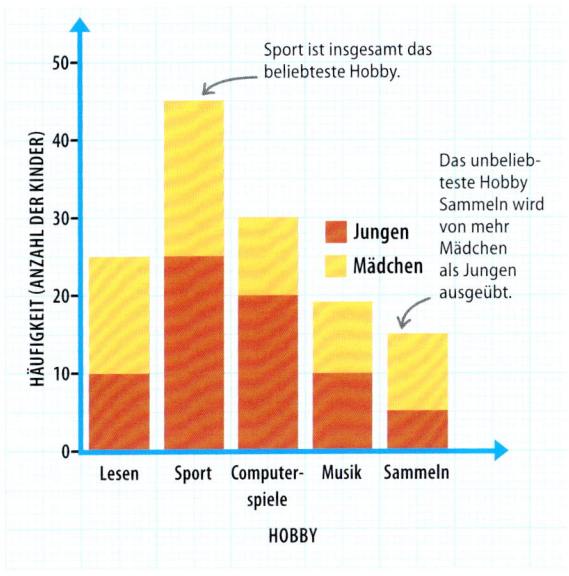

△ **Nebeneinander ...**
Hier stehen für jede Datengruppe zwei (oder mehr) Balken unterschiedlicher Farben, die jeweils eine Untergruppe der Datengruppe repräsentieren. Die Legende zeigt, welche Farbe jeweils zu welcher Untergruppe gehört.

△ **... oder übereinander**
Hier sind die Untergruppen in einem einzigen Balken übereinander „geschichtet" in unterschiedlichen Farben dargestellt. Diese Darstellung hat den Vorteil, dass man zugleich die Gesamthäufigkeit einer Gruppe sieht.

Häufigkeitspolygone

Anstelle von Säulendiagrammen kann man auch Häufigkeitspolygone verwenden: Es werden jeweils die Mittelpunkte der oberen Rechteckskanten verbunden.

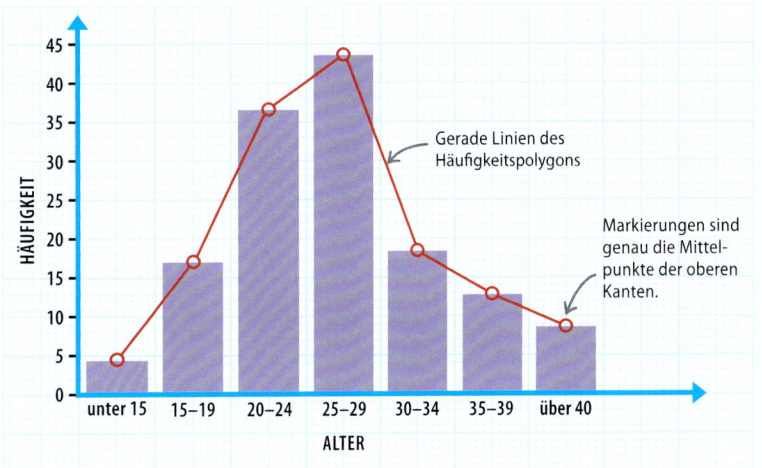

▷ **Häufigkeitspolygon zeichnen**
Markiere alle Mittelpunkte der oberen Kanten und verbinde die Markierungen durch gerade Linien.

 Kreisdiagramme

KREISDIAGRAMME SIND SEHR ZWECKDIENLICH UND EINFACH.

Ein Kreisdiagramm präsentiert die Daten in Segmente aufgeteilt; jedes Segment repräsentiert eine bestimmte Datengruppe.

SIEHE AUCH	
‹76–77	Winkel
‹142–143	Kreisbogen und Sektoren
‹196–197	Daten sammeln und auswerten
‹198–201	Säulendiagramme

Warum Kreisdiagramme?

Kreisdiagramme werden sehr oft für die Präsentation von Daten verwendet. Sie bieten den Vorteil, dass die relative Größe jeder einzelnen Datengruppe sofort erkennbar ist und damit ein Vergleich besonders schnell und einfach möglich ist.

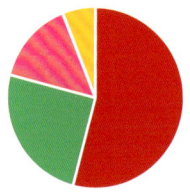

◁ **Kreisdiagramm lesen und verstehen**
Die Einteilung des Kreises in Sektoren ist besonders gut verständlich. Hier wird sofort ersichtlich, dass der rote Sektor die größte Datengruppe darstellt.

Daten zuordnen

Um das Kreisdiagramm zeichnen zu können, benötigt man die Daten aus der Häufigkeitstabelle. Sie zeigt einerseits die Größen der einzelnen Datengruppen (die Häufigkeiten) und die Gesamtgröße (Gesamthäufigkeit) der Erhebung.

Ursprungs-land	Häufigkeit
Deutschland	375
Österreich	250
Schweiz	125
Frankreich	50
Italien	50
Unbekannt	150
Gesamthäufigkeit	1000

◁ **Häufigkeitstabelle**
In der Tabelle ist die Anzahl der Zugriffe auf eine bestimmte Website geordnet nach Ländern aufgeführt.

„Häufigkeit" des Zugriffs Land für Land

Für die Größe der einzelnen Sektoren braucht man die Daten jedes Landes.

Gesamtzahl aller Zugriffe auf diese Website aus allen Ländern.

▽ **Winkelgrößen berechnen**
Die Winkelgrößen der einzelnen Sektoren berechnet man mithilfe der Häufigkeitstabelle und der folgenden Formel:

$$\text{Winkelgröße} = \frac{\text{Häufigkeit der Daten}}{\text{Gesamthäufigkeit}} \cdot 360°$$

Beispiel:

$$\text{Winkelgröße für Deutschland} = \frac{375}{1000} \cdot 360° = 135°$$

Anzahl der Zugriffe geteilt durch Gesamtzahl aller Zugriffe
Winkelgröße für diesen Sektor

Die Winkelgrößen für die restlichen Sektoren werden genauso berechnet. Alle Winkelgrößen zusammen sollten dann 360° ergeben, was der Größe des Vollwinkels entspricht.

$$\text{Österreich} = \frac{250}{1000} \cdot 360 = 90°$$

$$\text{Schweiz} = \frac{125}{1000} \cdot 360 = 45°$$

$$\text{Frankreich} = \frac{50}{1000} \cdot 360 = 18°$$

$$\text{Italien} = \frac{50}{1000} \cdot 360 = 18°$$

$$\text{Unbekannt} = \frac{150}{1000} \cdot 360 = 54°$$

Deutschland

135°

KREISDIAGRAMME 203

Kreisdiagramm zeichnen

Um ein Kreisdiagramm zu zeichnen, braucht man einen Zirkel für den Kreis, ein Geodreieck, um die Winkelgrößen auszumessen, und ein Lineal für die geraden Linien der Segmente.

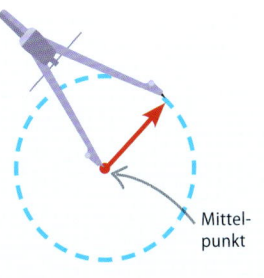

Zeichne zuerst einen Kreis mit dem Zirkel (S.74–75).

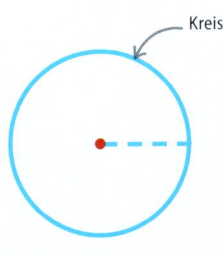

Ziehe eine gerade Linie vom Mittelpunkt zur Kreislinie.

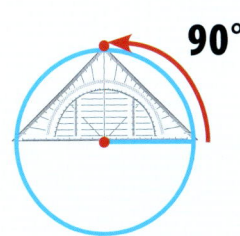

Miss den Winkel eines Segments aus. Markiere ihn auf der Kreislinie und ziehe eine gerade Linie vom Mittelpunkt des Kreises zur Markierung.

◁ **Fertiges Kreisdiagramm**
Nachdem alle Segmente eingezeichnet sind, kann das Diagramm beschriftet und eingefärbt werden. Die Winkel ergeben zusammen 360°.

Österreich 90°
Schweiz 45°
18°
18°
Frankreich
Italien
54°
nbekannt

GENAU HINGESCHAUT
Kreisdiagramme beschriften

Man kann Kreisdiagramme unterschiedlich beschriften: außerhalb des Kreissektors (*a, b*) mittels Hilfslinien; innerhalb der Sektoren (*c, d*) oder über eine Legende (*e, f*). Beschriftungen außerhalb der Sektoren oder Verwendung einer Legende sind sicherlich dann sinnvoll, wenn das Diagramm für eine direkte Beschriftung innerhalb der Sektoren zu klein ist.

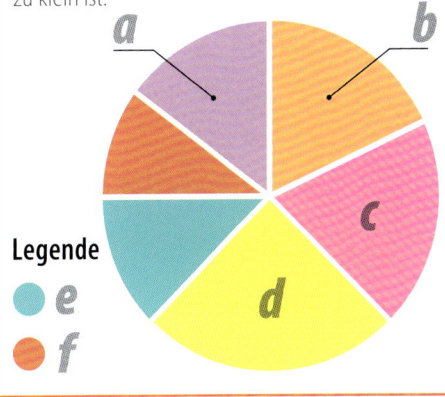

Liniendiagramme

LINIENDIAGRAMME SIND SEHR EXAKT UND DABEI LEICHT ZU LESEN.

SIEHE AUCH
‹ 174–177 Lineare Funktionen
‹ 196–197 Daten sammeln und auswerten

Besonders vorteilhaft sind Liniendiagramme, wenn man beispielsweise die Entwicklung von Daten über einen bestimmten Zeitraum hinweg darstellen möchte.

Ein Liniendiagramm zeichnen

Um ein Liniendiagramm zu zeichnen, benötigt man neben den betreffenden Daten lediglich Bleistift, Lineal und Millimeter- oder Karopapier. Die Daten werden Punkt für Punkt in ein Koordinatensystem übertragen und durch gerade Linien verbunden.

Tag	Sonnenstunden
Montag	12
Dienstag	9
Mittwoch	10
Donnerstag	4
Freitag	5
Samstag	8
Sonntag	11

Die Spalten der Tabelle enthalten die Informationen für die horizontale und die vertikale Achse.

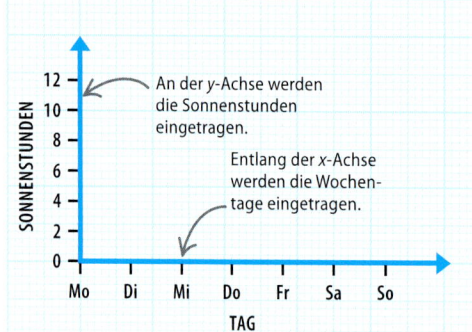

Zeichne zwei Achsen. Trage entlang der x-Achse die Daten aus der ersten Tabellenspalte (Tage) ein. Trage entlang der y-Achse die Daten aus der zweiten Tabellenspalte (Sonnenstunden) ein.

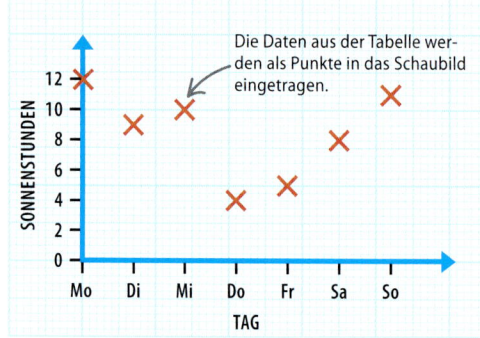

Beginne bei Montag, trage auf der y-Achse die Sonnenstunden für Montag ein; trage senkrecht über Dienstag die Sonnenstunden für Dienstag ein und fahre für die restlichen Werte so fort.

Verwende ein Lineal und einen Bleistift, um die Punkte zu verbinden.

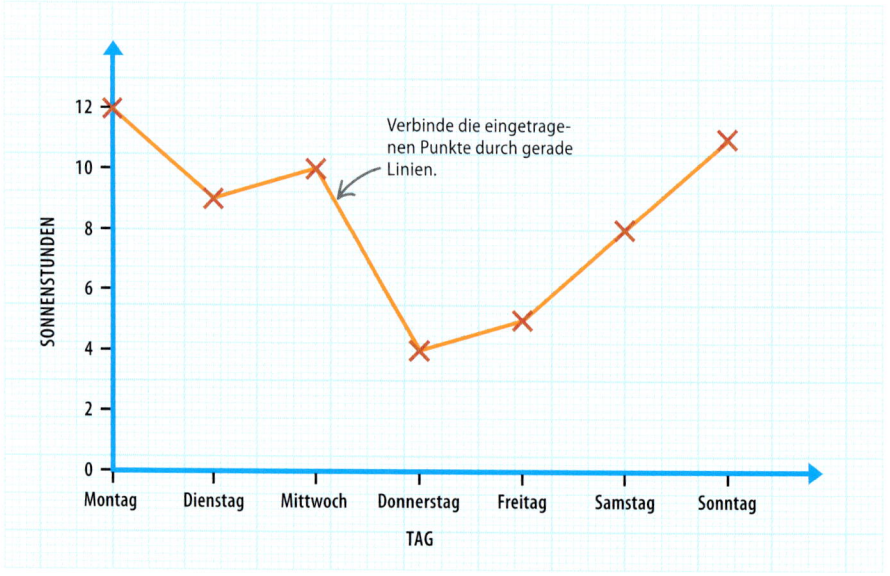

Liniendiagramme interpretieren

Dieses Liniendiagramm zeigt die unterschiedlichen Temperaturen in Abständen von je vier Stunden über eine 24-stündige Periode. Man kann zumindest die **ungefähren** Temperaturen für jeden beliebigen Zeitpunkt des Tages ablesen, indem man von diesem Zeitpunkt auf der x-Achse eine senkrechte Linie nach oben bis zum Liniendiagramm und von dort eine horizontale Linie bis zur y-Achse zeichnet und auf dieser den gesuchten Wert abliest.

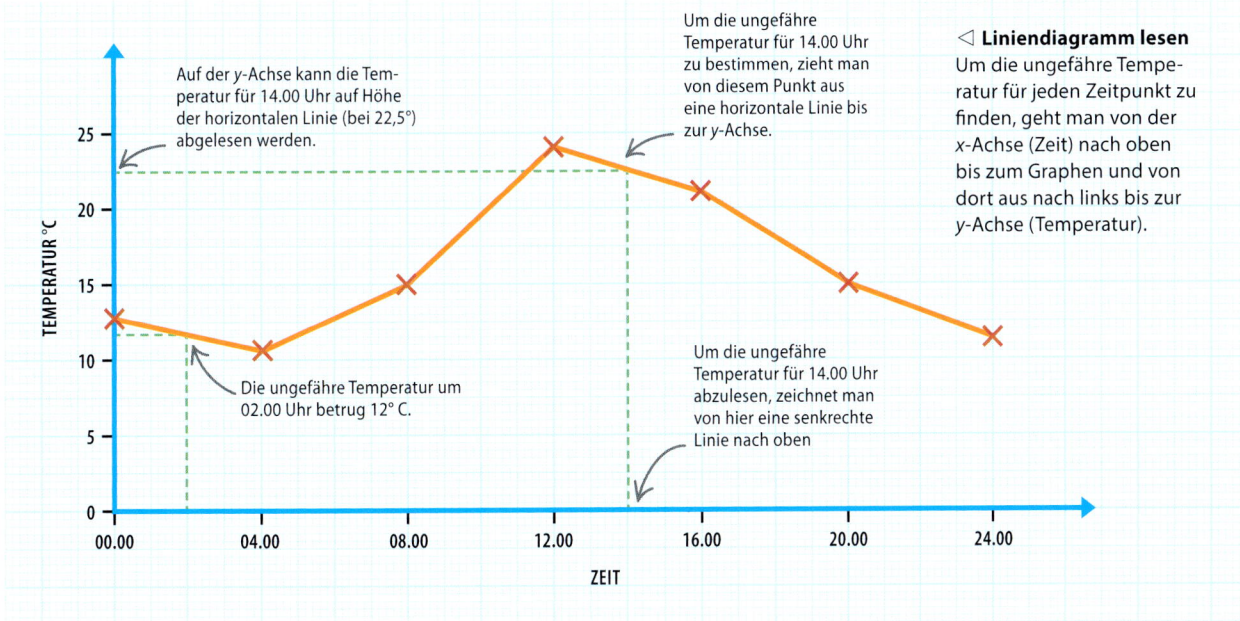

Auf der y-Achse kann die Temperatur für 14.00 Uhr auf Höhe der horizontalen Linie (bei 22,5°) abgelesen werden.

Um die ungefähre Temperatur für 14.00 Uhr zu bestimmen, zieht man von diesem Punkt aus eine horizontale Linie bis zur y-Achse.

◁ **Liniendiagramm lesen**
Um die ungefähre Temperatur für jeden Zeitpunkt zu finden, geht man von der x-Achse (Zeit) nach oben bis zum Graphen und von dort aus nach links bis zur y-Achse (Temperatur).

Die ungefähre Temperatur um 02.00 Uhr betrug 12° C.

Um die ungefähre Temperatur für 14.00 Uhr abzulesen, zeichnet man von hier eine senkrechte Linie nach oben

Kumulierte Häufigkeit

Die kumulierte Häufigkeit gibt an, wie häufig ein Wert bis zu einer gewissen Schranke angenommen wird. Im Beispiel gibt die kumulierte Häufigkeit an, wie viele Personen unter 40 kg wiegen; wie viele Personen bis zu 49 kg wiegen; wie viele Personen bis zu 59 kg wiegen usw.

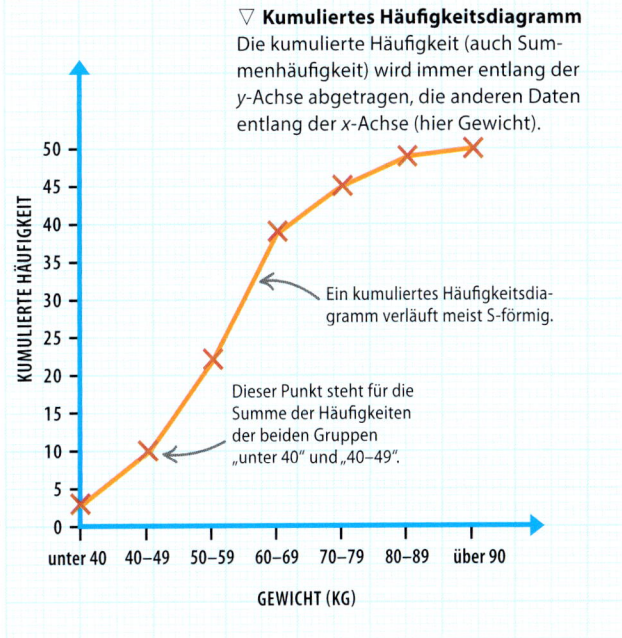

▽ **Kumuliertes Häufigkeitsdiagramm**
Die kumulierte Häufigkeit (auch Summenhäufigkeit) wird immer entlang der y-Achse abgetragen, die anderen Daten entlang der x-Achse (hier Gewicht).

Das Gewicht wird in Klassen angegeben.

Die Häufigkeit (in diesem Fall die Anzahl der Personen) pro Gruppe.

Die kumulierte Häufigkeit ist die Summe der aktuell betrachteten und der vorherigen Häufigkeiten.

Gewicht (kg)	Häufigkeit	Kumulierte Häufigkeit (Summenhäufigkeit)
unter 40	3	3
40–49	7	10 (3+7)
50–59	12	22 (3+7+12)
60–69	17	39 (3+7+12+17)
70–79	6	45 (3+7+12+17+6)
80–89	4	49 (3+7+12+17+6+4)
über 90	1	50 (3+7+12+17+6+4+1)

◁ **Kumulierte Häfigkeit**
Die Häufigkeit heißt kumuliert, weil jede Häufigkeit zu allen vorherigen hinzuaddiert wird.

Ein kumuliertes Häufigkeitsdiagramm verläuft meist S-förmig.

Dieser Punkt steht für die Summe der Häufigkeiten der beiden Gruppen „unter 40" und „40–49".

Die kumulierten Häufigkeiten werden im Diagramm dargestellt.

4,5,6 Mittelwerte

EIN MITTELWERT IST EIN „MITTLERER" WERT AUS EINER MENGE VON DATEN. ER SOLL ALS TYPISCHER WERT DIE DATENLISTE REPRÄSENTIEREN.

SIEHE AUCH	
‹ 196–197	Daten sammeln und auswerten
Gleitende Mittelwerte	210–211 ›
Streuungsmaße	212–215 ›

Es gibt verschiedene Mittelwerte

Es gibt unterschiedliche Mittelwerte. Die wichtigsten heißen arithmetischer Mittelwert (Durchschnitt), Median (Zentralwert) und Modalwert (Modus). Jeder gibt eine abweichende Information über die zu analysierenden Daten. Umgangssprachlich meint man mit dem Begriff Mittelwert meist das arithmetische Mittel.

150, 160, 170, 180, 180

Um den Mittelwert zu bestimmen, muss man die Datenliste meist in aufsteigender Reihenfolge sortieren.

Der Modalwert (Modus)

Der Modalwert ist der Wert, der in der Datenliste am häufigsten vorkommt. Um den Modalwert zu berechnen, sortiert man die Datenliste in aufsteigender Reihenfolge. Gibt es mehrere Werte mit der gleichen Häufigkeit, so gibt es mehrere Modalwerte (Modi).

Pink ist der Modalwert, da diese Farbe am häufigsten vorkommt.

◁ **Der Modus**
Hier ist die Datenliste eine Reihe farbiger Figuren. Die Farbe Pink kommt am häufigsten vor, daher ist Pink hier der Modalwert (Modus).

150, 160, 170, 180, 180

180 kommt zweimal in der Datenliste vor, mehr als jeder andere Wert; daher ist 180 der Modalwert.

▷ **Mittelwert der Körpergrößen**
Die Größen dieser Personengruppe können in einer Datenliste angeordnet werden. Mithilfe dieser Liste werden die unterschiedlichen Mittelwerte bestimmt – Modalwert, Median und arithmetischer Mittelwert.

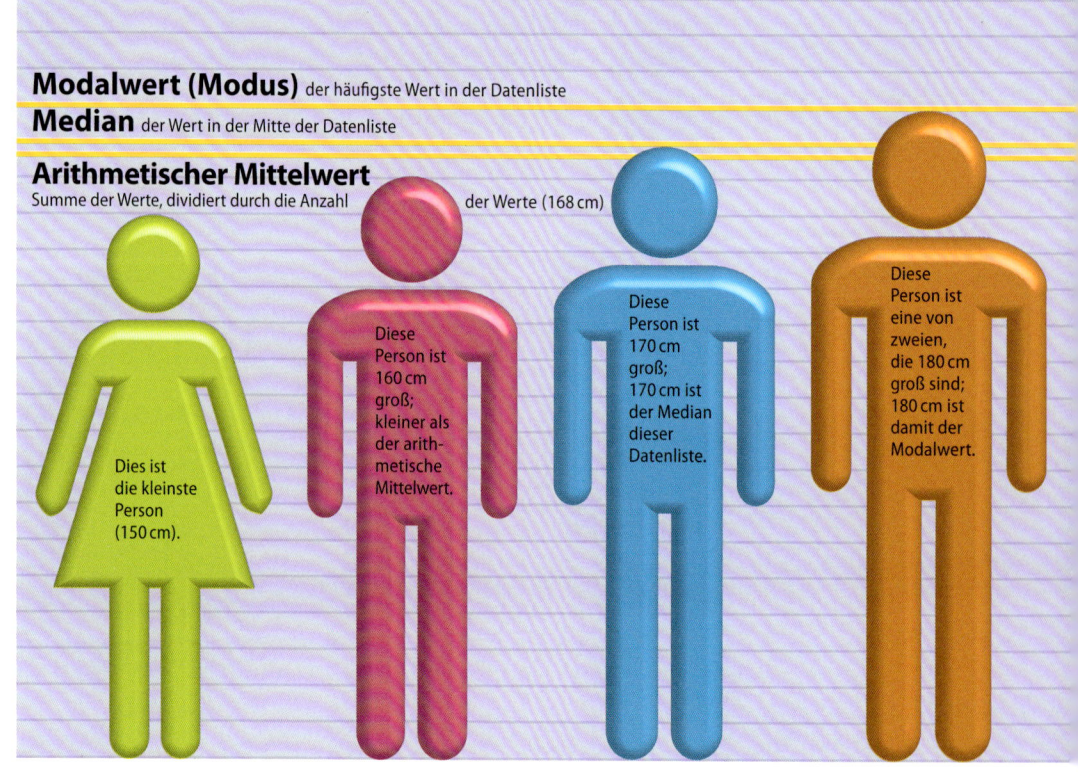

Modalwert (Modus) der häufigste Wert in der Datenliste
Median der Wert in der Mitte der Datenliste
Arithmetischer Mittelwert Summe der Werte, dividiert durch die Anzahl der Werte (168 cm)

Dies ist die kleinste Person (150 cm).

Diese Person ist 160 cm groß; kleiner als der arithmetische Mittelwert.

Diese Person ist 170 cm groß; 170 cm ist der Median dieser Datenliste.

Diese Person ist eine von zweien, die 180 cm groß sind; 180 cm ist damit der Modalwert.

MITTELWERTE

Der arithmetische Mittelwert

Der arithmetische Mittelwert (Durchschnitt) ist die Summe aller Werte der Datenliste, geteilt durch die Anzahl aller Werte der Datenliste. Das ist das, was meist unter „Mittelwert" verstanden wird. Man sagt auch kurz „arithmetisches Mittel".

$$\text{Arithmetisches Mittel} = \frac{\text{Summe aller Werte}}{\text{Anzahl aller Werte}}$$

Formel für das arithmetische Mittel

Sortiere die Datenliste aufsteigend und zähle die Anzahl der Werte. Im Beispiel sind es fünf Werte.

150, 160, 170, 180, 180

Die Datenliste enthält fünf Werte.

Addiere alle Werte und berechne die Summe. Im Beispiel beträgt die Summe 840.

$$150 + 160 + 170 + 180 + 180 = 840$$

Summe aller Werte

Dividiere die Gesamtsumme – hier 840 – durch die Anzahl aller Werte (5). Die Lösung lautet 168. Dies ist das arithemtische Mittel der Datenliste.

$$\frac{840}{5} = 168$$

168 ist das arithmetische Mittel.

Der Median (Zentralwert)

Der Median ist der Wert in der Mitte einer geordneten Datenliste. Enthält die Liste fünf Werte, ist der dritte Wert der Median. In einer Liste von sieben Werten ist der vierte Wert der Median.

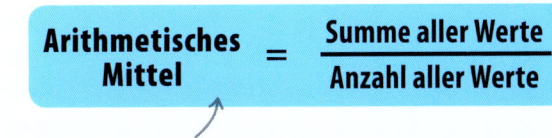
Der Median ist der mittlere Wert.

Sortiere die Datenliste in aufsteigender Reihenfolge.

170, 180, 180, 160, 150

Der Median ist der mittlere Wert in einer Datenliste mit einer ungeraden Anzahl von Werten.

150, 160, **170**, 180, 180

In dieser Liste mit fünf Werten ist der dritte Wert der Median.

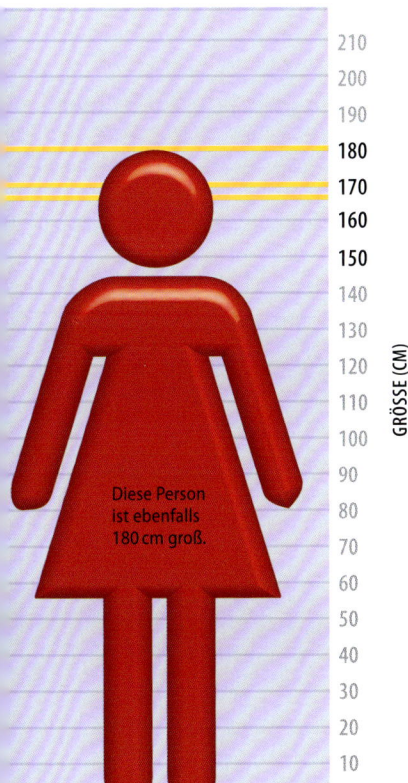
Diese Person ist ebenfalls 180 cm groß.
GRÖSSE (CM)

GENAU HINGESCHAUT
Median einer geraden Anzahl von Werten

Enthält eine Datenliste eine gerade Anzahl von Werten, so ist der Median der **arithmetische Mittelwert** der beiden mittleren Werte.

Dritter Wert, Vierter Wert

150, 160, **170, 180**, 180, 190

Zwei mittlere Werte

▷ In einer Datenliste mit sechs Werten ist der Median das arithmetische Mittel des dritten und vierten Werts.

$$\frac{170 + 180}{2} = \frac{350}{2} = 175$$

Median

STATISTIK

HÄUFIGKEITSTABELLEN

Daten werden oft in Häufigkeitstabellen dargestellt. Sie geben die Häufigkeiten an, mit denen die einzelnen Werte in der Datenliste vorkommen.

Median mithilfe einer Häufigkeitstabelle bestimmen

Die Art der Bestimmung des Medians ist davon abhängig, ob es sich um eine Datenliste mit einer geraden oder einer ungeraden Anzahl von Werten handelt.

Die folgenden Punktzahlen bei einer Klassenarbeit wurden ausgewertet und in einer Häufigkeitstabelle notiert:

20, 20, 18, 20, 18, 19, 20, 20, 20

Punktzahl	Häufigkeit
18	2
19	1 (2 + 1 = 3)
20	6 (3 + 6 = 9)
	9

So häufig wurde der einzelne Testwert erzielt.

Häufigkeit des Medians (so oft wurde der fünfte Wert der Liste erzielt).

Median ← / Gesamthäufigkeit

Da die Gesamthäufigkeit (9) ungerade ist, addiert man zunächst 1 und dividiert das Ergebnis (10) durch 2; man erhält 5. Damit ist der fünfte Wert der Median. Durch Abzählen in der sortierten Liste erhält man als Median schließlich den Wert 20.

Die folgenden Punktzahlen bei einer Klassenarbeit wurden ausgewertet und in einer Häufigkeitstabelle notiert:

18, 17, 20 19, 19, 18, 19, 18

Punktzahl	Häufigkeit
17	1
18	3 (1 + 3 = 4)
19	3 (4 + 3 = 7)
20	1 (7 + 1 = 8)
	8

Häufigkeit, mit der der vierte Wert vorkommt

Häufigkeit, mit der der fünfte Wert vorkommt

Gesamthäufigkeit

Da die Gesamthäufigkeit (8) gerade ist, gibt es zwei mittlere Werte (den vierten und den fünften).

▽ **Eine gerade Gesamthäufigkeit**
Ist die Gesamthäufigkeit eine gerade Zahl, so wird der Median als arithmetisches Mittel der beiden mittleren Werte berechnet.

$$\text{Median} = \frac{\text{Erster mittlerer Wert} + \text{Zweiter mittlerer Wert}}{2}$$

$$\frac{18 + 19}{2} = \mathbf{18{,}5}$$

Erster mittlerer Wert / Zweiter mittlerer Wert / Median

Die beiden mittleren Werte (vierter und fünfter) sind 18 und 19. Der Median ist der arithmetische Mittelwert daraus. Man addiert die Werte und dividiert das Ergebnis durch 2; der Median ist damit 18,5.

Arithmetisches Mittel mithilfe einer Häufigkeitstabelle finden

Um den arithmetischen Mittelwert einer Datenliste zu bestimmen, addiert man alle Werte der Datenliste und ebenso alle Häufigkeiten. Im Beispiel wurden die folgenden Punktzahlen erzielt und in einer Tabelle notiert:

16, 18, 20, 19, 17, 19, 18, 17, 18, 19, 16, 19

Punktzahl	Häufigkeit
16	2
17	2
18	3
19	4
20	1
	↑

Alle vorkommenden Werte / Die Häufigkeit gibt an, wie oft die einzelnen Punkte erzielt wurden.

Erfasse die Daten in einer Häufigkeitstabelle.

Punktzahl	Häufigkeit	Summe der Punktzahlen (Ergebnis · Häufigkeit)
16	2	16 · 2 = 32
17	2	17 · 2 = 34
18	3	18 · 3 = 54
19	4	19 · 4 = 76
20	1	20 · 1 = 20
	12	**216**

Häufigkeiten addieren, um die Summe zu erhalten. / Summe der Punktzahlen

Multipliziere alle Werte (die erzielten Punktzahlen) mit den zugehörigen Häufigkeiten und addiere alle Notenwerte auf.

$$\text{Arithmetisches Mittel} = \frac{\text{Summe aller Werte}}{\text{Anzahl aller Werte}}$$

Gesamthäufigkeit

$$216 : 12 = \mathbf{18}$$

Summe aller Werte / Gesamthäufigkeit / Arithmetisches Mittel

Um das arithmetische Mittel zu berechnen, teile die Summe aller Werte, im Beispiel die Summe aller Testergebnisse, durch die Anzahl aller Werte (Gesamthäufigkeit).

Arithmetisches Mittel gruppierter Daten

Gruppierte Daten spiegeln lediglich die Werte für ganze Datengruppen – im Gegensatz zu individuellen Werten – wider. Daher ist es nicht möglich, die genaue Summe der Einzelwerte zu bestimmen und das arithmetische Mittel kann nur ungefähr berechnet werden.

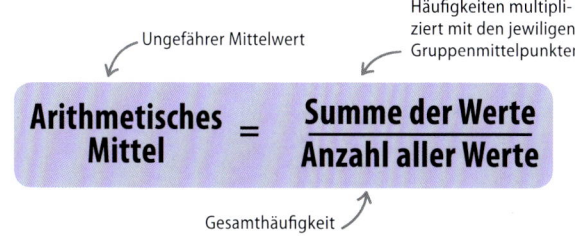

Bei gruppierten Daten muss man zunächst den Intervallmittelpunkt für jede einzelne Datengruppe bestimmen und diesen mit der jeweiligen Häufigkeit multiplizieren. Alle so ermittelten Werte werden addiert und durch die Gesamthäufigkeit dividiert. Im Beispiel unten wurden die in einer Klassenarbeit erzielten Punktzahlen erfasst.

GENAU HINGESCHAUT
Gewichtetes Mittel

Fließen einzelne Werte stärker in die Berechnung des Gesamtmittelwertes ein (beispielsweise die mündliche und die schriftliche Abschlussnote), so spricht man vom „gewichteten Mittel". Im Beispiel hat der Lehrer die zweite von drei Arbeiten doppelt bewertet.

Arbeit	1	2	3
Note	2	5	2
Gewicht	1	2	1

$$\frac{(2 \cdot 1) + (5 \cdot 2) + (2 \cdot 1)}{4} = 3{,}5$$

△ **Gewichtetes Mittel berechnen**
Multipliziere jeweils den Notenwert mit dem zugehörigen Gewicht und addiere die Ergebnisse. Division durch die Summe aller Gewichte ergibt das gewichtete Mittel.

Punktzahl	Häufigkeit
unter 50	2
50–59	1
60–69	8
70–79	5
80–89	3
90–99	1

Punktzahl	Häufigkeit	Mittelpunkt	Häufigkeit · Mittelpunkt
unter 50	2	25	2 · 25 = 50
50–59	1	54,5	1 · 54,5 = 54,5
60–69	8	64,5	8 · 64,5 = 516
70–79	5	74,5	5 · 74,5 = 372,5
80–89	3	84,5	3 · 84,5 = 253,5
90–99	1	94,5	1 · 94,5 = 94,5
	20		**1341**

$$\frac{1341}{20} = 67{,}05$$

Um den Mittelpunkt einer Datengruppe zu finden, addiere den oberen und den unteren Wert und dividiere das Ergebnis durch 2. Beispielsweise ist der Mittelpunkt der Punktzahlen 90–99 der Wert 94,5.

▷ **Multipliziere den Mittelpunkt jeder Gruppe** mit der zugehörigen Häufigkeit und trage die Ergebnisse in die letzte Spalte ein. Addiere die Ergebnisse.

▷ **Dividiere die Summe (1341) durch** die Gesamthäufigkeit; das Ergebnis ist das arithmetische Mittel. Es handelt sich um einen ungefähren Wert, da lediglich ein Bereich für jede Gruppe angegeben ist.

GENAU HINGESCHAUT
Die Modalklasse

Sind in einer Datenliste mehrere nebeneinanderliegende Werte zu Klassen zusammengefasst, kann man den Modalwert nicht bestimmen, aber man erkennt die Gruppe mit der größten Häufigkeit. Dies ist die **Modalklasse**.

▷ **Mehr als eine Modalklasse**
Gibt es mehrere Gruppen mit größter Häufigkeit, so gibt es auch mehrere Modalklassen.

Note	0–25	26–50	51–75	76–100
Häufigkeit	2	6	8	8

Modalklassen

Gleitende Mittelwerte

Was ist ein gleitender Mittelwert?
Werden Daten über einen längeren Zeitraum beobachtet, gibt es immer wieder deutliche Abweichungen. Der gleitende Mittelwert dient dazu, solche kurzfristigen Abweichungen bei der Analyse von Zeitreihen zu „glätten" und stattdessen Trends (längerfristige Veränderungen) zu verdeutlichen.

Gleitende Mittelwerte im Liniendiagramm
Liniendiagramme werden mittels einer Datentabelle gezeichnet. Damit können auch gleitende Mittelwerte berechnet und ebenfalls in einem Liniendiagramm dargestellt werden. Beide Kurven werden in dasselbe Schaubild gezeichnet.

Die folgende Tabelle zeigt den Absatz von Eiscreme über eine zweijährige Periode, wobei jedes Jahr in vier Viertel unterteilt wurde. Die Zahlen zu jedem Quartal geben an, wieviele Eisbecher und -tüten verkauft wurden.

	ERSTES JAHR				ZWEITES JAHR			
Quartal	1	2	3	4	5	6	7	8
Absatz (in Tausend)	1,25	3,75	4,25	2,5	1,5	4,75	5,0	2,75

△ **Datentabelle**
Diese Zahlen können als Liniendiagramm dargestellt werden, die Verkäufe werden entlang der y-Achse und die Zeit (in Quartalen) entlang der x-Achse abgetragen.

▷ **Graph**
Der Verkaufsgraph zeigt die vierteljährlichen Verkaufszahlen (pinkfarbene Linie), während der grüne Graph mittels der gleitenden Mittelwerte den Trend über die zweijährige Periode zeigt.

ANWENDUNG
Saisongeschäft

Viele Geschäfte unterliegen starken saisonalen Schwankungen. Diese können wetterbedingt, aber auch feiertags- oder ferienabhängig sein. Die Umsätze im Einzelhandel gehen beispielsweise in den Sommerferien deutlich nach unten, während sie um Weihnachten herum alljährlich deutlich zunehmen.

▷ **Eiscremeverkauf**
Der Absatz von Eiscreme folgt einem saisonalen Muster.

Gleitende Mittelwerte berechnen
Aus den Werten der Tabelle kann für je vier Quartale ein Mittelwert berechnet und als Punkt in das Schaubild gezeichnet werden.

Arithmetisches Mittel für die Quartale 1–4
Berechne den Mittelwert für die ersten vier Quartale. Markiere den Wert oberhalb der Mitte der ersten vier Quartale.

$$1{,}25 + 3{,}75 + 4{,}25 + 2{,}5 = 11{,}75$$

Summe der Werte der Quartale 1–4

Arithmetisches Mittel auf zwei Dezimale gerundet

$$\frac{11{,}75}{4} \approx 2{,}94$$

Anzahl der Werte, deren Mittelwert berechnet werden soll

GLEITENDE MITTELWERTE **211**

$$\boxed{\text{Arithmetisches Mittel} = \frac{\text{Summe aller Werte}}{\text{Anzahl aller Werte}}}$$

◁ **Arithmetsiches Mittel berechnen**
Mithilfe dieser Formel berechnet man das arithmetische Mittel für jede einzelne aus vier Quartalen bestehende Perieode.

Arithmetisches Mittel für die Quartale 2–5
Berechne den Mittelwert für die Quartale 2–5 und markiere ihn oberhalb der Mitte der Quartale.

$3{,}75 + 4{,}25 + 2{,}5 + 1{,}5 = 12$

Summe der Werte der Quartale 2–5

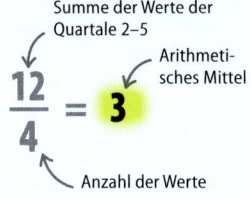

Arithmetisches Mittel

Anzahl der Werte

Arithmetisches Mittel für die Quartale 3–6
Berechne den Mittelwert für die Quartale 3–6 und markiere ihn oberhalb der Mitte der Quartale.

$4{,}25 + 2{,}5 + 1{,}5 + 4{,}75 = 13$

Summe der Werte der Quartale 3–6

Arithmetisches Mittel

Anzahl der Werte

Arithmetisches Mittel für die Quartale 4–7
Berechne den Mittelwert für die Quartale 4–7 und markiere ihn oberhalb der Mitte der Quartale.

$2{,}5 + 1{,}5 + 4{,}75 + 5 = 13{,}75$

Summe der Werte der Quartale 4–7

$$\frac{13{,}75}{4} \approx 3{,}44$$

Anzahl der Werte

Arithmetisches Mittel auf zwei Dezimalen gerundet

Arithmetisches Mittel für die Quartale 5–8
Berechne den Mittelwert für die Quartale 5–8 und markiere ihn. Verbinde schließlich alle Punkte.

$1{,}5 + 4{,}75 + 5 + 2{,}75 = 14$

Summe der Werte der Quartale 5–8

$$\frac{14}{4} \approx 3{,}5$$

Arithmetisches Mittel

Anzahl der Werte

Die grüne Linie verbindet die gleitenden Mittelwerte und zeigt den Trend.

Arithmetisches Mittel für die Quartale 2–5

Arithmetisches Mittel für die Quartale 3–6

Arithmetisches Mittel für die Quartale 4–7

Arithmetisches Mittel für die Quartale 5–8

Jeder Punkt der grünen Linie zeigt einen gleitenden Mittelwert einer zwölfmonatigen Periode.

Quartal | 4. Quartal | 5. Quartal | 6. Quartal | 7. Quartal | 8. Quartal

Zweites Jahr

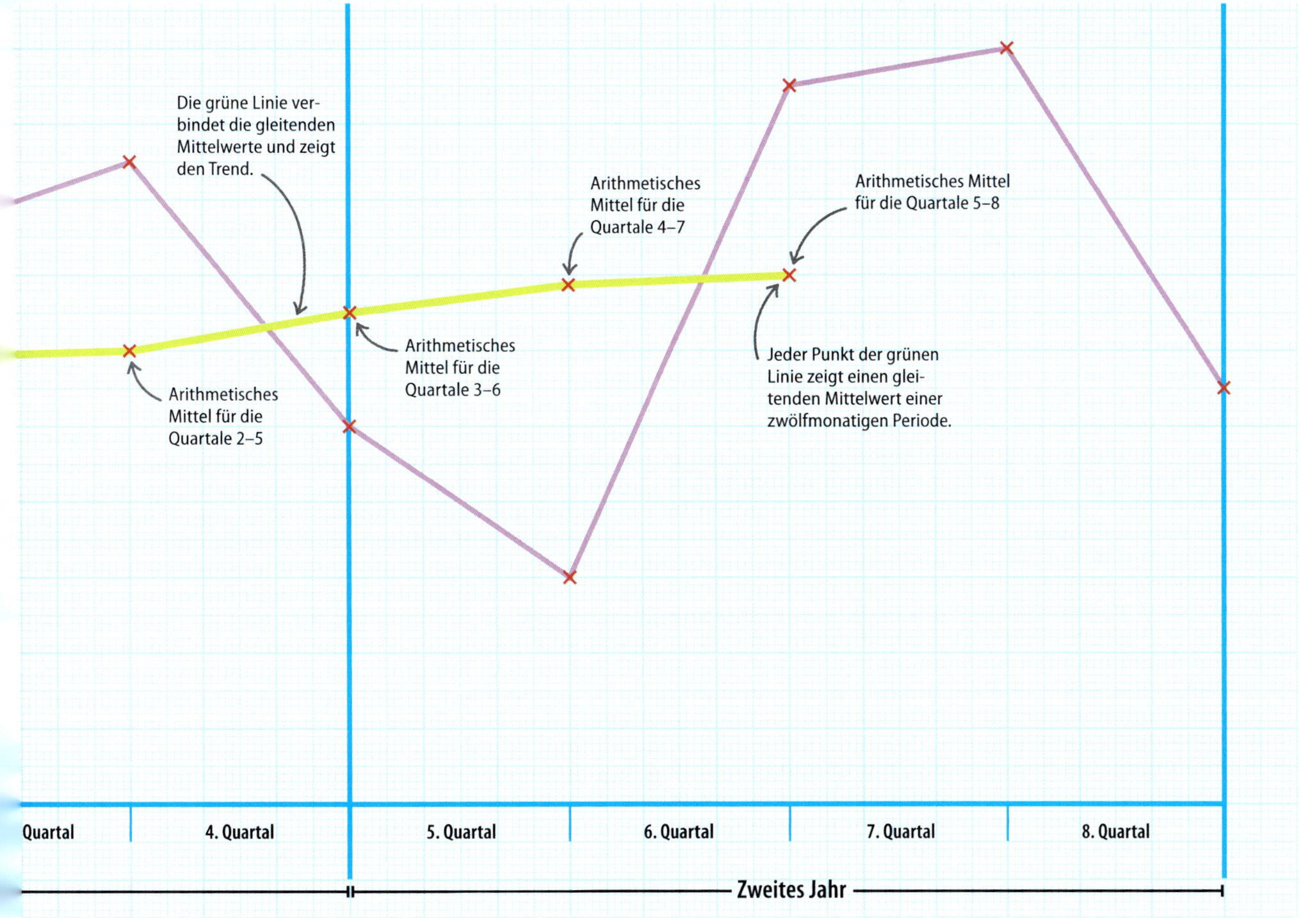

 Streuungsmaße

MITHILFE VON STREUUNGSMASSEN WIRD ÜBERPRÜFT, WIE GUT EINE DATENMENGE DURCH DEN MITTELWERT REPRÄSENTIERT WIRD.

SIEHE AUCH	
‹196–197	Daten sammeln und auswerten
Histogramme	216–217›

Ein Spannweitendiagramm zeigt, in welchem Bereich die erhobenen Daten streuen.

Spannweite und Häufigkeitsverteilung

Die Spannweite gibt an, in welchem Bereich die gesammelten Daten liegen. Aufgrund von Tabellen oder Listen werden Diagramme gezeichnet, anhand derer man die Spannweite der Daten gut erkennt.

Fach	Pauls Noten	Emmas Noten
Mathematik	1	2
Deutsch	2	2
Englisch	1	2
Erdkunde	2	2
Geschichte	2	2
Physik	2	2
Chemie	3	2
Biologie	4	3

In der Tabelle sind die Noten zweier Schüler zu sehen. Obwohl die Durchschnittsnote (2,125) dieselbe ist, sind die Spannweiten sehr unterschiedlich.

Niedrigste Note → Höchste Note →

Paul: **1**, 1, 2, 2, 2, 2, **3**, **4**

Emma: **2**, 2, 2, 2, 2, 2, 2, **3**

ANWENDUNG
Breitband-Bandbreite

Internetdienstanbieter geben meist eine maximale Datenübertragungsrate, beispielsweise 20 MBit/s (MBit pro Sekunde), für ihre Breitbandverbindungen an. Diese Information kann allerdings sehr irreführend sein; deutlich aussagekräftiger wäre hier ein Durchschnittswert, noch besser die Spannweite.

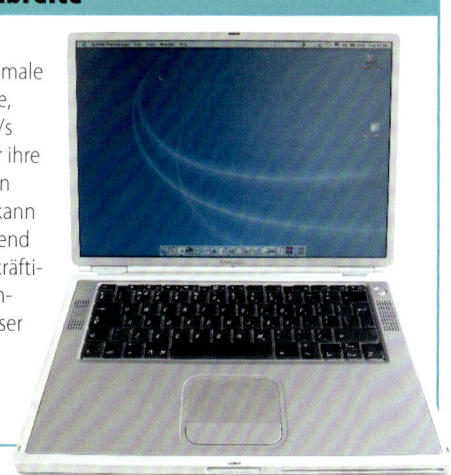

◁ **Spannweite bestimmen**
Um die Spannweite für jeden der beiden Schüler zu berechnen, subtrahiert man den niedrigsten Wert vom größten. Pauls Spannweite beträgt damit 3 (4 − 1 = 3), Emmas Spannweite beträgt 1 (3 − 2 = 1).

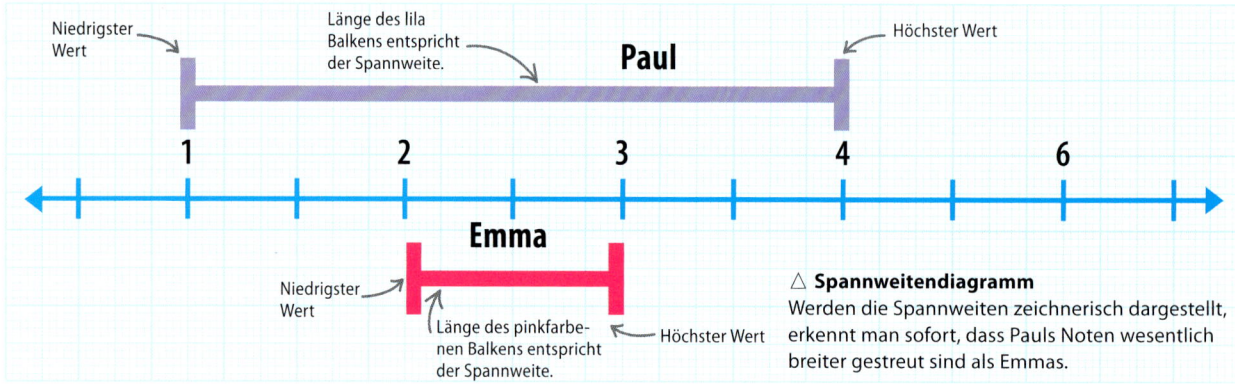

△ **Spannweitendiagramm**
Werden die Spannweiten zeichnerisch dargestellt, erkennt man sofort, dass Pauls Noten wesentlich breiter gestreut sind als Emmas.

Stamm-Blatt-Diagramme

Ein Stamm-Blatt-Diagramm gibt die Art der Verteilung detaillierter an als ein einfaches Spannweitendiagramm.

So sehen die ungeordneten (Roh-)Daten aus.

34, 48, 7, 15, 27, 18, 21, 14, 24, 57, 25, 12, 30, 37, 42, 35, 3, 43, 22, 34, 5, 43, 45, 22, 49, 50, 34, 12, 33, 39, 55

Sortiere die Daten aufsteigend und füge jeder einstelligen Zahl eine Führungsnull hinzu.

Führungsnull

03, 05, 07, 12, 12, 14, 15, 18, 21, 22, 22, 24, 25, 27, 30, 33, 34, 34, 34, 35, 37, 39, 42, 43, 43, 45, 48, 49, 50, 55, 57

Für ein Stamm-Blatt-Diagramm zeichne zunächst eine zweispaltige Tabelle; die linke Spalte „Stamm" sollte relativ schmal sein, die rechte Spalte „Blätter" sollte etwa neunmal so breit sein wie die linke. Notiere die Daten in der Tabelle: Die Zehner kommen in die Spalte „Stamm", die Einer kommen in die Spalte „Blätter". Jeder Zehner wird nur einmal eingetragen. Die Einer werden hinter jedem Zehner eingetragen (auch mehrfach), mit dem sie eine Zahl bilden, die in der obigen Datenliste vorkommt.

Dies ist der „Stamm". 1 steht für 10; 2 für 20 usw.

Dies ist das „Blatt", das zum „Stamm" gefügt wird, um die vollständige Zahl zu erhalten.

ERKLÄRUNG 1 | 5 = 15

STAMM	BLÄTTER
0	3 5 7
1	2 2 4 5 8
2	1 2 2 4 5 7
3	0 3 4 4 4 5 7 9
4	2 3 3 5 8 9
5	0 5 7

Erste Stelle ist 1.

18 kommt einmal vor.

34 kommt dreimal vor.

Es gibt keinen Wert über 59.

Im mittleren Bereich liegen die meisten Daten.

Im höheren Bereich sind weniger Werte zu finden als im mittleren Bereich.

QUARTILE

Quartile teilen die zugrundeliegende Verteilung in vier Viertel. Ein Quartil bildet immer die Grenze zwischen zwei Vierteln. Der Median oder Zentralwert ist die Grenze zwischen oberer und unterer Datenhälfte. Entsprechend ist das obere Quartil die Grenze zwischen dem oberen und dem darunterliegenden Viertel und das untere Quartil die Grenze zwischen unterem und dem darüberliegenden Viertel.

Quartile bestimmen

Quartile können aus einem sog. kumulierten Häufigkeitsdiagramm abgelesen werden (S. 205).

Erstelle eine Häufigkeitstabelle und berechne die kumulierten Häufigkeiten. Mithilfe dieser Tabelle zeichne ein kumuliertes Häufigkeitsdiagramm, trage die kumulierten Häufigkeiten entlang der y-Achse ab, die Punkte entlang der x-Achse.

Punkte	Häufigkeit	Kumulierte Häufigkeit
30–39	2	2
40–49	3	5 (2+3)
50–59	4	9 (2+3+4)
60–69	6	15 (2+3+4+6)
70–79	5	20 (2+3+4+6+5)
80–89	4	24 (2+3+4+6+5+4)
>90	3	27 (2+3+4+6+5+4+3)

Dieses Zeichen bedeutet „größer als".

Addiere die Häufigkeiten jeweils zu ihren Vorgängern, um die kumulierten Häufigkeiten zu berechnen.

Dividiere die kumulierte Häufigkeit des letzten Werts (27) durch 4 (Ergebnis: 6,75) und unterteile die y-Achse in 4 Teile dieser Länge.

Kumulierte Häufigkeit des letzten Werts

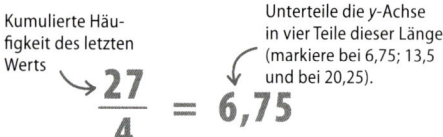

Unterteile die y-Achse in vier Teile dieser Länge (markiere bei 6,75; 13,5 und bei 20,25).

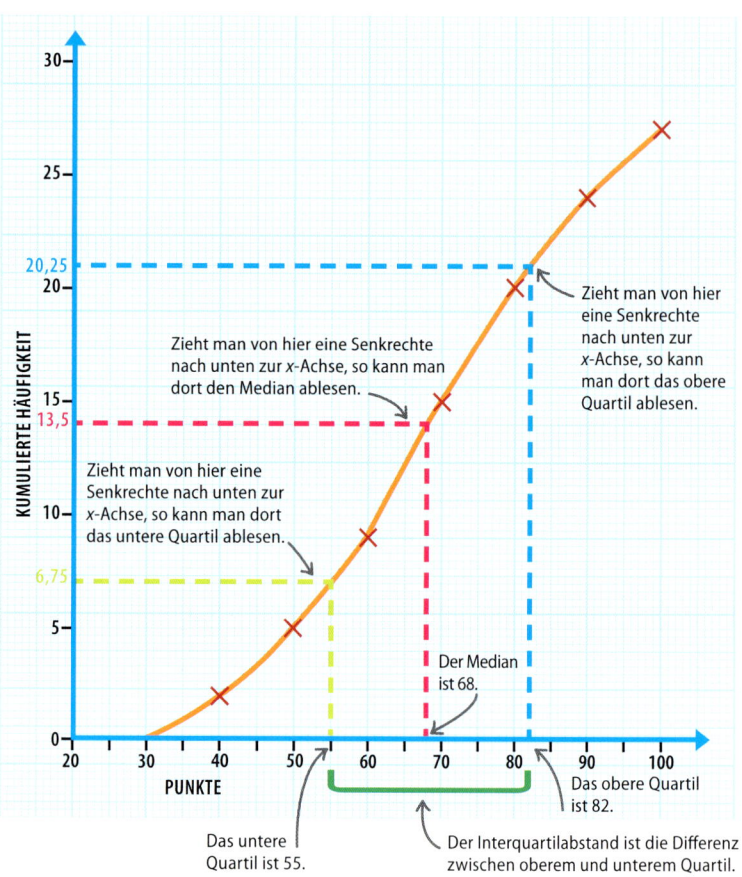

Zieht man von hier eine Senkrechte nach unten zur x-Achse, so kann man dort den Median ablesen.

Zieht man von hier eine Senkrechte nach unten zur x-Achse, so kann man dort das untere Quartil ablesen.

Zieht man von hier eine Senkrechte nach unten zur x-Achse, so kann man dort das obere Quartil ablesen.

Der Median ist 68.

Das untere Quartil ist 55.

Das obere Quartil ist 82.

Der Interquartilabstand ist die Differenz zwischen oberem und unterem Quartil.

Man zieht eine Horizontale von jeder der drei Markierungen auf der y-Achse bis zum Graphen. Von dort zieht man jeweils eine Senkrechte zur x-Achse, um dort die einzelnen Quartile abzulesen.

Quartile berechnen

Die exakten Quartile aus einer aufsteigenden Datenliste mit n Werten werden folgendermaßen berechnet:

n ist die Anzahl aller Werte in der Liste.

$$\frac{(n+1)}{4}$$

△ **Unteres Quartil**
Mithilfe dieser Formel wird die Position des unteren Quartils berechnet.

$$\frac{(n+1)}{2}$$

△ **Median**
Mithilfe dieser Formel wird die Position des Medians berechnet.

$$\frac{3(n+1)}{4}$$

△ **Oberes Quartil**
Mithilfe dieser Formel wird die Position des oberen Quartils berechnet.

Wie Quartile bestimmt werden

Um die Quartile einer Datenliste zu berechnen, sortiere die Liste zunächst in aufsteigender Reihenfolge.

37, 38, 45, 47, 48, 51, 54, 54, 58, 60, 62, 63, 63, 65, 69, 71, 74, 75, 78, 78, 80, 84, 86, 89, 92, 94, 96

▷ **Mithilfe der Formeln wird die Position** der Quartile berechnet:

n ist die Anzahl der Daten in der Liste.

Position des unteren Quartils (siebter Wert)

$$\frac{(n+1)}{4} = \frac{(27+1)}{4} = 7$$

Formel zur Bestimmung des unteren Quartils

Position des Medians (14-ter Wert)

$$\frac{(n+1)}{2} = \frac{(27+1)}{2} = 14$$

Formel für die Position des Medians

Position des oberen Quartils (21-ter Wert).

$$\frac{3(n+1)}{4} = \frac{3(27+1)}{4} = 21$$

Formel für die Position des oberen Quartils

△ **Unteres Quartil**
Diese Formel führt zum Ergebnis 7, also zur siebten Position der Liste, das untere Quartil ist der siebte Wert der Liste.

△ **Median**
Das Ergebnis ist 14, daher ist der Median der 14-te Wert der Liste.

△ **Oberes Quartil**
Das Ergebnis ist 21, daher ist das obere Quartil der 21-te Wert der Liste.

▷ **Um die Quartile zu finden** zähle die Daten der aufsteigend sortierten Datenliste bis zu den vorher berechneten Positionen (7; 14; 21) ab.

						Unteres Quartil							Median							Oberes Quartil						
1	2	3	4	5	6	7	8	9	10	11	12	13	14	15	16	17	18	19	20	21	22	23	24	25	26	27
37	38	45	47	48	51	54	54	58	60	62	63	63	65	69	71	74	75	78	78	80	84	86	89	92	94	96

GENAU HINGESCHAUT
Boxplots

Ein Boxplot ist ein Schaubild, das lediglich die Spannweite einer Datenliste sowie ihr Minimum, ihr Maximum, den Median und die beiden Quartile zeigt. Die Spannweite wird mittels einer parellel zum Zahlenstrahl verlaufenden Linie dargestellt, auf der Minimum, Maximum und Median markiert werden. Oberes und unteres Quartil werden durch ein Rechteck (Box) dargestellt.

▽ **Diagramm benutzen**
Dieses Boxplot zeigt eine Spannweite mit einem Maximum von 9 und einem Minimum von 1. Der Median ist 4, das untere Quartil ist 3, das obere Quartil ist 6.

Histogramme

EIN HISTOGRAMM IST EIN SPEZIELLES SÄULENDIAGRAMM. HIER GIBT NICHT DIE HÖHE DER SÄULE, SONDERN IHR FLÄCHENINHALT DIE HÄUFIGKEIT DER JEWEILIGEN KLASSE AN.

SIEHE AUCH	
‹ 196–197	Daten sammeln und auswerten
‹ 198–201	Säulendiagramme
‹ 212–215	Streuungsmaße

Was ist ein Histogramm?

Häufigkeitsverteilungen mit Klasseneinteilungen kann man gut mit Histogrammen veranschaulichen. Über den Klassen stehen Säulen, deren Höhen die jeweiligen Häufigkeitsdichten darstellen. Der Flächeninhalt einer Säule ist ein Maß für die Häufigkeit der jeweiligen Klasse. Im Beispiel geht es um die Anzahl (Häufigkeit) der Downloads einer Musikdatei während eines Monats, gestaffelt nach Altersgruppen. Jede Altersgruppe (Klasse) hat eine andere Breite, weil sie unterschiedlich breite Zielgruppen repräsentiert. Die Höhen der einzelnen Säulen repräsentieren die Häufigkeitsdichten, die berechnet werden, indem man die Anzahl der Downloads (Häufigkeit) jeder Altersklasse durch die Breite der Altersklasse (Klassenbreite) dividiert.

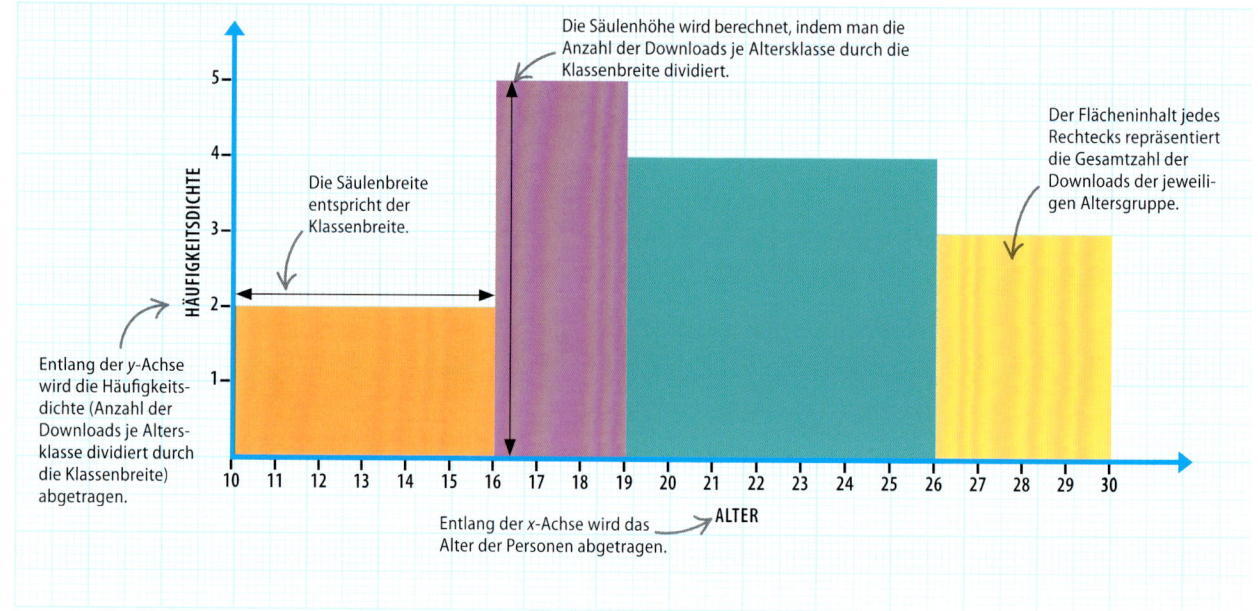

GENAU HINGESCHAUT

Histogramme und Säulendiagramme

Säulendiagramme sehen aus wie Histogramme, repräsentieren die Daten allerdings auf etwas andere Weise. In Säulendiagrammen haben alle Säulen dieselbe Breite, die **Höhe** jeder Säule repräsentiert die Häufigkeit für jede Gruppe. In Histogrammen hingegen werden die Häufigkeiten durch die **Flächeninhalte** der Säulen repräsentiert.

▷ **Säulendiagramm**
Dieses Säulendiagramm zeigt dieselben Daten wie das obige Histogramm. Alle Säulen haben dieselbe Breite, obwohl die Altersklassen unterschiedlich breit sind.

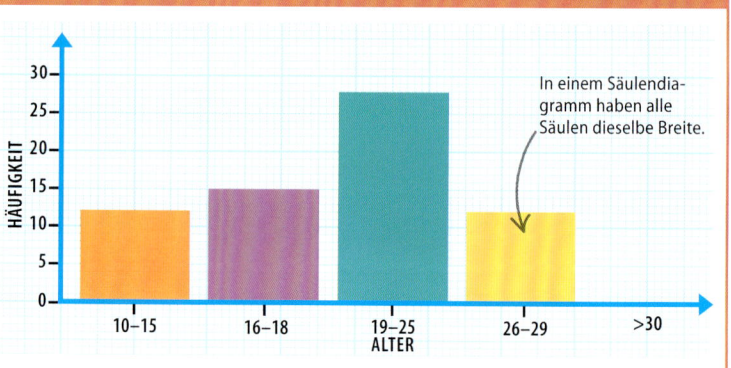

HISTOGRAMME

Ein Histogramm zeichnen

Um ein Histogramm zu zeichnen, benötigt man zunächst eine Häufigkeitstabelle. Die Häufigkeitsdichte für jede Klassenbreite wird berechnet, indem man die Häufigkeit durch die Klassenbreite dividiert.

Alter (in Jahren)	Häufigkeit (Downloads pro Monat)
10–16	12
16–19	15
19–26	28
26–30	12
>30	0

Grenzen sind: 10, 16, 19, 26 und 30.

Klassenbreite durch Subtraktion der Untergrenze von der Obergrenze bestimmen: 16 − 10 = 6.

Anzahl der monatlichen Downloads

Division der Häufigkeit durch die jeweilige Klassenbreite liefert die Häufigkeitsdichte.

Alter	Klassenbreite	Häufigkeit	Häufigkeitsdichte
10–15	6	12	2
16–18	3	15	5
19–25	7	28	4
26–30	4	12	3
>30	–	0	–

Für diese Gruppe sind keine Daten vorhanden.

Die benötigten Informationen zum Zeichnen eines Histogramms sind die Spannweiten und die Häufigkeiten jeder Klasse. Mithilfe dieser Informationen kann man die Häufigkeitsdichte und die Klassenbreite berechnen.

Um die Klassenbreite für jede Klasse zu berechnen, subtrahiert man jeweils die Untergrenze einer Klasse von der Untergrenze der nächsten Klasse. In der Altersgruppe von 10 bis 15 wäre die Klassenbreite beispielsweise 16 − 10 = 6.

Um die Häufigkeitsdichte jeder Klasse zu berechnen, dividiert man die Häufigkeit jeder Klasse durch ihre Klassenbreite. Die Häufigkeitsdichte zeigt die Häufigkeit im Verhältnis zur Klassenbreite.

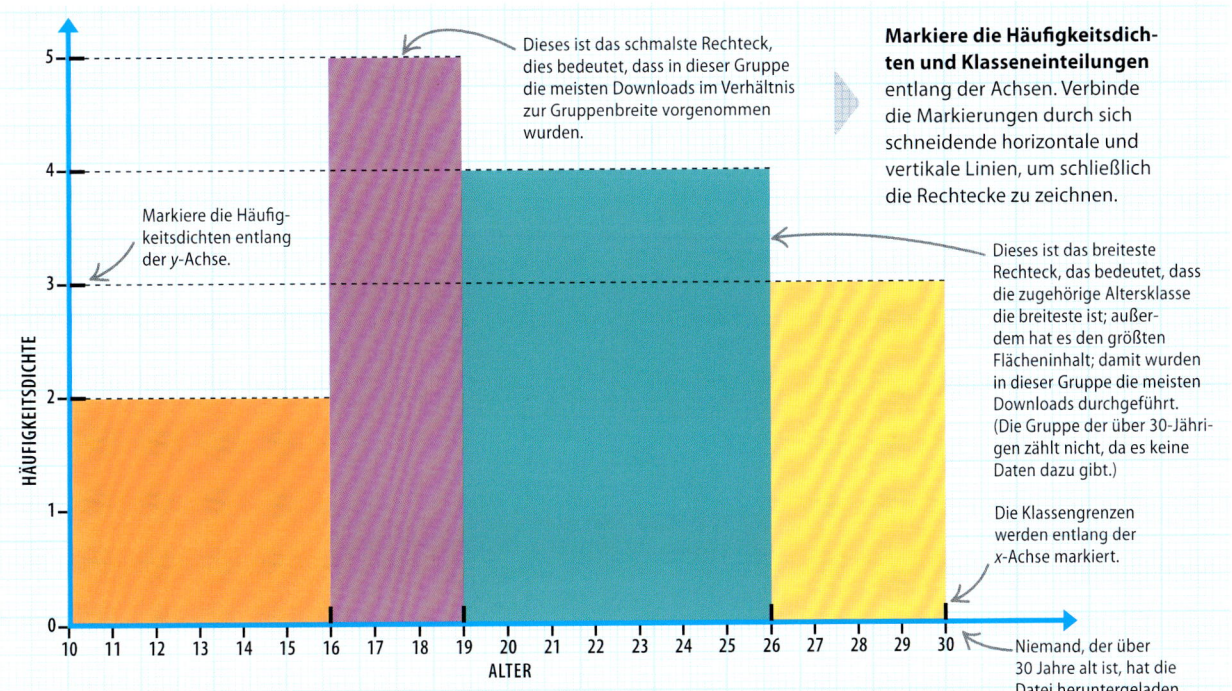

Dieses ist das schmalste Rechteck, dies bedeutet, dass in dieser Gruppe die meisten Downloads im Verhältnis zur Gruppenbreite vorgenommen wurden.

Markiere die Häufigkeitsdichten entlang der y-Achse.

Markiere die Häufigkeitsdichten und Klasseneinteilungen entlang der Achsen. Verbinde die Markierungen durch sich schneidende horizontale und vertikale Linien, um schließlich die Rechtecke zu zeichnen.

Dieses ist das breiteste Rechteck, das bedeutet, dass die zugehörige Altersklasse die breiteste ist; außerdem hat es den größten Flächeninhalt; damit wurden in dieser Gruppe die meisten Downloads durchgeführt. (Die Gruppe der über 30-Jährigen zählt nicht, da es keine Daten dazu gibt.)

Die Klassengrenzen werden entlang der x-Achse markiert.

Niemand, der über 30 Jahre alt ist, hat die Datei heruntergeladen.

218 STATISTIK

 # Streudiagramme

STREUDIAGRAMME STELLEN DEN ZUSAMMENHANG ZWEIER MERKMALE VON STATISTISCHEN EINHEITEN DAR.

SIEHE AUCH	
‹ 196–197	Daten sammeln und auswerten
‹ 204–205	Liniendiagramme

Was ist ein Streudiagramm?

Ein Streudiagramm ist die grafische Darstellung des Zusammenhangs zweier beobachteter **Merkmale**. Jedes Merkmal wird entlang einer Achse eines Koodinatensystems abgetragen – ein Merkmal entlang der x-Achse, das andere entlang der y-Achse. Die Daten liegen als Wertepaare vor und werden in das Koordinatensystem eingezeichnet. Aufgrund des entstehenden Musters erkennt man, ob ein Zusammenhang („Korrelation") zwischen den Merkmalen besteht.

▽ **Datentabelle**
Diese Tabelle zeigt zwei Datenlisten: Größe und Gewicht von 13 Personen. Zur Größe jeder Person ist das Gewicht angegeben.

Größe (cm)	173	171	189	167	183	181	179	160	177	180	188	186	176
Gewicht (kg)	69	68	90	65	77	76	74	55	70	75	86	81	68

Merkmal
Ein Merkmal ist eine Eigenschaft, die eine statistische Einheit (Gegenstand der Betrachtung) annehmen kann.

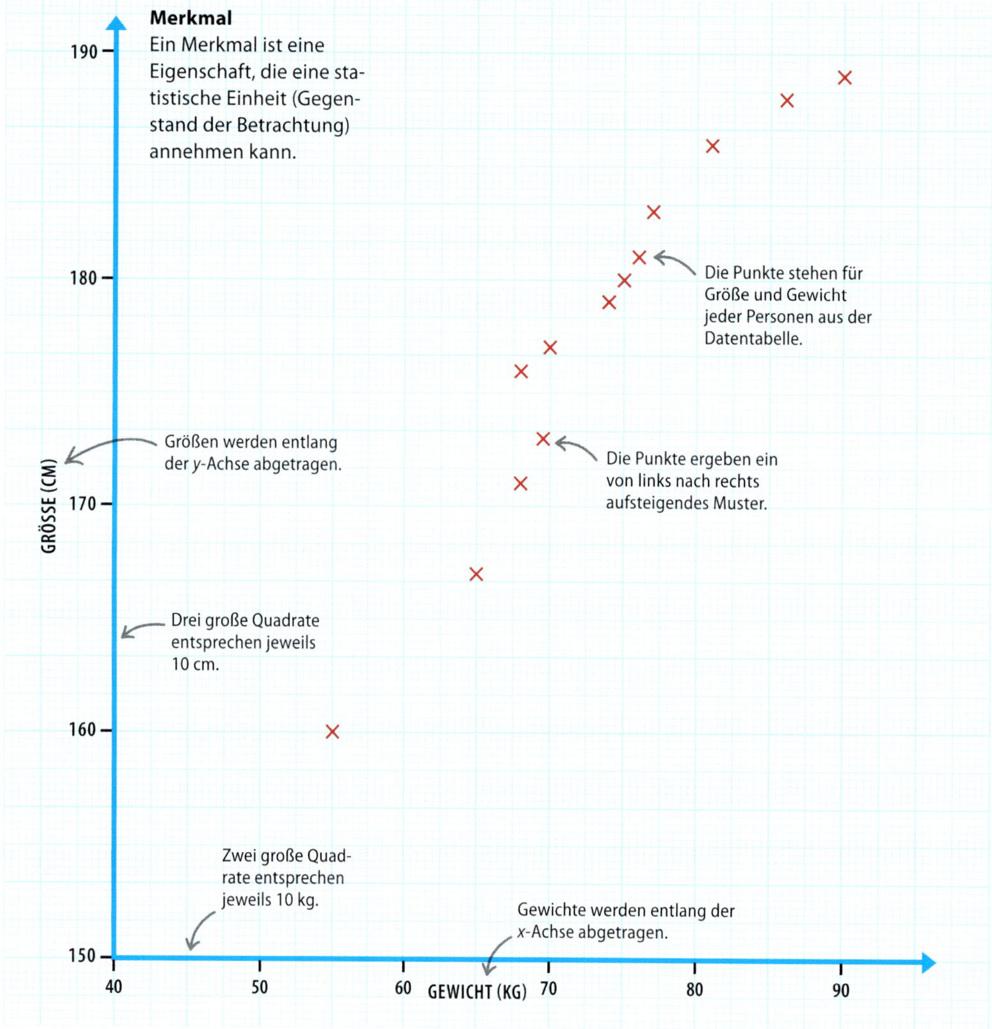

Die Punkte stehen für Größe und Gewicht jeder Personen aus der Datentabelle.

Größen werden entlang der y-Achse abgetragen.

Die Punkte ergeben ein von links nach rechts aufsteigendes Muster.

Drei große Quadrate entsprechen jeweils 10 cm.

Zwei große Quadrate entsprechen jeweils 10 kg.

Gewichte werden entlang der x-Achse abgetragen.

◁ **Punkte zeichnen**
Zeichne x- und y-Achse auf Millimeterpapier. Unterteile die y-Achse in Körpergrößen, die x-Achse in Gewichte. Zeichne die Wertepaare aus der Tabelle ein: Zähle jeweils entlang der x-Achse entsprechend dem Gewicht nach rechts und zähle von dort senkrecht nach oben entlang der y-Achse, bis zur zugehörigen Körpergröße. Die Punkte werden nicht verbunden.

◁ **Positive Korrelation**
Die Punkte ergeben ein von links nach rechts aufsteigendes Muster, was auf einen Zusammenhang zwischen den beiden Merkmalen Größe und Gewicht hinweist: Bei zunehmender Größe steigt auch das Gewicht.

STREUDIAGRAMME

Negative Korrelation und Nullkorrelation

Die Muster in Streudiagrammen können sich stark unterscheiden, sodass ganz unterschiedliche Korrelationsarten erkennbar sind. Es gibt positive und negative Korrelation oder Nullkorrelation. Das Muster spiegelt ebenfalls wider, wie stark oder schwach die Korrelation zwischen zwei Merkmalen ist.

Heizenergie (kWh)	1000	1200	1300	1400	1450	1550	1650	1700
Temperatur (°C)	55	50	45	40	35	30	25	20

IQ	141	127	117	150	143	111	106	135
Schuhgröße	8	10	11	6	11	10	9	7

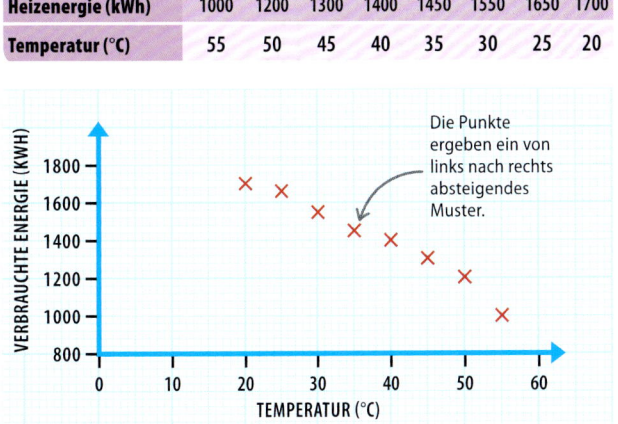

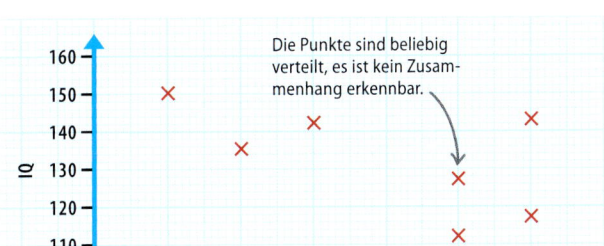

△ **Negative Korrelation**
In diesem Graphen ist ein Zusammenhang zwischen den beiden Merkmalen erkennbar – nimmt die Außentemperatur zu, geht der Energieverbrauch nach unten. Diesen Zusammenhang nennt man negative Korrelation.

△ **Nullkorrelation**
In diesem Graphen sind die Punkte beliebig verteilt; kein Trend ist erkennbar. Es gibt also keinen erkennbaren Zusammenhang zwischen dem IQ und der Körpergröße einer Person. Diesen Zusammenhang nennt man Nullkorrelation.

Ausgleichsgerade

Ein Streudiagramm wird übersichtlicher, wenn man eine Gerade durch die Punkte legt, die den generellen Verlauf des Musters widerspiegelt. Links und rechts dieser **Ausgleichsgeraden** liegen gleich viele Punkte.

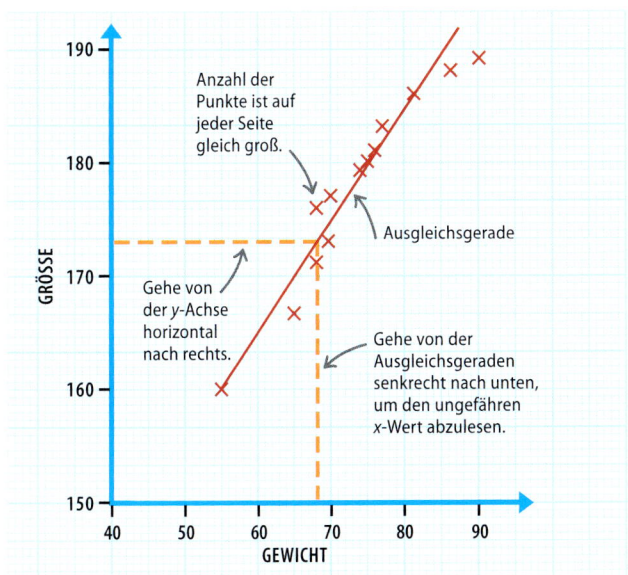

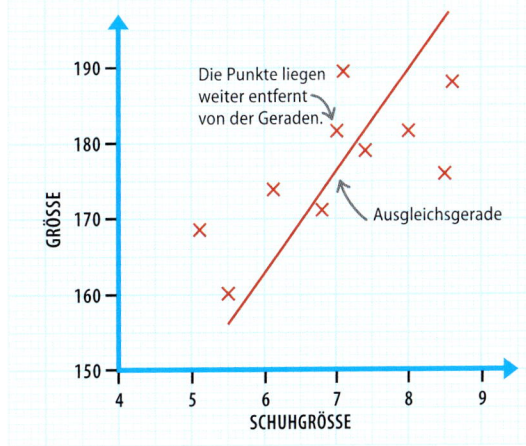

◁ **Näherungswerte bestimmen**
Mithilfe der Ausgleichsgeraden kann man Näherungswerte für beliebige Gewichte oder Körpergrößen bestimmen.

△ **Schwache Korrelation**
Hier liegen die Punkte weiter von der Ausgleichsgeraden entfernt. Dies deutet auf eine schwache Korrelation hin. Je weiter die Punkte entfernt sind, desto schwächer die Korrelation.

Wahr-scheinlichkeit

222 WAHRSCHEINLICHKEIT

❓ Was ist Wahrscheinlichkeit?

> **SIEHE AUCH**
> ❮ 40–47   Brüche
> ❮ 56–57   Brüche, Dezimalzahlen und Prozente umwandeln
> Erwartungswert   224–225 ❯
> Kombinierte Wahrscheinlichkeiten   226–227 ❯

Mithilfe der Wahrscheinlichkeitsrechnung kann man berechnen, wie groß die Chance ist, dass ein bestimmtes Ereignis eintritt.

Was ist Wahrscheinlichkeit?

Wahrscheinlichkeiten sind Zahlen zwischen 0 (unmögliches Ereignis) und 1 (sicheres Ereignis). Die Werte werden mithilfe der Bruchrechnung bestimmt und dargestellt. Im Folgenden wird erklärt, wie man die Wahrscheinlichkeit für das Eintreten eines Ereignisses berechnet und wie man die Wahrscheinlichkeit als Bruch darstellt.

$\dfrac{1}{8}$

← Anzahl der günstigen Ergebnisse
← Anzahl aller möglichen Ergebnisse

◁ **Wahrscheinlichkeit als Bruch darstellen**
Im Zähler steht die Anzahl aller für das Eintreten eines bestimmten Ereignisses günstigen Ergebnisse; im Nenner steht die Anzahl aller möglichen Ergebnisse.

▷ **Anzahl aller möglichen Ergebnisse**
Bestimme die Anzahl aller für das bestimmte Ereignis günstigen Ergebnisse. Im Beispiel gibt es 5 Bonbons, also gibt es 5 Möglichkeiten, 1 davon zu entnehmen.

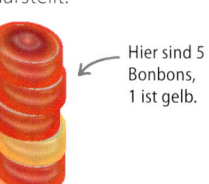

Hier sind 5 Bonbons, 1 ist gelb.

▷ **Chance für die Entnahme eines roten Bonbons**
4 der 5 Bonbons sind rot. Das bedeutet, dass es 4 günstige Ergebnisse (rotes Bonbon wird entnommen) und 1 ungünstiges Ergebnis (gelbes Bonbon wird entnommen) bei insgesamt 5 möglichen Ergebnissen gibt. Diese Wahrscheinlichkeit wird als $\tfrac{4}{5}$ notiert.

$\dfrac{4}{5}$

Es können 4 rote Bonbons entnommen werden.
Insgesamt sind 5 Bonbons vorhanden.

▷ **Chance für die Entnahme eines gelben Bonbons**
Da nur 1 gelbes Bonbon vorhanden ist, gibt es 1 günstiges Ergebnis unter insgesamt 5 möglichen Ergebnissen. Die Wahrscheinlichkeit wird als $\tfrac{1}{5}$ notiert.

$\dfrac{1}{5}$

Es kann 1 gelbes Bonbon entnommen werden.
Insgesamt sind 5 Bonbons vorhanden.

△ **Identische Schneeflocken**
Jede Schneeflocke ist einzigartig und die Wahrscheinlichkeit, dass zwei Schneeflocken genau gleich sind, ist damit gleich 0 (unmögliches Ereignis).

0

▷ **Mit einem Schlag einlochen**
Auch wenn es relativ unwahrscheinlich ist, kann es sein, dass man bei einem Golfturnier den Ball mit einem Schlag in das Loch befördert. Die Wahrscheinlichkeit ist allerdings relativ nah bei 0.

▷ **Wahrscheinlichkeitsskala**
Alle Wahrscheinlichkeitswerte können mithilfe einer Wahrscheinlichkeitsskala von 0 bis 1 dargestellt werden. Die weniger wahrscheinlichen Ereignisse liegen weiter links, näher bei 0, die wahrscheinlicheren weiter rechts, näher bei 1.

UNMÖGLICHES EREIGNIS   UNWAHRSCHEINLICH

WENIGER WAHRSCHEINLICH

Wahrscheinlichkeiten berechnen

Im Beispiel wird die Wahrscheinlichkeit dafür berechnet, aus einer Menge von 10 Bonbons ein rotes zu entnehmen. Die Anzahl der Ergebnisse, die zum Eintreten dieses Ereignisses führen, wird im Zähler notiert, die Anzahl aller möglichen Ergebnisse wird im Nenner notiert.

Anzahl der roten Bonbons

$$\frac{3 \text{ rote Bonbons}}{10 \text{ Bonbons}}$$

Gesamtzahl der Bonbons

Wahrscheinlichkeit für das Ziehen eines roten Bonbons als Bruch

$$\frac{3}{10} \text{ oder } 0{,}3$$

Wahrscheinlichkeit für das Ziehen eines roten Bonbons als Dezimalzahl

△ **Entnimm ein Bonbon**
3 von 10 Bonbons sind rot. Wie groß ist die Wahrscheinlichkeit, beim Entnehmen eines Bonbons ein rotes zu erwischen?

△ **Rot zufällig gezogen**
1 der 10 Bonbons wird zufällig entnommen. Das Bonbon ist zufällig 1 der 3 roten.

△ **Als Bruch notieren**
Da 3 rote Bonbons vorhanden sind, schreibe die Zahl 3 in den Zähler. Da insgesamt 10 Bonbons vorhanden sind, notiere die 10 im Nenner.

△ **Wie groß ist die Wahrscheinlichkeit?**
Die Wahrscheinlichkeit, aus 10 Bonbons 1 rotes zu ziehen, ist 3:10. Dies kann als Bruch ($\frac{3}{10}$) oder Dezimalzahl (0,3) notiert werden.

◁ **Kopf oder Zahl**
Beim Werfen einer Münze ist es gleich wahrscheinlich, Kopf oder Zahl zu erzielen. Die Wahrscheinlichkeit ist jeweils $\frac{1}{2}$ oder 0,5 (50 %).

▷ **Erdumdrehung**
Es ist sicher, dass die Erde sich jeden Tag einmal um die eigene Achse dreht, „das Ereignis ist sicher" bedeutet, dass die Wahrscheinlichkeit 1 ist.

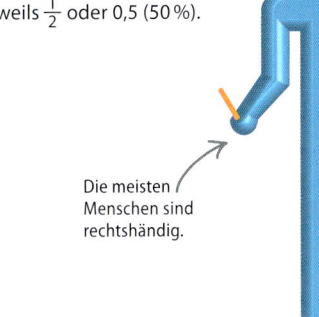

Die meisten Menschen sind rechtshändig.

◁ **Rechtshändigkeit**
Da die meisten Menschen Rechtshänder sind, ist es sehr wahrscheinlich, aus einer Menge von Personen einen Rechtshänder herauszupicken. Die Wahrscheinlichkeit ist nahe bei 1.

0,5
GLEICH WAHRSCHEINLICH

WAHRSCHEINLICH

1
SICHERES EREIGNIS

WAHRSCHEINLICHER

224 WAHRSCHEINLICHKEIT

Erwartungswert

DER ERWARTUNGSWERT EINES EREIGNISSES IST DER WERT, DER SICH NACH VIELEN ZUFALLSVERSUCHEN IM MITTEL ERGIBT.

SIEHE AUCH	
‹40–47	Brüche
‹222–223	Was ist Wahrscheinlichkeit?
Abhängige Ereignisse	228–229›

Der Unterschied zwischen Erwartungswert und tatsächlich erzieltem Ergebnis ist oft beträchtlich.

Was ist Erwartung?

Beim Würfeln erscheint jede der sechs Zahlen mit derselben Wahrscheinlichkeit $\frac{1}{6}$. Daher erwartet man, dass jede der sechs Zahlen einmal erscheint, wenn man den Würfel sechsmal wirft. Ebenso erwartet man das Erscheinen von einmal Wappen und einmal Zahl, wenn man eine Münze zweimal wirft. Tatsächlich trifft dies in der Realität aber meist nicht zu.

WIE GROSS IST DIE WAHRSCHEINLICHKEIT, …	
… dass zwei zufällige Telefonnummern auf dieselbe Ziffer enden?	$\frac{1}{10}$
… dass eine zufällig ausgewählte Person Linkshänder ist?	$\frac{1}{12}$
… dass eine Schwangere Zwillinge zur Welt bringt?	$\frac{1}{33}$
… 100 Jahre alt zu werden?	$\frac{1}{50}$
… ein vierblättriges Kleeblatt zu finden?	$\frac{1}{10.000}$
… von einem Blitzschlag getroffen zu werden?	$\frac{1}{2,5 \text{ Million}}$
… dass ein Meteorit auf ein bestimmtes Haus fällt?	$\frac{1}{182 \text{ Trillion}}$

Die Wahrscheinlichkeit für jede Zahl ist $\frac{1}{6}$.

△ **Würfelwurf**
Beim sechsmaligen Würfelwurf erscheint es wahrscheinlich, dass jede der sechs möglichen Zahlen einmal erscheint.

Erwartung und Wirklichkeit

Man erwartet, dass jede Zahl bei sechsmaligem Würfelwurf einmal vorkommt. Tatsächlich würfelt man unterschiedliche Zahlenkombinationen. Je häufiger man allerdings den sechsmaligen Würfelwurf wiederholt, desto mehr gleichen sich die Anzahlen der gewürfelten Einsen, Zweien, Dreien, Vieren, Fünfen und Sechsen an.

Man erwartet eine Vier in den ersten sechs Würfen.

▷ **Erwartung**
Aufgrund der Wahrscheinlichkeit erwartet man in sechs Würfelwürfen eine Vier.

Unerwartete dritte Fünf in den ersten sechs Würfen

Unerwartete dritte Sechs in den ersten sechs Würfen

▷ **Wirklichkeit**
Bei sechsmaligem Würfelwurf entsteht irgendeine Kombination aus den sechs möglichen Zahlen.

Erwartungswert berechnen

Beim wiederholten Ziehen aus 30 Kugeln treten alle Kugeln mit gleicher Wahrscheinlichkeit ($\frac{1}{30}$) auf. Wiederholt man dieses Experiment genügend oft, so kann man erwarten, dass jede der Kugeln mit gleicher Häufigkeit gezogen wird. Im Beispiel erzielt man einen Gewinn, wenn man bei fünfmaligem Ziehen eine Kugel zieht, die auf 5 oder 0 endet. Der Erwartungswert für einen Gewinn berechnet sich aus der Summe der Erwartungswerte der günstigen Einzelereignisse:

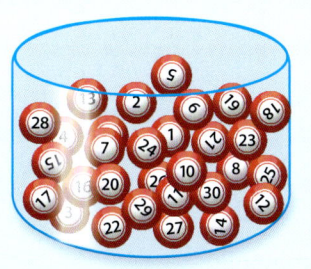

◁ **Nummerierte Kugeln**
Wir betrachten eine Urne mit 30 Kugeln. Fünf Kugeln werden zufällig gezogen. Man gewinnt, wenn man eine Kugel zieht, die auf 5 oder 0 endet.

Es sind sechs Kugeln im Spiel, mit denen man gewinnt. Insgesamt sind 30 Kugeln vorhanden. Jede der der Kugeln wird nach Ziehen zurückgelegt.

Anzahl der Kugeln, mit denen man gewinnt

6

6 Gewinnkugeln

Aus 30 durchnummerierten Kugeln wird ausgewählt.

Es können insgesamt 30 unterschiedliche Kugeln gezogen werden. Jede Kugel wird nach Ziehung direkt wieder zurückgelegt.

Anzahl aller Kugeln im Spiel

30

Es gibt sechs Gewinnkugeln.

Gezogene Kugel

Zähler und Nenner sind durch sechs teilbar, daher kann der Bruch gekürzt werden.

Die Wahrscheinlichkeit, eine Gewinnkugel zu ziehen ist 6 (Kugeln) von 30 (Kugeln). Dies kann als Bruch $\frac{6}{30}$ geschrieben werden, der dann zu $\frac{1}{5}$ gekürzt werden kann. Die Wahrscheinlichkeit, bei einer Ziehung eine Gewinnkugel zu ziehen, beträgt damit $\frac{1}{5}$.

Die Wahrscheinlichkeit dafür, dass eine Gewinnkugel ausgewählt wird.

$$\frac{6}{30} = \frac{1}{5}$$

$6 : 6 = 1$
$30 : 6 = 5$

Es wird erwartet, dass bei fünfmaligem Ziehen ein Preis gewonnen wird.

Es wird erwartet, dass in $\frac{1}{5}$ der Fälle eine Gewinnerkugel gezogen wird. Zieht man insgesamt fünfmal, so erhält man die fünffache Gewinnwahrscheinlichkeit also $\frac{1}{5} \cdot 5 = 1$.

$$\frac{1}{5} \cdot 5 = 1$$

In einem von fünf Fällen zieht man einen Gewinnball.

Anzahl der Ziehungen

Erwartet wird 1 Gewinn.

Der Erwartungswert suggeriert, dass man gewinnt, sobald man nur fünf Kugeln gezogen hat. Tatsächlich ist es aber gut möglich, keinen oder mehrere Gewinne zu erzielen.

1 Gewinn?

Gewinnkugel

Kombinierte Wahrscheinlichkeiten

SIEHE AUCH
‹ 222–223 Was ist Wahrscheinlichkeit?
‹ 224–225 Erwartungswert

KOMBINIERTE WAHRSCHEINLICHKEIT IST DIE WAHRSCHEINLICHKEIT FÜR DAS GLEICHZEITIGE ODER AUFEINANDERFOLGENDE EINTRETEN ZWEIER ODER MEHRERER EREIGNISSE.

Was sind kombinierte Wahrscheinlichkeiten?

Um die kombinierte Wahrscheinlichkeit für das Eintreten zweier Ereignisse zu berechnen, muss man zunächst beide Einzelwahrscheinlichkeiten berechnen. Was ist beispielsweise die Wahrscheinlichkeit für das gleichzeitige Werfen von „Zahl" bei einer Münze und das Würfeln einer „Vier" beim Würfelwurf?

Eine Münze hat zwei Seiten.
Der Spielwürfel hat sechs Seiten.

MÜNZE   SPIELWÜRFEL

Münz- und Würfelwurf
Eine Münze hat zwei Seiten („Kopf" und „Zahl"), ein Würfel hat sechs Seiten mit den Zahlen von Eins bis Sechs.

▷ **Münzwurf**
Da jede der beiden Seiten einer Münze gleichwahrscheinlich oben liegt, wenn man eine Münze wirft, ist die Wahrscheinlichkeit für Zahl exakt $\frac{1}{2}$.

Die Wahrscheinlichkeit für „Kopf" beträgt $\frac{1}{2}$.
Die Wahrscheinlichkeit für „Zahl" beträgt $\frac{1}{2}$.

KOPF   ZAHL

$$\frac{1}{2}$$

Repräsentiert die Chance für ein Einzelergebnis, beispielsweise das Werfen von „Zahl".

Repräsentiert die Anzahl aller möglichen Ergebnisse beim Werfen einer Münze.

▷ **Würfelwurf**
Da jede der sechs Seiten eines Würfels beim einfachen Würfelwurf mit gleicher Wahrscheinlichkeit gewürfelt wird, beträgt die Wahrscheinlichkeit, eine Vier zu würfeln, genau $\frac{1}{6}$.

Die Wahrscheinlichkeit für „Eins" beträgt $\frac{1}{6}$.
Die Wahrscheinlichkeit für „Zwei" beträgt $\frac{1}{6}$.
Die Wahrscheinlichkeit für „Drei" beträgt $\frac{1}{6}$.

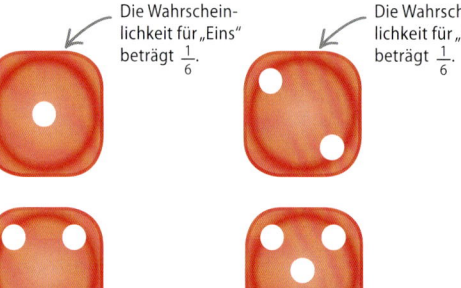

Die Wahrscheinlichkeit für „Vier" beträgt $\frac{1}{6}$.
Die Wahrscheinlichkeit für „Fünf" beträgt $\frac{1}{6}$.
Die Wahrscheinlichkeit für „Sechs" beträgt $\frac{1}{6}$.

$$\frac{1}{6}$$

Repräsentiert die Chance für ein Einzelergebnis, beispielsweise das Würfeln von „Vier".

Repräsentiert die Anzahl aller möglichen Ergebnisse beim Würfeln.

▷ **Beide Ereignisse**
Um die Wahrscheinlichkeit für das gleichzeitige Eintreffen beider Ereignisse („Zahl" und „Vier") zu berechnen, muss man beide Wahrscheinlichkeiten miteinander multiplizieren. Das Ergebnis ist $\frac{1}{12}$.

Die Münze zeigt „Zahl".
Multipliziere beide Wahrscheinlichkeiten miteinander.
Die Wahrscheinlichkeit für „Vier" beträgt $\frac{1}{6}$.

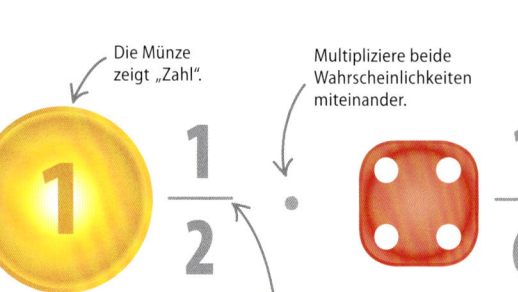

ZAHL

Die Wahrscheinlichkeit des Werfens von Zahl beträgt $\frac{1}{2}$.

$$\frac{1}{2} \cdot \frac{1}{6} = \frac{1}{12}$$

Repräsentiert die Chance für das Einzelergebnis.

Die Wahrscheinlichkeit, dass die Münze „Zahl" zeigt **und** der Würfel „Vier" zeigt, beträgt $\frac{1}{12}$.

Anzahl aller möglichen Ergebnisse.

KOMBINIERTE WAHRSCHEINLICHKEITEN

Mögliche Ausgänge bestimmen

Mithilfe einer Tabelle können alle möglichen Ausgänge zweier kombinierter Ereignisse dargestellt werden. Werden zwei Würfel gleichzeitig geworfen, gibt es 36 mögliche Ausgänge. Dabei ist es egal, ob die Würfel tatsächlich gleichzeitig oder nacheinander geworfen werden. In der Tabelle stehen die Würfelsummen.

Blaue Würfelwürfe
Rote Würfelwürfe

Rot / Blau	⚀	⚁	⚂	⚃	⚄	⚅
⚀	2	3	4	5	6	7
⚁	3	4	5	6	7	8
⚂	4	5	6	7	8	9
⚃	5	6	7	8	9	10
⚄	6	7	8	9	10	11
⚅	7	8	9	10	11	12

6 von 36 möglichen Würfen liefern das Ereignis 7; beispielsweise zeigt der blaue Würfel die 1 und der rote die 6.

5 von 36 möglichen Würfen liefern das Ereignis 8; beispielsweise zeigt der blaue Würfel die 2 und der rote die 6.

4 von 36 möglichen Würfen liefern das Ereignis 9; beispielsweise zeigt der blaue Würfel die 3 und der rote die 6.

3 von 36 möglichen Würfen liefern das Ereignis 10; beispielsweise zeigt der blaue Würfel die 4 und der rote die 6.

2 von 36 möglichen Würfen liefern das Ereignis 11; beispielsweise zeigt der blaue Würfel die 5 und der rote die 6.

1 von 36 möglichen Würfen liefert das Ereignis 12; beide Würfel zeigen die 6.

LEGENDE

 **Unwahrscheinlich**
Die unwahrscheinlichsten Ereignisse beim gleichzeitigen Werfen zweier Würfel sind die Würfelsummen 2 (beide Würfel zeigen die 1) und 12 (beide Würfel zeigen die 6).

 **Wahrscheinlich**
Das wahrscheinlichste Ereignis beim gleichzeitigen Werfen zweier Würfel ist die Würfelsumme 7. Es gibt sechs Möglichkeiten, eine 7 zu würfeln, das ist eine Wahrscheinlichkeit von $\frac{6}{36}$ oder $\frac{1}{6}$.

228 WAHRSCHEINLICHKEIT

 # Abhängige Ereignisse

SIEHE AUCH
‹224–225 Erwartungswert

DIE WAHRSCHEINLICHKEIT FÜR DAS EINTREFFEN EINES EREIGNISSES KANN SICH ABHÄNGIG VON VORAUSGEHENDEN EREIGNISSEN ÄNDERN.

Abhängige Ereignisse

Im Beispiel beträgt die Wahrscheinlichkeit, eine grüne Karte zu ziehen, 4 von 40 ($\frac{4}{40}$). Dies ist ein unabhängiges Ereignis. Die Wahrscheinlichkeit, dass die zweite gezogene Karte grün ist, hängt jedoch von der Farbe der ersten gezogenen Karte ab. Dies nennt man abhängiges Ereignis.

▷ **Farbkennzeichnung**
Hier sind zehn Vierergruppen, jede in einer anderen Farbe.

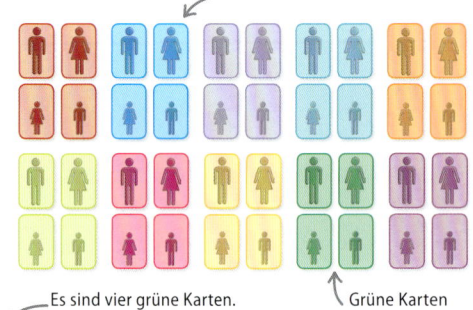

Von jeder Farbe gibt es vier Karten.

Es sind 40 Karten im Päckchen.

Erste grüne Karte | Zweite grüne Karte | Dritte grüne Karte | Vierte grüne Karte

Es sind vier grüne Karten.   Grüne Karten

$\frac{4}{40}$

◁ **Wie groß ist die Wahrscheinlichkeit?**
Die Wahrscheinlichkeit, dass man eine grüne Karte zieht, ist $\frac{4}{40}$. Dieses Ereignis ist unabhängig, da es das erste Ereignis ist.

Es sind insgesamt 40 Karten.

Abhängige Ereignisse und abnehmende Wahrscheinlichkeit

Ist die erste Karte bereits eine der vier grünen Karten, reduziert sich damit die Wahrscheinlichkeit dafür, dass die zweite Karte grün ist, auf $\frac{3}{39}$. Dieses Beispiel zeigt, wie die Wahrscheinlichkeit, dass eine gezogene Karte grün ist, nach und nach gegen Null geht.

Die erste gezogene Karte ist grün. Die nächste Karte wird aus 39 Karten ausgewählt.

Eine grüne Karte gezogen

39 Karten bleiben.

Es sind nur noch drei grüne Karten im Spiel.

$\frac{3}{39}$

Übrige Karten

◁ **Die Wahrscheinlichkeit** dafür, dass die zweite Karte auch grün ist, beträgt $\frac{3}{39}$, denn es sind nur noch 3 grüne Karten und insgesamt 39 Karten übrig.

Es wurden bereits drei grüne Karten gezogen und die nächste Karte wird aus 37 Karten gezogen.

Drei grüne Karten gezogen

37 Karten bleiben.

Es ist nur noch eine grüne Karte im Spiel.

$\frac{1}{37}$

Übrige Karten

◁ **Die Wahrscheinlichkeit** dafür, dass die nächste Karte auch grün ist, beträgt $\frac{1}{37}$. Da bereits drei der vier grünen Karten gezogen wurden, bleibt eine übrig.

Die ersten vier Karten wurden gezogen und alle waren grün. Die nächste Karte wird aus 36 Karten gezogen.

Vier grüne Karten gezogen

36 Karten bleiben.

Es sind null grüne Karten im Spiel, da alle grünen Karten bereits gezogen wurden.

$\frac{0}{36} = 0$

Übrige Karten

◁ **Die nächste Karte** kann nicht grün sein, da alle grünen Karten bereits gezogen wurden. Die Wahrscheinlichkeit beträgt null.

Abhängige Ereignisse und zunehmende Wahrscheinlichkeit

Ist die erste aus 40 Karten gezogene Karte keine der vier pinkfarbenen Karten, so steigt die Wahrscheinlichkeit dafür, dass die nächste Karte pink ist, auf $\frac{4}{39}$ an. Im Beispiel steigt die Wahrscheinlichkeit dafür, dass die nächste gezogene Karte pink ist, mit jeder gezogenen Karte, die nicht pink ist.

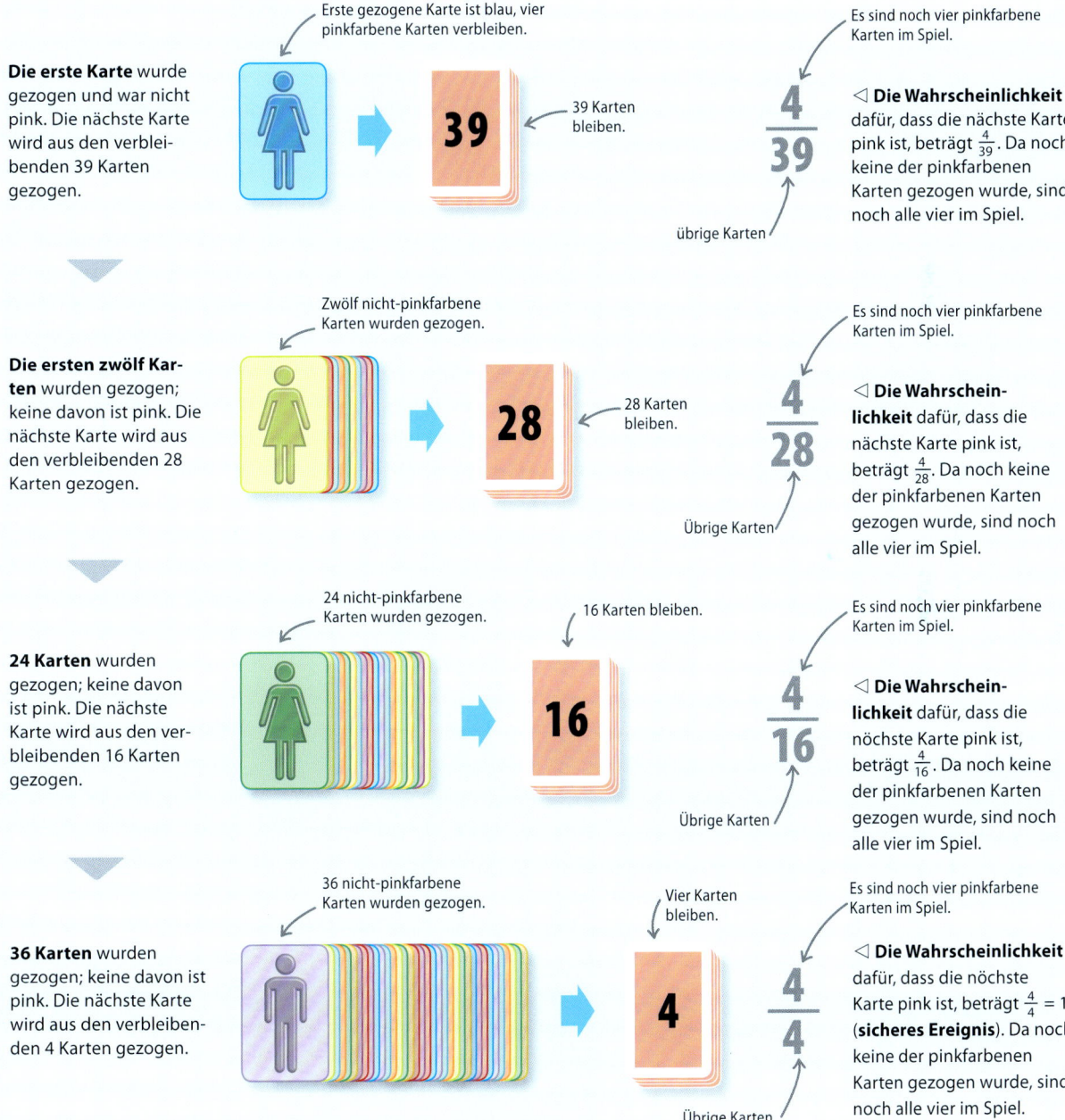

230 WAHRSCHEINLICHKEIT

 # Baumdiagramme

MIT BAUMDIAGRAMMEN KANN MAN WAHRSCHEINLICHKEITEN HINTEREIN-
ANDER AUSGEFÜHRTER EXPERIMENTE ANSCHAULICH BERECHNEN.

SIEHE AUCH	
‹222–223	Was ist Wahrscheinlichkeit?
‹226–227	Kombinierte Ereignisse
‹228–229	Abhängige Ereignisse

Die Ergebnisse mehrfach hintereinander ausgeführter (mehrstufiger) Experimente werden mit den Verzweigungen (Ästen) eines Baumdiagramms dargestellt.

Ein Baumdiagramm zeichnen

Zunächst hat der Baum zwei (oder mehr) Äste, die von einem gemeinsamen Startpunkt ausgehen. Im Beispiel werden von einem Handy (Startpunkt) fünf Nachrichten an zwei andere Handys gesendet. Da vorher kein Ereignis stattgefunden hat, handelt es sich um Einzelereignisse.

▷ **Einzelereignisse**
Von fünf Nachrichten werden zwei an das erste Handy ($\frac{2}{5}$) gesendet und 3 an das zweite Handy ($\frac{3}{5}$).

Zwei von fünf Nachrichten gehen an das erste Handy. → $\frac{2}{5}$

$\frac{3}{5}$

Drei von fünf Nachrichten gehen an das zweite Handy.

Baumdiagramme zeigen mehrstufige Ereignisse

Mithilfe eines Baumdiagramms stellt man alle möglichen Ergebnisse eines mehrstufigen Zufallsexperiments übersichtlich dar. Die Summe aller Wahrscheinlichkeiten der von einer Verzweigung ausgehenden Äste ist jeweils 1 (**Verzweigungsregel**).
1. Pfadregel: Die Wahrscheinlichkeit eines **Ergebnisses** entspricht dem **Produkt** aller Einzelwahrscheinlichkeiten entlang des Pfads.
2. Pfadregel: Die Wahrscheinlichkeit eines **Ereignisses** entspricht der **Summe** aller Wahrscheinlichkeiten der zugehörigen Ergebnisse.

Ferienflüge nach Frankreich und Italien

Zwei Drittel der Urlauber fliegen nach Frankreich.

$\frac{2}{3}$

Stufe 1: FRANKREICH ODER ITALIEN?

$\frac{1}{3}$ ← Ein Drittel der Urlauber fliegt nach Italien.

$\frac{2}{5}$

$\frac{3}{5}$

$\frac{1}{2}$

$\frac{1}{2}$

Wahrscheinlichkeit bestimmen

Um die Wahrscheinlichkeit zu berechnen, mit der eine aus den Urlaubern zufällig ausgewählte Person nach Neapel fliegt und den Vesuv besichtigt, muss man die Einzelwahrscheinlichkeiten multiplizieren (1. Pfadregel).

Einer von zwei Passagieren fliegt nach Neapel.

Besichtigt den Vesuv

$\frac{1}{3} \cdot \frac{1}{2} \cdot \frac{1}{4} = \frac{1}{24}$

↑ Einer von drei Urlaubern fliegt nach Italien.

Wahrscheinlichkeit dafür, dass die Person nach Neapel fliegt und den Vesuv besichtigt.

△ **Dreistufiges Experiment**
Im Baumdiagramm wird ein dreistufiges Ereignis gezeigt. Erste Stufe: Italien oder Frankreich?

BAUMDIAGRAMME

Abhängige mehrstufige Zufallsversuche

Im Beispiel geht es um das zufällige Entnehmen von Früchten aus einer Tasche. Die einzelnen Früchte werden nach dem Entnehmen nicht zurückgelegt.

△ **Abhängige Ereignisse**
Die erste Person entnimmt aus einer Tasche mit zehn Früchten (drei Orangen, sieben Äpfel). Die nächste Person entnimmt aus neun Früchten.

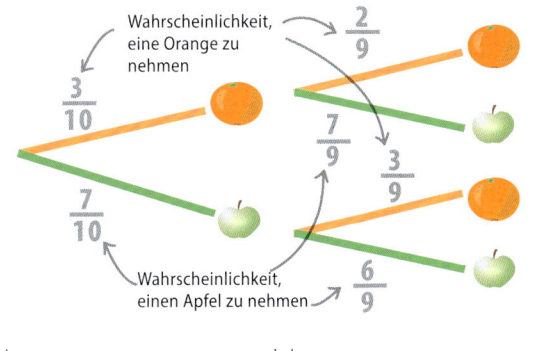

Wahrscheinlichkeit, eine Orange zu nehmen: $\frac{3}{10}$
Wahrscheinlichkeit, einen Apfel zu nehmen: $\frac{7}{10}$

Person 1 entnimmt aus 10 Früchten.
Person 2 entnimmt aus 9 Früchten.

Wahrscheinlichkeit berechnen

Wie groß ist die Wahrscheinlichkeit, dass beide Personen eine Orange ziehen? Multipliziere die Wahrscheinlichkeiten beider Einzelereignisse miteinander.

$$\frac{3}{10} \cdot \frac{2}{9} = \frac{6}{90}$$

oder

$$\frac{1}{15}$$

Wahrscheinlichkeit, dass beide eine Orange ziehen.
← Gekürzt $\frac{1}{15}$ (6 und 90 beide durch 6 geteilt)

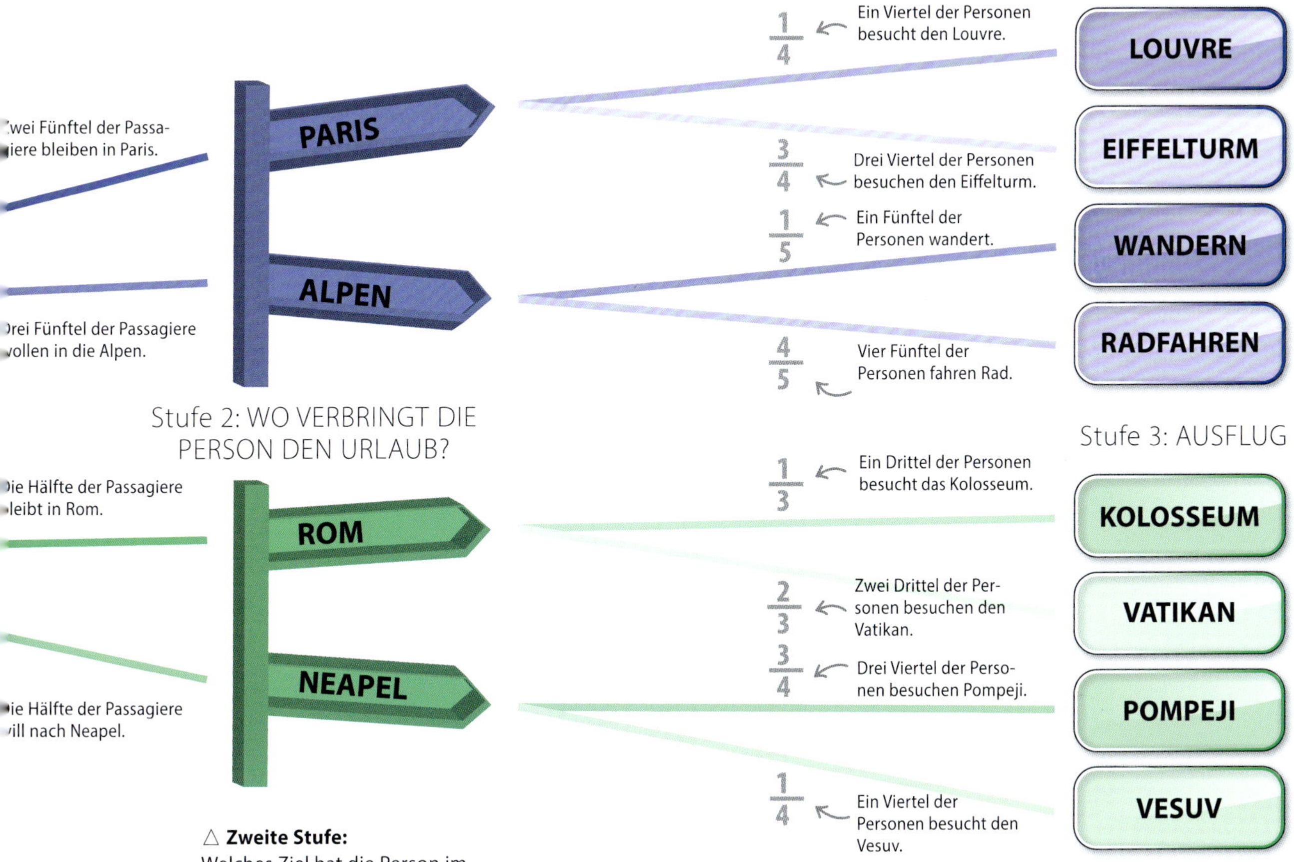

Zwei Fünftel der Passagiere bleiben in Paris.

PARIS

$\frac{1}{4}$ ← Ein Viertel der Personen besucht den Louvre. — **LOUVRE**

$\frac{3}{4}$ ← Drei Viertel der Personen besuchen den Eiffelturm. — **EIFFELTURM**

Drei Fünftel der Passagiere wollen in die Alpen.

ALPEN

$\frac{1}{5}$ ← Ein Fünftel der Personen wandert. — **WANDERN**

$\frac{4}{5}$ ← Vier Fünftel der Personen fahren Rad. — **RADFAHREN**

Stufe 2: WO VERBRINGT DIE PERSON DEN URLAUB?

Stufe 3: AUSFLUG

Die Hälfte der Passagiere bleibt in Rom.

ROM

$\frac{1}{3}$ ← Ein Drittel der Personen besucht das Kolosseum. — **KOLOSSEUM**

$\frac{2}{3}$ ← Zwei Drittel der Personen besuchen den Vatikan. — **VATIKAN**

Die Hälfte der Passagiere will nach Neapel.

NEAPEL

$\frac{3}{4}$ ← Drei Viertel der Personen besuchen Pompeji. — **POMPEJI**

$\frac{1}{4}$ ← Ein Viertel der Personen besucht den Vesuv. — **VESUV**

△ **Zweite Stufe:**
Welches Ziel hat die Person im Urlaubsland?

△ **Stufe 3:**
Welchen Ausflug unternimmt die Person **am Urlaubsort**?

Nachschlagen

Mathematische Zeichen und Symbole

Hier sind einige der wichtigsten mathematischen Zeichen und Symbole aufgelistet. Mithilfe dieser Zeichen gelingt es den Mathematikern, komplexe Sachverhalte, Formeln und Gleichungen in einer einheitlichen, universellen „Sprache" auszudrücken.

Symbol	Definition
$+$	Plus; positiv
$-$	Minus; negativ
$\pm$	Plus oder Minus; positiv oder negativ; Maß für Genauigkeit
$\mp$	Minus oder Plus; negativ oder positiv
$\cdot$	Malzeichen (6 · 4)
$\cdot$	Skalarprodukt zweier Vektoren $(\vec{a} \cdot \vec{b})$
$:$	Dividiert durch (6 : 4)
$/$	Dividiert durch (6 : 4) ; selten als Bruch (⁶/₄)
—	Dividiert durch; Bruchstrich $(\frac{6}{4})$
$\bigcirc$	Kreis
$\triangle$	Dreieck
$\square$	Quadrat
▭	Rechteck
▱	Parallelogramm
$=$	Gleichheitszeichen
$\neq$	Ungleichheitszeichen
$\equiv$	kongruent zu
$\not\equiv$	nicht kongruent zu
$\triangleq$	entspricht

Symbol	Definition
$:$	Verhältnis (6 : 4)
$\approx$	ungefähr gleich
$>$	größer als
$\not>$	nicht größer als
$<$	kleiner als
$\not<$	nicht kleiner als
$\geq$	größer oder gleich
$\leq$	kleiner oder gleich
$\propto$	direkt proportional zu
$\overrightarrow{AB}$	Vektor
$\overline{AB}$	Strecke
AB	Gerade
∞	unendlich
n^2	Quadratzahl
n^3	Kubikzahl
n^4, n^5, usw.	Hochzahl (Potenz)
$\sqrt{\ }, \sqrt[2]{\ }$	Quadratwurzel
$\sqrt[3]{\ }, \sqrt[4]{\ }$	dritte Wurzel, vierte Wurzel etc.
%	Prozent
°	Grad (°C); Winkelgrad, beispielsweise 90°
$\angle$	Winkel
⩟	gleichwinklig

Symbol	Definition
π	(Pi) Verhältnis vom Kreisumfang zum Durchmesser eines Kreises $\approx 3{,}14$
α	Alpha (Bezeichnung für Winkel)
$\perp$	senkrecht
⦜	rechter Winkel
$\parallel$	parallel

Primzahlen

Eine Primzahl ist eine Zahl, die nur durch 1 und sich selbst teilbar ist. Die Zahl 1 ist per Definition keine Primzahl. Es gibt keine Formel, mit der man Primzahlen bestimmen kann. Hier sind die ersten 250 Primzahlen aufgeführt.

2	3	5	7	11	13	17	19	23	29
31	37	41	43	47	53	59	61	67	71
73	79	83	89	97	101	103	107	109	113
127	131	137	139	149	151	157	163	167	173
179	181	191	193	197	199	211	223	227	229
233	239	241	251	257	263	269	271	277	281
283	293	307	311	313	317	331	337	347	349
353	359	367	373	379	383	389	397	401	409
419	421	431	433	439	443	449	457	461	463
467	479	487	491	499	503	509	521	523	541
547	557	563	569	571	577	587	593	599	601
607	613	617	619	631	641	643	647	653	659
661	673	677	683	691	701	709	719	727	733
739	743	751	757	761	769	773	787	797	809
811	821	823	827	829	839	853	857	859	863
877	881	883	887	907	911	919	929	937	941
947	953	967	971	977	983	991	997	1009	1013
1019	1021	1031	1033	1039	1049	1051	1061	1063	1069
1087	1091	1093	1097	1103	1109	1117	1123	1129	1151
1153	1163	1171	1181	1187	1193	1201	1213	1217	1223
1229	1231	1237	1249	1259	1277	1279	1283	1289	1291
1297	1301	1303	1307	1319	1321	1327	1361	1367	1373
1381	1399	1409	1423	1427	1429	1433	1439	1447	1451
1453	1459	1471	1481	1483	1487	1489	1493	1499	1511
1523	1531	1543	1549	1553	1559	1567	1571	1579	1583

Wurzeln, Quadrate etc.

Die Tabelle zeigt die Quadratzahlen, Kubikzahlen, Wurzeln und Kubikwurzeln der Zahlen von 1 bis 50.

Zahl n	Quadratzahl n^2	Kubikzahl n^3	Wurzel $\sqrt{n}$	Kubikw. $\sqrt[3]{n}$
1	1	1	1,000	1,000
2	4	8	1,414	1,260
3	9	27	1,732	1,442
4	16	64	2,000	1,587
5	25	125	2,236	1,710
6	36	216	2,449	1,817
7	49	343	2,646	1,913
8	64	512	2,828	2,000
9	81	729	3,000	2,080
10	100	1000	3,162	2,154
11	121	1331	3,317	2,224
12	144	1728	3,464	2,289
13	169	2197	3,606	2,351
14	196	2744	3,742	2,410
15	225	3375	3,873	2,466
16	256	4096	4,000	2,520
17	289	4913	4,123	2,571
18	324	5832	4,243	2,621
19	361	6859	4,359	2,668
20	400	8000	4,472	2,714
25	625	15 625	5,000	2,924
30	900	27 000	5,477	3,107
50	2500	125 000	7,071	3,684

Multiplikationstabelle

Diese Multiplikationstabelle umfasst alle Produkte aus den Zahlen von 1 bis 12.

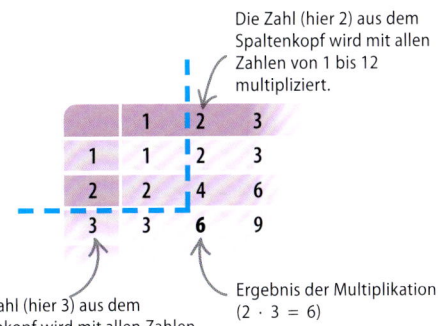

Die Zahl (hier 2) aus dem Spaltenkopf wird mit allen Zahlen von 1 bis 12 multipliziert.

Ergebnis der Multiplikation (2 · 3 = 6)

Die Zahl (hier 3) aus dem Zeilenkopf wird mit allen Zahlen von 1 bis 12 multipliziert.

	1	2	3	4	5	6	7	8	9	10	11	12
1	1	2	3	4	5	6	7	8	9	10	11	12
2	2	4	6	8	10	12	14	16	18	20	22	24
3	3	6	9	12	15	18	21	24	27	30	33	36
4	4	8	12	16	20	24	28	32	36	40	44	48
5	5	10	15	20	25	30	35	40	45	50	55	60
6	6	12	18	24	30	36	42	48	54	60	66	72
7	7	14	21	28	35	42	49	56	63	70	77	84
8	8	16	24	32	40	48	56	64	72	80	88	96
9	9	18	27	36	45	54	63	72	81	90	99	108
10	10	20	30	40	50	60	70	80	90	100	110	120
11	11	22	33	44	55	66	77	88	99	110	121	132
12	12	24	36	48	60	72	84	96	108	120	132	144

Maßeinheiten

Maßeinheiten wie Sekunden (Zeit), Meter (Länge) und Kilogramm (Masse) dienen dazu, Größen miteinander vergleichen zu können. Es gibt zwei verbreitete Systeme: das metrische System und das im angloamerikanischen Raum verwendete imperiale System.

FLÄCHENINHALT

Metrisch

100 Quadratmillimeter (mm²)	=	1 Quadratzentimeter (cm²)
10 000 Quadratzentimeter (cm²)	=	1 Quadratmeter (m²)
10 000 Quadratmeter (m²)	=	1 Hektar (ha)
100 Hektar (ha)	=	1 Quadratkilometer (km²)
1 Quadratkilometer (km²)	=	1 000 000 Quadratmeter (m²)

Imperial

144 Quadratzoll (sq in)	=	1 Quadratfuß (sq ft)
9 Quadratfuß (sq ft)	=	1 Quadratyard (sq yd)
1296 Quadratzoll (sq in)	=	1 Quadratyard (sq yd)
43 560 Quadratfuß (sq ft)	=	1 Acre
640 Acres	=	1 Quadratmeile (sq mile)

VOLUMEN

Metrisch

1000 Milliliter (ml)	=	1 Liter (l)
100 Liter (l)	=	1 Hektoliter (hl)
10 Hektoliter (hl)	=	1 Kiloliter (kl)
1000 Liter (l)	=	1 Kiloliter (kl)

Imperial

8 Flüssigunzen (fl oz)	=	1 Cup
20 Flüssigunzen (fl oz)	=	1 Pint (pt)
4 Gills (gi)	=	1 Pint (pt)
2 Pints (pt)	=	1 Quarter (qt)
4 Quarter (qt)	=	1 Gallone (gal)
8 Pints (pt)	=	1 Gallone (gal)

MASSEN (GEWICHTE)

Metrisch

1000 Milligramm (mg)	=	1 Gramm (g)
1000 Gramm (g)	=	1 Kilogramm (kg)
1000 Kilogramm (kg)	=	1 Tonne (t)

Imperial

16 Unzen (oz)	=	1 Pound (lb)
14 Pound (lb)	=	1 Stone (Stein)
112 Pound (lb)	=	1 Hundredweight
20 Hundredweights	=	1 Ton

LÄNGEN

Metrisch

10 Millimeter (mm)	=	1 Zentimeter (cm)
100 Zentimeter (cm)	=	1 Meter (m)
1000 Millimeter (mm)	=	1 Meter (m)
1000 Meter (m)	=	1 Kilometer (km)

Imperial

12 Zoll (inches) (in)	=	1 Fuß (ft)
3 Fuß (ft)	=	1 Yard (yd) (Schritt)
1760 Yards (yd)	=	1 Meile
5280 Fuß (ft)	=	1 Meile
8 furlongs (Achtelmeilen)	=	1 Meile

ZEIT

60 Sekunden	=	1 Minute
60 Minuten	=	1 Stunde
24 Stunden	=	1 Tag
7 Tage	=	1 Woche
52 Wochen	=	1 Jahr
1 Jahr	=	12 Monate

TEMPERATUR

		Fahrenheit	Celsius	Kelvin
Siedepunkt von Wasser	=	212°	100°	373°
Gefrierpunkt von Wasser	=	32°	0°	273°
Absoluter Nullpunkt	=	−459°	−273,15°	0°

Umrechnungstabellen

Die folgenden Tabellen geben die Umrechnungsfaktoren vom metrischen in das imperiale Maßsystem (und umgekehrt) für Längen, Flächen, Massen und Volumen an. Die Umrechnungsformeln für Temperaturen in Celsius, Kelvin und Fahrenheit sind ebenfalls aufgeführt.

LÄNGEN

Metrisch		Imperial
1 Millimeter (mm)	=	0,03937 Zoll (in)
1 Zentimeter (cm)	=	0,3937 Zoll (in)
1 Meter (m)	=	1,0936 Yards (yd)
1 Kilometer (km)	=	0,6214 Meile
Imperial		**Metrisch**
1 Zoll (in)	=	2,54 Zentimeter (cm)
1 Fuß (ft)	=	0,3048 Meter (m)
1 Yard (yd)	=	0,9144 Meter (m)
1 Meile	=	1,6093 Kilometer (km)
1 Seemeile	=	1,853 Kilometer (km)

FLÄCHEN

Metrisch		Imperial
1 Quadratzentimeter (cm^2)	=	0,155 Quadratzoll (sq in)
1 Quadratmeter (m^2)	=	1,196 Quadratyard (sq yd)
1 Hektar (ha)	=	2,4711 Acres
1 Quadratkilometer (km^2)	=	0,3861 Quadratmeilen
Imperial		**Metrisch**
1 Quadratzoll (sq in)	=	6,4516 Quadratzentimeter (cm^2)
1 Quadratfuß (sq ft)	=	0,0929 Quadratmeter (m^2)
1 Quadratyard (sq yd)	=	0,8361 Quadratmeter (m^2)
1 Acre	=	0,4047 Hektar (ha)
1 Quadratmeile	=	2,59 Quadratkilometer (km^2)

MASSEN (GEWICHTE)

Metrisch		Imperial
1 Milligramm (mg)	=	0,0154 Gran, Korn (grain)
1 Gramm (g)	=	0,0353 Unzen (oz)
1 Kilogramm (kg)	=	2,2046 Pound (lb)
1 Tonne (t)	=	0,9842 Ton (imperial ton)
Imperial		**Metrisch**
1 Unze (oz)	=	28,35 Gramm (g)
1 Pound (lb)	=	0,4536 Kilogramm (kg)
1 Stein (stone)	=	6,3503 Kilogramm (kg)
1 Hundredweight (cwt)	=	50,802 Kilogramm (kg)
1 Ton (imperial ton)	=	1,016 Tonne (t)

VOLUMEN

Metrisch		Imperial
1 Kubikzentimeter (cm^3)	=	0,061 Kubikzoll (in^3)
1 Kubikdezimeter (dm^3)	=	0,0353 Kubikfuß (ft^3)
1 Liter (l) = 1 dm^3	=	1,308 Kubikyards (yd^3)
1 Kubikmeter (m^3)	=	1,76 Pints (pt) (UK)
1 Hektoliter (hl)/100 l	=	21,997 Gallonen (gal)
Imperial		**Metrisch**
1 Kubikzoll (in^3)	=	16,387 Kubikzentimeter (cm^3)
1 Kubikfuß (ft^3)	=	0,0283 Kubikmeter (m^3)
1 Flüssigunze (fl oz)	=	28,413 Milliliter (ml)
1 Pint (pt) = 20 fl oz (UK)	=	0,5683 Liter (l)
1 Gallone = 8 pt (UK)	=	4,5461 Liter (l)

TEMPERATUR

Von (°F) in Celsius (°C):	$C = (F - 32) \cdot 5 : 9$
Von Celsius (°C) in Fahrenheit (°F):	$F = (C \cdot 9 : 5) + 32$
Von Celsius (°C) in Kelvin (K):	$K = C + 273$
Von Kelvin (K) in Celsius (°C):	$C = K - 273$

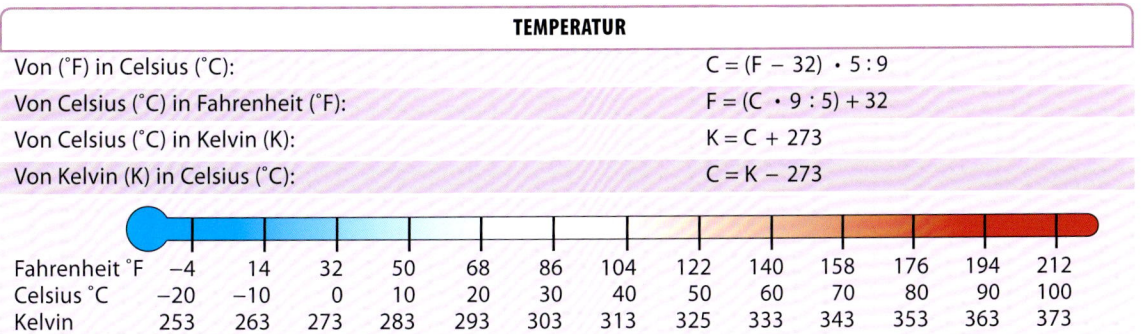

Fahrenheit °F	−4	14	32	50	68	86	104	122	140	158	176	194	212
Celsius °C	−20	−10	0	10	20	30	40	50	60	70	80	90	100
Kelvin	253	263	273	283	293	303	313	325	333	343	353	363	373

Numerische Äquivalente

Prozente, Dezimalzahlen und Brüche können als unterschiedliche Darstellungsmöglichkeiten für ein- und dieselben Zahlenwerte verwendet werden. 10 % (10 Prozent) entspricht beispielsweise der Zahl 0,1 oder dem Bruch $\frac{1}{10}$.

%	Dezimalzahl	Bruch	%	Dezimalzahl	Bruch	%	Dezimalzahl	Bruch	%	Dezimalzahl	Bruch	%	Dezimalzahl	Bruch
1	0,01	$\frac{1}{100}$	12,5	0,125	$\frac{1}{8}$	24	0,24	$\frac{6}{25}$	36	0,36	$\frac{9}{25}$	49	0,49	$\frac{49}{100}$
2	0,02	$\frac{1}{50}$	13	0,13	$\frac{13}{100}$	25	0,25	$\frac{1}{4}$	37	0,37	$\frac{37}{100}$	50	0,5	$\frac{1}{2}$
3	0,03	$\frac{3}{100}$	14	0,14	$\frac{7}{50}$	26	0,26	$\frac{13}{50}$	38	0,38	$\frac{19}{50}$	55	0,55	$\frac{11}{20}$
4	0,04	$\frac{1}{25}$	15	0,15	$\frac{3}{20}$	27	0,27	$\frac{27}{100}$	39	0,39	$\frac{39}{100}$	60	0,6	$\frac{3}{5}$
5	0,05	$\frac{1}{20}$	16	0,16	$\frac{4}{25}$	28	0,28	$\frac{7}{25}$	40	0,4	$\frac{2}{5}$	65	0,65	$\frac{13}{20}$
6	0,06	$\frac{3}{50}$	16,66	0,166	$\frac{1}{6}$	29	0,29	$\frac{29}{100}$	41	0,41	$\frac{41}{100}$	66,66	0,666	$\frac{2}{3}$
7	0,07	$\frac{7}{100}$	17	0,17	$\frac{17}{100}$	30	0,3	$\frac{3}{10}$	42	0,42	$\frac{21}{50}$	70	0,7	$\frac{7}{10}$
8	0,08	$\frac{2}{25}$	18	0,18	$\frac{9}{50}$	31	0,31	$\frac{31}{100}$	43	0,43	$\frac{43}{100}$	75	0,75	$\frac{3}{4}$
8,33	0,083	$\frac{1}{12}$	19	0,19	$\frac{19}{100}$	32	0,32	$\frac{8}{25}$	44	0,44	$\frac{11}{25}$	80	0,8	$\frac{4}{5}$
9	0,09	$\frac{9}{100}$	20	0,2	$\frac{1}{5}$	33	0,33	$\frac{33}{100}$	45	0,45	$\frac{9}{20}$	85	0,85	$\frac{17}{20}$
10	0,1	$\frac{1}{10}$	21	0,21	$\frac{21}{100}$	33,33	0,333	$\frac{1}{3}$	46	0,46	$\frac{23}{50}$	90	0,9	$\frac{9}{10}$
11	0,11	$\frac{11}{100}$	22	0,22	$\frac{11}{50}$	34	0,34	$\frac{17}{50}$	47	0,47	$\frac{47}{100}$	95	0,95	$\frac{19}{20}$
12	0,12	$\frac{3}{25}$	23	0,23	$\frac{23}{100}$	35	0,35	$\frac{7}{20}$	48	0,48	$\frac{12}{25}$	100	1,00	1

Winkel

Ein Winkel ist der Raum zwischen zwei Schenkeln, von denen der zweite durch Drehung entgegen dem Uhrzeigersinn aus dem ersten hervorgegangen ist.

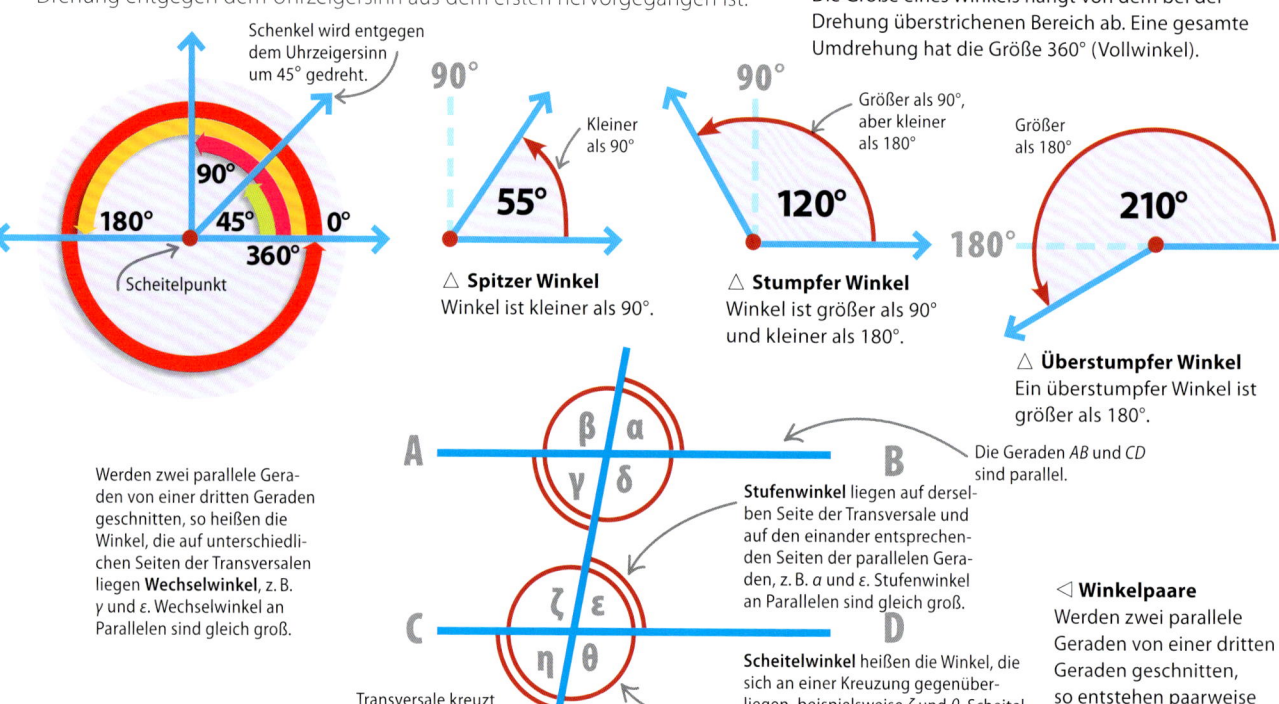

▽ **Winkelgrößen**
Die Größe eines Winkels hängt von dem bei der Drehung überstrichenen Bereich ab. Eine gesamte Umdrehung hat die Größe 360° (Vollwinkel).

△ **Spitzer Winkel**
Winkel ist kleiner als 90°.

△ **Stumpfer Winkel**
Winkel ist größer als 90° und kleiner als 180°.

△ **Überstumpfer Winkel**
Ein überstumpfer Winkel ist größer als 180°.

Werden zwei parallele Geraden von einer dritten Geraden geschnitten, so heißen die Winkel, die auf unterschiedlichen Seiten der Transversalen liegen **Wechselwinkel**, z. B. γ und ε. Wechselwinkel an Parallelen sind gleich groß.

Die Geraden AB und CD sind parallel.

Stufenwinkel liegen auf derselben Seite der Transversale und auf den einander entsprechenden Seiten der parallelen Geraden, z. B. α und ε. Stufenwinkel an Parallelen sind gleich groß.

Scheitelwinkel heißen die Winkel, die sich an einer Kreuzung gegenüberliegen, beispielsweise ζ und θ. Scheitelwinkel sind immer gleich groß.

◁ **Winkelpaare**
Werden zwei parallele Geraden von einer dritten Geraden geschnitten, so entstehen paarweise gleiche Winkel.

Potenzgesetze

Für das Rechnen mit Potenzen gelten die folgenden Potenzgesetze
($a \neq 0$); $b \neq 0$; m, n sind ganze Zahlen):

Gesetz	Beispiel
$a^n + a^n = 2a^n$	$4^2 + 4^2 = 2 \cdot 4^2 = 32$
$a^0 = 1$	$7^0 = 1$, $3^0 = 1$
$a^{-1} = \frac{1}{a}$	$3^{-1} = \frac{1}{3}$, $4^{-1} = \frac{1}{4}$
$a^{-2} = \frac{1}{a^2}$	$4^{-2} = \frac{1}{4^2} = \frac{1}{16}$
$a^{-m} = \frac{1}{a^m}$	$8^{-m} = \frac{1}{8^m}$
$a^n \cdot a^m = a^{n+m}$	$3^4 \cdot 3^7 = 3^{11}$
$a^n : a^m = a^{n-m}$	$8^4 : 8^2 = 8^2$
$a^n \cdot b^n = (a \cdot b)^n$	$4^2 \cdot 3^2 = (4 \cdot 3)^2$
$\frac{a^n}{b^n} = \left(\frac{a}{b}\right)^n$	$\frac{1^7}{6^7} = \left(\frac{1}{6}\right)^7$
$\left(\frac{a^n}{b^n}\right) = \left(\frac{b}{a}\right)^{-n}$	$\left(\frac{1}{2}\right)^2 = \left(\frac{2}{1}\right)^{-2} = 2^{-2} = \frac{1}{2^2} = \frac{1}{4}$

Wurzelgesetze

Für das Rechnen mit Wurzeln gelten die folgenden Regeln
($a > 0$; m, n sind ganze Zahlen):

Gesetz	Beispiel
$\sqrt[n]{a} + \sqrt[n]{a} = 2 \cdot \sqrt[n]{a}$	$\sqrt[3]{27} + \sqrt[3]{27} = 2 \cdot \sqrt[3]{27}$
$\sqrt[n]{a} \cdot \sqrt[n]{b} = \sqrt[n]{a \cdot b}$	$\sqrt[2]{9} \cdot \sqrt[2]{16} = \sqrt[2]{9 \cdot 16}$
$\frac{\sqrt[n]{a}}{\sqrt[n]{a}} = \sqrt[n]{\frac{a}{b}}$	$\frac{\sqrt{9}}{\sqrt{16}} = \sqrt{\frac{9}{16}}$
$\left(\sqrt[n]{a}\right)^m = \sqrt[n]{a^m}$	$\sqrt[2]{3^2} = \left(\sqrt[2]{3}\right)^2$
$\sqrt[m]{\sqrt[n]{a}} = \sqrt[m \cdot n]{a} = \sqrt[n]{\sqrt[m]{a}}$	$\sqrt[2]{\sqrt[3]{729}} = \sqrt{9} = 3$

Figuren

Zweidimensionale Figuren mit geraden Linien heißen Polygone oder Vielecke. Ihre Bezeichnung entspricht der jeweiligen Anzahl ihrer Seiten. Die Anzahl der Seiten entspricht auch der Anzahl der Innenwinkel. Ein Kreis hat keine geraden Linien, er ist kein Polygon, obwohl er eine ebene Figur ist

△ **Kreis**
Alle Punkte der Kreislinie haben denselben Abstand vom Mittelpunkt.

△ **Dreieck**
Polygon (Vieleck) mit drei Seiten und drei Innenwinkeln.

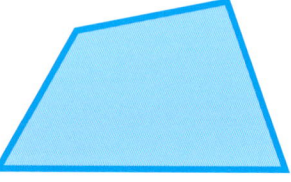

△ **Viereck**
Polygon mit vier Seiten und vier Innenwinkeln.

△ **Quadrat**
Viereck mit vier gleich langen Seiten und vier gleich großen Winkeln (90°-Winkel).

△ **Rechteck**
Viereck mit vier gleich großen Innenwinkeln; je zwei gegenüberliegende Seiten sind gleich groß.

△ **Parallelogramm**
Viereck mit zwei Paaren paralleler Seiten; gegenüberliegende Seiten sind gleich groß.

△ **Pentagon oder Fünfeck**
Polygon mit fünf Seiten und fünf Innenwinkeln.

△ **Hexagon oder Sechseck**
Polygon mit sechs Seiten und sechs Innenwinkeln.

△ **Heptagon oder Siebeneck**
Polygon mit sieben Seiten und sieben Innenwinkeln.

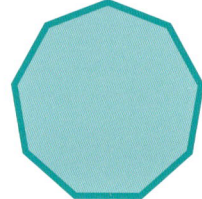

△ **Nonagon oder Neuneck**
Polygon mit neun Ecken und neun Innenwinkeln.

△ **Dekagon oder Zehneck**
Polygon mit zehn Ecken und zehn Innenwinkeln.

△ **Hendekagon oder Elfeck**
Polygon mit elf Ecken und elf Innenwinkeln.

Folgen

Eine Folge ist eine Abfolge von Zahlen, die nach einem bestimmten Gesetz gebildet werden. Einige Beispiele für wichtige mathematische Folgen sind unten zu sehen.

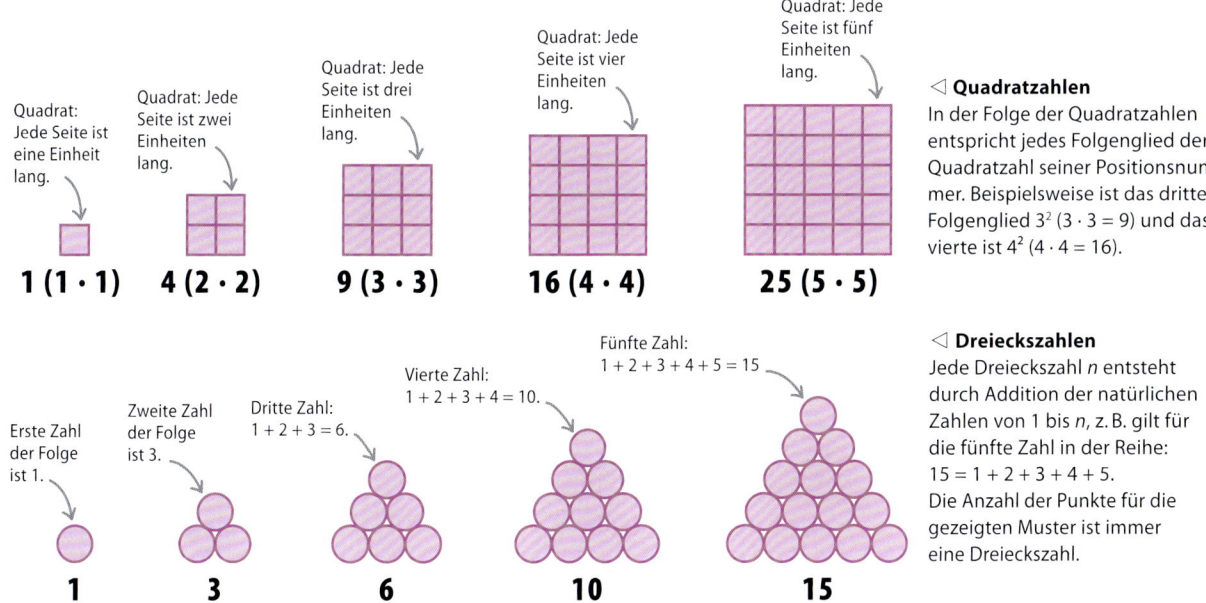

◁ **Quadratzahlen**
In der Folge der Quadratzahlen entspricht jedes Folgenglied der Quadratzahl seiner Positionsnummer. Beispielsweise ist das dritte Folgenglied 3^2 ($3 \cdot 3 = 9$) und das vierte ist 4^2 ($4 \cdot 4 = 16$).

◁ **Dreieckszahlen**
Jede Dreieckszahl n entsteht durch Addition der natürlichen Zahlen von 1 bis n, z. B. gilt für die fünfte Zahl in der Reihe: $15 = 1 + 2 + 3 + 4 + 5$. Die Anzahl der Punkte für die gezeigten Muster ist immer eine Dreieckszahl.

Fibonacci-Folge

Die Fibonacci-Folge ist nach dem italienischen Mathematiker Leonardo Fibonacci (1175–1250) benannt. Das erste Folgenglied ist die Zahl Eins, das zweite Folgenglied ebenfalls. Jedes weitere Folgenglied entsteht durch Addition der beiden vorhergehenden Folgenglieder. Das sechste Folgenglied (8) wird durch Addition des vierten und fünften (3 + 5 = 8) Folgengliedes berechnet.

Pascalsches Dreieck

Jeder Eintrag im Zahlendreieck ist die Summe der beiden darüberstehenden Zahlen. Ganz oben und zu Beginn und Ende jeder Reihe stehen Einsen. Die Zwei in der dritten Reihe ergibt sich beispielsweise durch Addition der beiden über ihr stehenden Einsen.

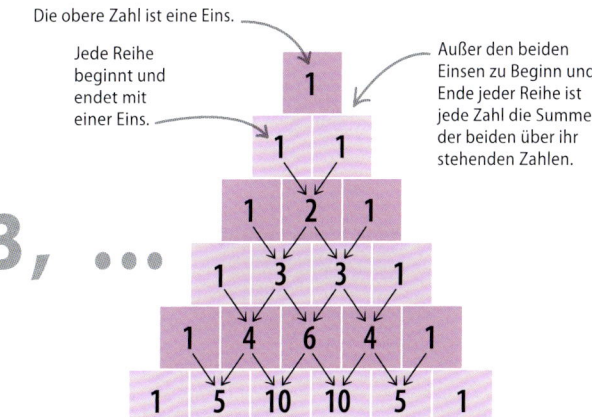

FORMELN

Formeln sind mathematische „Rezepte", die – wenn man sie einmal verstanden hat – dazu dienen, fehlende Werte schnell auszurechnen.

Zinsen

Es gibt zwei Formeln zur Berechnung der Zinsen: Die Formel für einfache Verzinsung und die für Zinseszinsen; bei letzterer werden die verdienten Zinsen ab dem zweiten Jahr dem Kapital zugeschlagen und mitverzinst.

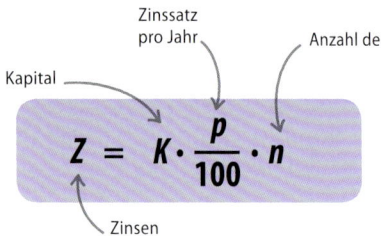

◁ **Einfache Verzinsung**
Um die nach einem Jahr verdienten Zinsen zu berechnen, setze die tatsächlichen Werte in die Formel ein.

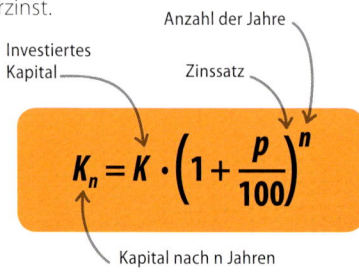

◁ **Zinseszinsen**
Um die nach mehreren Jahren verdienten Zinsen zu berechnen, setze die tatsächlichen Werte in die Formel ein.

Algebraische Fomeln

In vielen Bereichen der Mathematik werden Buchstaben anstelle von Zahlen verwendet. Eine häufig benötigte Formel ist allgemeine Formel zur Lösung quadratischer Gleichungen.

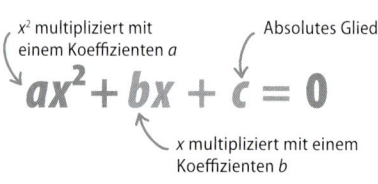

△ **Quadratische Gleichung**
Dies ist die allgemeine Form einer quadratischen Gleichung. Man kann jede quadratische Gleichung in diese Form bringen.

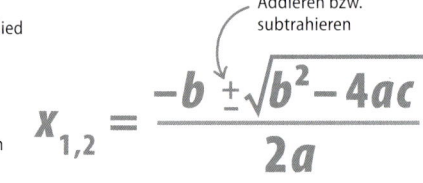

△ **Lösungsformel**
Mithilfe dieser Fomel kann man jede quadratische Gleichung lösen, die in der allgemeinen Form gegeben ist.

◁ **DIe Zahl Pi**
Pi kommt in vielen Formeln – beispielsweise bei der Flächenberechnung des Kreises – vor. Die Zahlen hinter dem Komma bilden einen nicht periodischen und nicht abbrechenden Dezimalbruch.

Trigonometrische Formeln

Die drei wichtigseten trigonometrischen Formeln werden zur Berechnung unbekannter Winkel in rechtwinkligen Dreiecken verwendet.

$$\sin a = \frac{\text{Gegenkathete}}{\text{Hypotenuse}}$$

△ **Sinus**
Mithilfe dieser Formel findet man zunächst den Sinus und damit die Winkelgröße eines Winkels, wenn Gegenkathete und Hypotenuse gegeben sind.

$$\cos a = \frac{\text{Ankathete}}{\text{Hypotenuse}}$$

△ **Kosinus**
Mithilfe dieser Formel findet man zunächst den Kosinus und damit die Winkelgröße eines Winkels, wenn Ankathete und Hypotenuse gegeben sind.

$$\tan a = \frac{\text{Gegenkathete}}{\text{Ankathete}}$$

△ **Tangens**
Mithilfe dieser Formel findet man zunächst den Tangens und damit die Winkelgröße eines Winkels, wenn Gegenkathete und Ankathete gegeben sind.

Flächeninhalt

Der Flächeninhalt einer ebenen Figur ist die Größe der von den Begrenzungslinien eingeschlossenen Fläche. Hier sind die Formeln für einige der wichtigsten geometrischen Figuren aufgeführt.

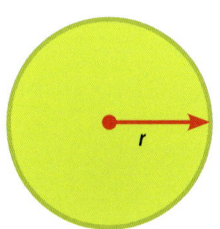

Flächeninhalt = π · r²

△ **Kreis**
Der Flächeninhalt eines Kreises beträgt Pi (π ≈ 3,14) multipliziert mit r^2.

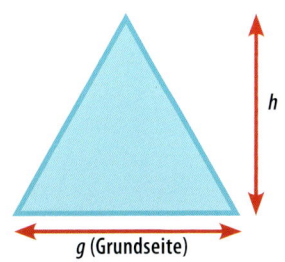

Flächeninhalt = $\frac{1}{2}$ g · h

△ **Dreieck**
Der Flächeninhalt eines Dreiecks entspricht der Hälfte des Produkts aus Grundseite und zugehöriger Höhe h.

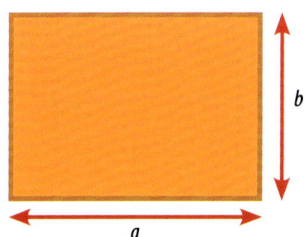

Flächeninhalt = a · b

△ **Rechteck**
Der Flächeninhalt eines Rechtecks entspricht dem Produkt der beiden Seitenlängen.

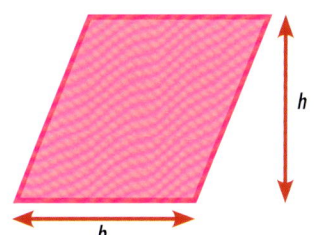

Flächeninhalt = b · h

△ **Parallelogramm**
Der Flächeninhalt eines Parallelogramms entspricht dem Produkt aus einer Seite und der zugehörigen Höhe h.

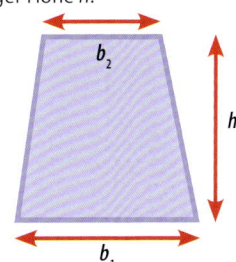

Flächeninhalt = $\frac{1}{2}$ h · (b₁+b₂)

△ **Trapez**
Der Flächeninhalt eines Trapezes entspricht der Hälfte der Summe der beiden parallelen Seiten und der zugehörigen Höhe h.

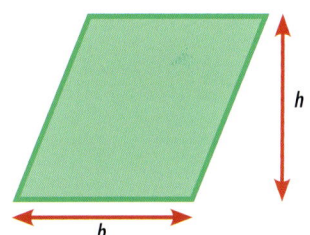

Flächeninhalt = b · h

△ **Rhombus**
Der Flächeninhalt eines Rhombus gleicht dem Produkt aus einer Seitenlänge und der zugehörigen Höhe h.

Satz des Pythagoras

Sind in einem rechtwinkligen Dreieck zwei der drei Seitenlängen bekannt, so kann man die dritte mithilfe des Satzes von Pythagoras berechnen.

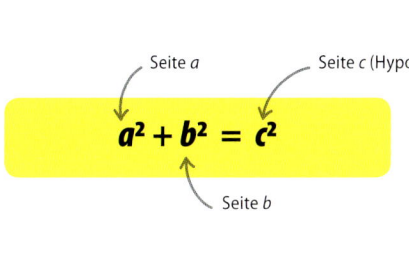

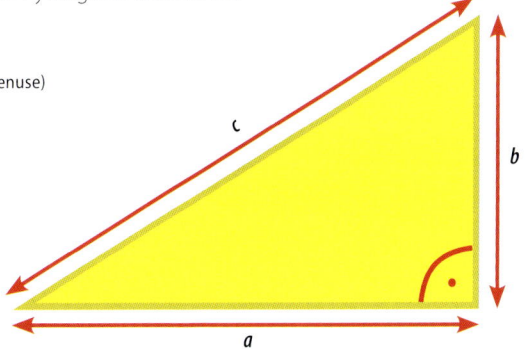

◁ **Satz des Pythagoras**
In einem rechtwinkligen Dreieck ist das Quadrat über der Hypotenuse (hier c) gleich der Summe der Quadrate über den beiden Katheten (hier a und b).

Oberflächeninhalt und Volumen

Hier sind einige dreidimensionale Körper und die Formeln zur Volumenberechnung aufgeführt.
Pi (π) entspricht ungefähr 3,14 (auf zwei Dezimalen gerundet).

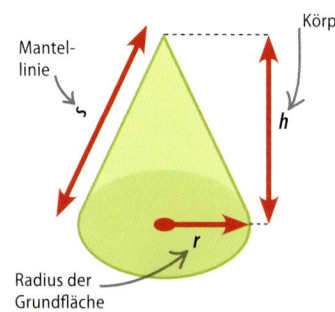

◁ **Kegel**
Der Oberflächeninhalt wird mithilfe des Radius des Grundkreises und der Länge der Mantellinie berechnet. Das Volumen wird mithilfe des Radius des Grundkreises und der Körperhöhe berechnet.

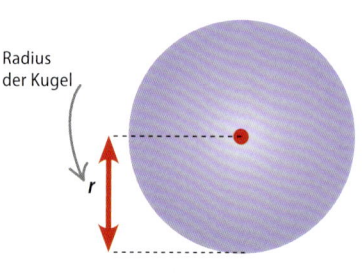

◁ **Kreis**
Oberflächeninhalt und Volumen werden mithilfe des Radius bestimmt.

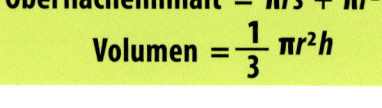

Oberflächeninhalt $= \pi rs + \pi r^2$
Volumen $= \frac{1}{3}\pi r^2 h$

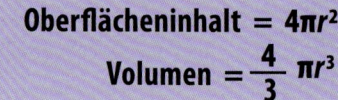

Oberflächeninhalt $= 4\pi r^2$
Volumen $= \frac{4}{3}\pi r^3$

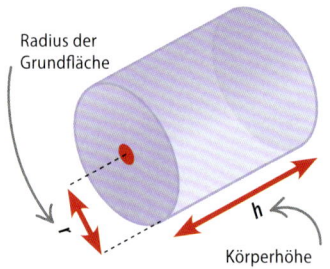

◁ **Zylinder**
Oberflächeninhalt und Volumen werden mithilfe des Radius der Grundfläche und der Körperhöhe berechnet.

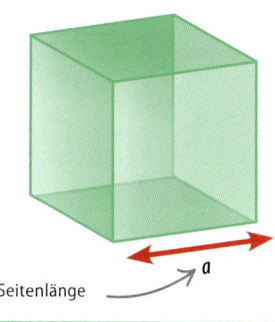

◁ **Würfel**
Oberflächeninhalt und Volumen des Würfels werden mithilfe der Seitenlänge berechnet.

Oberflächeninhalt $= 2\pi r(h+r)$
Volumen $= \pi r^2 h$

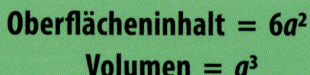

Oberflächeninhalt $= 6a^2$
Volumen $= a^3$

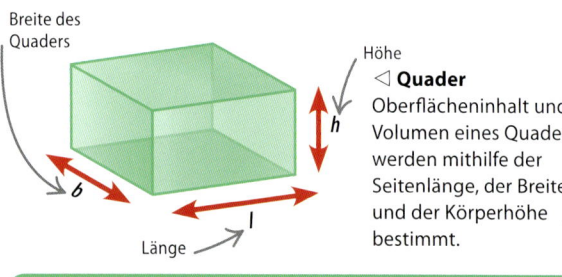

◁ **Quader**
Oberflächeninhalt und Volumen eines Quaders werden mithilfe der Seitenlänge, der Breite und der Körperhöhe bestimmt.

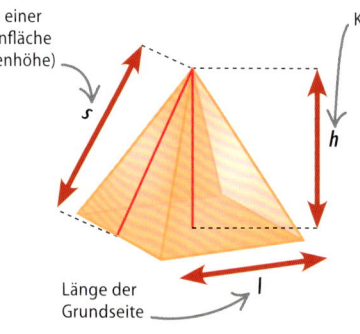

◁ **Quadratische Pyramide**
Der Oberflächeninhalt einer Pyramide wird aus Seitenhöhe und Grundseitenlänge berechnet. Das Volumen wird mithilfe der Grundseitenlänge und der Körperhöhe berechnet.

Oberflächeninhalt $= 2(lh+lb+hb)$
Volumen $= lbh$

Oberflächeninhalt $= 2ls + l^2$
Volumen $= \frac{1}{3}l^2 h$

NACHSCHLAGEN **243**

Kreisteile

Linien und Flächen am Kreis lassen sich mithilfe der folgenden Formeln einfach berechnen.
π ist das Verhältnis von Kreisumfang zu Kreisdurchmesser; π ≈ 3,14 (auf zwei Dezimalen gerundet).

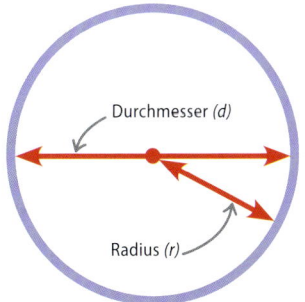

◁ **Durchmesser und Radius**
Der Durchmesser (d) eines Kreises ist eine Strecke durch den Mittelpunkt des Kreises, die die Kreislinie in zwei Punkten berührt. Der Radius ist ein halber Durchmesser. Er geht vom Mittelpunkt zur Kreislinie.

Durchmesser = $2r$

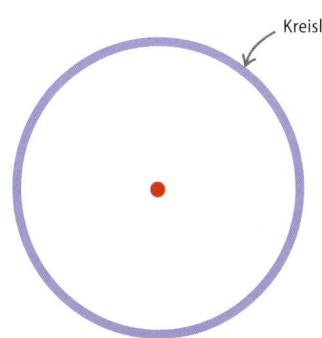

◁ **Umfang und Durchmesser**
Der Durchmesser eines Kreises kann berechnet werden, wenn man die Länge der Kreislinie und damit den Kreisumfang (U) kennt.

Durchmesser = $\dfrac{U}{\pi}$

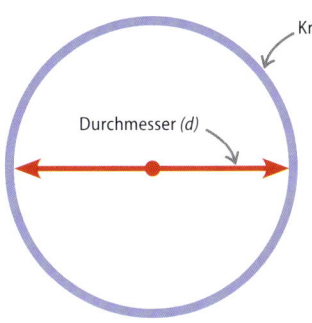

◁ **Durchmesser und Umfang**
Die Länge der Kreislinie bzw. den Kreisumfang (U) kann man bereits berechnen, wenn man den Kreisdurchmesser (d) kennt.

Kreisumfang = πd

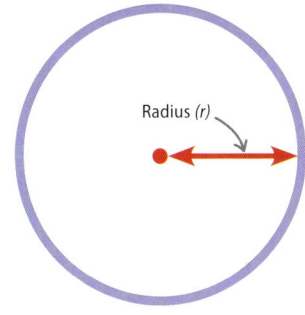

◁ **Radius und Umfang**
Die Länge der Kreislinie bzw. den Kreisumfang (U) kann man bereits berechnen, wenn man den Kreisradius (r) kennt.

Kreisumfang = $2\pi r$

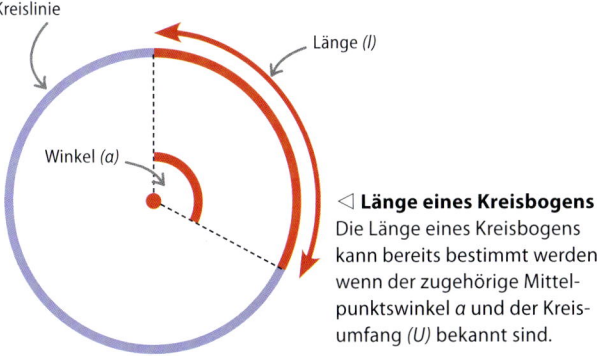

◁ **Länge eines Kreisbogens**
Die Länge eines Kreisbogens kann bereits bestimmt werden, wenn der zugehörige Mittelpunktswinkel a und der Kreisumfang (U) bekannt sind.

Länge des Kreisbogens = $\dfrac{a}{360} \cdot c$

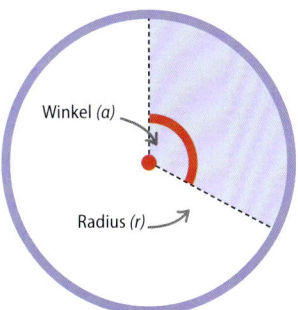

◁ **Kreissektor**
Der Flächeninhalt eines Kreissektors kann bestimmt werden, wenn der Flächeninhalt des gesamten Kreises und der Mittelpunktswinkel a bekannt sind.

Flächeninhalt eines Sektors = $\dfrac{a}{360} \cdot \pi r^2$

Glossar

Abbildung
Eine Veränderung an Position, Größe oder Orientierung eines geometrischen Objekts. Spiegelungen, Drehungen, Vergrößerungen und Verkleinerungen sind Abbildungen.

Abbuchung
Kontobelastung mittels Einzug oder Buchungsauftrag.

***a-b-c*-Formel**
Formel, mit deren Hilfe man durch Einsetzen quadratische Gleichungen lösen kann.

Achse
Zueinander senkrechte und sich im Nullpunkt schneidende Zahlengeraden bilden ein Koordinatensystem. Die beiden Geraden nennt man meist *x*- und *y*-Achse.

Achteck
Polygon mit acht Winkeln und acht Seiten.

Addition
Die Berechnung der Summe zweier Zahlen, z. B. 2 + 3 = 5. Die Reihenfolge der Schreibweise und der Addition spielen dabei keine Rolle: 2 + 3 = 3 + 2.

Ähnlich
Formen sind ähnlich, wenn sie dieselbe Form, aber nicht unbedingt dieselbe Größe haben.

Algebra
Teilbereich der Mathematik, in dem man mit Unbekannten (Variablen) anstelle von Zahlen rechnet. Dies dient der Verallgemeinerung und übersichtlicheren Darstellung von Rechenoperationen und deren Eigenschaften.

Äquidistant
In gleichem Abstand. Ein Punkt ist äquidistant zu zwei oder mehr Punkten, wenn er zu all diesen Punkten denselben Abstand hat.

Arithmetischer Mittelwert
Typischer Wert aus einer Menge von Daten; der Mittelwert wird berechnet, indem man alle Werte addiert und das Ergebnis durch die Anzahl aller Werte dividiert. Man nennt ihn auch Durchschnitt.

Ausdruck (mathematischer)
Kombination aus Zahlen, Rechenzeichen und Buchstaben, die eine mathematische Verknüpfung darstellt. Ein Ausdruck enthält kein Gleichheitszeichen.

Ausgleichsgerade
Gerade in einem Streudiagramm von Daten, die den Trend verdeutlicht.

Ausschließende Ereignisse
Sich gegenseitig ausschließende Ereignisse können nicht gleichzeitig eintreten.

Außenwinkel
Winkel, der außerhalb eines Polygons liegt, aber von dessen – über die Ecken hinaus verlängerten – Seiten geformt wird (Außenwinkel sind die Nebenwinkel zu den Innenwinkeln).

Benachbart
In Figuren oder Körpern sind zwei Seiten benachbart, wenn sie einen gemeinsamen Eckpunkt haben. Zwei Winkel sind benachbart (Nachbarwinkel), wenn sie einen gemeinsamen Scheitel und einen gemeinsamen Schenkel haben und sich gegenseitig zu 180° ergänzen.

Boxplot
Eine Präsentationsweise für statistische Daten. Die Box ist ein Rechteck, dessen Begrenzungslinien die Quartile und den Zentralwert (Median) repräsentieren.

Breite
Länge eines Körpers in horizontaler Richtung, man sagt auch „Tiefe".

Bruch
Darstellungsmöglichkeit für eine Zahl, die einen nicht ganzen (gebrochenen) Anteil enthält. Ein Bruch wird oft duch Zähler, Bruchstrich und Nenner dargestellt, z. B. $\frac{2}{3}$.

Dezimalkomma
Das Komma zwischen dem ganzen Anteil und dem gebrochenen Anteil einer Zahl; Beispiel: 2,5.

Dezimalstelle
Position der Ziffer hinter dem Dezimalkomma.

Dezimalsystem
Unser auf der Zahl Zehn basierendes Zahlsystem (es werden nur die Ziffern 0, 1, 2, 3, 4, 5, 6, 7, 8 und 9 verwendet). Lediglich die Stelle, an der die Ziffer steht, bestimmt den Wert.

Dichte
Das Verhältnis aus Masse und Volumen.
Dichte = Masse : Volumen

Diagonale
Eine Strecke, die zwei nicht benachbarte Ecken einer Figur oder eines Körpers verbindet.

Differenz
Der Betrag, um den ein Wert größer ist als ein anderer.

Dimension
Vereinfacht gesagt ist eine Dimension die Anzahl der Richtungen in einem Objekt; in einem Körper gibt es beispielsweise drei Richtungen: die Höhe, die Breite und die Länge. Eine Gerade hat nur eine Dimension. Eine ebene Fläche hat zwei.

Direkt proportional
Zwei Werte sind proportional zueinander, wenn der Zuwachs (oder die Abnahme) des einen Wertes den Zuwachs (oder die Abnahme) des anderen Wertes nach sich zieht. Z. B.: Verdopplung des einen Wertes bewirkt Verdopplung des anderen Wertes.

Division
Die Division ist die Umkehroperation zur Multiplikation; man findet heraus, wie oft ein Wert in einem anderen enthalten ist.
12 : 3 = 4, denn 4 · 3 = 12

Drachenviereck
Ein ebenes Viereck mit zwei Paaren benachbarter gleich langer Seiten.

Drehung
Abbildung, bei der ein Objekt um einen Punkt (Drehzentrum) gedreht wird.

Dreidimensional
Objekte, die eine Länge, eine Breite und eine Höhe haben, sind dreidimensional; häufige Schreibweise: 3D.

Dreieck
Polygon mit drei Seiten und drei Winkeln.

Durchmesser
Kreissehne, die durch den Kreismittelpunkt verläuft.

Durchschnitt
Anderer Name für den arithmetischen Mittelwert.

GLOSSAR

Echter Bruch
Bruch, in dem der Betrag des Zählers kleiner ist als der des Nenners; beispielsweise $\frac{2}{5}$ ist ein echter Bruch.

Ecke
Punkt, in dem sich Linien einer Figur treffen.

Eingeschlossener Winkel
Ein Winkel liegt immer zwischen zwei Schenkeln, die denselben Ausgangspunkt haben. Man sagt, dieser Winkel wird von den beiden Schenkeln eingeschlossen.

Einheit
En Vergleichsmaß, mit dem etwas (Länge, Masse, Zeit, ...) gemessen wird, z. B. cm, kg oder Stunden.

Einkommen
Einnahmen eines Privathaushalts.

Ergänzungswinkel
Zwei Winkel, deren Winkelgrößen sich zu 180° addieren.

Ersparnisse
Geldbetrag, der zurückgelegt bzw. nicht ausgegeben wurde.

Exponent (Hochzahl)
Die Zahl, die angibt, wie häufig ein Faktor mit sich selbst multipliziert werden soll. 4 ist der Exponent in $2^4 = 2 \cdot 2 \cdot 2 \cdot 2$.

Faktor
Zahl, durch die eine andere teilbar ist, beispielsweise sind 2 und 5 Faktoren von 10.

Faktorisieren
1. Das Zerlegen einer Zahl in ihre Faktoren, z. B. $12 = 2 \cdot 2 \cdot 3$.
2. Das Zerlegen eines mathematischen Ausdrucks in ein Produkt aus einfacheren Ausdrücken, z. B. $x^2 + 5x + 6 = (x + 2)(x + 3)$.

Fibonacci-Folge
Die ersten beiden Folgenglieder der Fibonacci-Folge sind identisch: $a_1 = 1$ und $a_2 = 1$. Jedes weitere Folgenglied entsteht durch Addition der beiden vorhergehenden. Die ersten zehn Folgenglieder sind: 1; 1; 2; 3; 5; 8; 13; 21; 34; 55.

Flächeninhalt
Die Größe einer von einer geschlossenen Linie begrenzten Fläche; gemessen in Flächeneinheiten, z. B. cm².

Folge
Unendliche Folge von Zahlen, deren einzelne Folgenglieder sämtlich nach einem bestimmten Bildungsgesetz gebildet werden.

Formel
Eine Formel ist eine Gleichung (ein mathematisches „Rezept"), in der Variablen und Symbole zur Beschreibung eines mathematischen Zusammenhangs zweier (oder mehrerer) Größen verwendet werden. Die Formel zur Berechnung des Kreisumfangs lautet beispielsweise $U = 2\pi r$. U steht für den Umfang, r für den Radius.

Ganze Umdrehung
Eine Drehung um 360°, das gedrehte Objekt befindet sich nach dieser Drehung wieder in der Ausgangsposition.

Ganze Zahl
Ganze Zahlen sind Zahlen, die keine gebrochenen Anteile enthalten: 0, 1, 2, 67, –2, –67 usw.

Gegenzahl
Das Negative einer Zahl. Zwei Gegenzahlen addieren sich zu null.

Gehalt
Geldbetrag, der für eine Arbeit bezahlt wird.

Gemeinsamer Faktor
Ein gemeinsamer Faktor zweier Zahlen ist eine Zahl, durch die beide Zahlen ohne Rest teilbar sind. Beispielsweise ist 3 gemeinsamer Faktor von 6 und 18.

Geodreieck
Werkzeug zur Winkelmessung.

Geometrie
Teilbereich der Mathematik, in dem es um Punkte, Ebenen, Geraden, Formen, Abstände und Winkel geht.

Geometrischer Ort/Ortslinie
Ein geometrischer Ort ist eine Menge von Punkten, die bestimmte Bedingungen erfüllen beispielsweise ist jeder Punkt einer Kreislinie gleich weit vom Mittelpunkt M entfernt.

Gerade
Eindimensionales Objekt, das nur in eine Richtung eine Ausdehnung hat.

Gerade Zahl
Eine gerade Zahl ist ohne Rest durch 2 teilbar, beispielsweise –18, –6, 0, 2.

Geschwindigkeit
Die Geschwindigkeit, mit der sich ein Objekt fortbewegt, wird gemessen in Meter pro Sekunde m/s.

Gewinnschwelle (Break even)
Die Gewinnschwelle ist der Punkt, an dem Erlös und Kosten einer Firma gleich groß sind. Es wird weder Gewinn noch Verlust erwirtschaftet.

Gleichschenkliges Dreieck
Dreieck mit zwei gleich langen Seiten und zwei gleich großen Winkeln.

Gleichseitiges Dreieck
Ein Dreieck mit drei 60°-Winkeln und drei gleich langen Seiten.

Gleichung
Mathematische Aussage, die besagt, dass zwei Terme gleich sind.

Gleichwahrscheinlich
Zwei Ereignisse heißen gleichwahrscheinlich, wenn sie mit derselben Wahrscheinlichkeit eintreten können.

Gleichwertige Brüche
Brüche, die denselben Wert haben. $\frac{1}{2}$, $\frac{2}{4}$ und $\frac{5}{10}$ beispielsweise sind gleichwertig, obwohl sie unterschiedlich dargestellt sind.

Gleichwinklig
Eine Figur ist gleichwinklig, wenn alle ihre Winkel gleich groß sind.

Grad
Einheit, in der Winkel gemessen werden. Das Symbol ist das Gradzeichen °.

Graph
Zeichnerische Darstellung der Beziehung zwischen zwei Mengen.

Größer als
Ein Wert ist größer als ein anderer; Symbol: >.

Größer oder gleich
Ein Wert ist größer oder gleich einem anderen; Symbol: ≥.

Größter gemeinsamer Teiler (ggT)
Der ggT zweier Zahlen ist die größte ganze Zahl, durch die beide Zahlen ohne Rest dividiert werden können. Z. B. ist der ggT von 12 und 18 die Zahl 6.

Halbierung
Etwas in zwei gleich große Teile zerlegen, beispielsweise eine Strecke oder einen Winkel.

Halbkreis
Hälfte eines Vollkreises. Er wird von einem halben Kreisbogen und einem Durchmesser begrenzt.

Häufigkeit
1. Alltagssprachlich: Anzahl von Ereignissen innerhalb eines bestimmten Zeitraumes.
2. In der Statistik: Anzahl der Individuen in einer Klasse.

Hexagon
Polygon mit sechs Seiten und sechs Winkeln.

GLOSSAR

Histogramm
Art eines Diagramms, in dem Flächeninhalte von Rechtecken für die Darstellung von Häufigkeiten verwendet werden.

Horizontal
Parallel zum Horizont oder waagerecht.

Hypotenuse
In einem rechtwinkligen Dreieck die dem rechten Winkel gegenüberliegende Seite.

Hypothek aufnehmen
Ein Besitzer tritt befristet die echte an einer Immobilie ab, um sich dafür Geld zu leihen, das er über einen längeren Zeitraum und mit Zinsen zurückzahlt.

Indirekt proportional
Zwei Werte x und y sind indirekt proportional (oder umgekehrt proportional) zueinander, wenn das Verdoppeln (Verdreifachen usw.) des einen Wertes die Halbierung (Drittelung usw.) des anderen Werts nach sich zieht.

Innenwinkel
Im Inneren eines Polygons liegender Winkel.

Interquartilabstand
Ein Maß für die Streuung statistischer Daten; Differenz zwischen oberem und unterem Quartil.

Inverse Operation
Die entgegengesetzte Rechenoperation, beispielsweise sind Addition und Subtraktion zueinander entgegengesetzt oder Multiplikation und Division.

Investition
Geldbetrag, der angelegt wird, um einen Gewinn zu erzielen.

Kegel
Dreidimensionales Objekt mit kreisförmiger Grundfläche, deren Punkte alle geradlinig mit einem einzigen Punkt außerhalb des Kegels, der Kegelspitze, verbunden sind.

Klammern
1. Klammern geben die Reihenfolge der Berechnungen vor, z. B. $2 \cdot (4 + 1) = 10$.
2. Klammern stehen um Wertepaare/Koordinatenpaare, z. B. $(1 | 1)$.

Kleiner als
Ein Wert ist kleiner als ein anderer; Symbol: <.

Kleiner oder gleich
Ein Wert ist kleiner oder gleich einem anderen; Symbol: ≤.

Kleinstes gemeinsames Vielfaches (kgV)
Das kgV zweier Zahlen ist die kleinste natürliche Zahl, die Vielfaches beider Zahlen ist. Das kgV von 4 und 6 ist 12.

Koeffizient
Ein Koeffizient ist ein Faktor, der in einer Gleichung oder einem Term vor einer Variablen steht. Beispielsweise in der Gleichung $x^2 + 5x + 6 = 0$ lauten die Koeffizienten 1 (vor x^2), 5 (vor x) und 6 (vor $x^0 = 1$).

Kompass
Magnetisches Instrument zur Bestimmung der Himmelsrichtung.

Kongruent
Zwei Formen heißen kongruent zueinander, wenn sie in Form und Größe übereinstimmen.

Konkav
Ein Polygon ist konkav, wenn einer seiner Innenwinkel größer ist als 180°.

Konstante
Eine Zahl, die sich nicht ändert; in der Gleichung $y = x + 2$ beispielsweise ist die Zahl 2 konstant.

Konstruktion
Das exakte Zeichnen geometrischer Formen lediglich mit Zirkel und Lineal, wobei das Lineal nur zum Zeichnen gerader Linien dient, nicht zum Messen von Längen.

Konvex
Ein Polygon ist konvex, wenn alle seine Innenwinkel kleiner als 180° sind.

Koordinate
Koordinaten geben die genaue Position eines Punktes in einem Koordinatensystem an. Schreibweise ist $(x | y)$, wobei meist x die horizontale und y die vertikale Position angibt.

Körper
Dreidimensionale geometrische Figur.

Kosinus
In einem rechtwinkligen Dreieck ist der Kosinus eines Winkels das Verhältnis aus der Länge der dem Winkel anliegenden Seite (Ankathete) zur Länge der Hypotenuse.

Kredit
Geliehener Geldbetrag, der meist über einen längeren Zeitraum zurückgezahlt wird.

Kreis/Kreislinie
Menge aller Punkte einer Ebene, die zu einem bestimmten Mittelpunkt M denselben Abstand r haben.

Kreisbogen
Teil der Kreislinie.

Kreisdiagramm
Diagramm, in dem die einzelnen Segmente Häufigkeiten repräsentieren.

Kreisumfang
Als Kreisumfang bezeichnet man die Länge der Kreislinie.

Kubikwurzel
Die Kubikwurzel einer Zahl ist diejenige Zahl, die zweimal mit sich selbst multipliziert die Zahl unter dem Wurzelzeichen ergibt. Vor dem Wurzelzeichen steht eine hochgestellte kleine Drei: ³

Kubikzahl
Wird eine natürliche Zahl zweimal mit sich selbst multipliziert, entsteht eine Kubikzahl; 8 ist eine Kubikzahl, denn $2 \cdot 2 \cdot 2 = 8$ oder $2^3 = 8$.

Kugel
Eine Kugel ist ein Körper, für dessen Oberfläche gilt, dass jeder ihrer Punkte gleichweit vom Mittelpunkt M entfernt ist.

Länge
Gemessener Abstand zwischen zwei Punkten; Länge einer Stecke.

Lineares Gleichungssystem (LGS)
Zwei (oder mehr) lineare Gleichungen mit zwei (oder mehr) Unbekannten, deren gemeinsame Lösung bestimmt werden soll.

Linearer Graph
Graph, dessen Punkte durch gerade Linien verbunden werden.

Maßstabstreu
Eine Abbildung ist maßstabstreu, wenn das Verhältnis jeder Bildstrecke zu ihrer Originalstrecke gleich ist.

Median
Der Median ist der Wert in der Mitte einer aufsteigend geordneten Datenliste.

Minus
Das Zeichen für Subtraktion; symbolisiert durch –.

Mittelsenkrechte
Die Mittelsenkrechte einer Strecke ist die Gerade, die senkrecht auf der Strecke steht und diese in zwei gleichlange Teilstrecken zerlegt.

Mittelwert
Typischer Wert aus einer Datenliste. Es gibt das arithmetische Mittel, den Median und den Modus.

Modus
Der Modus ist der Wert, der in einer Datenliste am häufigsten vorkommt, er ist ein sog. Mittelwert.

Multiplizieren
Die mehrfache Addition einer Zahl zu sich selbst. Das Symbol ist das Malzeichen (·).

Negative Zahl
Zahl, die kleiner ist als Null.

Nenner
Zahl, die in einem Bruch unterhalb des Bruchstriches steht. Beispielsweise ist 3 der Nenner von $\frac{2}{3}$.

Nettoeinkommen
Das Nettoeinkommen ist der Betrag, der vom Gehalt nach Abzug der Abgaben und Steuern übrig bleibt.

Netz
Entlang einiger Kanten aufgetrennte und in der Ebene auseinandergeklappte Oberfläche eines Körpers (Körpernetz).

Normaldarstellung
Die Normaldarstellung ist eine praktische Schreibweise für besonders große und besonders kleine Zahlen: Man kann jede Zahl als Produkt aus einer Kommazahl zwischen 1 und 9 und einer Zehnerpotenz schreiben, z. B. $0{,}02 = 2 \cdot 10^{-2}$.

Nullstelle
Andere Bezeichnung für x-Schnittstelle.

Oberfläche
Die Begrenzungsflächen eines dreidimensionalen Objekts bilden zusammen seine Oberfläche.

Operation
Verknüpfung oder Rechenvorgang, beispielsweise Addition, Subtraktion oder Division.

Operator
Symbol, das eine Operation bezeichnet, z. B. +, −, · und :.

Parkettierung
Eine lückenlose und überlappungsfreie Überdeckung der Ebene mit gleichförmigen Teilflächen.

Parallel
Zwei Geraden sind parallel, wenn sie überall denselben Abstand zueinander haben.

Parallelogramm
Viereck, in dem die gegenüberliegenden Seiten jeweils parallel zueinander und gleich lang sind.

Pascalsches Dreieck
Zahlendreieck, in dem sich jede Zahl als Summe der beiden darüber stehenden Zahlen berechnet. Oberste Zahl ist die Eins.

Peilung
Mithilfe der Kompasspeilung bestimmt man vom eigenen Standpunkt aus den Winkel zwischen der Nordrichtung und der Richtung, in der sich das angepeilte Objekt befindet.

Pentagon
Polygon mit fünf Seiten und fünf Innenwinkeln.

Periode
Als Periode bezeichnet man die sich unendlich oft wiederholenden Werte einer mathematischen Folge oder einer Dezimalzahl; z. B. $\frac{1}{9} = 0{,}11111\ldots$ ist eine periodische Dezimalzahl. Die Periode ist hier 1.

Pi
Der Wert der Zahl Pi ist ungefähr 3,142. Pi wird durch den griechischen Buchstaben π dargestellt.

Plus
Das Zeichen der Addition; symbolisiert durch +. Beispiel: 3+4=7

Polygon (Vieleck)
Ein Polygon hat mindestens drei nicht auf einer geraden Linie liegende Punkte, die durch einen geschlossenen Streckenzug miteinander verbunden sind.

Polyeder (Vielflach)
Dreidimensionales Objekt, dessen Begrenzungsflächen sämtlich Polygone sind.

Positiv
Mehr als Null. Positiv ist das Gegenteil von negativ.

Primzahl
Eine Zahl, die außer sich selbst und der Zahl Eins keine Teiler hat. Die ersten zehn Primzahlen lauten: 2, 3, 5, 7, 11, 13, 17, 19, 23, und 29.

Prisma
Körper, dessen Grund- und Deckfläche zueinander parallele und deckungsgleiche Polygone sind. Die Mantelfläche wird aus n Rechteckflächen gebildet.

Produkt
Das Ergebnis einer Multiplikationsaufgabe.

Profit
Gewinn, der einem Unternehmen nach Abzug der Kosten übrigbleibt.

Proportional
Zwei Größen sind proportional zueinander, wenn sie immer im gleichen Verhältnis zueinander stehen.

Prozentsatz/Prozent
Ein Anteil von Hundert; Symbol: %.

Pyramide
Eine Pyramide ist ein Körper, dessen Grundfläche ein Polygon ist. Die Seitenflächen einer Pyramide bestehen aus Dreiecken, die sich in der Pyramidenspitze treffen.

Pythagoras (Satz des Pythagoras)
Der Satz des Pythagoras besagt, dass in rechtwinkligen Dreiecken das Quadrat über der Hypotenuse denselben Flächeninhalt hat, wie die Quadrate über den beiden Katheten zusammen: $a^2 + b^2 = c^2$.

Quader
Körper mit acht Ecken, zwölf Kanten und sechs rechteckigen Begrenzungsflächen, von denen je zwei gegenüberliegende deckungsgleich sind.

Quadrant
Viertel eines Kreises oder eines Koordinatensystems.

Quadrat
Viereck mit vier gleich langen Seiten und vier rechten Winkeln.

Quadratische Gleichung
Gleichung, in der die Variable (z. B. x) in der zweiten Potenz vorkommt, beispielsweise $x^2 + 3x + 2 = 0$.

Quadratwurzel
Diejenige Zahl, die mit sich selbst multipliziert die Zahl unter dem Wurzelzeichen ergibt, z. B. $\sqrt{4} = 2$.

Quadratzahl
Das Ergebnis der Multiplikation einer ganzen Zahl mit sich selbst, beispielsweise ist $4^2 = 4 \cdot 4 = 16$ eine Quadratzahl.

Quartile
Quartile teilen eine geordnete Datenliste in vier gleich große Teile. Das untere Quartil ist der Median der unteren Datenhälfte, das obere Quartil ist der Median der oberen Hälfte der Datenliste. Das mittlere Quartil ist der Median der gesamten Datenliste.

Querschnitt
Ein zweidimensionaler Schnitt durch ein dreidimensionales Gebilde.

GLOSSAR

Quotient
Das Ergebnis einer Divisionsaufgabe heißt Quotient.

Radius (Plural: Radien)
Der Abstand vom Mittelpunkt eines Kreises zu einem beliebigen Punkt auf der Kreislinie heißt Radius.

Raute (Rhombus)
Ein Viereck mit vier gleich langen Seiten. Gegenüberliegende Seiten sind jeweils parallel; gegenüberliegende Winkel gleich groß.

Rechteck
Ein Viereck mit vier rechten Winkeln und zwei Paaren gegenüberliegender gleich langer Seiten.

Rechter Winkel
Winkel, der genau 90° groß ist.

Regelmäßiges Polygon
Polygon mit ausschließlich gleich langen Seiten und gleich großen Winkeln.

Rest
Die Zahl, die bei der Division übrig bleibt; beispielsweise 11 : 2 = 5 Rest 1.

Runden
Beim Runden wird anstelle der eigentlichen Dezimalzahl eine Zahl mit weniger Stellen angegeben.

Säulendiagramm
Grafische Darstellung von Mengen mithilfe von Rechtecken gleicher Breite und unterschiedlicher Höhe.

Schätzung
Genäherte Bestimmung von Werten, beispielsweise durch Überschlagsrechnung; Durchschnittsbildung oder Auf- bzw. Abrunden.

Schnittpunkt
Punkt, in dem zwei oder mehrere Geraden oder Strecken oder Linien zusammentreffen.

Schnittstelle
Die **Stelle** an der ein Graph eine der Achsen eines Koordinatensystems schneidet. Also z. B. **entweder** die y-Koordinate des Schnittpunkts eines Graphen mit der y-Achse (die x-Koordinate des Schnittpunktes ist gleich Null) **oder** die x-Koordinate des Schnittpunktes eines Graphen mit der x-Achse (hier ist die y-Koordinate des Schnittpunktes gleich Null).

Schulden
Geldbetrag, der geborgt wurde und somit geschuldet wird.

Segment
Teil einer Kreisscheibe, der von einer Kreissehne und einem Kreisbogen begrenzt wird.

Sehne
Strecke, die zwei Punkte einer Kurve, meist eines Kreises, verbindet.

Sehnenviereck
Viereck, bei dem alle vier Eckpunkte auf einem Kreis (dem Umkreis des Vierecks) liegen.

Sektor
Teil einer Kreisscheibe, der von zwei Radien und einem dazwischen liegenden Kreisbogen begrenzt wird.

Sinus
In einem rechtwinkligen Dreieck ist der Sinus eines Winkels das Verhältnis aus der Seitenlänge der dem Winkel gegenüberliegenden Seite (Gegenkathete) und der Länge der Hypotenuse.

Spannweite
Die Spannweite ist der Abstand zwischen dem größen und dem kleinsten Wert einer Datenliste.

Spiegelachse/Symmetrieachse
Gerade, die eine Figur in zwei spiegelbildliche Teile zerlegt.

Spiegelung
Abbildung, mit der ein spiegelsymmetrisches Objekt zum Original erzeugt wird.

Spitzer Winkel
Winkel, der kleiner ist als 90°.

Stamm-Blatt-Diagramm
Diagramm, dass zur Darstellung der Verteilung statistischer Daten dient. Die vorderen Stellen werden – durch einen senkrechten Strich getrennt von den hinteren Stellen – nur einmal, die nachfolgenden Stellen mehrfach in Reihen notiert.

Standardabweichung
Die Standardabweichung ist ein Maß für die Streuung der Werte einer Datenerhebung. Ist die Standardabweichung groß, sind die Werte breit gestreut, ist die Standardabweichung klein, so liegen die meisten Werte nah beim Mittelwert.

Statistik
Teilgebiet der Mathematik, das sich mit dem Sammeln, Auswerten und Interpretieren von Daten beschäftigt.

Steigung
Maß für die Steilheit einer Geraden.

Stichprobe
Teilmenge einer Gesamtheit, die stellvertretend ausgewählt wurde.

Strecke
Die Menge aller Punkte auf der kürzesten Verbindung zwischen den Punkten A und B.

Streudiagramm
Grafische Darstellung des Zusammenhangs zweier beobachteter Merkmale in einem Koordinatensystem.

Streuung
Die Streuung ist ein Maß dafür, wie Daten in einem Bereich verteilt sind.

Stufenwinkel
Werden zwei (parallele) Geraden von einer dritten Geraden (Transversale) geschnitten, so entstehen Stufenwinkel. Stufenwinkel liegen auf der selben Seite der Transversale und auf den einander entsprechenden Seiten der parallelen Geraden. Stufenwinkel an Parallelen sind gleich groß.

Stumpfer Winkel
Winkel zwischen 90° und 180°.

Subtraktion/subtrahieren
Subtrahieren bedeutet, einen Wert von einem anderen abzuziehen, das Symbol ist das Minuszeichen (–).

Summe
Das Ergebnis einer Additionsrechnung.

Symmetrisch
Eine Figur ist symmetrisch, wenn sie nach einer Spiegelung oder Drehung unverändert aussieht.

Tangens
In einem rechtwinkligen Dreieck ist der Tangens eines Winkels das Verhältnis aus der Seitenlänge der dem Winkel gegenüberliegenden Seite (Gegenkathete) zur Länge der anliegenden Kathete (Ankathete).

Tangente
Eine Gerade, die eine Kurve (z. B. Kreislinie) in einem Punkt berührt.

Taschenrechner
Elektronisches Werkzeug zum Berechnen von Werten.

Term
Ein Term ist ein sinnvoller mathematischer Ausdruck ohne Gleichheitszeichen; er kann Zahlen, Variablen, Zeichen für mathematische Verknüpfungen und Klammern enthalten.
Beispiel: $7a^2 + 4xy - 5$

Trapez
Viereck mit mindestens zwei parallelen Seiten, die eine

unterschiedliche Länge haben können.

Trigonometrie
Dreiecksberechnung: Die Trigonometrie beschäftigt sich mit Winkelgrößen, Seitenlängen und Seitenverhältnissen in Dreiecken.

Überstumpfer Winkel
Winkel zwischen 180° und 360°.

Uhrzeigersinn
Im Uhrzeigersinn bedeutet rechtsdrehend, im **mathematisch negativen Sinn** drehend.

Umfang
Länge der Begrenzungslinie einer ebenen Figur.

Umrechnung
Das Wechseln der Einheit erfordert ein Umrechnen der zugehörigen Maßzahlen, z. B. Kilometer in Meilen usw.

Unabhängige Ereignisse
Ereignisse, deren Auftreten keinen Einfluss aufeinander haben.

Unbekannter Winkel
Winkel, dessen Größe nicht bekannt ist.

Unechter Bruch
Bruch, in dem der Betrag des Zählers größer ist als der des Nenners.

Unendlich
Ohne Begrenzung oder Ende. Unendlichkeit wird durch das Symbol ∞ dargestellt.

Ungerade Zahl
Eine ungerade Zahl ist eine Zahl, die nicht durch 2 teilbar ist, beispielsweise -7, 1 und 65.

Ungleich
Zwei Zahlen, die nicht denselben Wert haben, sind ungleich; Symbol: ≠, z. B. 1 ≠ 2.

Ungleichung
Eine Ungleichung ist eine Aussage, die besagt, dass zwei Terme nicht gleich sind.

Unmögliches Ereignis
Ein Ereignis, das nicht eintreten kann, heißt unmögliches Ereignis, seine Wahrscheinlichkeit ist gleich Null.

Variable
Eine Variable – meist als Buchstabe – dient als Platzhalter für Zahlenwerte. Sie wird in Gleichungen auch als Unbekannte bezeichnet.

Vektor
Ein Vektor besteht aus zwei Komponenten: Länge und Richtung.

Vergrößerung
Abbildung, bei der jede der Längen des Ausgangsobjekts um denselben Faktor vergrößert wird.

Verhältnis
Ein Quotient aus zwei Zahlen, beispielsweise 2 : 3.

Verlust
Wird mehr Geld ausgegeben als eingenommen, so spricht man von „Verlust".

Verschiebung
Bewegung eines Objektes in der Ebene um eine bestimmte Strecke in eine bestimmte Richtung. (Keine Drehung!)

Vertikal
Rechtwinklig zum Horizont. Eine vertikale Linie verläuft von oben nach unten.

Viereck
Polygon mit vier Ecken und vier Winkeln.

Volumen
Das Volumen ist der Rauminhalt eines Körpers; gemessen wird in Volumeneinheiten, beispielsweise cm^3.

Waagemodell
Gleichheit auf jeder Seite des Gleichheitszeichens; Operationen, die man auf einer Seite der Gleichung ausführt, müssen auch auf der anderen Seite ausgeführt werden.

Wahrscheinlichkeit
Die Wahrscheinlichkeit dafür, dass ein bestimmtes Ereignis eintritt, ist eine Zahl zwischen 0 und 1. Ein unmögliches Ereignis hat die Wahrscheinlichkeit 0, ein sicheres Erignis die Wahrscheinlichkeit 1.

Wahrscheinlichkeitsverteilung
Die Wahrscheinlichkeitsverteilung gibt an, wie sich die Wahrscheinlichkeiten auf die Zufallsergebnisse verteilen.

Wechselkurs
Preis einer Währung in einer anderen Währung.

Wechselwinkel
Wechselwinkel entstehen, wenn zwei (parallele) Geraden g_1 und g_2 von einer dritten Geraden h geschnitten werden. Wechselwinkel liegen auf unterschiedlichen Seiten von h und auf entgegengesetzten Seiten von g_1 und g_2. Wechselwinkel an parallelen Geraden sind gleich groß.

Winkel
Ein Winkel ist eine Fläche, die von zwei von einem gemeinsamen Scheitelpunkt ausgehenden Strecken begrenzt wird, beispielsweise ein 45°-Winkel.

Würfel
Körper mit sechs deckungsgleichen quadratischen Begrenzungsflächen, acht Ecken und zwölf gleich langen Kanten.

Wurzel
Die Zahl, die mit sich selbst entsprechend oft multipliziert den Wert unter dem Wurzelzeichen ergibt. Beispielsweise ist 2 die vierte Wurzel aus 16, denn $2 \cdot 2 \cdot 2 \cdot 2 = 16$.

x-Achse
Die horizontale Achse eines Koordinatensystems.

x-Schnittstelle (Nullstelle)
Der Wert, für den der Graph die x-Achse schneidet (Nullstelle, da hier $y = 0$ gilt).

y-Achse
Die vertikale Achse eines Koodinatensystems.

Zähler
Die Zahl, die in einem Bruch oberhalb des Bruchstrichs steht. Im Bruch $\frac{2}{3}$ steht die Zahl 2 im Zähler.

Ziffer
Einzelnes Zahlzeichen innerhalb einer Zahl. 34 beispielsweise besteht aus den Ziffern 3 und 4.

Zinsen
Geldbetrag, den man zahlen muss, wenn man sich Geld leiht bzw. verdient, wenn man es verleiht. Zinsen werden gewöhnlich in Prozent angegeben.

Zufall
Ein Ereignis, dass nicht vorhergesagt werden kann.

Zusammengesetzte Zahl
Die Primfaktorzerlegung einer zusammengesetzten Zahl enthält mindestens zwei unterschiedliche Primfaktoren oder einen Primfaktor doppelt.

Zweidimensional
Eine ebene Figur, die eine Breite und eine Länge hat, ist zweidimensional. Schreibweise: 2D.

Zylinder
Körper, dessen Grund- und Deckfläche parallele, deckungsgleiche Kreisflächen sind.

Register

A

Abbildung
  Drehung 92
  Spiegelung 94
  Verschiebung 90
  zentrische Streckung 96
abhängige Ereignisse 228–229
  Baumdiagramm 231
Abrunden 62–63
Abstand
  geometrische Orte 106
  Längenmaße 28, 29
  Peilung 101
Abziehen (Subtrahieren) 17
Achsen
  Graphen 84, 176, 204, 205
  Säulendiagramm 198
Achsenspiegelung konstruieren 95
Achteck 127
Achtel 40
Addition 16
  Ausdrücke 164
  Brüche 45
  Multiplikation 18
  negative Zahlen 30
  positive Zahlen 30
  Taschenrechner 64
  Ungleichungen 190
  Vektoren 88
ähnliche Dreiecke 117–119
ähnliche Terme in Ausdrücken 164
Algebra 158–191
äquivalente Brüche 43
Arbeitslosengeld, Privatfinanzen 66
arc cos (cos^{-1}) 156
arc sin (sin^{-1}) 156
arc tan (tan^{-1}) 156
Ausdrücke 164–165
  ausklammern 166–167
  ausmultiplizieren 166–167
  faktorisieren 166–167
  Folgen 162
  Gleichung 172
  quadratisch 168
Ausgaben, Geschäftsfinanzen 68, 69
Ausgleichsgerade 219
Ausklammern 166

Ausmultiplizieren 166
Außenwinkel
  Dreiecke 109
  Polygone 129
  Sehnenviereck 139

B

Banken, Privatfinanzen 66, 67
Baumdiagramm 230–231
Binomische Formeln 184
Bogen 130, 131, 142
  Sektoren 143
  Zirkel 74
Breitengrad 85
Brüche 40–47
  addieren 45
  dividieren 47
  gemeinsamer Nenner 44
  gemischte 42
  multiplizieren 46
  subtrahieren 45
  umwandeln 56–57
  unechte 42
  Verhältnis 49
  Wahrscheinlichkeit 222, 225, 226

C

Celsius 177, 239
Codes 27
Computeranimation 110

D

Darlehen, Privatfinanzen 66, 67
Daten 196–197
  Balkendiagramm 198, 199, 200, 201
  gleitender Mittelwert 210–211
  gruppierte 209
  Häufigkeitstabellen 208
  kumuliertes Häufigkeitsdiagramm 205
  Liniendiagramm 204
  Quartile 214, 215
  Spannweite 212
  Stamm-Blatt-Diagramm 213
  Stichprobe 206, 207, 210–211
  Streudiagramm 218–219
  Verhältnis 48

Datenpräsentation
  Histogramm 216, 217
  Kreisdiagramm 202
Datenschutz 27
Datentabelle 197, 218
  Kreisdiagramm 202
Deckfläche
  Körper 144
  Volumen 146
Dekagon 127
DEL-Taste, Taschenrechner 64
Dezimalstellen
  abrunden 63
  Normdarstellung 36–37
Dezimalzahlen 38–39
  Division 24–25
  Kopfrechnen 59
  umwandeln 56–57
Diagonalen in Vierecken 122, 123
Dichte und Volumen 28, 29
Differenz, Subtraktion 17
Dividend 22, 23, 24, 25
Division 22–23
  Ausdrücke 165
  Brüche 42, 47
  Dezimalzahlen 39
  Formeln 170
  Kürzen 43
  negative Zahlen 31
  positive Zahlen 31
  Potenzen 34
  proportionale Anteile 51
  Rechentipps 60
  schriftliche 24, 25
  Taschenrechner 64
  unechte Brüche 42
  Ungleichungen 190
  Verhältnis 49, 51
Divisor 22, 23, 24, 25
Drachenviereck 122, 123
Drehsymmetrie 80, 81
  Kreis 130
Drehung 92–93
  kongruente Dreiecke 112
  Winkel 76
Drehwinkel 92, 93
Drehzentrum 81, 92, 93
dreidimensionale Figur 144
  Symmetrie 80, 81
dreidimensionales Balkendiagramm 200

Dreieck 108–109
  ähnlich 117–119
  Flächeninhalt 114–116
  Formel 29, 169
  gleichseitig 105
  kongruent 104, 125
  Konstruktion 110–111
  Parallelogramm 125
  Polygone 126, 127
  Pythagoras, Satz von 120, 121
  rechtwinklig 65, 75, 87, 109, 120, 121, 140, 154, 155, 156, 157
  Rhombus 125
  Symmetrie 80, 81
  Tangenten 140
  Taschenrechner 65
  trigonometrische Formeln 154, 155, 156, 157
  Vektoren 87, 89
Dreisatz 51
Durchmesser 130, 131, 132, 133
  Flächeninhalt des Kreises 134, 135
  Sehnen 138
  Winkel im Kreis 137
Durchschnitt
  gewichtet 209
  gleitender Mittelwert 210, 211
  gruppierte Daten 209
  Häufigkeitstabelle 208
  Mittelwert 206, 207, 210, 211

E

ebene Formen, Symmetrie 80
echter Bruch 41
  Division 47
  Multiplikation 46
Eckpunkt 108
  Polygon 126
  Sehnenviereck 139
  Viereck 122, 139
  Winkel 77
  Winkel halbieren 104
  Würfel 145
Eigenschaften von Dreiecken 109
einfache Gleichung 172
einfache Verzinsung 67
  Formel 171
eingeschlossener Winkel, kongruente Dreiecke 113

Einheit (Zahlen)
  Addition 16
  Dezimalzahl 38
  Multiplikation 21
  Subtraktion 17
Einkommen 66, 68, 69
Einkommenssteuer 66
Einnahmen, Geschäftsfinanzen 68
Einsetzungsverfahren
  lineares Gleichungssystem 178–179
Endpunkte 78
enger als Normalparabel 183
Ergänzungswinkel 77, 241
Ersparnisse, Privatfinanzen 66, 67
Erwartungswert 224–225
erweitern 43
Euklid 26

F

Fahrenheit 177
Faktor 166, 167
  Division 24
  Primfaktor 26, 27
Faktorisieren 27
  Ausdrücke 166, 167, 168
  quadratische Gleichungen 184–189
  quadratischer Ausdruck 168
Fibonacci-Folge 163, 239
Figur
  geometrischer Ort 106
  konstruieren 102
  Körper 144
  Parkettierung 91
  Polygon 126
  Symmetrie 80, 81
  Viereck 122
  zusammengesetzte 135
Finanzen
  geschäftlich 68–67
  privat 66–67
Flächeneinheiten 28, 124
Flächeninhalt
  Dreiecke 114–16
  Formel 169
  kongruente Dreiecke 112
  Kreis 130, 131, 134–35, 143, 147
  Maße 28

Rechtecke 28
Vierecke 124–125
Flugzeug 78
  Parkettierung 91
  Symmetrie 80
Folge der Quadratzahlen 163
Folgen 162–163
Formeln 169
  faktorisieren 166
  Flächeninhalt eines Dreiecks 114, 115, 116
  Flächeninhalt eines Rechtecks 124
  Flächeninhalt eines Vierecks 124
  Formeln umstellen 170–171
  Geschwindigkeit 29
  quadratische Gleichungen 184–189
  Quartile 214, 215
  Satz von Pythagoras 120, 121
  Trigonometrie 154
  Zinsen 67
Fünfeck 127, 128, 129
  Symmetrie 80
Fünfeckprisma 144
Funktionen, Taschenrechner 64, 65

G

Geld 68
  Geschäftsfinanzen 69
  Privatfinanzen 66
  Zinsen 67
gemeinsame Faktoren 166, 167
gemeinsame Vielfache 20
gemeinsamer Nenner 44–45
  Verhältnis als Bruch 49
gemischter Bruch 41, 42, 46
  Division 47
  Multiplikation 46
Genauigkeit 63
Geodreieck
  Dreiecke konstruieren 110, 111
  Kreisdiagramme zeichnen 203
  Peilung 100, 101
  Zeichenwerkzeuge 74, 75
Geometrie 70–149
geometrischer Ort 106–107
Gerade 78
  geometrische Orte 106

Konstruktion 102, 103
Lineal 74, 75
Symmetrieachse 80
Winkel 76, 77
Geraden 78–79
  Winkel 77
Geschäftsfinanzen 68–69
Geschwindigkeitsmessung 28, 29
Gewicht 28
  Dichte 29
gewichtetes Mittel 209
Gewinnschwelle, Privatfinanzen 66, 68
gleich wahrscheinlich 223
gleiche Vektoren 87
Gleichheitszeichen 16, 17
  Formeln 169
  Gleichungen 172
  Taschenrechner 64
  ungefähr 62
gleichschenkliges Dreieck 109, 113
  Rhombus 125
  Symmetrie 80
gleichseitiges Dreieck 105, 109
  Symmetrie 80, 81
gleichseitiges Polygon 126
Gleichung lösen 172–173
Gleichungen
  Graphen 186, 187
  Koordinaten 85
  lineare Graphen 174, 175, 176, 177
  lineares Gleichungssystem 178–181
  lösen 172–173
  quadratisch 182–85, 186, 187
  Satz von Pythagoras 120, 121
gleichwinkliges Polygon 126
Grad
  Peilung 100
  Winkel 76
Gramm 28, 29
Graph einer quadratischen Funktion 182–183
Graph
  Daten 197
  gleitender Mittelwert 210–211
  Koordinaten 82, 84
  kumulierte Häufigkeit 205
  linearer 174–77

lineares Gleichungssystem 178–181
Liniendiagramm 204–205
Proportion 50
quadratische Gleichungen 184–189
Quartile 214
Streudiagramme 218, 219
Größe
  Maßzahl 28
  Vektor 86
  Verhältnis 48
Größe, Vektor 86, 87
Größer-als-Zeichen 190
Grundfläche
  Körper 144
  Volumen 146
gruppierte Daten 209

H

Häufigkeit
  Balkendiagramme 198, 199, 200
  kumulierte 205
Häufigkeitsdichte 216, 217
Häufigkeitspolygon 201
Häufigkeitstabellen 208, 209
  Daten präsentieren 197
  Histogramm 217
  Kreisdiagramm 202
  Säulendiagramme 198, 199
Hauptnenner 44
Hendekagon 127
Herstellungskosten 69
Himmelsrichtungen 100
Histogramm 216–217
Höhe
  Flächeninhalt eines Dreiecks 114–115
  Flächeninhalt eines Vierecks 124–125
  Volumen 147
horizontale Koordinaten 82, 83
horizontales Säulendiagramm 200
Hunderter(stelle)
  Addition 16
  Dezimalzahlen 38
  Multiplikation 21
  Subtraktion 17

Hypotenuse 109
   kongruente Dreiecke 113
   Satz von Pythagoras 120, 121
   Tangenten 140
   trigonometrische Formeln 154, 155, 156, 157
Hypothek 66

I, J

Ikosagons 127
indirekte Proportionalität 50
Innenwinkel
   Dreiecke 109
   Polygone 128, 129
   Sehnenvierecke 139
Interquartilabstand 215
Jahre 28

K

Kaleidoskop 94
Kalender 28
Kante eines Körpers 145
Kapital 67
Kegel 145
   Oberflächeninhalt 149
   Volumen 147
Kilogramm 28
Kilometer 28
Kilometer pro Stunde 29
Klammern
   Ausdrücke ausmultiplizieren 166
   Taschenrechner 64, 65
Kleiner-als-Zeichen 190
kleinstes gemeinsames Vielfaches 20
kollineare Punkte 78
kombinierte Wahrscheinlichkeiten 226–227
Kompasspeilung 100
kongruente Dreiecke 110–111
   konstruieren 112–113
   Parallelogramme 125
konkaves Polygon 128
Konstruktionen 102–103
konvexes Polygon 128, 129
Koordinaten 82–83
   Achsenspiegelung konstruieren 95
   Drehung 93

Gleichungen 85, 180, 181, 187, 189
Graphen 84, 174
Landkarten 85
lineare Funktionen 174
lineare Gleichungssysteme 178–181
   quadratische Gleichungen 184–189
   zentrische Streckung 97
Kopfrechnen 58–61
Körper 144–145
   Oberflächeninhalt 148–149
   Symmetrie 80, 81
   Volumen 28, 146–147
Korrelation, Streudiagramm 218, 219
Kosinus (cos)
   Formeln 154, 155, 156, 157
   Taschenrechner 65
Kosten 68–69
Kredit 66
Kreis 130–131
   Bogen 142
   Durchmesser 132, 133
   Flächeninhalt eines 134–135, 143, 146, 147
   Formeln 241
   geometrische Orte 106
   Kreisdiagramme 202, 203
   Ortslinien 106
   Sehnen 130, 131, 138–39
   Sehnenvierecke 139
   Sektoren 143
   Symmetrie 80
   Tangenten 140, 141
   Umfang 132
   Winkel im 76, 77, 136–137
   Zirkel 74
Kreisbogen 142
Kreisdiagramme 202–203
Kreissektor 143
Kubikwurzel 33
   Näherung 35
Kubikzahlen
   Einheiten 28
   Potenzen 32
   Taschenrechner 65
Kugel
   Körper 145
   Oberflächeninhalt 149
   Volumen 147

kumuliertes Häufigkeitsdiagramm 205
   Quartile 214

L

Landkarte, Koordinaten 82, 83, 85
Längengrad 85
Längenmaß 28
   Geschwindigkeit 29
Lineal
   Dreiecke konstruieren 110, 111
   Kreisdiagramm zeichnen 203
   Kreise zeichnen 131
   Zeichenwerkzeuge 74, 75
lineare Funktionen 174–177
lineare Gleichung 174–177
lineares Gleichungssystem 178–181
Liniendiagramme 204–205
Lohn 66

M

Maße und Einheiten 28
Maße
   Dreiecke konstruieren 110
   Maßeinheit 28–29
   maßstäbliches Zeichnen 98–99
Maßeinheiten 28–29
   Kubikzentimeter 146
   Quadratzentimeter 124
   Verhältnis 49
Maßstab
   Peilung 101
   Säulendiagramm 198
   Verhältnis 49–51
   Wahrscheinlichkeit 222
maßstäbliches Zeichnen 98–99
Median
   Mittelwerte 206, 207
   Quartile 214, 215
Mehrwertsteuer 66
Messdatenerfassung 197
Meter 28
Millisekunden 28
Minuszeichen 30
   Taschenrechner 65
Minuten 28, 29
Mitarbeiter, Finanzen 68–69
Mittelpunkt eines Kreises 130, 131

Bogen 142
Kreisdiagramme 203
Kreiswinkel 136
Sehnen 138, 139
Tangenten 140, 141
Mittelpunktswinkel 136–137
Mittelsenkrechte 102, 103
   Drehung 93
   Sehnen 138, 139
Mittelsenkrechte 93, 102, 103, 138, 139
Mittelwerte 206–207
   gleitende 210–211
   Häufigkeitstabellen 208
Modalklasse 209
Modus 206
Monate 28
Multiple-choice-Fragen 196
Multiplikation 18–21
   Ausdruck 165
   Ausklammern von Ausdrücken 166
   Ausmultiplizieren von Ausdrücken 166
   Brüche 42, 46
   Dezimalzahlen 38
   erweitern 43
   Formeln 170
   gemischte Brüche 42
   indirekt proportional 50
   Kopfrechnen 58
   Kürzen 43
   negative Zahlen 31
   positive Zahlen 31
   Potenzen 32, 34
   proportionale Anteile 51
   schriftliche 21
   Taschenrechner 64
   Ungleichungen 190
   Vektoren 88
Muster
   Folgen 162
   Parkettierung 91

N

Näherung
   abrunden 62
   Kubikwurzel 35
   Quadratwurzel 35
Näherungswert 62
negative Koordinaten 84

REGISTER

negative Korrelation 219
negative Steigung 175
negative Terme in Formeln 170
negative Zahlen 30–31
  Addition 30
  dividieren 31
  multiplizieren 31
  quadratische Funktionen 182–183
  Subtraktion 30
  Taschenrechner 65
  Ungleichungen 190
negativer Streckungsfaktor 96
negativer Vektor 87
Nenner
  Brüche 40–43, 45, 56, 57
  Brüche addieren 45
  Brüche subtrahieren 45
  gemeinsamer 44–45
  Verhältnis als Bruch 49
Netz 144, 148, 149
Neuneck 127, 129
nicht parallele Geraden 78
Normalparabel 183
Normdarstellung 36–37
Null 30
Nullkorrelation 219

O

Oberflächen von Körpern 145, 148
Oberflächeninhalt
  Körper 144, 148–149
  Zylinder 167
Operationen
  Ausdruck 164
  Taschenrechner 65
Original 84
Ortslinie 106

P

Parabel 182–183
parallele Geraden 78, 79
  Winkel 79
parallele Seiten eines Parallelogramms 125
Parallelogramm 78, 122, 123
  Flächeninhalt 125
Parkettierung 91
Peilungen 100–101
Pentadekagon 127
pi (π) 132, 133
  Flächeninhalt eines Kreises 134–135
  Oberflächeninhalt einer Kugel 149
  Oberflächeninhalt eines Zylinders 167
  Umfang eines Kreises 132
  Volumen einer Kugel 147
Pluszeichen 30
Polyeder 144, 145
Polygone 126–129
  Dreiecke 108
  Häufigkeit 201
  regelmäßig 126, 127
  unregelmäßig 126, 127
  Vierecke 122
  zentrische Streckung 96, 97
positive Koordinaten 84
positive Korrelation 218, 219
positive Steigung 175
positive Terme in Ausdrücken 170
positive Vektoren 87
positive Zahlen 30–31
  Addition 30
  dividieren 31
  multiplizieren 31
  quadratische Funktion 182–183
  Subtraktion 30
  Ungleichung 190
positiver Streckungsfaktor 96
Potenzen 32
  dividieren 34
  multiplizieren 34
  Taschenrechner 65
Potenzgesetze 237
Primfaktoren 26, 27
Primzahlen 26–27
Prisma 144, 145
Privatfinanzen 66–67
Produkt
  Geschäftsfinanzen 68
  indirekt proportional 50
  Multiplikation 18
  Vielfache 20
Profit
  Geschäftsfinanzen 68, 69
  Privatfinanzen 66
Proportion 48, 50

ähnliche Dreiecke 117, 119
  Bogen 142
  Prozente 54, 56
  Sektoren 143
  zentrische Streckung 96
proportionale Anteile 51
Prozente 52–55
  Kopfrechnen 61
  umrechnen 56–57
  Zinsen 67
prozentuale Abnahme 55
Punkt
  geometrische Orte 106
  Geraden 78
  Konstruktionen 102, 103
  Polygone 126
  Winkel 76, 77
Pyramide 145
  Symmetrie 80, 81
Pythagoras, Satz von 120–121
  Tangente 140
  Vektor 87

Q

Quadranten, Graph 84
Quadrate
  Flächeninhalt eines Vierecks 124
  Parkettierung 91
  Polygon 126
  Symmetrie 80, 81
  Taschenrechner 65
  Viereck 122, 123
quadratische Funktion 182–183
  faktorisieren 182–183
  Graph 186–89
quadratische Gleichungen 184–189
quadratische Variable
  quadratische Gleichungen 184–189
  quadratischer Ausdruck 168
Quadratwurzeln 33
  näherungsweise berechnen 35
  Pythagoras, Satz von 121
  Taschenrechner 65
Quadratzahlen
  Potenzen 32
  quadratische Gleichungen 184–189

Quadrieren
  Ausklammern von Ausdrücken 166
  Ausmultiplizieren von Ausdrücken 166
  Pythagoras, Satz von 120
Quartile 214–215
Quotient 22, 23
  Division 25

R

Radius (Radien) 130, 131, 132, 133
  Flächeninhalt eines Kreises 134, 135
  Sektoren 143
  Tangenten 140
  Volumen 147
  Zirkel 74
Raumeinheiten 146
Recall-Taste, Taschenrechner 64
Rechenzeichen
  Addition 16
  gleich 16, 17, 64, 169
  minus 30, 65
  Multiplikation 18
  negative Zahlen 30, 31
  plus 30
  positive Zahlen 30, 31
  Subtraktion 17
  Ungefähr-gleich-Zeichen 62
Rechteck
  Flächeninhalt 28, 124, 165
  Polygon 126
  Symmetrie 80
  Viereck 122, 123
rechteckige Pyramide 80, 81
Rechteckprisma 144
rechter Winkel 77
  Hypotenuse 113
  kongruente Dreiecke 113
  Konstruktion 105
  Senkrechte 102
  Viereck 122, 123
  Winkel im Kreis 137
rechtwinkliges Dreieck 109
  Pythagoras, Satz von 120, 121
  Tangenten 140
  Taschenrechner 65
  trigonometrische Formeln 154, 155, 156, 157
  Vektoren 87

reguläre Fünfecke 80
reguläre Polygone 126, 127, 128, 129
reguläre Vierecke 122
Rest 23, 24, 25
Rhombus
   Flächeninhalt 124
   Polygon 126
   Viereck 122, 123, 124
   Winkel 125
Richtung
   Peilung 100
   Vektor 86
Rohdaten 196

S

saisonal 210
Säulendiagramme 198–201, 216
Scheitelwinkel 79
schneidende Geraden 78
schriftliche Division 24–26
schriftliche Multiplikation 21
   Dezimalzahlen 38
Sechseck 126, 127, 129
   Parkettierung 91
Segmente
   Kreisdiagramm 202
   Kreise 130, 131
Sehnen 130, 131, 138–139
   Tangenten 141
Sehnenvierecke 138–139
Seismometer 197
Seiten
   Dreieck 108, 109, 110, 111, 112, 113, 154–55, 156, 157
   Dreieck konstruieren 110, 111
   kongruente Dreiecke 112, 113
   Polygon 126, 127
   Viereck 122, 123
Sektoren 130, 131, 143
Sekunden 28
Senkrechte, konstruieren 102, 103
Siebeneck 127, 128
signifikante Stellen 63
Sinus
   Formel 154, 156
   Taschenrechner 65
Spannweite
   Daten 212, 213
   Histogramm 217
   Quartile 214

Speicher, Taschenrechner 64
Spiegelachse 94, 95
Spiegelung 80, 94–95
   kongruente Dreiecke 112
Spirale
   Fibonacci-Folge 163
   geometrischer Ort 107
spitzer Winkel 77, 241
spitzwinklige Dreiecke, Flächeninhalt 115
Stamm-Blatt-Diagramm 213
Statistik 192–219
Steigung, lineare Funktion 174, 175
Steuer 66
Streckenstücke 78
   Konstruktion 103
   Vektor 86
Streckungsfaktor 96, 97
Streckungszentrum 96, 97
Streudiagramm 218–219
Streuung 212–213
   Quartile 215
Streuungsmaße 212–213
Strichliste 197
Stufenwinkel 79
stumpfer Winkel 77
stumpfwinkliges Dreieck 109, 115
Stunde 28, 29
   Kilometer pro 29
Subtraktion 17
   Ausdruck 164
   Bruch 45
   negative Zahlen 30
   positive Zahlen 30
   Taschenrechner 64
   Ungleichung 190
   Vektoren 88
Summe 16
   Multiplikation 18, 19
   Taschenrechner 64, 65
Symbole
   Ausdrücke 164, 165
   Division 22
   Dreieck 108
   Größer-als-Zeichen 190
   Kleiner-als-Zeichen 190
   kubische Wurzel 33
   Quadratwurzel 33
   Ungleichung 190
   Verhältnis 48, 98

Symmetrie 80–81
   Kreis 130
Symmetrieachse 81, 95

T

Tabelle
   Daten 200
   Daten erheben 196, 197
   Häufigkeit 198, 199, 208
   Proportion 50
Tabellenmultiplikation 21
Tangens 154, 155, 156, 157
Tangente 130, 131, 140–141
   Tangente konstruieren 141
Taschenrechner 64–65, 75
   Hochzahl-Taste 33
   Kosinus (cos) 154, 156
   Normdarstellung 36–37
   Potenzen 33
   Sinus (sin) 154, 156
   Tangens (tan) 154, 156
   Wurzeln 33
Tausender(stelle)
   Addition 16
   Dezimalzahlen 38
Temperatur 31
Temperatur-Umrechnungsgraph 177
Terme
   Ausdruck 164, 165
   Folge 162
   umstellen 170
Thermometer 31
Tonnen 28
Transversale 78, 79
Trapez 122, 123, 126
Trigonometrie, 150-57
   Formeln 154–57
   Taschenrechner 65

U

überstumpfer Winkel 77
   Polygone 128
Übertrag (beim Rechnen) 24
Überziehungskredit 66
Umfang eines Kreises 130, 131, 132
   Bogen 142
   Kreisdiagramme 203
   Sehnen 138

Sehnenvierecke 139
Tangenten 140, 141
Winkel im Kreis 136, 137
Umfang
   Dreieck 108
   Kreis 131
Umfangswinkel 136–137
Umfrage, Datenerhebung 196–197
Umkehrung der Multiplikation 22
unabhängige Ereignisse 228
unechte Brüche 41, 42, 46
Ungefähr-gleich-Zeichen 62
ungleichschenkliges Dreieck 109
Ungleichung lösen 191
Ungleichungen 190–91
unlösbares lineares Gleichungssystem 181
unregelmäßiges Polygon 126, 127, 128, 129
unregelmäßiges Viereck 122

V

Variablen
   Gleichung 172
   lineares Gleichungssystem 178, 179
Vektor 86–89
   Verschiebung 90, 91
Vereinfachen
   Ausdrücke 165
   Brüche 43, 56
   Formeln 170
   Gleichungen 172
   Verhältnis 48
Vergrößerung 49, 98–99
Verhältnis 48–49, 50
   ähnliche Dreiecke 118, 119
   Anteil 48, 50, 51
   Bogen 142
   Dreiecke 51, 118, 119
   maßstäblich zeichnen 98
   Proportion 48, 50, 51
Verhältnisse vergleichen 48, 49
Verkleinerung 49, 98–99
Verlust
   Geschäftsfinanzen 68
   Privatfinanzen 66
Verschiebung 90–91
Verschlüsselung 27

Verteilung
　Daten 212, 231
　Quartile 214, 215
vertikale (senkrechte) Höhe
　Flächeninhalt eines Dreiecks 114, 115
　Flächeninhalt eines Vierecks 124, 125
　Volumen 147
vertikale Koordinaten 82, 83
Verzerrung 197
Vielfache 20
　Division 24
Vierecke 122–125, 128
　Flächeninhalt 124–125
　Polygon 127
　Sehnen am Kreis 138, 139
Volumen 144, 146–147
　Dichte 29
　Maßzahlen 28

W

Waagemodell für Gleichungen 172
Wahrscheinlichkeit 222–223
　abhängige Ereignisse 228
　Baumdiagramm 230
　Erwartungswert 224, 225
Wahrscheinlichkeitsskala 222
Wechselwinkel 79, 241
weiter als Normalparabel 183
Winkel 76–77
　45° 105
　60° 105
　90° 105
　Bogen 142
　Dreiecke 108, 109
　Dreiecke konstruieren 110, 111
　Ergänzungs- 77, 241
　Geodreieck 74, 75
　halbieren 104, 105
　im Kreis 136–137
　kongruente Dreiecke 112, 113
　Konstruktionen 102
　Kreisdiagramme 202
　parallele Geraden 79
　Peilung 100
　Polygone 126, 127, 128
　rechtwinklig 77, 105, 241
　Rhombus 125
　Sehnenvierecke 139

　Sektoren 143
　spitz 77
　Stufen- 79
　stumpf 77, 241
　Tangenten 141
　trigonometrische Formeln 154, 155, 156–157
　überstumpf 77
　Vielecke 126, 127, 128
　Vierecke 122, 123
　Wechsel-
Winkelhalbierende 104, 105
wissenschaftlicher Taschenrechner 65
Würfel 145
Wurzelgesetze 237
Wurzeln 32, 33

X, Y

x-Achse
　Graph 85
　Säulendiagramm 198, 199
y-Achse
　Graph 84
　Säulendiagramm 198, 199

Z

Zahlen
　Dezimalzahlen 38–39
　negative 30–31
　positive 30–31
　Primzahlen 26–27
　Taschenrechner 64
　zusammengesetzte 26
Zahlengerade
　Addition 16
　negative Zahlen 30-31
　positive Zahlen 30-31
　Subtraktion 17
Zähler 40, 41, 42, 43, 56, 57
　Brüche addieren 45
　Brüche subtrahieren 45
　Brüche vergleichen 44
　Verhältnis als Bruch 49
Zehneck 126, 127
Zehner(stelle)
　Addition 16
　Dezimalzahl 38
　Multiplikation 21
　Subtraktion 17

Zehnerpotenz 36, 37
Zeichenwerkzeug 74–75
Zeichnen
　geometrische Orte 107
　Graphen 84
　lineare Funktionen 174–177
　lineare Gleichungssysteme 180, 181
　Liniendiagramm 204
　Peilung 100, 101
　zentrische Streckung 97
Zeitmessung 28
　Geschwindigkeit 29
Zentimeter 28, 29
zentrische Streckung 96–97
Zinsen 67
　Formeln zur Berechnung 171, 240
　persönliche Finanzen 66
Zinseszins 67
Zirkel 131
　Dreiecke konstruieren 110–113
　Konstruktionen 102
　Kreisdiagramm zeichnen 203
　Tangente konstruieren 141
　Zeichenwerkzeug 74–75
zusammengesetzte Diagramme 201
zusammengesetzte Figur 135
zusammengesetzte Zahl 26, 27
Zuwachs, Prozente 55
zweidimensionale Figur, Symmetrie 80, 81
Zylinder 144, 145
　Netz 148
　Oberflächeninhalt 148, 167
　Symmetrie 81
　Volumen 146

Dank

BARRY LEWIS dankt Toby, Lara und Emily dafür, dass sie immer nach dem Warum fragen.

DORLING KINDERSLEY dankt David Summers, Cressida Tuson und Ruth O'Rourke-Jones für redaktionelle Recherche; Kenny Grant, Sunita Gahir, Peter Laws, Steve Woosnam-Savage und Hugh Schermuly für Unterstützung bei der Gestaltung; Sarah Broadbent für die Arbeit am Glossar.

Weitere Informationen zu Carol Vordermans Mathe-Training online erhalten Sie unter: **www.themathsfactor.com**

Der Verlag dankt den im Folgenden Genannten für die freundliche Genehmigung zum Abdruck ihrer Fotografien:

(Schlüssel: u-unten; M-Mitte; l-links; r-rechts; go-ganz oben)

Alamy Images: Bon Appetit 210uM (Becher); K-PHOTOS 210uM (Waffel);
Corbis: Doug Landreth/Science Faction 163Mr; Charles O'Rear 197ur;
Dorling Kindersley: NASA 37gor, 85ul, 223ur; Lindsey Stock 27ur, 212Mr;
Figur aus Halo 2 verwendet mit freundlicher Genehmigung von Microsoft: 112go; **NASA:** JPL 37Mr

Alle anderen Abbildungen © Dorling Kindersley
Für weitere Informationen besuchen Sie: www.dkimages.com

So macht Lernen Spaß:

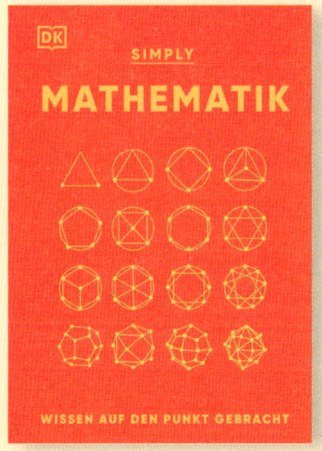

ISBN 978-3-8310-4607-2

ISBN 978-3-8310-4430-6

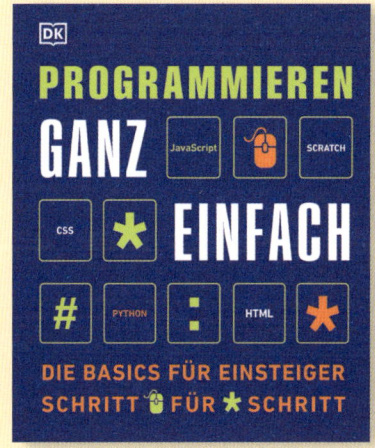

ISBN 978-3-8310-4022-3

ISBN 978-3-8310-4699-7

www.dk-verlag.de